Angewandte Kernphysik

Einführung und Übersicht

Von Prof. Dr. rer. nat. Wilhelm T. Hering
Universität München

Springer Fachmedien Wiesbaden GmbH 1999

Prof. Dr. rer. nat. Wilhelm T. Hering

Geboren 1928 in Wuppertal, Studium an den Universitäten Mainz und Heidelberg, Diplom 1960, Promotion 1963 bei Wolfgang Gentner, bis 1971 wiss. Mirbeiter am MPI für Kernphysik in Heidelberg, seitdem Professor für Physik an der Universität München. Jeweils längere Forschungsaufenthalte an der State University of NY in Stony Brook, Long Island, und der University of Washington in Seattle (USA), dem Centre Nucleaire in Saclay bei Paris, dem Weizmann-Institut in Rehovoth (Israel), dem Lavoratorio Nazionale in Legnaro (Italien) sowie dem Tata-Institut in Bombay. Seit 1994 im Ruhestand.

Die Deutsche Bibliothek – CIP-Einheitsaufnahme

Hering, Wilhelm T.:
Angewandte Kernphysik : Einführung und Übersicht / von Wilhelm
T. Hering. – Stuttgart ; Leipzig : Teubner, 1999
  (Teubner-Studienbücher : Physik)
  ISBN 978-3-519-03244-1   ISBN 978-3-322-80115-9 (eBook)
  DOI 10.1007/978-3-322-80115-9

Das Werk einschließlich aller seiner Teile ist urheberrechtlich geschützt. Jede Verwertung außerhalb der engen Grenzen des Urheberrechtsgesetzes ist ohne Zustimmung des Verlages unzulässig und strafbar. Das gilt besonders für Vervielfältigungen, Übersetzungen, Mikroverfilmungen und die Einspeicherung und Verarbeitung in elektronischen Systemen.
© 1999 Springer Fachmedien Wiesbaden
Ursprünglich erschienen bei B. G. Teubner Stuttgart · Leipzig 1999

Vorwort

Das vorliegende Buch hat die Kernphysik zum Thema, soweit sie als Grundlage für Anwendungen dient, die in der Technik und in den verschiedenen benachbarten naturwissenschaftlichen Forschungsgebieten anzutreffen sind. Diesen Einfluß auf die Nachbarwissenschaften hat die Kernphysik durch ihre Methoden und Ergebnisse von Beginn an ausgeübt. Während der letzten Jahrzehnte hat sich im wachsenden Maße auch die direkte Übernahme kernphysikalischer Verfahren in weite Gebiete der industriellen und medizinischen Technik vollzogen und damit den Wunsch nach einer möglichst systematischen, doch dabei auf das Prinzipielle beschränkten Übersicht aufkommen lassen. Mit diesem Buch soll etwas derartiges versucht werden.

Im hier verstandenen Sinn umfassen die Anwendungen der Kernphysik also einmal technische Anwendungen (die keineswegs nur die im Bewußtsein der Öffentlichkeit vornehmlich präsente Kernkrafttechnologie betreffen, sondern bedeutend weiter reichen) und zum anderen Fortschritte in den Nachbarwissenschaften, für die kernphysikalische Methoden entscheidend waren. Daher wurde für den Gesamtaufbau des Textes eine Einteilung in vier Grundkapitel gewählt, die sich mit den unterschiedlichen Funktionen der Atomkerne in diesen Anwendungen befassen. Es sind dies im einzelnen:

1. *Kerne als Uhren*, mit denen das Alter und die Vorgeschichte auch winziger Überbleibsel aus historischen Perioden der vergangenen Jahrhunderte bis Jahrmilliarden bestimmt werden kann. (*Nukleare Chronometrie*),

2. *Kerne als Sonden*, mit denen die materielle Zusammensetzung eines Objektes ermittelt wird (*Nukleare Radiografie*),

3. *Kerne als Werkzeuge*, mit denen die materielle Zusammensetzung eines Objekts verändert wird (*Nukleare Radiotomie*),

4. *Kerne als Energiequellen*, mit denen natürliche Prozesse angetrieben und zivilisatorische Bedürfnisse befriedigt werden. (*Nukleare Energie*).

Jedes Kapitel beginnt mit einer Erklärung der physikalischen Grundlagen für die Ausnutzung der Kerneigenschaften, die in dem speziellen Zusammenhang relevant sind. Die hierbei herangezogenen Beobachtungsgrößen der Atomkerne sind die *Kernladung* Z, die *Kernmasse* M bzw. das *Isotopengewicht* A, der *Kernspin* J, die *Lebensdauer* τ_i angeregter Kernzustände und deren *Zerfallsenergie* E_i für den Zerfallsmodus i, der *Wirkungsquerschnitt* σ für eine Kernreaktion, sowie der *lineare Energietransfer* LET, den Atomkerne auf ihrem Weg durch Materie an diese abgeben und damit als Ionenstrahl kurzlebige oder bleibende Veränderungen hinterlassen. (Insbesondere die Anwendungen des dritten Kapitels beruhen hierauf). Dabei werden die relevanten physikalischen Effekte nach Möglichkeit so dargestellt, daß die Grundprinzipien ohne eingehendes Studium (oder Rekapitulation) der Kernphysik verstanden werden können. Damit hofft der Verfasser den Inhalt des Buches auch für physikalisch gebildete Leser vermittelbar zu machen, die nicht aus der Kernphysik kommen. Darüberhinaus werden für den Fachphysiker die relevanten Beziehungen möglichst quantitativ formuliert.

Dieser physikalischen Einleitung folgen für jede Methode ausgewählte Anwendungsbeispiele, die aber lediglich exemplarischen Charakter haben, da sie nur die Leistungsfähigkeit der jeweiligen Methode illustrieren sollen und der Verfasser die für eine tiefergreifende Darstellung erforderlichen Fachkenntnisse in den Nachbarwissenschaften nicht besitzt. Zudem stehen für die meisten Fragengebiete vollständigere Darstellungen zur Verfügung, deren Referenzen möglichst mitgeteilt werden.

Das Buch ist aus einer zweimal dreistündigen *Vorlesung über Angewandte Kernphysik* entstanden, die ich über mehrere Jahre an der Ludwig-Maximilians-Universität München gehalten habe. Sie gehört zu den Vorlesungen, auf deren Grundlage die Diplomprüfung im Fach *Angewandte Physik* absolviert werden kann. Als ein Bestandteil dieser Vorlesung wurden auch Beispiele in semiquantitativen Abschätzungen behandelt, die besonders für die Beurteilung neuer Fragestellungen sehr nützlich sind. Sie sind in vereinfachter Form als Aufgaben in diesem Text ebenfalls zu finden, wozu ein Lexikon wichtiger physikalischer Größen in angemessener Präzision mitgeliefert wird. Es stellt eine leicht abgewandelte bzw. ergänzte Version des bekannten und geschätzten „Back of the Envelope Dictionary" [Pur83] dar, dessen Nützlichkeit sich für den Verfasser und seine Studenten oftmals erwiesen hat.

Bei den Literaturhinweisen habe ich mich bemüht, nach Möglichkeit auch leicht erreichbare Zeitschriften und Bücher zu zitieren, die im Niveau ihrer Darstellung dem angesprochenen Leserkreis entsprechen, also nicht zu speziell sind. Hier bietet sich für den Dozenten die Möglichkeit, durch Erweiterung des Stoffes Schwerpunkte im Inhalt der Vorlesung zu setzen und dafür andere Teile notfalls zu kürzen. Dabei sollte auch das Anwendungsspektrum auf den jeweils neuesten Stand gebracht werden, was angesichts der rapiden Entwicklung auf dem gesamten Gebiet in einem Textbuch nicht geleistet werden kann.

Abschließend möchte ich meinen Garchinger Kollegen T. Faestermann, G. Korschinek und E. Nolte für ihre hilfreichen Kommentare zum 1. Kapitel danken. Außerdem waren mir Gespräche mit W. Assmann wichtig, in denen sich manche Frage aus dem 2. Kapitel klärte. Interessante und klärende Diskussionen verdanke ich auch P. Horn vom Institut für Mineralogie und Geochemie der Universität München, J. Meyer-ter-Vehn vom MPI für Quantenoptik in Garching sowie A. Weidinger vom Hahn-Meitner-Institut in Berlin. Bei der technischen Fertigstellung hat mir wieder Frau E. Paul mit großer Sachkenntnis und Arbeitsfreude geholfen. Die Abbildungen fertigte Frau N. Groß, die Fotografien Herr F. Schmidt. Ihnen allen gilt mein aufrichtiger Dank.
Außerdem möchte ich Herrn Dr. Spuhler und seinen Mitarbeitern vom Teubner-Verlag für die Unterstützung und Geduld bei der Entstehung dieses Buches meinen Dank aussprechen.

München, im November 1998   W. Tim Hering

Inhalt

1.   Nukleare Chronometrie

1.1   Einleitung 9
1.2   Radioaktive Zerfallsgesetze 10
    1.2. 1 Einfacher Zerfall 11
    1.2.2 Probenaktivität 11
    1.2.3 Zerfallsketten 12
    1.2.4 Produktion radioaktiver Nuklide 15
1.3   Radioaktive Zerfallsmoden 17
    1.3.1 Betazerfall und Elektroneneinfang 18
    1.3.2 Alphazerfall und Spontanspaltung 19
    1.3.3 Isomere Übergänge 21
1.4   Nachweismethoden 22
    1.4.1 Messung der Probenaktivität 23
    1.4.2 Zählertypen 24
    1.4.3 Untergrundstrahlung 27
    1.4.4 Teilchenzahlmessung 31
    1.4.5 Beschleunigermassenspektrometrie (AMS) 37
    1.4.6 Resonanzionisierungsspektroskopie (RIS) 42
    1.4.7 Kernspurmethoden 44
1.5.   Altersbestimmung 45
    1.5.1 Probenbedingungen 46
    1.5.2 Messung von Isotopenverhältnissen 47
1.6   Kosmochemische Anwendungen 49
    1.6.1 K/Ar- und Rb/Sr-Methoden 49
    1.6.2 Radioblei-Methode 50
    1.6.3 Alter der Erde und des Sonnensystems 51
    1.6.4 Zeitpunkt der Elementsynthese 54
    1.6.5 Alter des Universums 56
1.7.   Geophysikalische Anwendungen 57
    1.7.1 Palaeowissenschaften 59
    1.7.2 Kosmogene Radioisotope 60
    1.7.3 Aktivitätsalter 64
    1.7.4 Bestrahlungsalter 66
1.8   Kulturwissenschaftliche Anwendungen 68
    1.8.1 Radiokohlenstoffmethode 68
    1.8.2 Datierungsbeispiele 74
    1.8.3 Thermolumineszenz-Methode 78

2.   Nukleare Radiografie

2.1   Strahlendurchgang durch Materie 81
    2.1.1 Geladene Teilchen 81
    2.1.2 Ungeladene Teilchen 83
    2.1.3 Photonen 84
    2.1.4 Bremsstrahlung 88
    2.1.5 Synchrotronstrahlung 90
2.2   Ionenstrahlanalytik 91
    2.2.1 Absorptionsradiografie 92
    2.2.2 Streuradiografie (RBS, ERDA) 97
    2.2.3 Sekundärionenemission (SIMS) 108
2.3   Aktivierungsanalysen 110
    2.3.1 Kernaktivierung (NRA, PIGE) 110
    2.3.2 Hüllenaktivierung (PIXE, HIXE) 115
2.4   Tracermethoden 117
    2.4.1 Fremdatom-Markierung 118
    2.4.2 Isotopen-Markierung 123
    2.4.3 Positronen-Emissionstomografie (PET) 125
2.5   Stabile Tracerkerne 128
    2.5.1 Isotopenverhältnisse 128
    2.5.2 Kernresonanzspektroskopie (NMR) 135
2.6   Nukleare Festkörperphysik 144
    2.6.1 Strukturanalyse 144
    2.6.2 Mößbauerspektroskopie 147
    2.6.3 Gestörte Winkelkorrelationen (PAC) 154
    2.6.4 Kernresonanzmethoden 155
    2.6.5 Positronenvernichtung 158
    2.6.6 Coulombexplosion 160
2.7   Strahlenquellen für Sondenteilchen 161
    2.7.1 Neutronenquellen 162
    2.7.2 Photonenquellen 172
    2.7.3 Ionenbeschleuniger 177
    2.7.4 Mikrosonden 179
2.8   Spezielle Nachweisgeräte 180
    2.8.1 Großflächenzähler 181
    2.8.2 Neutronenzähler 182
    2.8.3 Raumsondeninstrumente 183

3.   Nukleare Radiotomie

3.1   Permanente Strahlenschäden 187
    3.1.1 Latente Spurenbildung 188

3.1.2 Technische Strahlendefekte 191
3.1.3 Sputtering 193
3.1.4 Strahlenwirkungseinheiten 195
3.2 Strahleninduzierte Materialveränderungen 197
3.2.1 Implantierungen 197
3.2.2 Ionenstrahlinduzierte Schichtenbildung 200
3.2.3 Dotierungen 201
3.2.4 Ionenstrahlepitaxie 202
3.2.5 Mikromechanik 204
3.2.6 Großtechnische Strahlennutzung 208
3.3 Strahlenbiologie 210
3.3.1 Zellkernstruktur 210
3.3.2 Zellschädigung 211
3.3.3 Dosiswirkungen 213
3.3.4 Strahlenabschirmung 217
3.4 Strahlenschutznormen 219
3.5 Strahlentherapie 221
3.5.1 Interne Strahlenquellen 223
3.5.2 Gamma/Elektronentherapie 224
3.5.3 Protonentherapie 224
3.5.4 Schwerionentherapie 226
3.5.5 Pionentherapie 229
3.5.6 Neutronentherapie 229
3.6 Strahlenquellen für Radiotomie 232
3.6.1 Ionenbeschleuniger 232
3.6.2 Synchrotronstrahlungsquellen 234
3.6.3 Neutronenquellen 236

4. Nukleare Energie

4.1 Exotherme Kernreaktionen 238
4.1.1 Kernbindungsenergie 239
4.1.2 Schaleneffekte 241
4.1.3 Kernspaltung 243
4.1.4 Kernfusion 247
4.1.5 Resonanzreaktionen 248
4.2 Sternbrennen 250
4.2.1 Thermische Fusionsreaktionen 250
4.2.2 Wasserstoffbrennen 252
4.2.3 Heliumbrennzyklus 254
4.2.4 Elementsynthese 255
4.3 Spaltreaktoren 257
4.3.1 Spaltneutronen 258

4.3.2 Neutronenmoderation 261
4.3.3 Reaktordynamik 264
4.3.4 Neutronendichteverteilung 268
4.3.5 Leistungsreaktoren 272
4.3.6 Brutreaktoren 277
4.3.7 Moderne Sicherheitskonzepte 280
4.4 Fusionsreaktoren 282
4.4.1 Fusionspfade 283
4.4.2 Lawson-Kriterium 285
4.4.3 Magneteinschluß-Maschinen 286
4.4.4 Trägheitseinschluß-Maschinen 295
4.4.5 Katalytische Fusion 299
4.5 Spezielle Reaktoren 300
4.5.1 Naturreaktoren 300
4.5.2 Satellitenreaktoren 301
4.5.3 Nukleare Antriebe 302
4.5.4 Hybridreaktorenkonzepte 303
4.6 Nukleare Entsorgung 305
4.6.1 Kernreaktorenabfall 305
4.6.2 Aufarbeitungsstrategien 307
4.6.3 Endlagerung 308

Literaturverzeichnis 311

Glossar der verwendeten Symbole 317

Lexikon physikalischer Größen 318

Sachverzeichnis 320

1. Kerne als Uhren (*Nukleare Chronometrie*)

1.1 Einleitung

Die Grundlage der Verwendung von Atomkernen als Uhren basiert auf dem Phänomen des radioaktiven Zerfalls von angeregten (d.h. nicht im Grundzustand mit tiefster Energie befindlichen) *Nukliden*, womit alle durch feste Protonenzahl Z und Neutronenzahl N gekennzeichnete Kernsysteme bezeichnet werden.. Dabei schwindet die Zahl N der zerfallsbereiten Kerne in einem Ensemble nach dem *radioaktiven Zerfallsgesetz*

$$N(t) = N(0) \exp[-t/\tau] \tag{1.1}$$

wo $N(0)$ die Anzahl der angeregten Kerne in einer Probe zur Zeit $t = 0$ und τ die *mittlere Lebensdauer* des Zerfallsmodus ist. Kennt man $N(0)$, so ist durch Messung von $N(t)$ die seit $t = 0$ verflossene Zeit im Prinzip einfach bestimmt als

$$t = \tau \ln[N(0)/N(t)] \tag{1.2}$$

Der große Vorteil bei der Verwendung nuklearer Systeme besteht nun darin, daß
1. die Lebensdauer τ unter den in der Natur anzutreffenden Umständen absolut konstant ist, also nicht von der Historie abhängt, die unserer Probe seit $t = 0$ widerfahren ist.
2. die verfügbaren Kernsysteme eine große Spannweite von Lebensdauern aufweisen, sodaß die nützlichen Zeitintervalle von Sekunden bis Jahrmilliarden reichen.
Der weitaus größte Teil der angeregten Kernzustände hat Lebensdauern, die sehr kurz sind ($\tau \approx 10^{-8}\text{-}10^{-20}$s), weil sie elektromagnetisch, d.h. unter Aussendung von Gammastrahlung, oder über Nukleonenemission zerfallen. Ihre Untersuchung gibt wichtige Informationen über den inneren Aufbau der Atomkerne und sie stellen deshalb ein sehr wichtiges Forschungsgebiet der bisherigen Kernphysik dar. Für die Verwendung als Uhren im hier uns interessierenden Sinne sind sie aber nicht geeignet, da die verfügbaren Zeitspannen für diesen Zweck uninteressant sind. Dazu brauchen wir Kernzerfälle, die langsamer verlaufen, also Betazerfälle bzw. durch Potentialbarrieren gehinderte Teilchenzerfälle (Alphazerfall und Kernspaltung), auf die wir in Abschn. 1.3 näher eingehen werden. Die hierbei verfügbaren Kernsysteme (im folgenden oft Nuklide genannt) umspannen einen großen Bereich von brauchbaren Lebensdauern, wie die Übersicht der Abb. 1.1 zeigt.

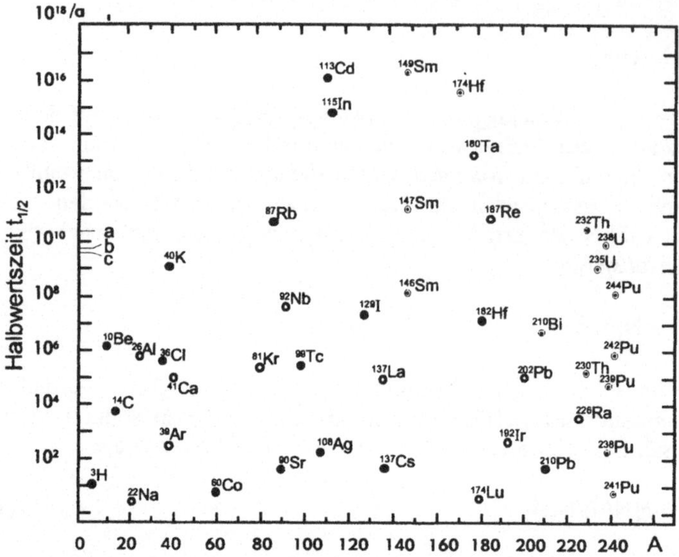

Abb. 1.1 Auswahl der wichtigsten, in kernphysikalischen Anwendungen anzutreffenden langlebigen Radioisotope. Die eingezeichneten dominierenden Zerfallskanäle bedeuten: • Elektronenzerfall, o Positronenzerfall, ⊖ α-Zerfall. Die eingezeichneten Zeitmarken sind: (a) Alter des Universums ($1.5 \cdot 10^{10}$a) ; (b) Alter des Sonnensystems ($6 \cdot 10^{9}$a); (c) Alter der Erde ($4.6 \cdot 10^{9}$a).

Betrachten wir nun die Bestimmung des Probenalters etwas genauer und beginnen mit einer Rekapitulation der radioaktiven Zerfallsgesetze.

1.2   Radioaktive Zerfallsgesetze

Die durch Gl.(1.1) gegebene zeitliche Abnahme der Anzahl radioaktiver Kerne folgt aus der allgemeingültigen statistischen Annahme, daß jeder Atomkern im Ensemble pro Zeiteinheit mit der gleichen Wahrscheinlichkeit λ zerfällt, unabhängig von allen anderen Kernen. Dann erhalten wir für die Abnahme dN der Anzahl N(t) als Folge der im Zeitintervall dt zerfallenden Kerne

$$dN = -\lambda N(t)dt \tag{1.3}$$

Hieraus folgt sofort das Zerfallsgesetz (1.1), wobei $\lambda = \tau^{-1}$ ist. *Zerfallswahrscheinlichkeit* λ und mittlere Lebensdauer τ sind also definitionsgemäß reziprok zueinander.

1.2.1 Einfacher Zerfall

Betrachten wir nun eine Anzahl N_1 von radioaktiven *Mutterkernen*, die in die *Tochterkerne* N_2 zerfallen. Dieser Zerfall erfolge über den Zerfallsmodus i. Im allgemeinen Fall können wir konkurrierende Zerfälle haben, d.h. daß mehrere der Kanäle i zugleich offen sind, von denen jeder seine eigene Zerfallswahrscheinlichkeit λ_i hat, die unabhängig von den anderen Kanälen ist. Dann summieren sich die Zerfallswahrscheinlichkeiten zu $\Sigma\lambda_i = \lambda$ und wir erhalten aus Gl.(1.3) für die Anzahl der Mutternuklide wieder Gl.(1.1), in der nun $\tau = \lambda^{-1}$ die Gesamtlebensdauer ist. Nach Ablauf von τ erhalten wir

$$N_1(\tau) = N_1(0)/e \approx 0.37\, N_1(0) \qquad (1.4)$$

Die häufig anstelle von τ verwendete *Halbwertszeit* (HWZ) $t_{1/2}$ ist bestimmt durch

$$N_1(t_{1/2}) = N_1(0)/2, \text{ also } t_{1/2} = \tau\, \ln2 \approx 0.69\, \tau \qquad (1.5)$$

Diese Unterscheidung ist zwar trivial, führt aber klarerweise zu groben Irrtümern, wenn man sie vergisst. Also Vorsicht!
Wenn anstelle der Anzahl der Mutternuklide N_1 die der Tochternuklide N_2 gemessen wird, so können wir im Falle eines einzigen (oder hinreichend dominierenden) Zerfallskanals die Substanzerhaltung

$$N_1(0) = N_1(t) + N_2(t) \qquad (1.6)$$

voraussetzen und erhalten die der Gl.(1.1) äquivalente Beziehung

$$N_2(t) = N_1(0)(1 - \exp[-\,t/\tau]) = N_1(t)(\exp[t/\tau] -1) \qquad (1.7)$$

und $\quad t = \tau\, \ln[1 + (N_2(t)/N_1(t))]$ $\qquad (1.8)$

Wir haben also die Messung der Zerfallsdauer t auf die Bestimmung der Anzahlen von Mutter- und Tochternuklid zur Zeit t zurückgeführt.

1.2.2 Probenaktivität P(t)

Die Bestimmung der Anzahl von radioaktiven Nukliden in einer Probe kann bei hinreichend vielen Zerfällen dN_1/dt über die *Aktivität* P(t) gemessen werden:

$$P(t) = - dN_1(t)/dt = N_1(t)/\tau = \lambda N_1(t) \qquad (1.9)$$

und wird in *Becquerel*, der Einheit für statistische Zerfälle gemessen:
1 Bq = 1 Zerfall/s[1] (vgl. auch Abschn. 3.1.4).
Man sieht, daß die Aktivität allein nichts über die Anzahl $N_1(t)$ aussagt, sondern daß hierzu noch τ möglichst genau bekannt sein muß, da dessen experimentelle Unsicherheit auch bei beliebig genauer Messung von P die Kenntnis von N_1 begrenzt. Dieses Problem tritt vor allem bei sehr langen Lebensdauern auf, die zum Teil nicht so gut bekannt sind. In diesen Fällen wird N_1 heute vielfach nicht mehr über die Aktivität gemessen, sondern mit massenspektroskopischen Methoden direkt bestimmt (s. Abschn. 1.4.4 und 1.4.5).
Wenn die Lebensdauer von N_1 durch konkurrierende Zerfälle mitbestimmt wird, so wird bei Messung des Zerfallskanals i nur der vom *Verzweigungsverhältnis* $\lambda_i/\lambda = \tau/\tau_i$ bestimmte Teil P_i der Gesamtaktivität gemessen und die Aktivitäten der übrigen Zerfallskanäle bleiben unbeobachtet, machen sich aber in der beobachteten Lebensdauer $\tau < \tau_i$ bemerkbar. Wir haben demnach

$$P_i(t) = (\tau/\tau_i)P(t) \quad ; \quad N(t) = \tau_i P_i(t) = \tau(\lambda/\lambda_i)\, P_i(t) \qquad (1.10)$$

wie es wegen der Unabhängigkeit der Zerfallskanäle zu erwarten war.

1.2.3   Zerfallsketten

Besonders bei den schweren Nukliden tritt häufig der Fall auf, daß das Zerfallsprodukt N_2 selbst wieder radioaktiv ist und mit der Zerfallskonstanten λ_2 zum Nuklid N_3 zerfällt. Wir haben dann für den zeitlichen Aufbau der Anzahl N_2 die *Ratengleichung*

$$dN_2/dt = \lambda_1 N_1(t) - \lambda_2 N_2(t) \qquad (1.11)$$

wo die Zunahme mit der *Bevölkerungsrate* $\lambda_1 N_1$ durch die gleichzeitig wirksame *Entvölkerungsrate* $\lambda_2 N_2$ reduziert wird. Unter der Verwendung von Gl.(1.1) wird aus Gl.(1.11)

$$dN_2/dt = \lambda_1 N_1(0)\, \exp[-\lambda_1 t] - \lambda_2 N_2(t)$$

---

[1] Dies ist eine Angabe über die zu erwartende *mittlere Zählrate*. Mit fester Wiederholungsfrequenz ablaufende Vorgänge werden dagegen in *Hertz* gemessen: 1 Hz = 1 Schwingung/s.

Eine solche Differentialgleichung mit konstanten Koeffizienten löst man durch den Ansatz einer Exponentialreihe. In unserem Fall lautet sie

$$N_2(t) = N_1(0)(a \, \exp[-\lambda_1 t] + b \, \exp[-\lambda_2 t])$$

wo a und b zu bestimmende Konstanten sind. Einsetzen in Gl.(1.11) und Ausdifferenzieren ergibt als Lösung $a = \lambda_1/(\lambda_2 - \lambda_1)$ und für $N_2(0) = 0$ die Beziehung $b = -a$. Damit erhält man schließlich (mit $\lambda_2 - \lambda_1 = \Delta\lambda$)

$$N_2(t) = N_1(0)(\lambda_1/\Delta\lambda) \, (\exp[-\lambda_1 t] - \exp[-\lambda_2 t]) \qquad (1.12)$$

Wie erwartet, wächst $N_2(t)$ zunächst bis zu einem Maximalwert an, dessen Lage sich aus $(dN_2/dt) = 0$ bei $t = t_m$ zu

$$t_m = (\Delta\lambda)^{-1} \ln[\lambda_2/\lambda_1] \qquad (1.13)$$

ergibt (wobei für $\lambda_1 > \lambda_2$ in Gl.(1.13) die Indizes auszutauschen sind)[2]. Nach Gl.(1.11) ist dies der Zeitpunkt, zu dem $\lambda_1 N_1 = \lambda_2 N_2$ gilt, also die Aktivitäten der beiden Nuklide gleich groß sind.

Für $t < t_m$ liefert die Muttersubstanz N_1 pro Zeiteinheit mehr Tochternuklide N_2 als von diesen zerfallen und N_2 nimmt zu. Von t_m an werden von der Mutter weniger Nuklide geliefert, als aus der Tochter zerfallen und N_2 muß wieder abnehmen.

Da für $t \to \infty$ alle Mutternuklide zu Tochternukliden und von dort weiter zu N_3 zerfallen sind, gilt wegen Gl.(1.9) also

$$\int\limits_0^\infty P_1(t)dt = \int\limits_0^\infty P_2(t)dt = N_1(0)$$

Die Zeitabhängigkeit von $P_2(t)/P_1(0)$ ist in Abb. 1.2 für zwei Werte von λ_1/λ_2 gezeigt.

Betrachten wir noch einige Spezialfälle

1. Langlebige Mutter bzw. kurzlebige Tochter: ($\lambda_1 \ll \lambda_2$): *Radioaktives Gleichgewicht*. In diesem Fall setzen wir in Gl.(1.12) $\Delta\lambda = \lambda_2$ und $\exp[-\lambda_2 t] = 0$, woraus wir erhalten

$$N_2(t) = N_1(0)(\lambda_1/\lambda_2)\exp[-\lambda_1 t] = (\lambda_1/\lambda_2)N_1(t) \qquad (1.14)$$

---

[2] Für $\lambda_1 = \lambda_2 = \lambda$ ergibt sich $t_m = 1/\lambda = \tau$, wie man sieht, wenn $\lambda_1 = \lambda$, $\lambda_2 = \lambda(1+\delta)$ gesetzt und der Übergang $\delta \to 0$ gemacht wird.

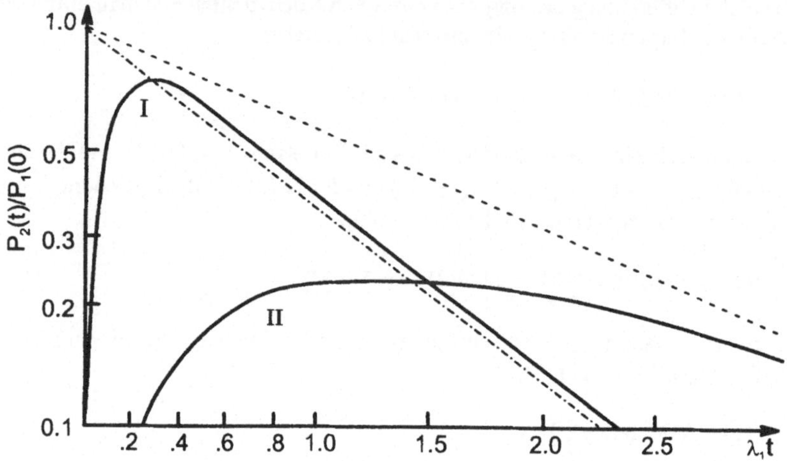

Abb. 1.2 Logarithmisch aufgetragenes Verhältnis $P_2(t)/P_1(0)$ für (I): $\lambda_2 = 8\lambda_1$ bzw. (II): $\lambda_1 = 2\lambda_2$. Der Aktivitätsabfall $P_1(t)$ (-.-.-) des Mutternuklids, sowie der Verlauf $\exp[-\lambda_2 t]$ (----) für das Tochternuklid sind ebenfalls eingezeichnet. Die Grenzfälle des radioaktiven Gleichgewichts (I) sowie der entkoppelten Zerfälle (II) zeichnen sich ab.

Dann ist nach Gl.(1.9) $P_1(t) = P_2(t)$ und es herrscht radioaktives Gleichgewicht: von N_1 werden pro Zeiteinheit genausoviel Tochterkerne N_2 geliefert, wie von dort zu N_3 zerfallen. Die langlebige Mutter N_1 ist dann die radioaktive „Kuh" für das kurzlebige N_2, das von der Quelle N_1 „gemolken" werden kann.

2. Langlebige Tochter bzw. kurzlebige Mutter ($\lambda_2 \ll \lambda_1$): *Entkoppelte Zerfälle*
Nun setzen wir in Gl.(1.12) $\Delta\lambda = -\lambda_1$ und $\exp[-\lambda_1 t] = 0$ und erhalten

$$N_2(t) = N_1(0)\exp[-\lambda_2 t] \quad , \quad N_1(t) = N_1(0)\exp[-\lambda_1 t] = 0$$

Der Zerfall der Muttersubstanz ist bereits nach kurzer Zeit beendet und die dabei entstandenen Tochterkerne zerfallen anschließend mit der Lebensdauer τ_2.

3. Die *allgemeine Zerfallskette* $N_1(\lambda_1) \to N_2(\lambda_2) \to \dots N_{k-1} \lambda_{k-1} \to N_k(\lambda_k)$ läßt sich ganz analog aufbauen und liefert ein gekoppeltes Differentialgleichungssystem

$$dN_m/dt = \lambda_{m-1}N_{m-1} - \lambda_m N_m$$

das wiederum mit einem Exponentialsummenansatz $N_j = \sum_{i=1}^{j} a_{ij} \exp[-\lambda_j t]$ gelöst

wird. Er liefert für die Nuklidzahlen die Lösung in der Form

$$N_j = N_1(0) \sum_{i=1}^{j} a_i \exp[-\lambda_i t] \tag{1.15}$$

deren Koeffizienten rekursiv bestimmt werden können [Eva55, S.490] und, falls $N(0) = 0$ für $i \neq 1$ ist, die allgemeine Produktform haben (für $i \leq j$ und $\lambda_j = 0$, d.h. stabiles Isotop am Kettenende):

$$a_i = \lambda_1(\lambda_1-\lambda_i)^{-1} \lambda_2(\lambda_2-\lambda_i)^{-1}.... \quad \lambda_i(\lambda_k-\lambda_i)^{-1} .... \lambda_{k-1}(\lambda_{k-1}-\lambda_i)^{-1}$$

mit der Substanzerhaltungsbedingung $\Sigma^j_{i=1} a_i = 0$.

Für uns von Wichtigkeit ist der bereits diskutierte Sonderfall, daß die Lebensdauer eines Nuklids in der Kette die aller anderen weit übersteigt: $\lambda_I << \lambda_{i \neq I}$. Die langlebige Tochter N_I ist dann ein *Isomer* der Zerfallskette, bei dem alle vorausgegangenen und bereits abgeschlossenen Zerfälle sich ansammeln. Von dort an zerfallen alle weiteren $N_{I>I}$ im radioaktiven Gleichgewicht mit der langlebigen Mutter N_I, deren Lebensdauer τ_I für die zeitliche Entwicklung allein bestimmend ist. Wir werden solche langen Zerfallsketten bei den schweren Kernen (U/Th) antreffen und können uns dann darauf stützen, daß nur das langlebigste Isomer der Kette für die zeitliche Entwicklung der Aktivitäten wichtig ist und die Lebensdauern der übrigen Nuklide in der Kette keine Rolle spielen.

1.2.4 Produktion radioaktiver Nuklide

Sie spielt bei kernphysikalischen Anwendungen eine wichtige Rolle, denn bei diesem Prozess wird aus einem stabilen Nuklid durch eine Kernreaktion ein radioaktives Nuklid erzeugt, dessen Zerfallseigenschaften ausgenutzt werden sollen. Dabei ist es dann wichtig, die optimale Bestrahlungsdauer zu bestimmen, um die Ausbeute an Radionukliden zu optimieren.

Als Beispiel nehmen wir die Produktion des radioaktiven ^{24}Na mittels einer Deuteronen-Strippingreaktion am stabilen ^{23}Na . Das entstehende ^{24}Na zerfällt mit einer Lebensdauer von 21.8 h und macht einen Betazerfall unter Emission eines Elektrons e von 5.5 MeV Maximalenergie sowie eines Antineutrinos $\bar{\nu}$. So entsteht das Nuklid ^{24}Mg. Wir werden verwenden hierfür die folgende Notierung (s. Glossar im Anhang)

$$^{23}\text{Na (d,p)} \, ^{24}\text{Na (21.8 h)} \rightarrow e(5.5\,\text{MeV}) \, \bar{\nu} + \, ^{24}\text{Mg}$$

Diese Produktion des Nuklids ^{24}Na läßt sich durch einen Bevölkerungsterm in Gl.(1.11) beschreiben, der lautet [MK94]

$$dN_2/dt = \sigma\phi N_1 \tag{1.16}$$

worin σ der *Wirkungsquerschnitt* (in cm^2) der (d,p)-Reaktion bei gegebener Deuteronenenergie E_d und ϕ der Deuteronenstrom ist. N_1 ist die Anzahl der ^{23}Na Targetkerne/cm^2, die sich aus ρD ergibt, wobei ρ die Dichte des Targetmaterials und D die Dicke des Targets ist. Die Einheit für σ ist das *barn*, mit $1b = 10^{-24} cm^2$.

Für die typischen Werte $\sigma = 10$ mb $= 10^{-26}$ cm^2 und $\phi = 10$ μA $= 6\cdot10^{13}$ d/s erhalten wir $\lambda_1 N_1 = 6\cdot10^{-13}$ N_1/s. Diese Produktionsrate entspricht also einer extrem kleinen Zerfallwahrscheinlichkeit λ_1, was aber durch die sehr große Zahl N_1 „zerfallsbereiter", d.h. reaktionsfähiger Targetkerne wettgemacht wird. Dagegen ist die Zerfallskonstante der ^{24}Na-Kerne $\lambda_2 = 1.3\cdot10^{-5}$ s^{-1} vergleichsweise groß und wir können sie zur Bestimmung der ^{24}Na-Produktion in Gl.(1.12) mit der Nebenbedingung $\lambda_1 \ll \lambda_2$ verwenden, weshalb wir $\exp[-\lambda_1 t] = 1$ setzen und erhalten

$$N_2(t) = N_1(0)(\lambda_1/\lambda_2)(1 - \exp[-\lambda_2 t]) \qquad (1.17)$$

Damit haben wir für den Aktivitätsaufbau $P = \lambda_2 N_2$ im Target die folgende Kurve

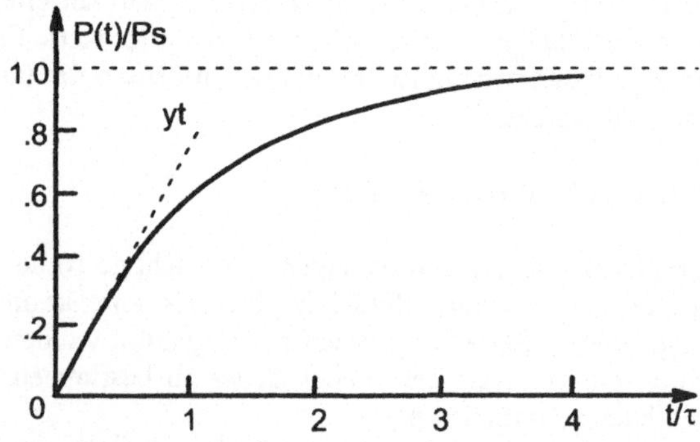

Abb. 1.3 Anwachsen der Aktivität $P(t) = y\tau(1-\exp[-t/\tau])$ eines Targets mit yield y. Die Sättigungsaktivität $P_S = y\tau$ ist nach $t = 3\tau$ soweit erreicht, daß die weitere Aktivierung praktisch nutzlos ist.

Für $\lambda_2 t \ll 1$ setzen wir $\exp[-\lambda_2 t] = 1 - \lambda_2 t$, woraus der lineare Aktivitätsanstieg

$$P(t) = N_1(0)\lambda_1\lambda_2 t$$

folgt. Für $\lambda_2 t \gg 1$ wird $\exp[-\lambda_2 t] \approx 0$ und wir haben die *Sättigungsaktivität*

$$P_S = \lambda_1 N_1(0) \qquad (1.18)$$

erreicht, die über λ_1 von σ und ϕ abhängt. Die Zunahme im linearen Bereich der Aktivitätsakkumulation wird häufig als $P(t) = yt$ angegeben, wo $y = N_1(0)\lambda_1\lambda_2$ der *yield* (engl. Ergiebigkeit) der Reaktion heißt. Für unsere obige Reaktion ist z.B. $y = 1.3 \cdot 10^4$ Bq/sμA, wenn der Deuteronenstrahl mit 14 MeV einfällt und im Target völlig gestoppt wird. Dann hat $N_1(0)$ seinen maximalen Wert, da weitere Targetkerne keine zusätzlichen Reaktionen mehr verursachen können. Will man die Aktivität maximieren, so zeigt Gl.(1.15) in Abhängigkeit von der Bestrahlungsdauer die Bruchteile der Sättigungsaktivität die, erreicht werden.

t	τ_2	$2\tau_2$	$3\tau_2$
$P(t)/P_S$	0.63	0.86	0.95

Bestrahlungsdauern über $3\tau_2$ sind also nicht sinnvoll, da fast die gesamte zusätzlich erzeugte Aktivität während ihrer Produktion bereits wieder zerfällt.

1.3   Radioaktive Zerfallsmoden

Die Anwendungen der Kerne als Uhren verlangen radioaktive Zerfälle, die genügend lange Lebensdauer haben, um über die interessierenden Zeiträume eine hinreichend signifikante Änderung der betreffenden Nuklidzahlen in einer Probe zu bewirken. Es ist offensichtlich, daß nur bei solchen Lebensdauern aussagekräftige Ergebnisse aus der Altersbestimmung an einer Probe zu erwarten sind. Wir wollen daher in diesem Abschnitt kurz umreißen, um welche Typen von Kernübergängen es sich bei diesen Zerfällen handelt und wie sie physikalisch zustande kommen. Für tiefergehende Untersuchungen dieser Probleme sei auf die Standardlehrbücher der Kernphysik verwiesen (z.B. [MK94, Eva55] oder andere).
Die Abregung eines angeregten Kernzustandes erfolgt normalerweise über Gammaemission, wenn die Anregungsenergie unterhalb der Bindungsenergie der Nukleonen liegt und über Teilchenemission, wenn sie darüber liegt. Die Gammazerfälle werden durch die *elektromagnetische Wechselwirkung* ermöglicht, die Teilchenzerfälle sind durch die *starke Wechselwirkung* zwischen den Kernbestandteilen bestimmt. Die elektromagnetischen Zerfälle haben in der Regel Lebensdauern zwischen 10^{-10}s und 10^{-15}s, die Teilchenzerfälle sind noch kurzlebiger und haben Lebensdauern von 10^{-16}s nahe der Emissionsschwelle bis 10^{-22}s für sehr hoch angeregte Zustände. (Dabei folgt die zeitliche Abnahme der Anzahl angeregter Nuklide immer dem gleichen Gesetz (1.1), wie im vorigen Abschnitt dargestellt). Diese normalen Kernzerfälle sind also für unsere Zwecke wertlos, da die nützlichen Zeiträume für eine Altersbestimmung von einigen Jahren an aufwärts liegen. Die hierfür geeigneten Zerfallsmoden wollen wir nun betrachten.

1.3.1   Schwache Zerfälle: Betazerfall und Elektroneneinfang

Die schwachen Zerfälle beruhen auf der Umwandlung von *Nukleonen* (mit denen wir Protonen bzw. Neutronen bezeichnen) ineinander. Sie involvieren die virtuelle Emission eines Teilchens sehr großer Masse (W-Bosonen) und sind daher sehr langlebig [Bop89]. So hat eine freies Neutron die mittlere Lebensdauer $\tau_n = (887 \pm 2)$s, bis es in ein System von Proton (p), Elektron (e) und Antineutrino ($\bar{v}$) übergeht. Dies ist möglich, da das Neutron schwerer ist als das Proton und diese Massendifferenz die Bildung der neuen Teilchen ermöglicht. Symbolisch schreiben wir diesen *Elektronen-* (oder *Beta-Minus*)*-Zerfall* als $n \to pe\bar{v}$. Das Proton ist dagegen leichter als das Neutron und daher im freien Zustand dem analogen Zerfall $p \to n\bar{e}v$ in Neutron (n), Positron ($\bar{e}$) und Neutrino (v) nicht unterworfen. Anders ist die Situation im Kerninneren, wo n und p gebunden sind. Dann müssen die im Betazerfall entstandenen Nukleonen wieder in einen gebundenen Kernzustand übergehen wobei es sein kann, daß dieser neue Zustand eine so andere Struktur hat, daß der Übergang vom gegebenen Anfangszustand aus sehr behindert ist. Das führt dann zu Lebensdauern, die viele Größenordnungen länger sind als die des freien Zerfalls. Es kann aber auch sein, daß der Endzustand stärker gebunden ist als der Anfangszustand, wodurch freiwerdende Bindungsenergie verfügbar wird. Das kann bewirken, daß der für das freie Proton unmögliche Betazerfall im Kerninneren stattfindet. Dies nennt man einen *Positronen-* (oder *Beta-Plus*)*-Zerfall*. Schließlich ist es möglich, daß die fehlende Übergangsenergie beim Positronenzerfall aus dem Einfang eines Elektrons der Atomhülle genommen wird, also der Prozess $pe \to nv$ abläuft. Er trägt den Namen *Elektroneneinfang* (EC: Electron Capture). Da hierfür die Masse des Elektrons nicht im Endzustand erzeugt werden muß, sondern dem Anfangszustand als Übergangsenergie zur Verfügung steht, ist dieser Prozess energetisch sehr viel günstiger als der Elektronenzerfall. Allerdings ist die Aufenthaltswahrscheinlichkeit der Hüllenelektronen am Kernort, wo sie eingefangen werden können, sehr gering, da der Kerndurchmesser nur etwa 10^{-5} vom Hüllendurchmesser beträgt. EC-Prozesse verlaufen deshalb ebenfalls sehr langsam.
Alle diese schwachen Zerfälle lassen sich in der Regel dadurch nachweisen, daß die beim Übergang entstandenen neuen Kerne (deren Masse A gleich, Z aber um eine Ladung verschoben ist) im angeregten Zustand gebildet werden. Dieser zerfällt, wie eingangs erwähnt, sehr schnell durch die Emission von Gammaquanten. Dies ist der im Abschnitt 1.2.3 beschriebene Fall der langlebigen Mutter, sodaß die Gammastrahlung mit der Lebensdauer des Betazerfalls abklingt und zu dessen Beobachtung dienen kann. Da die Gammaübergänge eine feste Energie haben, die emittierten Gammaquanten also gut zu spektroskopieren sind und außerdem eine große Durchdringungsfähigkeit haben (s. Kap. 2), ist es in der Regel leichter, den Betazerfall über die nachfolgende Gammastrahlung zu verfolgen, als über die emittierten Betateilchen selbst, die keine scharfe Energie haben. Nur in den Fällen, wo

der Übergang sofort zum Grundzustand des Endkerns führt, also keine Gammas ausgesendet werden, muß die Betastrahlung selbst spektroskopiert werden.
Die beschriebenen Zerfallsmoden sind im folgenden Bild schematisch dargestellt.

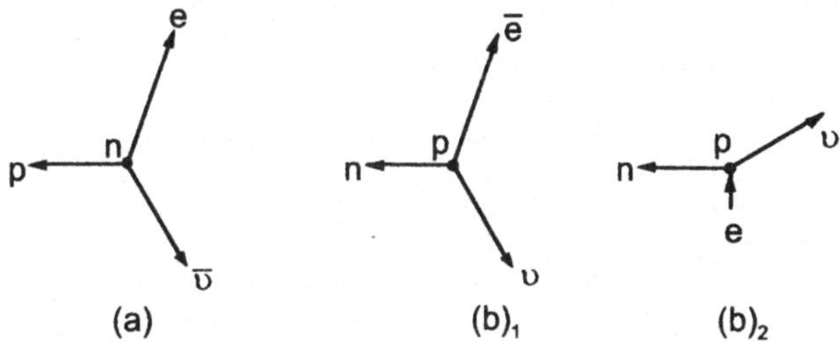

Abb. 1.4 Schematische Darstellung der schwachen Zerfälle des Nukleons, die den Betazerfällen der Nuklide zugrunde liegen. Da das zerfallende Teilchen in Ruhe ist, müssen sich die Impulse der neu entstandenen Teilchen gegenseitig aufheben.
(a): β^--Zerfall: Elektronenemission,
(b)₁: β^+-Zerfall: Positronenemission, (b)₂ β^+-Zerfall: Elektroneneinfang

1.3.2 Tunnelprozesse: Alphazerfall und spontane Spaltung

Bei diesen Prozessen handelt es sich um Teilchenzerfälle, die normalerweise sehr schnell ablaufen, wie eingangs erwähnt. Wird aber der Zerfall durch eine dazwischen liegende Potentialbarriere der Breite Δx behindert, so kann diese nur mit einem virtuellen Impuls Δp überwunden werden, der nach der Unschärferelation durch $\Delta x \Delta p \approx \hbar/2$ gegeben ist. Anders gesagt: weil dem Teilchen aufgrund mangelnder Energie der Bereich Δx unter der Potentialbarriere verschlossen ist, erhält es eine Impulsunschärfe Δp, die mit der entsprechenden Unschärfe in der kinetischen Energie einhergeht. Diese ist aber mit einer gewissen Wahrscheinlichkeit groß genug, die Barriere zu überwinden. Das ist der physikalische Inhalt des *Tunneleffekts*. Er ist für den eindimensionalen Fall in Abb. 1.5 dargestellt (r ist der Abstand in einem kugelsymmetrischen Potential).
Die *Tunnelwahrscheinlichkeit* W ist für ein Teilchen mit Masse m und Energie E nach der Quantenmechanik durch [MK94]

$$W \propto \exp[-(2/\hbar)\int_i^a p\,dx\,] \approx \exp[-(2/\hbar)\sqrt{2m(\langle U\rangle - E)}\Delta x\,]$$

gegeben, wobei <U> das Barrierenpotential, gemittelt über die Barrierenbreite Δx ist.
Die Exponentialfunktion bewirkt eine sehr große Änderung von W bereits bei kleinen Änderungen in der Höhe oder Breite der Barriere (d.h. mit der Energie E des Teilchens bzw. der Masse m). Die Zerfallswahrscheinlichkeit/s eines solchen Zustands ist schließlich gegeben durch $\lambda = \omega W$, wo ω die Anzahl der Stöße/s ist, mit

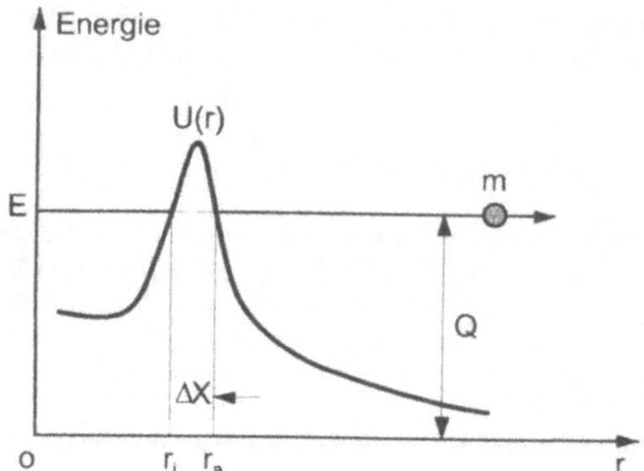

Abb. 1.5   Schematische Darstellung des Tunneleffektes: Das Teilchen der Masse m hat die
Energie E und kann vom Kerninneren $r < r_i$ her nicht in den Bereich Δx unter der
Barriere U eindringen. Gemäß der Unschärferelation kann es aber die Barriere über-
winden. Q: Energiegewinn durch den Zerfall.

denen das Fragment m versucht, dem Potentialtopf zu entkommen.

Mit dieser ersten Anwendung der Quantenmechanik auf die Atomkerne hat *G.
Gamow* 1928 die Alphazerfälle erklärt, deren Lebensdauer eine enorme Abhängigkeit von der Zerfallsenergie aufweisen, was zur damaligen Zeit ein großes Rätsel
war. Für unsere Anwendungsinteressen ist diese Eigenschaft sehr vorteilhaft, denn
sie führt zu einer großen Breite verfügbarer Lebensdauern, die für die Altersbestimmung geeignet sind.

Der geläufigste kernphysikalische Tunnelprozess ist der Alphazerfall eines Nuklids
mit Protonenzahl Z und Neutronenzahl N. Wir notieren ihn als

$$(Z,N) \rightarrow (Z-2, N-2)\alpha$$

Er bringt dem Gesamtsystem dadurch einen Energiegewinn, daß die vier Nukleonen im freien Alphateilchen stärker gebunden sind, als im Inneren des Mutterkerns.
Das System würde also sofort zerfallen, wird jedoch durch die Zerfallsbarriere ge-
hindert, die aus der Überlagerung der Coulomb- und Drehimpulspotentiale entsteht. Sie sind von außen abstoßend, werden aber im Inneren durch die stark at-
traktiven Kernkräfte abgesenkt. Nach der Durchtunnelung wird das Alphateilchen
von dem Potentialwall abgestoßen und gewinnt dabei eine kinetische Energie, die
den *Q-Wert* der Reaktion bestimmt.

Bei sehr schweren Kernen gibt es einen verwandten Prozess, bei dem der Mutter-
kern aber kein Alphateilchen aussendet, sondern in zwei wesentlich größere *Spaltprodukte* S zerfällt. Diese *Kernspaltung* lautet also

$$(Z,N) \rightarrow (Z_S,N_S) + (Z - Z_S, N - N_s)$$

Die physikalische Ursache für die Behinderung des Zerfalls ist die gleiche, wie beim Alphazerfall, der Mechanismus seiner Überwindung ist jedoch etwas anders, wie wir in Abschn. 4.1.3 sehen werden. Die bei der Spaltung freiwerdende Energie Q_f ist wegen des großen Ladungsproduktes $(Z-Z_S)Z_S$ (das für $Z_S = Z/2$ ein Maximum hat) und der entsprechend hohen Coulombbarriere zwischen den Spaltprodukten sehr viel größer als im Alphazerfall. Deshalb gelingt es z.B., den Zerfall durch die Schäden nachzuweisen, die die Spaltprodukte während der Abbremsung längs ihrer Spur im umgebenden Material zurückgelassen haben (s. Abschn. 1.4.6). Wenn der Zerfall ohne äußere Energiezufuhr stattfindet, bezeichnet man ihn als *Spontanspaltung* (SF: Spontaneous Fission). Wir werden später (Kap. 4) auch die *induzierte Spaltung* kennenlernen, bei der dem Kern durch Neutronenabsorption Energie zugeführt wird. Dann nimmt die Spaltwahrscheinlichkeit so stark zu, daß der Kern augenblicklich ($\approx 10^{-20}$s) zerplatzt. Die große kinetische Energie der Spaltprodukte wird dann zur Wärmeerzeugung ausgenutzt.

1.3.3   Isomere Übergänge

Diese Übergänge (auch mit IT: *Isomeric Transitions* bezeichnet) sind rein elektromagnetischer Natur, lauten also

$$(Z,N) \rightarrow (Z,N)\gamma$$

Sie müßten nach dem in der Einleitung zu Abschn. 1.3 Gesagten sehr schnell zerfallen, aber sie leben lange, weil der elektromagnetische Zerfall behindert ist. Die Ursache hierfür liegt darin, daß die Spindifferenz $\Delta I - I_a - I_e$ zwischen Anfangs- und Endzustand zu groß ist. Daher muß das Gammaquant neben seinem eigenen Spin noch Bahndrehimpuls mitnehmen, damit in dem ganzen Zerfallsprozess die Drehimpulserhaltung gewährleistet ist. Abhängig von der Größe des Gammaimpulses $p_\gamma = E_\gamma/c$ kann es nun sein, daß zur Aufnahme des zusätzlichen Drehimpulses $L_\gamma = p_\gamma R$ ein sehr großer Abstand R vom Kernzentrum erforderlich ist. Da das Gammaquant aber am Ort des emittierenden Nukleons entsteht, muß sich dieses bei der Abstrahlung im Abstand R vom Kernzentrum befinden. Ist R wesentlich größer als der Potentialradius ($r = 1.2 A^{1/3}$ fm), so sind dort nur sehr selten Nukleonen anzutreffen und die Wahrscheinlichkeit für den Gammazerfall ist gering, die Lebensdauer des isomeren Zustands also groß. Ein bemerkenswertes Beispiel hierfür ist das Nuklid ^{180}Ta, dessen Grundzustand den Spin $I = 1^+$ hat (+ bzw. − gibt die *Parität* des Zustands an [MK94]). Bei $E_x = 75$ keV liegt ein Zustand mit $I = 9^-$, der nur mit $\Delta I = 8^-$ zum Grundzustand zerfallen könnte wozu $L = 7\hbar$

aufgebracht werden müßte, was praktisch unmöglich ist[3]. Deshalb geht er wie der Grundzustand durch EC und Elektronenzerfall in die Nachbarkerne ^{180}Hf bzw. ^{180}W über. Während aber der Grundzustand wegen seines kleineren Spins nur $t_{1/2} = 8.1$ h hat, lebt das Isomer mit $t_{1/2} > 1.2 \cdot 10^{15}$a und findet sich daher als Relikt aus der Elemententstehung (s. Abschn. 1.6.4) noch mit einem Anteil $\varepsilon = 1.2 \cdot 10^{-4}$ im Isotopengemisch des natürlichen Tantals.

Aufgabe 1.1: Bestimmen Sie den erforderlichen Abstand R des Nukleons vom Kern, wenn dieser γ-Zerfall stattfinden soll.

1.4   Nachweismethoden

Wir wollen uns nun einen Überblick verschaffen, welches die wichtigsten Meßgeräte sind, mit denen heute die Radionuklide nachgewiesen werden. Dabei läßt die historische Entwicklung eine starke Konzentration in drei verschiedene Richtungen erkennen.

1. Die Erhöhung der Nachweiswahrscheinlichkeit durch möglichst vollständige Erfassung der ausgesendeten Strahlung.

2. Die möglichst weitgehende Unterdrückung der unerwünschten Strahlung aus der Umgebung, die das schwächste noch nachweisbare Signal aus der Probe begrenzt.

3. Der direkte Nachweis der Radionuklide anstelle der von ihnen ausgehenden Strahlungsaktivität.

Besonders die dritte Methode hat im letzten Jahrzehnt große Bedeutung gewonnen, denn neben einer großen Ausdehnung der verwendbaren Lebensdauern eröffnet sie auch die Möglichkeit, aus Isotopenverhältnissen in einer Probe bereits abgeschlossene Zerfallsprozesse oder auch nichtradioaktive Ereignisabläufe in der Historie einer Probe zu rekonstruieren und damit das Anwendungsgebiet der Methoden wesentlich zu steigern.

In diesem Sinne gibt die folgende Übersicht lediglich den augenblicklichen Stand (1998) wieder, der mit Sicherheit in wenigen Jahren ergänzungsbedürftig sein wird.

---

[3]Aus dem gleichen physikalischen Grunde kommen bei den Elektronen in der Atomhülle praktisch nur Dipolübergänge $\Delta I = 1^-$ (d.h. mit Spindifferenz 1 $\hbar$ und Paritätswechsel) vor, deren Spindifferenz das emittierte Photon mit seinem Spin (S = 1^-) selbst aufbringt. Die Hüllenübergänge haben so geringe Energien, daß für eine zusätzliche Drehimpulsabgabe an das Photon das emittierende Elektron sich weit außerhalb der Atomhülle befinden müßte. Dort ist seine Aufenthaltswahrscheinlichkeit aber praktisch Null. Atomare Übergänge mit Bahndrehimpuls sind daher „verboten" und finden nur in extremen Vakua statt, wo das Atom seine Energie nicht über Stöße loswerden kann und in manchen Fällen erst nach vielen Stunden dazu kommt, ein Photon zu emittieren.

1.4.1   Messung der Probenaktivität: Zähleranordnungen

Zählratenbestimmung: Die Zählrate I, mit der ein Zähler Z die Aktivität
P = –dN(t)/dt einer Probe Q mißt, ist gegeben durch

$$I = \eta\, \Omega P \tag{1.19}$$

wo η die *Nachweisempfindlichkeit* des Zählers für die von Q ausgehende Strahlung
ist und Ω der *Raumwinkel* der Zähleranordnung, der den Anteil der isotrop von Q
ausgehenden Strahlung bestimmt, der Z trifft.

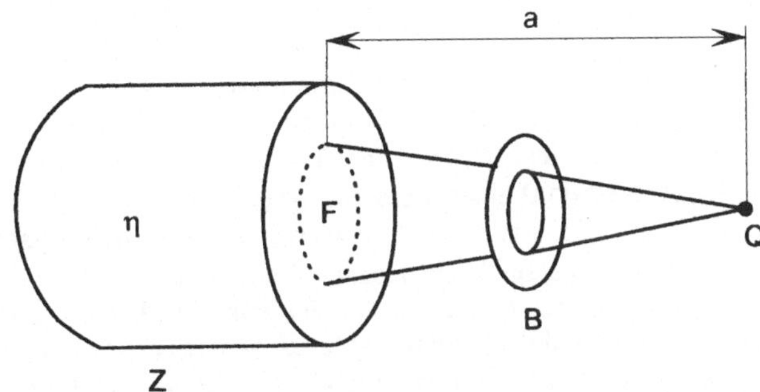

Abb. 1.6   Meßanordnung mit Quelle Q, Blende B und Zähler Z, der die aktive Zählfläche F und
eine Nachweisempfindlichkeit $\eta \leq 1$ für die von Q ausgehende Strahlung hat. Der
Raumwinkel ist gegeben durch $\Omega = F/a^2$.

Normalerweise gilt für die Nachweisempfindlichkeit der verwendeten Zähler $\eta \approx 1$
(für geladene schwere Teilchen), $\eta < 1$ (für Elektronen) und $\eta \ll 1$ (für Gammaquanten). Die physikalischen Gründe für dieses unterschiedliche Verhalten werden in Kap. 2 behandelt. Der Raumwinkel Ω wird in *Steradian* (sr) gemessen, wobei 1 sr durch die Fläche aufgespannt wird, die bei einer Kugel mit Radius a den
Flächeninhalt a^2 hat. Die volle Kugeloberfläche überdeckt also einen Raumwinkel
von 4π sr. Daher heißen Anordnungen, die diesen maximal möglichen Raumwinkel
aufweisen auch *4π-Anordnungen*. Die genaue Bestimmung von η und Ω einer
Zähleranordnung ist nicht einfach und erfordert viele Eichmessungen mit Strahlungsquellen genau bekannter Stärke. Meist versucht man daher durch geeignete
Verhältnisbildungen die Messungen auf einen bestimmten Satz von Meßparametern
zu *normieren*. Dabei fallen dann die schwer zu bestimmenden experimentellen
Faktoren großenteils heraus. Nur die Bezugsmessung, auf die alle anderen normiert
werden, muß dann einer sehr sorgfältigen *Eichung* unterzogen werden.

Zählstatistik: Der elementare Umwandlungsprozess beim radioaktiven Zerfall ist ein statistischer Vorgang. Infolgedessen trägt auch die Anzahl der nachweisbaren Spuren, also der emittierten Strahlung oder entstandenen Tochternuklide, dieses Merkmal. Eine gemessene Anzahl N ist deshalb stets mit einer Fehlerbreite ΔN um den genauen Wert der Meßgröße verteilt, der sich als Mittelwert $<N>$ aus vielen Meßwiederholungen ergibt. Die für die kernphysikalische Situation mit einer sehr großen Zahl von zerfallsbereiten Individuen, aber einer sehr kleinen individuellen Zerfallswahrscheinlichkeit gültige *Poisson-Statistik* [Eva55] liefert für große N die Beziehung $\Delta N = <N>^{1/2}$ sodaß für die relative Genauigkeit eines Meßergebnisses gilt

$$\Delta N/<N> = <N>^{-1/2} \tag{1.20}$$

Der statistische Fehler eines Meßergebnisses nimmt also mit $<N>^{-1/2}$ ab, d.h. um die statistische Genauigkeit eines Meßergebnisses zu verdoppeln, muß die vierfache Meßdauer aufgewendet werden. Das setzt der erreichbaren statistischen Sicherheit oder *Präzision* (engl. precision) einer Messung strikte Grenzen. Hinzu kommt, daß das Meßergebnis nicht nur statistischen Fehlern, sondern auch systematischen Fehlern von der Art der eingangs besprochenen Unsicherheiten in η und Ω unterliegt. Diese werden durch eine Erhöhung der Statistik natürlich nicht kleiner und stellen eine absolute Grenze der *Genauigkeit* (engl. accuracy) des Ergebnisses dar. *Hohe Präzision einer Messung ist ohne eine entsprechende Genauigkeit wertlos.* Gerade bei den Anwendungen der Kernphysik auf Nachbargebiete ist es wichtig, diese den Quantenphysikern selbstverständliche Unterscheidung stets zu beachten. Anderenfalls sind falsche Vorstellungen über die Zuverlässigkeit auch einwandfrei gewonnener Meßergebnisse unvermeidlich.

1.4.2   Zählertypen

Im folgenden soll ein kurzer Überblick über die grundätzliche Wirkungsweise der verschiedenen verwendeten Nachweisgeräte gegeben werden, die heute am häufigsten vertreten sind. Die Details der einzelnen Konstruktionen können sich dabei erheblich unterscheiden, je nachdem für welche spezielle Problemstellung die Zähler entwickelt wurden. Aber die hier dargestellten Funktionsweisen bleiben im Prinzip unverändert.

Gaszähler: Diese beruhen auf der Bildung von Elektron-Ionenpaaren in der Gasfüllung eines Zählers beim Durchgang von geladenen Teilchen. Wenn die Wechselwirkung zwischen der Ladung des Teilchens und den Elektronen in der Hülle der Zählgasatome ausreicht, werden diese freigesetzt und es entsteht längs der Teilchentrajektorie ein Ionenschlauch, der die freien *Primärelektronen* enthält. In einer *Ionisationskammer* werden diese Primärlektronen in einem von außen angelegten elektrischen Feld zur Anode gezogen und als Ladungsmenge nachgewiesen. Werden die Primärelektronen im Zählerfeld selbst so sehr beschleunigt, daß sie ihrerseits Gasatome ionisieren, so bildet sich eine Elektronenlawine, die die Ursache der *Gasverstärkung* ist. Damit läßt sich die Zahl der Primärelektronen auf das $(10^6\text{-}10^7)$-fache vergrößern, sodaß der Zählimpuls des Teilchens relativ einfach als Stromstoß nachgewiesen werden kann. Ist die Zahl der Elektronen in der Lawine proportional zur Zahl der Primärelektronen, so spricht man von einem *Proportionalzähler*. Ist die Ladung in der Lawine unabhängig von der Primärionisation immer maximal und damit gleich groß, so handelt es sich um einen *Auslösezähler*, dessen bekanntester Vertreter das *Geiger-Müller Zählrohr* ist. Es ist einfach und robust gebaut, aber lediglich ein „Ja-Nein" Zähler, der keine weiteren Informationen liefert. Das leisten dagegen die *Proportionalzähler* (zu denen auch die Ionisationskammer gehört): Größe und zeitlicher Verlauf der bei diesen Zählern rekonstruierbaren Primärionisationen liefern Aussagen über Art und Energie des nachgewiesenen Teilchens. Die Basis hierfür ist die *Bethe-Bloch Gleichung* (s. Abschn. 2.1.1), die besagt, daß für Projektile der Energie E der auf der Strecke dx an die Detektoratome abgegebene *Energieverlust* dE/dx durch $EdE \propto (Z_T\rho)\,Z^2 M dx$ gegeben ist, wo (Z,M) Ladung und Masse des Projektils und (Z_T,ρ) die Ladung und Dichte des Detektormaterials ist. Wir werden auf diesen Zusammenhang zu Beginn des nächsten Kapitels ausführlicher zurückkommen.

Gaszähler haben durch die Einführung vieler drahtförmiger Anoden im gleichen Gasvolumen den Bau von *Ortszählern* ermöglicht, die es erlauben, in großflächigen Zählvolumina die Bahn der nachgewiesenen Teilchen zu rekonstruieren und damit die Leistungsfähigkeit der Zähler ganz wesentlich zu steigern. Auf vielen Teilgebieten der kernphysikalischen Meßtechnik wurden damit völlig neue Entwicklungen in Gang gesetzt, eine Tatsache, die 1992 mit der Nobelpreisvergabe an *G. Charpak*, den Pionier dieser neuen Entwicklung, gewürdigt wurde.

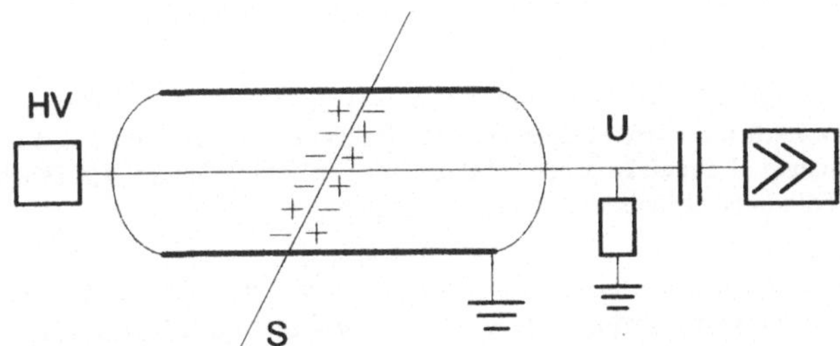

Abb. 1.7 Prinzip des *Gaszählrohrs*. Die Ladungen des längs der Teilchenbahn S erzeugten Ionenschlauchs werden durch das elektrische Feld auf die Elektroden gelenkt. Die dort entstehenden Influenzsignale werden über den Verstärker (>>) nachgewiesen.

Halbleiterzähler: Dieser Zählertyp ist bei den meisten Anwendungen an die Stelle der Gaszähler getreten. Hier werden die Elektronen, die beim Teilchendurchgang durch einen Halbleiterkristall freigesetzt werden, in einem elektrischen Feld im Inneren des Halbleiters gesammelt und die resultierende Ladungsmenge nachgewiesen. Diese Zähler funktionieren also wie Festkörper-Ionisationskammern. Ihr großer Vorteil liegt in der Tatsache, daß der primäre Ionisierungsschlauch eine sehr viel größere Elektronendichte enthält als in einem Gaszähler produziert wird, weil zum einen die atomare Dichte im Festkörper wesentlich größer ist als im Gas und zudem das durchfliegende Teilchen für die Freisetzung eines Elektrons nur etwa 3 eV Energie benötigt, im Zählgas hingegen ca. 30 eV. Dadurch ist die Zahl der ein Signal bildenden primären Ladungsträger um eine Größenordnung vermehrt und nach dem in Abschn. 1.4.1 Gesagten die statistische Schwankungsbreite des Signals entsprechend kleiner. Halbleiterzähler haben daher eine inhärent bessere *Energieauflösung* als Gaszähler. Für den Nachweis von Teilchen werden normalerweise Festkörperzähler aus Si verwendet, für den Nachweis von Gammaquanten nimmt man dagegen Ge oder noch schwerere Elemente, da das η für Gammas sehr stark mit dem Z des Detektormaterials ansteigt.

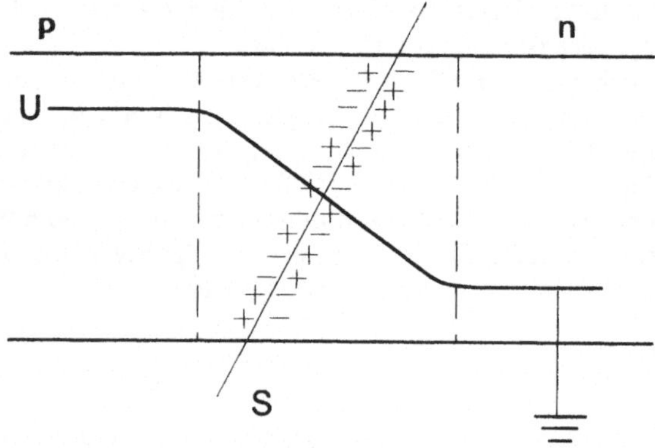

Abb. 1.8 Prinzip des Halbleiterzählers mit n- bzw. p-Dotierung. In der Umgebung der Grenzfläche zwischen den verschieden dotierten Halbleiterschichten bildet sich bei angelegter Spannung U ein elektrisches Feld, das auf den Ionenschlauch der Teilchenbahn wie das Feld in einer Ionisationskammer wirkt.

Szintillationszähler: Dies ist der älteste Zählertyp, denn die ersten radioaktiv erzeugten Alphateilchen wurden von *E. Rutherford* über die Lichtblitze nachgewiesen, die sie auf einem ZnS-Schirm erzeugten. Daraus erklärt sich bereits das Grundprinzip: Die Teilchen werden nicht durch die im Zähler freigesetzten Elektronen nachgewiesen, sondern durch das in der Folge erzeugte Licht. Dieser Prozess ist nicht sehr effektiv und es findet sich nur ein kleiner Teil der primär abgegebenen Energie des Teilchens in der Lichtausbeute wieder. Dieses Licht wird auf Photokathoden gesammelt, wo es wieder in Elektronen verwandelt wird. Diese bilden dann ein elektronisches Signal, das wie in den vorher besprochenen Zählertypen verarbeitet wird. Als Folge sind für ein Photoelektron ca. 2 keV Teilchenenergie nötig und aus den oben genannten Gründen ist die Energieauflösung der Szintillationszähler notorisch schlecht. Ihr Vorteil ist, daß sie sehr großes Volumen haben können, da das Licht im transparenten Zählermaterial über große Distanzen zur Kathode zu laufen vermag. Deshalb haben Szintillationszähler für alle Strahlenarten ein großes η und liefern sehr schnelle Signale, die sie als *Koinzidenzzähler* geeignet machen. Sie werden besonders für Gammastrahlung verwendet und bestehen hauptsächlich aus NaI, CsI oder BaF_2.

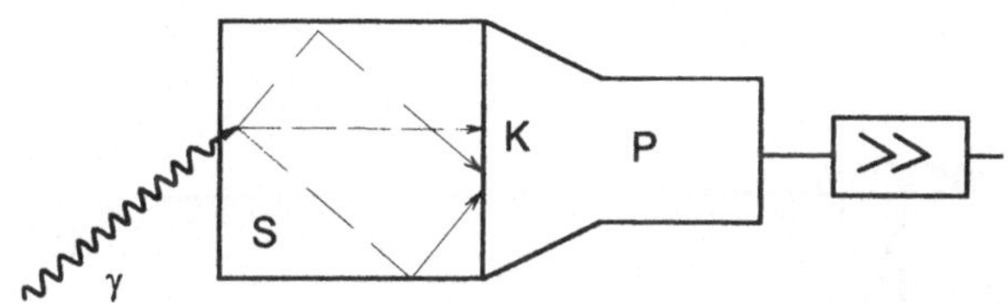

Abb. 1.9 Prinzip des Szintillationszählers. Die einfallende Strahlung erzeugt im Szintillator S Elektron-Ionenpaare, die bei ihrer Rekombination Licht aussenden. Das Licht (---) kann in dem transparenten Szintillatormaterial die Photokathode K des Photomultipliers P erreichen. Dort löst es Photoelektronen aus, die im Photomultiplier verstärkt werden.

Diese kurze Prinzipbeschreibung der Zählertypen macht die physikalischen Prozesse klar, die ihrer Wirkungsweise zu Grunde liegen. Es gibt sehr gute Darstellungen der gesamten Detektortechnologie (z.B. [Leo94]), die der interessierte Leser für alle weiteren Fragen konsultieren sollte.

1.4.3 Untergrundstrahlung: Low Level Counting

Die Vermessung radioaktiver Proben führt sehr häufig auf das Problem, schwache Signale zu messen, die von einem starken Untergrund unerwünschter Signale überdeckt werden. Insbesondere bei der Alterbestimmung (s. Abschn. 1.5) ist die Eliminierung dieses Untergrundes direkt gleichbedeutend mit einem entsprechend größeren Alter, das noch bestimmt werden kann.

Für die Lösung des Problems gibt es prinzipiell die Möglichkeiten entweder die Untergrundstrahlung selbst zu reduzieren, sodaß sie gar nicht in den Zähler gelangt (*passive Abschirmung*) oder aber die vom Untergrund kommenden Signale in der

Zähleranordnung zu kennzeichnen, sodaß sie zwar im Zähler nachgewiesen werden, aber nachträglich verworfen werden können (*aktive Abschirmungen*) [Heu95].

Kosmische Höhenstrahlung: Die Quellen der Untergrundstrahlung können ebenfalls in zwei Kategorien geteilt werden. Zunächst produziert das den Zähler umgebende Material (Wände, Böden, Luft) beträchtliche Aktivitäten mit zum Teil energiereicher Strahlung, die ungefähr isotrop verteilt ist. Dabei sind Trivialursachen (z.B. radioaktive Präparate in Zählernähe) relativ leicht zu entdecken, doch das mit passiven Abschirmungen nicht zu behebende Aktivitätsniveau dieser *Umgebungsstrahlung* ist oft beträchtlich.

Die bedeutendste, weil unvermeidlichste Quelle des Untergrundes ist aber die *Höhenstrahlung*. Sie leitet ihren Namen von der Tatsache her, daß sie ihren Ursprung in der hohen Atmosphäre hat, wobei die Intensität recht gut einer $\cos\theta$-Verteilung folgt.

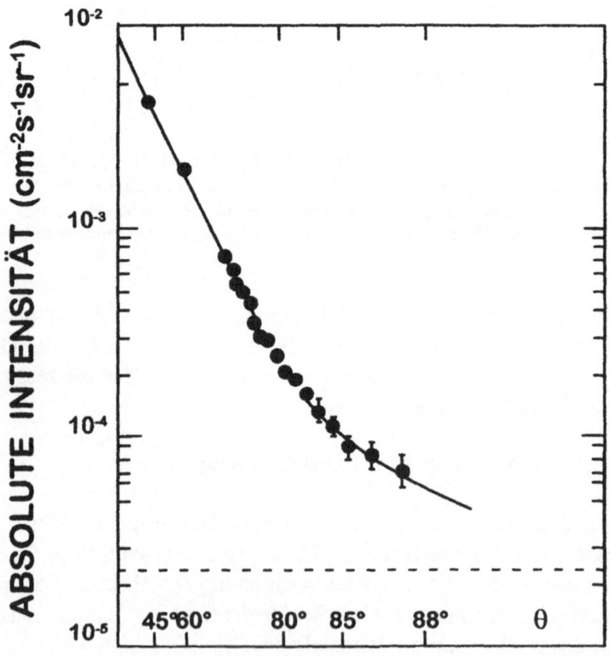

Abb. 1.10 Absolute Intensitätsverteilung (Teilchen/cm²s sr) der Höhenstrahlung in Abhängigkeit vom Winkel zum Zenith ($\theta = 0$). Nach [AG84].

Sie entsteht durch den Einfall der aus dem interplanetaren Raum kommenden *kosmischen Strahlung* in die Lufthülle der Erde. Diese kosmische Primärstrahlung besteht vor allem aus Protonen hoher Energie, die sie über zahlreiche Stöße mit den Kernen der Luftmoleküle in der Produktion eines Schauers von *Sekundärteilchen* verbrauchen. Diese Sekundärteilchen sind vielfach instabil und haben ihrer-

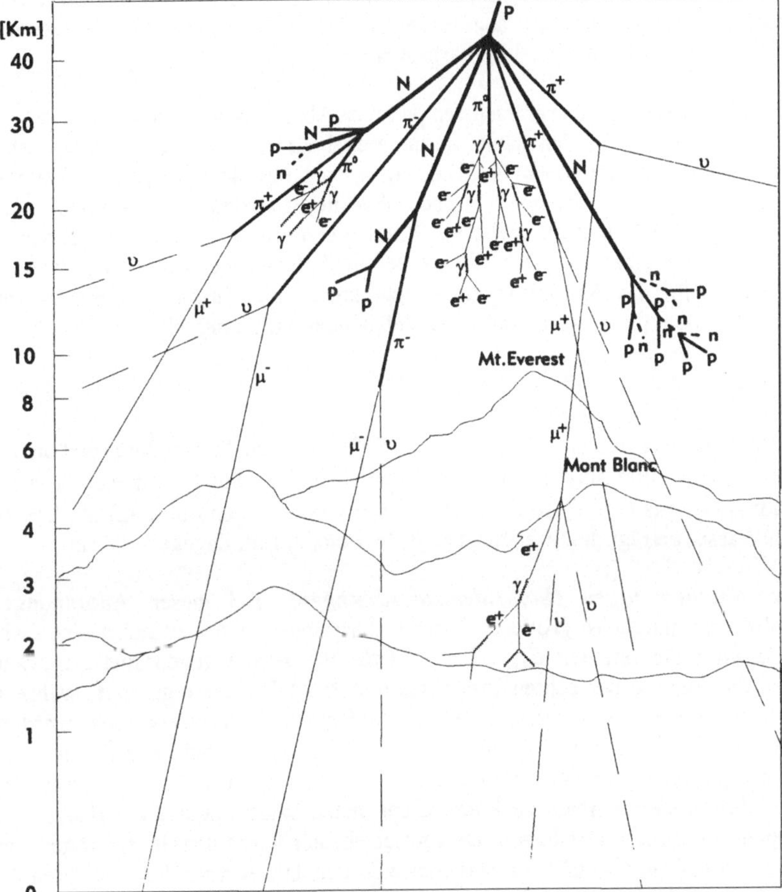

Abb.1.11 Von einem Proton der kosmischen Primärstrahlung ausgelöster Schauer von Sekundärteilchen. Von diesen erreichen hauptsächlich die Müonen (μ) und Neutrinos (ν), aber
auch ein Teil der erzeugten Gammas (γ) und Neutronen (n) die Erdoberfläche. Atomkerne (N) und Pionen (π) können die tieferen Atmosphärenschichten nicht erreichen.

seits noch so große Energie, daß sie weitere Teilchen produzieren und so den Schauer enorm vergrößern. Die instabilen Teilchen zerfallen alle vor Erreichen der Erdoberfläche mit Ausnahme der Neutronen und des Müons, dessen vergleichsweise sehr lange Lebensdauer von τ_μ = 2.2 µs (in Ruhe), durch eine beträchtliche kinetische Energie relativistisch verlängert wird, sodaß ein Teil von ihnen auch tief in die Erde eindringen kann. Sie bilden daher den Hauptteil der Höhenstrahlung an der Erdoberfläche und sind wegen ihrer schwachen Wechselwirkung mit der durchflogenen Materie sehr schlecht abzuschirmen. Das Schema eines solchen Schauers in der Atmosphäre ist in Abb. 1.11 dargestellt.

Passive Abschirmung: Die einfachsten passiven Abschirmungen bestehen aus einem Absorber, der um den Zähler herum aufgebaut ist. Hierzu eignen sich insbesondere Materialien mit hohem Z („Bleihaus"), da sie große Absorptionswirkungsquerschnitte haben (s. Abschn. 2.1) und daher die Strahlung besonders wirkungsvoll verringern. Für hochenergetische Strahlung, die in konsekutiven elektromagnetischen Schauerprozessen von Elektronen in Gammas und zurück umgewandelt wird, ist die für das Abschirmmaterial charakteristische *Strahlungslänge* Λ entscheidend, wobei für die Intensität I der einfallenden Strahlung gilt

$$dI/I = -dx/\Lambda \quad ; \quad I(x) = I_0 \exp[-x/\Lambda] \tag{1.21}$$

Über eine Strecke von x = 3Λ wird also 95% der einfallenden Intensität in die nächste Schauerstufe überführt und am Ende absorbiert. Für Pb hat man Λ = 5.6 mm, für SiO_2 (aus dem Gestein und Mauerwerk überwiegend besteht) ist $\Lambda \approx 10$ cm. In Wasser beträgt die Strahlungslänge 36.1 cm, in Luft dagegen 300 m!

Aktive Abschirmungen (Koinzidenzanordnungen): Bei diesen Anordnungen durchfliegt ein möglichst großer Teil der Untergrundstrahlung zunächst einen *Abschirmzähler*, der um den eigentlichen *Meßzähler* herum angeordnet ist. Dann werden die Impulse der echten Ereignisse nur im Meßzähler registriert, während die Untergrundereignisse gleichzeitig in beiden Zähler nachgewiesen werden. Hierzu ist es also erforderlich, die zeitliche Differenz der beiden Zählerimpulse möglichst genau festzuhalten, um das gemessene Spektrum später von diesen *Koinzidenzereignissen* befreien zu können, bei denen beide Impulse innerhalb eines vorgegebenen Zeitfensters liegen. Dies geschieht mit Koinzidenzanordnungen, die heute routinemäßig bis auf Unsicherheiten von Bruchteilen von Nanosekunden die Koinzidenz zweier Ereignisse feststellen können.

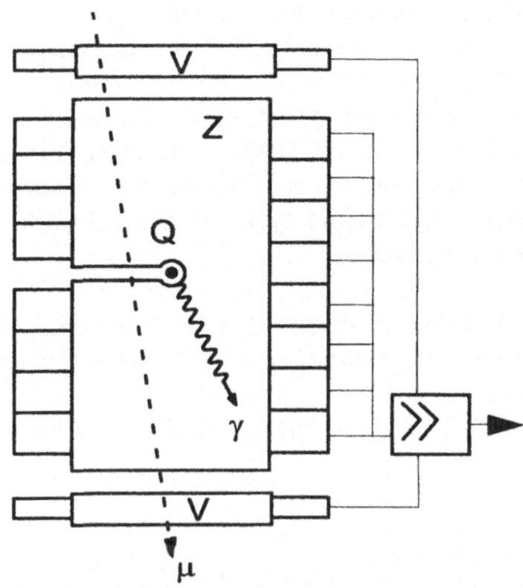

Abb.1.12 Prinzip einer Koinzidenzanordnung zur Höhenstrahlungsunterdrückung um einen Szitillationszähler in 4π-Aufbau. Die Vetozähler V sprechen nur an, wenn ein Teilchen von außerhalb kommend den Zähler durchfliegt. Bei Koinzidenz zwischen Signalen aus Z und V wird das Ereignis verworfen.

Zur Erhöhung der Selektivität werden häufig Nachweisanordnungen verwendet, bei denen in der Regel mehrere hintereinander liegende Zähler in Koinzidenz betrieben werden, deren Ansprechmuster die echten von Untergrundereignissen unterscheidet. In Kombination mit passiven Abschirmungen ist daher heute mit entsprechendem Aufwand die weitgehende Eliminierung des Strahlungsuntergrundes möglich.

1.4.4 Teilchenzahlmessung

Die Messung sehr geringer Aktivitäten ist, wie wir angedeutet haben, recht schwierig. Bei sehr langer Lebensdauer τ benötigt man wegen $N(t) = \tau P(t)$ eine sehr große Anzahl von radioaktiven Mutternukliden. Eine wesentliche Verbesserung läßt sich dagegen erreichen, wenn man die zerfallsbereiten Kerne direkt misst. Dazu ist es erforderlich, aus dem Probenmaterial durch chemisch-physikalische Methoden das gesuchte Isotop anzureichern und anschließend in Ionenquellen zu ionisieren. Die darauf folgende Analyse nach Ladung Z und Masse M der Probenkerne geschieht dann mit den Methoden der *Massenspektroskopie*, für die es schon eine lange Vorentwicklung gibt. Sie begann 1919 mit dem direkten Nachweis der chemischen Elemente als Isotopengemische durch den *Massenspektrograph* von *Aston*. Damit bezeichnet man Geräte, die bei einem einzigen Meßprozess einen Teil des gesamten Nuklidgemischs in einer Dektorebene nachweisen, während *Massen-spektrometer* nur einen Einzeldetektor haben, auf den die einzelnen Nuklide zeitlich nacheinander fokussiert werden müssen. Die *Ionenquellen* in denen die Probenatome elektrisch geladen werden, bilden ein eigenes Entwicklungsgebiet und sind heute technisch sehr ausgereift, sodaß die Materialmengen, die zur Analyse erforderlich sind, im Bereich von einigen mg gehalten werden können [Fin93].

Wir wollen nur die verschiedenen Grundtypen massenspektroskopischer Geräte in ihrer Wirkungsweise kurz beschreiben.

Massenfilter: Ihre Wirkung beruht darauf, daß der Ionenstrahl nach Verlassen der Quelle einer Kombination von elektrischen und magnetischen Feldern ausgesetzt ist. Hierbei unterscheiden wir

1. Elektrische Felder in der Bahnebene, die wie ein *Energiefilter* wirken

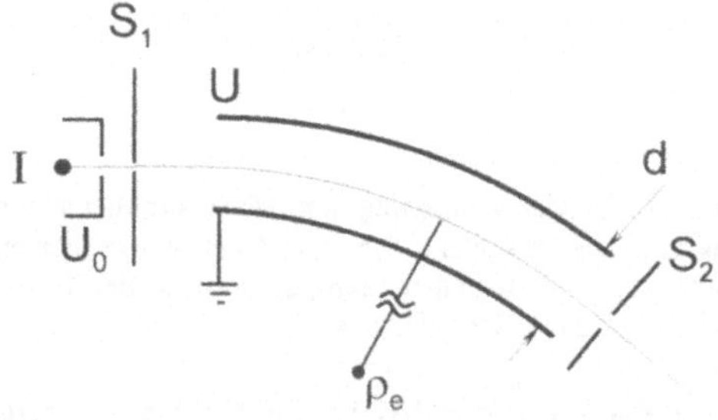

Abb. 1.13 Prinzip des Energiefilters. Von der Ionenquelle I ausgehende Ionen mit der Energie $E = \tfrac{1}{2}\,Q(U/d)\rho_e$ können die bahndefinierenden Spalte $S_{1,2}$ passieren.

Die Ionen aus der Quelle werden zunächst auf die Extraktionsenergie $E = QU_0$ beschleunigt, wo $Q = qe$ und q der Ladungszustand des Ions ist. An den Elektroden des Analysators liegt die Spannung U wodurch das Feld $\mathcal{E} = U/d$ erzeugt wird. Dann haben wir für Ionen, die in der Mitte des Analysators fliegen

$$Mv^2/\rho_e = Q\mathcal{E} \quad ; \quad \mathcal{E}\rho_e = p^2/MQ = 2E/Q \tag{1.22}$$

Hierbei wird $2E/Q$ die *elektrische Steifigkeit* genannt.

2. Ein magnetisches Feld B senkrecht auf der Bahnebene, das wie ein *Impulsfilter* wirkt. Dann führt die *Lorentz-Kraft* $\mathbf{F} = Q\mathbf{v} \times \mathbf{B}$ zu der Beziehung

$$Mv^2/\rho_m = QvB \quad ; \quad B\rho_m = Mv/Q = p/Q \tag{1.23}$$

Hier trägt p/Q analog den Namen *magnetische Steifigkeit*.

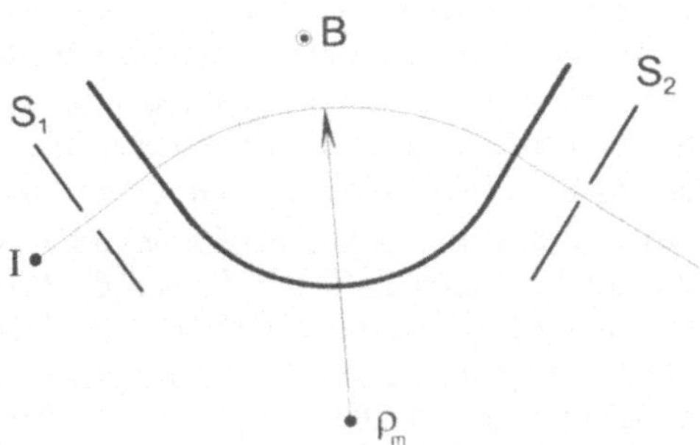

Abb. 1.14 Prinzip des Impulsfilters. Von I ausgehende Ionen mit Impuls $p = QB\rho_m$ können die Spalte $S_{1,2}$ passieren.

3. Die Kombination von Energie und Impulsfilter erlaubt die Realisierung eines *Massenfilters*

$$(B\rho_m)^2 / \mathcal{E} \, \rho_e = M/Q \tag{1.24}$$

Die Güte eines solchen Instruments wird durch die *Massenauflösung* $\Delta M/M$ angegeben, die bestimmt, bei welcher Massendifferenz ΔM zwei gleichstarke Linien in der *Fokalebene* gerade noch als getrennt beobachtet werden können.

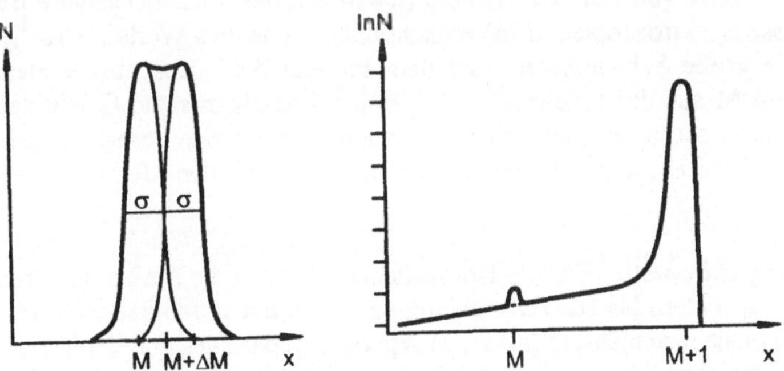

Abb. 1.15: Links: Massenauflösung eines Magnetspektrografen. Gaußförmige Linien mit Maxima bei x und x + Δx sind an der Auflösungsgrenze, wenn Δx = σ.
Rechts: Die Trennschärfe s gibt an, welches maximale Verhältnis der Linieninhalte N(M+1)/N(M) innerhalb vorgegebener Genauigkeit bestimmbar ist.

Die experimentelle Unsicherheit ist dabei im wesentlichen durch die endliche Öffnung der in Abb. 1.14 gezeigten bahndefinierenden Eintritts- und Austrittsspalte bestimmt. (Die Genauigkeit in den technischen Parametern der Einzelkomponenten ist in der Regel dagegen vernachlässigbar). Auf diese Weise sind heute Werte von $\Delta M/M \approx 10^{-6}$ erreichbar. Damit werden Präzisionsbestimmungen der *Isotopenmassen* (d.h. von Nukliden mit gleichem Z) möglich, die die Massendefekte angeregter Nuklide zeigen, da eine Anregung von $\Delta E = c^2 \Delta M = 0.1$ MeV eines Isotops der Masse M = 10 amu $\approx$ 10 GeV/c^2 bereits ein $\Delta M/M = 10^{-5}$ bewirkt.

Für die Bestimmung von N(t) eines Radionuklids muß die Massenauflösung aber nicht extrem gut sein, da die Nachbarmassen auch bei den schwersten Isotopen um $\Delta M/M \approx 1/250 = 4 \cdot 10^{-3}$ getrennt sind. Das Problem liegt hier vielmehr darin, daß die benachbarten stabilen Isotope (Nuklide mit gleichem Z aber verschiedenem M) um viele Größenordnungen häufiger sein können, als das gesuchte Radionuklid. Daher ist nicht die Massenauflösung entscheidend, sondern eine möglichst große *Trennschärfe* s(M), die angibt, wieviel häufiger ein Isotop der Nachbarmasse M+1 sein darf, bevor die Messung der Häufigkeit des Nuklids M unmöglich wird. Die Situation ist in Abb. 1.16b dargestellt. Wie man sieht, fallen die Ränder der Linie des starken Isotops M+1 nicht exponentiell ab, wie von einer echten Gausskurve zu erwarten wäre. Sie hat „Schwänze", die hauptsächlich von der *Schlitzstreuung* der einfallenden Ionen herrühren. Dabei verlieren die Ionen einen geringen Energiebetrag ΔE und erreichen daher die Detektorebene mit einer kleineren Bahnkrümmung ρ, was der Position einer etwas kleineren Masse entspricht. Hinzu kommt der in etwa gleichmäßig verteilte Detektoruntergrund, der im wesentlichen durch die Streuung der Ionen an den Atomen des unvermeidlichen Restgases in der Vakuumkammer des Spektrographen erzeugt wird. Durch extreme Vakuumverbesserung und Mehrfachfokussierung (gekoppelte Spektrometersysteme) lassen sich die Werte von s bis 10^8 steigern (die in Abschn. 1.4.5 behandelte Beschleunigermassenspektroskopie (AMS) erreicht dagegen heute s-Werte bis 10^{16}!).

Auf die große Schwierigkeit, daß dem Probennuklid benachbarte Elemente mit gleichem M aus der Ionenquelle im gleichen Ladungszustand Q wie das Probennuklid herauskommen und sich daher ionenoptisch gleich verhalten, gehen wir in Abschn. 1.4.5 ein. Diese Probleme sind am besten mit den Methoden der AMS zu lösen.

Massenspektrometer: Für die Isotopenanalyse waren die Massenspektrometer mit E- und B-Feldern bis zur Entwicklung der AMS allein dominierend. Sie enthalten in der Fokalebene mehrere (bis zu 5) separate Ionenzähler, mit denen verschiedene Isotope gleichzeitig gemessen und dadurch viele Unsicherheiten (z.B. Ionenstromschwankungen) beseitigt werden können. Sie sind immer noch weit verbreitet und werden immer weiter verbessert, da sie technisch sehr viel einfacher gebaut sind als die AMS-Spektrometer und keinen Beschleuniger verlangen. In der Spektrometrie der Edelgasanalyse (s. Abschn. 1.6.1) haben sie darüberhinaus in der Form von

Minispektrometern spezielle Vorzüge: sie erlauben, die Probe mit einem Laserstrahl gezielt aufzuheizen und so die Gase lokalisiert aus der Probe auszutreiben, die dann im Spektrometer analysiert werden. Auf diese Weise können kleinste Areale ($< mm^2$) und Mikroeinschlüsse in einer Probe selektiv analysiert werden, wodurch die Datierungsgenauigkeit bei stark inhomogenen Proben um mehr als eine Größenordnung gesteigert werden konnte. Dadurch wurden bereits viele früher bestehende Datierungswidersprüche bereinigt [Ker92].

Ein wichtiges und weit verbreitetes Spektrometer ist das *Paulsche Massenfilter*. Es besteht aus einer Flugstrecke im Inneren eines langgestreckten, aus vier hyperbolischen Zylinderschalen gebildeten elektrischen Quadrupols, dessen Polarität im Takt einer angelegten HF-Spannung wechselt. (Die hyperbolischen Zylinder werden oft durch einfache Kreiszylinder approximiert, deren Radius dem Krümmungskreis der Hyperbel an ihrem Scheitelpunkt entspricht. Damit wird das Hyperbelfeld im Zentrum des Spektrometers ausreichend angenähert). Als Folge der wechselnden fokussierenden und defokussierenden Flugstrecken im Inneren des Spektrometers gelangen nur Ionen innerhalb eines vorgegebenen Massenfensters $\Delta M/M$ bis zum Ausgang, die anderen gehen im Inneren des Spektrometers verloren.

Resonanzspektrometer: Diese Spektrometer kombinieren ein zur Bahnebene senkrechtes Magnetfeld B mit einer Hochfrequenzbeschleunigung, die den Ionen bei jedem Umlauf einen Energiezuwachs QU mitgibt. Sie funktionieren also, wie ein Zyklotron. Das ist in der folgenden Abb. 1.16 zu sehen.

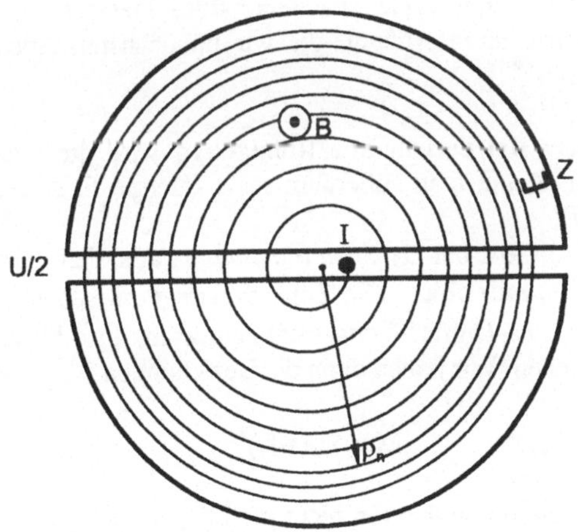

Abb. 1.16: Ionenbahnen für ein Teilchen der Masse M, die mit Q = qe aus der Ionenquelle I kommen und bei jedem Umlauf die Energie E = QU gewinnen.

Für Ionen, die in jedem Umlauf den Beschleunigungsspalt nach $T = (2\pi/\omega)s$ erreichen, also phasenrichtig beschleunigt werden und so den Detektor Z erreichen können, gelten nach n Umläufen die Beziehungen (für $(v/c)^2 \approx 0$)

$$v_n T = 2\pi\rho_n \quad ; \quad v_n = (2E_n/M)^{1/2} = (2nQU/M)^{1/2} = \sqrt{n}\,(2UQ/M)^{1/2}$$

und wegen Gl. (1.23): $\quad \rho_n = (Mv_n/QB) = \sqrt{n}\,(2UM/B^2Q)^{1/2}$

also $\qquad\qquad\qquad \omega_z = (2\pi/T) = v_n/\rho_n = QB/M = \text{const.}$ $\qquad\qquad$ (1.25)

Dies ist die *Zyklotronfrequenz*, bei der für Ionen, die im Detektor eintreffen, $M/Q = B/\omega_z$ gilt. Bei gegebenen B wird durch Bestimmung der Resonanzfrequenz ω_z die Masse des Ions festgelegt, wenn dessen Ladungszustand bekannt ist. Nach diesem Prinzip arbeiten manche Geräte, so z.B. einige Vakuumanalysatoren, mit deren Hilfe man feststellen kann, aus welchen Komponenten das Restgas in einem Rezipienten besteht und wie groß deren Partialdrucke sind. Diese Kenntnis ist für das Erreichen der besten Vakua unerläßlich.

Die erste (eher zufällige) Ausnutzung dieses Zusammenhanges war die Entdeckung des ^{3}He [Alv39], von dem auf Grund theoretischer Überlegungen angenommen wurde, es sei instabil. Beim Abschalten des Zyklotronmagneten im Lawrence-Beschleunigerlabor im Berkeley (USA) trat regelmäßig im Detektor ein Ionenstoß auf, sobald das Magnetfeld einen bestimmten Wert B durchlief. Die Analyse nach Gl.(1.25) ergab, daß es sich um ^{3}He^{++} handeln mußte. Damit nahm die Beschleunigermassenspektrometrie ihren Anfang, die wir im nächsten Abschnitt darstellen werden.

Flugzeitspektrometer: Bei diesem Spektrometertyp wird die Geschwindigkeit v eines Ions gemessen. Kennt man außerdem seine Energie E, so ist die Masse bestimmt (s. Abb. 1.17).

Das durchfliegende Ion löst bei D_S einen *Startimpuls* aus, dem beim Eintreffen im Detektor D ein *Stopimpuls* folgt. Die Zeitdifferenz τ zwischen beiden Impulsen wird in einem TDC (*Time-Digital-Converter*) gemessen, die τ bis auf einige 10^{-12}s genau bestimmen können. Wir haben dann die Beziehungen

$$v = L/\tau = (2E/M)^{1/2} \quad ; \quad M = 2E(\tau/L)^2 \qquad\qquad (1.26)$$

(In den Startdetektoren, die ja das Ion nicht merkbar beeinflussen dürfen, befinden sich sehr dünne C-Folien (einige $\mu g/cm^2$) in der Teilchenflugbahn. Beim Durchtritt löst das Ion einige Sekundärelektronen aus der Folie, die in einem Teilchenmultiplier verstärkt werden. Besonders durch die Entwicklung dieser Detektoren ist der Bau hochauflösender Flugzeitspektrometer möglich geworden).

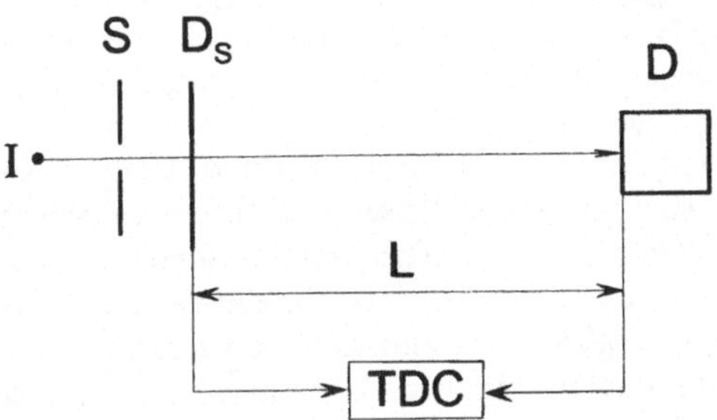

Abb. 1.17 Prinzip eines *Flugzeitdetektors*. Jedes durch die Blende S kommende Teilchen löst im Startdetektor D_S einen Impuls aus, der die Uhr im TDC startet. Sie wird durch den Impuls des Ions im Zähler D gestoppt, womit die Flugzeit bestimmt ist.

1.4.5 Beschleunigermassenspektrometrie (AMS: *Accelerator Mass Spectrometry*)

In den bisher besprochenen Spektrometern wird das Verhältnis M/Q bestimmt, und nur mit Flugzeitspektrometern gelingt die Messung von M allein. Dies führt zu einem Grundproblem der Massenspektrometrie seltener Isotope: Da Q der Ladungszustand des Ions ist, also $0 < Q \le Z$ gilt, können Nuklide benachbarter Elemente oder Molekülionen leichter Elemente gleicher Masse gleiches Q haben und sind dann ionenoptisch nicht mehr unterscheidbar. Dabei kommen manche dieser *Störisobare* (d.h. Nuklide gleicher Masse) um viele Größenordnungen häufiger vor.

Bestimmungsnuklid D	$^{10}_{4}\mathrm{Be}$	$^{14}_{6}\mathrm{C}$	$^{26}_{13}\mathrm{Al}$	$^{36}_{17}\mathrm{Cl}$	$^{81}_{36}\mathrm{Kr}$
Störisobar S	$^{10}_{5}\mathrm{B}$	$^{14}_{7}\mathrm{N}$	$^{26}_{14}\mathrm{Mg}$	$^{36}_{16}\mathrm{S}$	$^{81}_{35}\mathrm{Br}$

Tab. 1.1 Wichtige Bestimmungsnuklide und ihre benachbarten Störisobare

Wenn ein Bestimmungsnuklid D mit seinem Störisobar S im gleichen Ladungszustand Q zusammentrifft, ist eine Bestimmung von D mit den bisher besprochenen Methoden praktisch unmöglich. Hier bietet die AMS die neue Möglichkeit, den auf hohe Energie beschleunigten Ionenstrahl durch eine weitere dünne Folie zu schikken, wobei D und S unterschiedliche Ladungszustände annehmen und anschließend massenspektrometrisch getrennt werden können. Wenn die Störisobare ein höheres Z haben als das Bestimmungsnuklid, kann man auch ihre geringere Reichweite in einer Absorberfolie ausnutzen, die sich aus dem mit Z^2 wachsenden Energieverlust beim Foliendurchgang ergibt (s. Abschn. 2.1.1). Dann läßt sich das Störisobar durch eine Folie am Detektoreingang völlig beseitigen, während das Bestimmungsnuklid aufgrund seiner größeren Reichweite noch in den Zähler gelangt und dort ohne Untergrund nachgewiesen werden kann.

In vielen Fällen gelingt es auch, die Atome nackt zu strippen, sodaß $Q = Z$ wird. Wenn $Z_D > Z_S$ ist, sind auf diese Weise die Isobaren einfach zu trennen. Die in Kap. 2 bei der Sondenfunktion hochenergetischer Ionen zu besprechenden Nachweisgeräte, die hohes Trennvermögen nach der Kernladung Z anstelle der Ionenladung Q aufweisen, ermöglichen die einwandfreie Messung von benachbarten Isotopen auch mit extrem unterschiedlicher Intensität. Im übrigen lassen sich bei den AMS-Anordnungen die oben beschriebenen verschiedenen Spektrometertypen so untereinander kombinieren, daß insgesamt eine Steigerung der (bei den Massenfiltern besprochenen) Trennschärfe um viele Größenordnungen erreicht werden kann.

Beschleunigersysteme: Beginnen wir mit einer kurzen Prinzipschilderung der in der AMS verwendeten Beschleuniger. Von den existierenden Beschleunigertypen sind fast ausschließlich zwei in der Kernphysik bei nierdrigen Energien anzutreffen. Es sind dies zum einen Zyklotrons, die als erste in der AMS benutzt wurden, wie im vorigen Abschnitt erwähnt. Zum anderen verwendet man elektrostatische Beschleuniger.

1. *Zyklotrons:* Sie funktionieren nach dem Prinzip der Resonanzspektrometer aus Abschn. 1.4.4 und können relativ leicht große Energien erreichen sowie hohe Ionenströme produzieren. Daher sind sie heute vornehmlich in der Isotopenproduktion eingesetzt (s. Kap. 3).

In der AMS werden Zyklotrons allerdings praktisch nicht verwendet. Das liegt vor allem an ihrer geringen *Transmission* für einen gewünschten Ionenstrahl, womit dessen Intensitätsverhältnis beim Austritt aus der Maschine nach der Beschleunigung zum Eintritt vor der Beschleunigung angegeben wird. Wegen der Resonanzstruktur des Beschleunigers kann nur der kleine Teil des kontinuierlichen Isotopenstroms aus der Ionenquelle beschleunigt werden, der „phasenrichtig" liegt, also genau dann in die Maschine eintritt, wenn das elektrische Feld maximal ist und das richtige Vorzeichen hat. Daher erreicht die Transmission in Zyklotrons nur wenige Prozent, was für die Projektilströme zur technischen Nutzung nicht stört, da sie in der Regel aus Elementen stammen (H, He, C, O, N etc.), die im Überfluß vorhanden sind. Für die Messung sehr seltener Nuklide dagegen, die ja das Ziel der AMS darstellt, ist dieser Umstand sehr nachteilig.

Die oben beschriebene Ursache für die geringe Transmission des Zyklotrons führt auch dazu, daß der Ionenstrahl *gepulst* ist, also in kleinen zeitlich getrennten Teilchenpaketen die Maschine verläßt. Für die bei den Detektoren angeführten Koinzidenzmessungen ist das nicht wünschenswert: für die Zahl N_t der *echten* Koinzidenzen zur Zahl N_z der störenden *zufälligen* Koinzidenzen, bei denen beide Zähler zwar innerhalb der Koinzidenzauflösezeit τ ansprechen, die Ereignisse aber von verschiedenen, d.h. unkorrelierten Reaktionen stammen, gilt [Eva55].

$$N_t/N_a = 1/2\tau I_0 \tag{1.27}$$

wo I_0 die Intensität (Teilchen/s) des Primärstrahls ist, der die Reaktionen auslöst. Ist diese Primärintensität gepulst, also in ein kleines Zeitfenster zusammengepresst, so wird I_0 entsprechend groß und N_t/N_a verschlechtert sich erheblich.

Zu diesen Nachteilen des Zyklotrons für die AMS kommt hinzu, daß in diesen Maschinen nur ausgewählte Ionensorten mit einem ungefähr konstanten Q/M gut beschleunigt werden können, wie schon Gl.(1.25) vermuten läßt. Das legt der Benutzung bei Problemen der Altersbestimmung, wo M und Z sehr variieren können, relativ starke Beschränkungen auf. Deshalb sind die am häufigsten verwendeten Maschinen in diesem Gebiet die elektrostatischen Beschleuniger, die diese dargestellten Nachteile nicht haben.

2. *Elektrostatische Beschleuniger:* Während sich in den Zyklotrons die Endenergie der Ionen durch die Summation der bei jedem Umlauf im Beschleunigungsspalt mitgeteilten Spannungsschübe ergibt (woraus die Resonanzbedingung und damit die Beschränkung auf bestimmte Q/A-Werte der Ionen folgt), wird in den elektrostatischen Beschleunigern den Ionen die gesamte Energie bei dem Durchgang durch ein lineares Spannungsgefälle mitgeteilt. Die hierzu verwendeten hohen Gleichspannungen liegen in der Regel zwischen U = 2-15 MV. Diese Maschinen werden nach ihrem holländischen Erfinder *R.Van de Graff* generell als *Van de Graff-Beschleuniger* bezeichnet. Bei den *single-ended Maschinen* sitzt die Ionenquelle im *Terminal* des Beschleunigertanks auf dem Potential +U und die Ionen werden zum Erdpotential am Ausgang der Maschine beschleunigt. Zur Erhöhung der Festigkeit gegen Überschläge zwischen Terminal und geerdetem Tankgehäuse ist das Innere mit Isoliergas (SF_6) unter hohem Druck (≤ 7 bar) gefüllt. Entlang der Tankachse verläuft die evakuierte Beschleunigerröhre, in der sich die Ionen bewegen.

In den *Tandemmaschinen* wird mit einem einfachen Trick die Hochspannung doppelt genutzt und zugleich die Ionenquelle Q aus dem Tank heraus auf Erdpotential gelegt, was eine große Erleichterung für den Betrieb der Maschine bedeutet. Das Tandemprinzip besteht darin, daß in der Ionenquelle einfach negativ geladene Ionen produziert werden, die dann zunächst zum Hochspannungsterminal fliegen und dabei die Energie eU gewinnen (s. Abb. 1.18). Die beschleunigten Ionen fliegen im Terminal T durch einen *Stripper*, der aus einer dünnen Kohlenstoffolie oder einer Gasstrecke besteht, wobei sie eine von U und der Ordnungszahl Z des Ions abhängige Anzahl von Elektronen verlieren. Diese nunmehr auf den positiven Ladungszustand q umgeladenen Ionen werden vom Terminal abgestoßen und fliegen zum Erdpotential am Beschleunigerausgang H. Die gesamte erreichbare

Ionenenergie beträgt also $E = (q+1)eU$. Das Prinzip einer solchen Tandem-Maschine ist in Abb. 1.18 dargestellt.

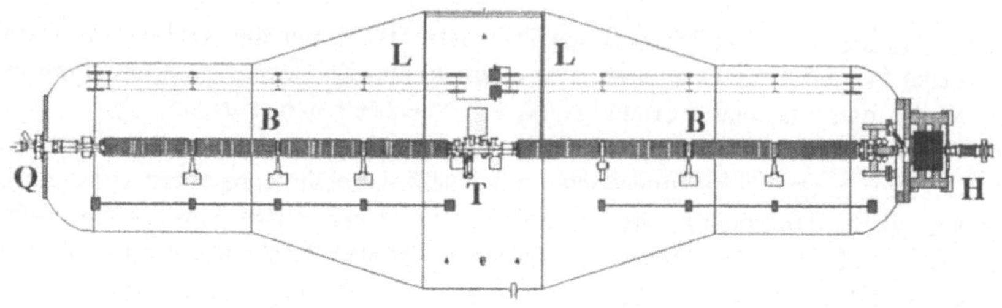

Abb. 1.18: Prinzip eines Tandembeschleunigers (Typ MP der Fa. HVEC). Der Ladungstransport von T zur Erde geschieht über die Ladungsketten L, die gegen das elektrische Feld angetrieben werden und so die elektrostatische Energie im Inneren der Maschine speichern. (Der Faradaykäfig bei T ist nicht gezeigt). Die Ionen bewegen sich in der Beschleunigerröhre B vom Ausgang Q der Ionenquelle zum hochenergetischen Tankausgang H. (Ich danke W. Carli vom BL Garching für das Bild).

Beschleuniger dieses Typs liefern einen kontinuierlichen Teilchenstrahl und haben deshalb auch eine hohe Transmission für schwere Ionen, wobei sie alle Ionen zu beschleunigen gestatten, die sich in einer Quelle als negative Ionen erzeugen lassen. Das ist mit den modernen *Sputter-Ionenquellen* [Fin93] für viele Elemente möglich. Hierbei ist das Quellenmaterial in Form einer kleinen gepressten Pille auf einer Wechselhalterung angebracht, die bis zu 30 verschiedene Targets aufnehmen kann, von denen jeweils das gewünschte in die Quellenposition gebracht wird. Dort wird es von einem Atomstrahl aus Alkalimetallen getroffen, die große Neigung haben Elektronen abzugeben. Dabei werden Ionen des Targetmaterials herausgeschlagen (s. Abschn. 3.1.3) und ein Teil verläßt die Quelle mit einem zusätzlichen Hüllen-elektron, also als negativ geladenes Ion. Da das Ionisierungsverhalten durch die Physik der Elektronen bestimmt ist, treten unter den Operationsbedingungen in der Ionenquelle nur geringe Unterschiede im Ionisierungsverhalten der verschiedenen Isotope eines Elementes auf, die berücksichtigt werden können. Die Isotopen-verhältnisse im Ionenstrahl sind also auf das Quellenmaterial übertragbar.
Die Hochspannung im Terminal eines Tandems wird üblicherweise durch Isolator-bänder oder Ketten erzeugt, denen auf Erdpotential durch Sprühentladungen Elek-tronen entzogen werden , sodaß sie positiv geladen sind und dann mit Motorkraft in Richtung Terminal angetrieben werden, wo sie ihre positive Ladung durch Elektronenaufnahme aus dem Inneren einer Metallkugel (*Faradaykäfig*) neutrali-sieren. So wird das mit der äußeren Kugelfläche verbundene Terminal immer posi-

tiver aufgeladen, bis Stabilisierungsströme und die Spannungsfestigkeit des Isoliergases die Spannung U auf den Maximalwert begrenzen. Alternativ läßt sich die Terminalspannung auch durch eine Gleichrichterkette vom *Cockcroft-Walton* Typ erzeugen. Solche Tandems werden als *Tandetrons* bezeichnet.

Nachweisanordnungen: Um den aus der Maschine kommenden Ionenstrahl optimal zu analysieren, werden in der Regel die in Abschn. 1.4.2 und 1.4.4 dargestellten Nachweisgeräte miteinander kombiniert, sodaß sie sich gegenseitig in ihrer Empfindlichkeit ergänzen. Da der elektrostatische Beschleuniger alle Ionen gleichermaßen beschleunigt, wird zunächst in der Strahlanalyse des *Injektors* durch Massen- und Ladungsfilter nur ein enges Band von (M,Q) durchgelassen, welches das gesuchte Isotop, aber auch seine unvermeidlichen Störisobare enthält. Wie schon erwähnt, kann deren Intensität aber die des gesuchten Nuklids um viele Größenordnungen übertreffen, sodaß an die Trennschärfe des gesamten Systems höchste Anforderungen gestellt werden. Nach der Beschleunigung lassen sich durch eine Kombination von Flugzeitspektrometern, Magnetspektrographen und Zähleranordnungen Trennschärfen bis zu 10^{16} erreichen! Hierbei bilden die *Zählerteleskope* eine Kombination aus Halbleiter und Gaszählern, die sowohl den spezifischen Energieverlust ΔE eines durchfliegenden Teilchens, als auch seine Gesamtenergie E mißt. Die gemessenen Werte von τ, p/Q, ΔE und E werden elektronisch zu einem *Ereignis* zusammengefasst und auf Magnetband aufgezeichnet. In der an die Messung anschließenden Auswertung aller Ereignisse in einem Rechner lassen sich dann diejenigen herausfiltern, die alle Bedingungen erfüllen und sich so von den störenden Untergrundereignissen unterscheiden.
Um quantitativ gesicherte Aussagen zu machen, muß die Transmission der Anordnung genau bekannt sein, damit man weiß, welcher Bruchteil der gesuchten Bestimmungsnuklide den langen Weg durch die gesamte Anordnung überstanden hat. Das geschieht z.B. durch die Verwendung von *Eichtargets*, deren Inhalt an Nukliden der gesuchten Art bekannt ist. Sie sind meistens künstlich durch Kernreaktionen (s. Abschn. 1.2.4) hergestellt und enthalten einen bekannten Anteil des Bestimmungsnuklids der zu untersuchenden Probe. Damit läßt sich die Transmission messen und das geeichte N(t) in der Probe quantitativ angeben. Ein weiteres wichtiges Element in diesem Verfahren ist die Messung eines *Blanks*, d.h. eines Targets, das die zu messenden Nuklide praktisch nicht enthält und auf diese Weise eine direkte Bestimmung des instrumentellen Untergrundes der gesamten Anordnung erlaubt. Die Probenmessung kann dann auf diesen Untergrund korrigiert und damit die Empfindlichkeit des Systems erhöht werden. Eine schematische Übersicht einer AMS-Anordnung der beschriebenen Art zeigt das folgende Bild.

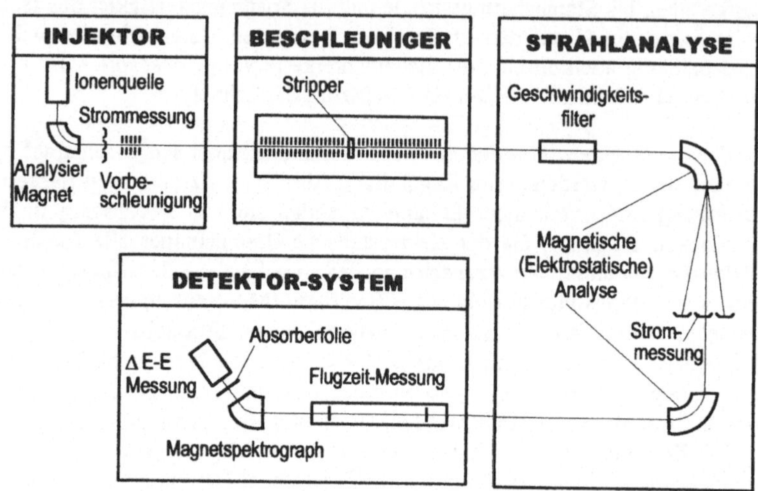

Abb. 1.19: Schema einer AMS-Anlage. Die einzelnen Komponenten sind im Text besprochen, die Strommessung bei der Strahlanalyse erlaubt in vielen Fällen gleichzeitig die Anteile der (stärker oder schwächer abgelenkten) Nachbarisotope zu messen und so deren relative Verhältnisse zu bestimmen, die eine wichtige experimentelle Größe sind (s. Abschn. 2.5.1).

1.4.6   Resonanz-Ionisierungsspektroskopie (RIS):

Eine intensiv genutzte Weiterentwicklung der Massenspektrometrie ist aus dem Verfahren der RIS entstanden, die sich als Folge der modernen Laserphysik ausgebildet hat [Hur94] und hier kurz erwähnt werden soll, obwohl sie keine kernphysikalischen Methoden verwendet, denn sie ist eine höchst wichtige Konkurrenzmethode zur AMS. Sie beruht auf der Verfügbarkeit von Lichtquellen sehr hoher Intensität, deren Frequenz über weite Bereiche abstimmbar ist. Infolge der Frequenzkonstanz des Laserlichtes hat die eingestellte Frequenz eine so geringe Unschärfe, daß sie sich auf einzelne Energiezustände der Elektronenhülle des Probenatoms einstellen läßt, die dann isoliert angeregt werden können, auch wenn das Spektrum sehr viele dicht benachbarte Anregungsenergien enthält. Das bedeutet prinzipiell, daß in einer Probe mit vielen verschiedenen Atomsorten ganz selektiv die Anwesenheit winziger Spuren eines Elementes durch ihre Resonanzfluoreszenz nachgewiesen werden kann. Die für den massenspektrometrischen Nachweis benötigten Ionen der Spurenelemente kann man ebenfalls selektiv erzeugen. Diese Methode bezeichnet man als

***Resonanzionisierungs-Massenspektrometrie (RIMS)*:** Hierbei wird ausgenutzt, daß die große Photonendichte der modernen Hochleistungslaser es ermöglicht, das resonant angeregte Atom vor seiner Rückkehr in den Grundzustand durch die Absorption eines weiteren Laserphotons zu ionisieren und so das gesuchte Element nachzuweisen. Die anderen anwesenden Elemente haben keinen resonanten Zwischenzustand bei der Photonenenergie des Lasers und bleiben daher bei dem ganzen Vorgang unbeteiligt.

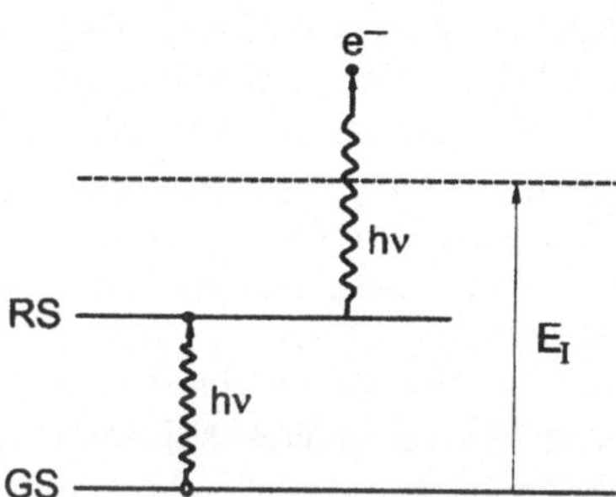

Abb. 1.20 Prinzip der Resonanzionisierungs-Spektrometrie (RIS). Laserphotonen der Energie hν regen im gesuchten Spurenisotop Elektronen aus dem Grundzustand (GS) in das resonante Zwischenniveau (RS) an. Die Photonendichte des Lasers ist so groß, daß das Elektron von einem weiteren Photon aus dem Niveau RS schneller über die Ionisierungsschwelle E_I befördert wird, als es wieder in den Grundzustand zurückfallen kann.

Dieser Ionisierungprozess ist sehr effektiv und führt zu einer großen Sensitivität des Verfahrens. So wurde z.B. im MPI für Quantenoptik in Garching ein einzelnes Alkaliatom in einem Volumen von 1 cm^3 (NTP) Edelgas identifiziert, was einer Sensitivität von 10^{19} entspricht! Durch Vervielfachung der Resonanzanregung vor der Ionisierung, bei der durch ein eingestrahltes Frequenzgemisch zunächst zwei oder sogar drei gebundene Resonanzzustände konsekutiv angeregt werden, läßt sich die Sensitivität noch weiter steigern. Auf diese Weise wurde ein 10^{-15} Atomanteil von ^{41}Ca-Isotopen in einer Probe mit hohem Isobarenuntergrund nachgewiesen [RIS96, S.115].

Damit ist die RIMS eine Methode zur Messung chronometrisch interessanter Radionuklidkonzentrationen, die apparativ weniger aufwendig ist als die AMS. Aber sie ist nur für einen deutlich eingeschränkteren Bereich an analysierbaren Nukliden verwendbar, da die aus der Quelle kommenden Molekülionen nicht aufgebrochen werden, wie es im Terminal eines Ionenbeschleunigers geschieht. Dadurch stellt der interferierende isobare Untergrund in der Detektoranordnung in vielen Fällen ein gravierendes Problem dar. Als Analysiermethode hat die RIMS aber bei vielen Spurenanalysen in der nuklearen Radiografie wachsende Bedeutung, so z.B. in der Sekundärionen-Massenspektroskopie SIMS (s. Abschn. 2.2.3). Insbesondere in der Umweltphysik ist dieses Verfahren denn auch sehr erfolgreich [RIS96].

1.4.7 Kernspurmethoden

Diese Methoden nützen die Tatsache aus, daß bei einem Kernzerfall (Spaltung oder Alphazerfall hoher Energie) die kinetische Energie der Reaktionspartner längs der Teilchenspur zum großen Teil in Gitterschäden des umgebenden Festkörpers umgesetzt wird (s. Kap. 3). Diese Kristallschäden sind *latent*, d.h. sie bleiben bei normalen Temperaturen und Druckbedingungen über sehr lange Zeit ($\sim 10^5\text{-}10^6$ a) erhalten. Sie können sichtbar gemacht werden, indem man Ätzmethoden anwendet, die längs dem zerstörten Kristallbau der latenten Spur weniger chemische Energie benötigen und sich daher dort sehr effizient ausbreiten, wobei sie den Spurdurchmesser um das 10^3-fache vergrößern (s. Abschn. 3.1). Auf diese Weise werden die Kernspuren dann unter dem Mikroskop direkt sichtbar und können gezählt werden. Die Abbildung 1.21 zeigt hierfür ein Beispiel. (Die Teilchenspuren in einer *Nebel-* oder *Blasenkammer* [Leo94] werden prinzipiell auf ähnliche Weise sichtbar gemacht: Die Ionen in der Teilchenspur dienen als Keime für Kondensations- bzw. Verdampfungsprozesse im Kammergas, wodurch sich der Spurdurchmesser so sehr vergrößert, daß er mit dem bloßen Auge sichtbar wird). Die latenten Spuren stellen also ein Archiv der Zerfallsprozesse dar und ihre Zahl A entspricht einem Integral über die Aktivität im Kristall seit Beginn der Spurenbildung bei t = 0 bis zur Altersbestimmung bei t = T. Wir haben nach Gln. (1.7) und (1.10)

$$A = \int_0^T Pdt = (\lambda_{sp}/\lambda)N(T)(\exp[\lambda T] - 1) \qquad (1.28)$$

wo λ die gesamte Zerfallswahrscheinlichkeit des Mutternuklids ist und (λ_{sp}/λ) der Bruchteil der Zerfälle, der über die Spurbildung abläuft. Wenn N(T) bekannt ist, läßt sich das Probenalter T ermitteln. Bei der *Spaltspurmethode* geschieht das, indem man nach der Auszählung von A die Probe ausheizt. Dann verschwinden die vorhandenen Spaltspuren, da die Kristallstruktur durch die große Wärmebewegung sehr schnell ausgeheilt wird. Danach unterwirft man die Probe einer Kernreaktion (z.B. Bestrahlung mit thermischen Neutronen). Durch die damit ausgelöste induzierte Spaltung entstehen neue Spuren A_r gem. Gl.(1.16)

$$A_r = \Phi\, \sigma_r N(T) \qquad (1.28')$$

wobei $\Phi = \int_0^{T_r} \phi\, dt$ die Bestrahlungsdosis (Teilchen/cm^2) der Probe und ϕ der Projektilfluss über die Bestrahlungsdauer T_r ist. Damit läßt sich N(T) eliminieren und man erhält

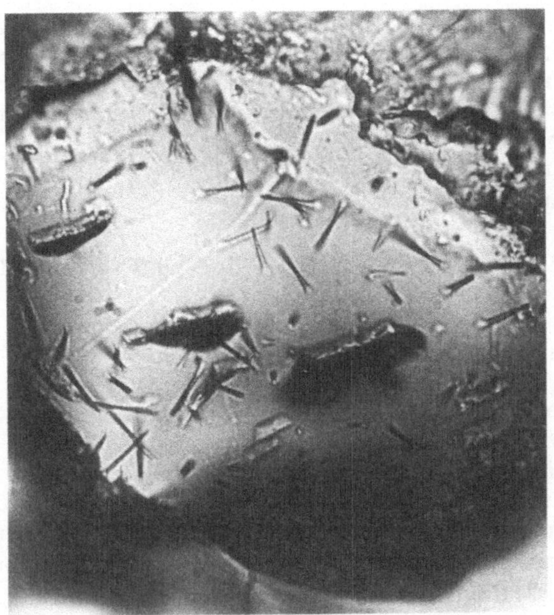

Abb. 1.21 Angeätzte Fragmentspuren aus der Uranspaltung in einem 300 Mio. Jahre alten Zirkonmineral aus dem Fichtelgebirge. (Mit frdl. Erlaubnis von Prof. G.A. Wagner, Univ. Heidelberg).

$$T = \lambda^{-1} \ln[1 + \Phi\sigma_r(\lambda/\lambda_{sp})(A/A_r)] \tag{1.29}$$

Auf diese Weise läßt sich das *Ausheizalter* der Probe bestimmen, d.h. der Zeitraum, seit sie das letzte mal einer so hohen Temperatur ausgesetzt war, daß alle latenten Spuren ausgeheilt wurden.

1.5   Altersbestimmung

Wir wollen uns nun genauer den Kriterien zuwenden, die Voraussetzung für eine Altersbestimmung sind. Schon zu Ende des vorigen Abschnitts haben wir darauf verwiesen, daß z.B. die Kernspurmethode nur das Alter seit der letzten Aufheizung der Probe ermitteln kann. Dies ist ein Aspekt der allgemeiner formulierbaren Probenbedingungen.

1.5.1   Probenbedingungen

Gehen wir vom Zerfallsgesetz der Gl.(1.1) aus und nennen das darin auftretende Alter der Probe T, so haben wir nach Gl.(1.8)

$$T = \tau \ln[1+(N_2(T)/N_1(T))]$$

als das Alter der Probe. Diese Angabe ist aber nur sinnvoll, wenn die folgenden *Probenbedingungen* erfüllt sind.

1. Für die Bildungsdauer T_0 während der sich die vorliegende Probe gebildet hat, gelten $T_0 \ll T$ muß, denn andernfalls läßt sich kein brauchbarer Zeitpunkt $T = 0$ mit einem entsprechenden $N(0)$ definieren. Aus den gleichen Gründen muß auch $T_0 \ll \tau$ sein. Bei den im folgenden zu besprechenden Beispielen chronometrischer Ergebnisse ist diese Bedingung wegen der großen Werte von τ und T im allgemeinen sehr gut erfüllt.

2. Nach Bildung der Probe dürfen weder Mutter- noch Tochternuklid das Probenvolumen verlassen haben, weil sonst die Summenbeziehung $N_1(0) = N_1(t) + N_2(t)$ nicht mehr gilt und Gl.(1.8) nicht formuliert werden kann. Diese Bedingung stellt ein gewisses Problem dar, denn es gibt wohlbekannte Diffusionsprozesse, durch die Atome (z.B. Edelgase) im Festkörper wandern und diesen schließlich verlassen können. Wenn die Probentemperatur konstant war und bekannt ist, kann man bei bekannter Diffusionskonstante den Verlust durch diesen Prozess abschätzen und das gemessene Alter entsprechend korrigieren. Aber es ist stets das Alter seit der letzten Aufheizung der Probe, durch die alle Gase entwichen und die Isotope auf Wanderschaft gegangen sind, das in der Messung bestimmt wird. Daher trägt T auch die Bezeichnung *Schmelzalter*.

3. Die letzte Bedingung ist, daß sich die Probe in einer geeigneten Form in die Ionenquelle einbringen läßt. Hier gibt es mittlerweile ein großes Arsenal an chemisch-physikalischen Techniken um das Quellenmaterial entsprechend aufzuarbeiten. Aber die Konversion in einen Strahl negativer Ionen ist in den Fällen nicht zu erreichen, wo die Atomhüllen der zu untersuchenden Atome keine ausreichende Bereitschaft zur Bildung negativ geladener Ionen zeigen. Dann scheiden AMS-Methoden für die Datierung aus. Bei den AMS-Methoden mit Tandems schließt das aber nur die Edelgase aus (außer He, das jedoch keine radioaktiven Isotope hat).

Fragen wir uns noch, für welches Probenalter die in einem vorgegebenen Meßintervall S erreichbare statistische Signifikanz der Datierung optimal wäre. Ausgangspunkt ist die relative Unsicherheit, mit der T angegeben werden kann, wenn die Nuklidzahl auf ΔN genau bekannt ist. Von Gl.(1.2) haben wir durch Differentiation

$$T = \tau \ln[N(0)/N(T)] \quad ; \quad \Delta T = -\tau \Delta N/N(T)$$

und in Abschn. 1.4.1 bestimmten wir die statistische Schwankung einer Zählrate $\langle Z \rangle$ zu $\langle Z \rangle^{1/2}$. Mit dem Zählintervall S gilt $\langle Z \rangle = \dot{N}(T)S = (N(T)/\tau)S$ und daraus erhalten wir $\Delta\langle Z \rangle/\langle Z \rangle = \Delta N/N = \langle Z \rangle^{-1/2} = (\tau/N(T)S)^{1/2}$. Damit können wir schreiben

$$\Delta T = -\tau(\tau/N(T)S)^{1/2} = -\tau(\tau/N(0)S)^{1/2} \exp[T/2\tau]$$

Setzen wir $T = a\tau$, so ergibt das

$$\Delta T/T = (\tau/N(0)S)^{1/2}a^{-1}\exp[a/2] \tag{1.30}$$

was für $a \to 0$ und $a \to \infty$ divergiert. In beiden Fällen ist also (für $S \ll \tau$) eine Altersangabe unmöglich, denn für $T \approx 0$ ist die Probe noch zu jung und kleine ΔT führen bereits zu großen relativen Fehlern in T, während für $T \to \infty$ das Radioisotop völlig zerfallen ist und innerhalb S keine statistisch signifikante Zahl von Ereignisssen mehr erreichbar ist. Das Optimum von Gl. (1.30) bestimmen wir aus $d(\Delta T/T)/da = 0$ und erhalten daraus $a = 2$. Also ist $T = 2\tau$ das *optimale Probenalter*, bei dem für gegebenes $N(0)$ und S die größte Datierungsgenauigkeit erreicht wird.

1.5.2 Messung von Isotopenverhältnissen

Ein großer Teil der mit der Probenbedingung verbundenen Schwierigkeiten läßt sich umgehen, wenn man das Verhältnis zweier Isotope desselben Elements messen kann, von denen wenigstens eines radioaktiv ist. Da sich Isotope unter normalerweise in der Natur anzutreffenden Bedingungen chemisch weitgehend gleich verhalten, haben die meisten der Störfaktoren, denen die Proben in ihrer Vorgeschichte untworfen waren, auf beide Isotope gleich gewirkt. Das Verhältnis R(T) der beiden Nuklide zur Zeit T hängt also nicht mehr entscheidend von dieser Vorgeschichte ab, sondern nur vom Unterschied in den Lebensdauern der Isotope. Aus unserer Beziehung $N_{1,2}(T) = N_{1,2}(0) \exp[-\lambda_{1,2}T]$ erhalten wir

$$R(T) = N_1(T)/N_2(T) = R(0)\exp[(\lambda_2-\lambda_1)T] \tag{1.31}$$

Wenn wir R(0) kennen, so ist (mit $\Delta\lambda = \lambda_2 - \lambda_1$) das Alter gegeben durch

$$T = (\Delta\lambda)^{-1}\ln\,[R(T)/R(0)] \tag{1.32}$$

Um die Wirkung eines Fehlers in R(0) zu beurteilen, setzen wir R(T) = const und differenzieren nach R(0). Dann erhalten wir $\Delta T = -(\Delta\lambda)^{-1}\,\Delta R(0)/R(0)$, also ist

$$(\Delta T/T) = -\Delta R(0)/R(0)T\Delta\lambda \tag{1.32'}$$

so daß $(\Delta T/T)$ mit T ständig abnimmt. Eine gegebene relative Unsicherheit in R(0) wirkt sich demnach mit wachsendem Alter immer weniger auf die relative Genauigkeit von T aus. Dieser Umstand ist günstig bei der Bestimmung sehr großer Alter.

Wenn sich das Isotopenverhältnis durch mechanische bzw. chemische Prozesse nicht verändert, definiert R(0) nicht mehr den Beginn des Schmelzalters, sondern den früheren Zeitpunkt, als die relative Häufigkeit der Isotope festgelegt wurde. Das ist z.B. bei der $^{14}C/^{12}C$-Methode (s. Abschn.1.81) der Zeitpunkt, zu dem ein Organismus vom Kohlenstoffaustausch mit der umgebenden Atmosphäre durch seinen Tod abgetrennt wurde. Von da begann die Uhr des Isotopenverhältnisses zu laufen und sie wurde nicht mehr durch die Aufnahme neuen Kohlenstoffs aus der Atmosphäre auf R(0) zurückgesetzt. Hier besteht das Problem allerdings darin, den historischen Verlauf von R(0) zu kennen, der ja keineswegs konstant sein muß, wie wir noch sehen werden (s. Abb.1.31).

Bei Zerfällen, die nicht von zeitabhängigen Systemeigenschaften dieser Art bestimmt sind, ist R(0) durch den Zeitpunkt der Elementsynthese gegeben, also einen frühen Augenblick in der Geschichte unseres Sonnensystems. Die aus diesem Prozess hervorgegangene Verteilung der Elemente kann an deren Häufigkeitsverteilung abgelesen werden, wie sie etwa aus den Atomspektren der Sonnenkorona oder aus kosmochemisch bestimmten Zusammensetzungen sehr alter Überbleibsel des frühen Sonnensystems, der Meteoriten, gewonnen wird. Die Kenntnis dieser *solaren Elementhäufigkeit* wird ständig verbessert und bildet einen wichtigen Pfeiler der kosmischen Altersbestimmung.

Die Kenntnis der Bildungsverhältnisse radioaktiver Isotope wird außerdem wesentlich beeinflußt von astrophysikalischen und kernphysikalischen Untersuchungen, die zusammenwirken müssen, um einen möglichst zuverlässigen Wert für R(0) bereitzustellen, auf den sich die Altersangaben stützen können. Deren Genauigkeit ist also auch von der Sicherheit dieser Vorgaben abhängig und nicht nur von der Qualität der Messungen, mit der die heutigen Isotopenverhältnisse bestimmt werden. Diese Tatsache ist stets zu beachten.

1.6   Kosmochemische Anwendungen

Bei den kosmochemischen Anwendungen sind die Fragestellungen auf die größten Alter gerichtet, die man noch radiometrisch untersuchen kann: das Erdalter bzw. das Alter unseres Sonnensystems, und das Alter der chemischen Elemente, aus denen unser Sonnensystem besteht. Dazu stützt man sich klarerweise auf die langlebigsten Zerfälle, die (unter den nicht zu seltenen Elementen) vorkommen.

1.6.1   K/Ar- und Rb/Sr-Methoden

Die diesen beiden Zerfällen zu Grunde liegenden Übergänge sind (in Klammern HWZ)

$$^{40}K(1.28 \cdot 10^9 a)\ EC \rightarrow \nu + {}^{40}Ar \quad \text{und} \quad {}^{87}Rb\ (4.9 \cdot 10^{10} a) \rightarrow e\,\bar{\nu} + {}^{87}Sr \quad (1.33)$$

Bei der K/Ar-Methode muß also der Gehalt der Probe an ^{40}K und das eingeschlossene Ar gemessen werden, was besondere Vorsichtsmaßnahmen beim Ausgasen erfordert, damit kein Argon unentdeckt entweicht. Da insbesondere Edelgase sehr leicht diffundieren können, müssen auch Korrekturen auf mögliche Verluste während einer langen Lagerzeit der Probe in Betracht gezogen werden. Ein gutes Beispiel für diesen Effekt ist die Tatsache, daß die Erdatmosphäre einen anomal hohen Volumenanteil ($9 \cdot 10^{-3}$) an ^{40}Ar enthält, während z.B. der Anteil des leichteren und daher ursprünglich viel häufigeren Ne nur $1.2 \cdot 10^{-5}$ beträgt. Das in der Luft enthaltene Argon stammt also praktisch vollständig aus dem Elektroneneinfang des ^{40}K in der Erdkruste, aus der es in die Atmosphäre entwichen ist. Das ^{40}K hat einen Anteil 0,012% am Isotopengemisch des Kalium der Erdkruste, das seinerseits zu $2.8 \cdot 10^{-2}$ am Gewicht der Erdkruste beteiligt ist. Dieser gewaltige Vorrat an ^{40}K hat zu der beobachten Argonanreicherung der Atmosphäre geführt.

Aufgabe 1.2: Schätzen Sie N(T) für ^{40}K ab, wenn T die Jetztzeit ist und die Erdkruste ($\rho = 2.6$) eine mittlere Dicke von 10 km hat, in der die Elemente gleichmäßig verteilt sein sollen. Wie groß ist die Gesamtaktivität des ^{40}K? Wieviel ^{40}Ar wird pro Sekunde erzeugt, wenn der ^{40}K-Zerfall zu 89% in ^{40}Ca und 11% zu ^{40}Ar geht?

Die Bestimmung des ^{40}K-Gehalts einer Probe geschieht über die Messung des ^{39}K-Gehalts und die Kenntnis des normalen $[^{39}K/^{40}K]$-Verhältnisses von $1.25 \cdot 10^{-4}$. Bei Verfahren ohne AMS wird eine bedeutende Verbesserung der Genauigkeit durch die Umwandlungsreaktion $^{39}K(n,p)^{39}Ar(269\ a)$ in einem Reaktor erreicht. Dadurch lassen sich anschließend die Aktivitäten von ^{39}Ar und ^{40}Ar in einer Anordnung gleichzeitig messen, was eine große Reduktion der systematischen Fehlerquellen bedeutet. Dieses Verfahren heißt *($^{39}Ar/^{40}Ar$)-Methode*.

Viele Mineralien enthalten Rb und Sr, so daß der (langlebige) Rb-Zerfall eine sehr. nützliche Uhr darstellt. Jede Probe enthält aber bereits bei der Bildung vorhandenes $[^{87}Sr]_0$, so daß $[^{87}Sr] = [^{87}Sr]_0 + [^{87}Rb](\exp[\lambda T]-1)$ mit $\lambda T \ll 1$ gilt. Wenn jedoch bei der Bildung das natürliche Verhältnis $[^{87}Sr/^{86}Sr]_0 = 0.71$ eingestellt wurde, erhält man aus den gemessenen ^{86}Sr-Verhältnissen für das Probenalter T

$$[^{87}Sr/^{86}Sr] = 0.71 + [^{87}Rb/^{86}Sr]\lambda T$$

1.6.2 Radiobleimethode

Hierbei nützt man die Langlebigkeit der natürlichen radioaktiven Zerfallsreihen aus

$$
\begin{array}{lcccl}
^{235}U(7.04\cdot10^8 a) & \rightarrow & ZR & \rightarrow & ^{207}Pb +7\alpha \\
^{238}U(4.47\cdot10^9 a) & \rightarrow & ZR & \rightarrow & ^{206}Pb +8\alpha \\
^{232}Th(1.41\cdot10^{10} a) & \rightarrow & ZR & \rightarrow & ^{208}Pb +6\alpha
\end{array}
\qquad (1.34)
$$

wo ZR anzeigt, daß der Zerfall über viele Zwischenkerne abläuft. Die lange Halbwertszeit der Ausgangsnuklide für α-Zerfall erklärt sich aus dem großen Potentialwall (s. Abschn. 1.3.2), den die α-Teilchen durchtunneln müssen. Wie in Abschn. 1.2.3 gezeigt wurde, ist die Lebensdauer einer Zerfallsreihe durch das langlebigste Nuklid gegeben. Zur Bestimmung des Probenalters über das Verhältnis R(T) der Radiobleiisotope nach Gl.(1.32) benötigt man dessen Anfangswert R(0). Dieses Verhältnis zur Zeit der Probenbildung ist aber nicht bekannt. Durch einen Umweg über das stabile ^{204}Pb, das kein Zerfallsprodukt ist und dessen Häufigkeit sich daher mit der Zeit nicht ändert, kann man aber weiterkommen: Bezeichnen wir z.B. das Verhältnis $[^{206}Pb/^{204}Pb]$ zur Zeit t = T mit $N_{206}(T)/N_{204}(T) = R(206/204,T)$ und schreiben $N^*_{206} = N_{206}(T) + N_{206}(0)$ wo $N_{206}(T)$ die Anzahl des radiogen erzeugten und N^*_{206} die der experimentell gemessenen ^{206}Pb-Kerne bedeutet, so können wir (wegen $N_{204}(T) = N_{204}(0)$) schreiben: $R(206/204,T) = R^*(206/204,T)-R(206/204,0)$ sowie die analoge Beziehung für $R(207/204,T)$. Sofern man die Verhältnisse für t = 0 ermitteln kann, lassen sich also die wahren Isotopenverhältnisse $R(206/204,T) = N_{206}(T)/N_{204}(T)$ und analog $R(207/204,T)$ gewinnen, sodaß wir mit Gl.(1.7) bilden können

$$R(207/206,T) = \frac{N_{207}(T)}{N_{206}(T)} = \frac{N(^{235}U,T)(\exp[-\lambda_{235}T]-1)}{N(^{238}U,T)(\exp[-\lambda_{238}T]-1)}$$

Das Verhältnis der Uranisotope ist gut bekannt. Es ist $\varepsilon = 7.253\cdot10^{-3}$ und mit dem gemessenen Wert für R(207/206,T) erhalten wir eine transzendente Bestimmungsgleichung, aus der sich T ergibt. Die hierbei vorausgesetzte Kenntnis der *primordialen* (d.h. zu Beginn der Erdgeschichte vorliegenden) Verhältnisse R(206/204,0) und R(207/204,0) gewinnt man aus der Analyse von Blei in uranfreier Umgebung, wo sich also kein radiogenes ^{206}Pb bzw. ^{207}Pb angesammelt hat. Das sind einmal Proben aus dem Erdinneren, die mit leichteren aber chemisch ähnlichen Elementen nach oben getragen worden sind. Eine unabhängige Bestimmung gelingt in Eisenmeteoriten, die sich aus der frühen Gaswolke des kollabierenden Sonnennebels gebildet haben und aus rein primordialem Metall bestehen (s. Abschn. 1.6.3). Beide Methoden liefern konsistente Bleiverhältnisse für t = 0.

Außerdem gibt es auch eine *Radiohelium-Methode*, bei der das in den Zerfallsketten (1.34) produzierte und in der Probe eingeschlossene Helium gemessen wird. Hier ist aber die Bestimmung des primordialen He sehr schwierig, da z.B. die Meteoriten einerseits durch ihre lange Expositionsdauer im Weltraum in der kosmischen Strahlung durch Kernreaktionen Helium gebildet haben, andererseits bei Eintritt in die Erdatmosphäre sehr stark erhitzt worden sind, sodaß ein unbekannter Bruchteil ihres Heliums durch Diffusion verloren gegangen ist. Die Radiohelium-Methode ist daher vergleichsweise sehr ungenau.

1.6.3 Alter der Erde und des Sonnensystems

Sonnensystem: Mit der Radiobleimethode wurde ein mittleres Alter von

$$T_S = 4.6 \cdot 10^9 \text{ a} \tag{1.35}$$

seit der Solidifizierung der im ursprünglichen Planetennebel um die neu entstandenen Sonne kreisenden Staubwolke bestimmt. Dieses Alter findet sich übereinstimmend bei den auf der Erde gefundenen Steinmeteoriten (*Chondrite*), die wegen ihrer Kleinheit zu den allerersten Objekten gehört haben müssen, die ausgefroren sind und von da an der Probenbedingung genügen. Die zahlreichen auf die Erde treffenden Meteoriten stammen praktisch alle aus dem $3 \cdot 10^8$ km breiten Asteroidengürtel zwischen Mars und Jupiter, wie man durch Rückrechnung aus den von automatischen Kameras aufgenommenen Trajektorien am Nachthimmel herausgefunden hat [Schl96,Wen97]. Auch die von der Apollomission mitgebrachten Mondgesteine haben übereinstimmend das gleiche Alter T_S ergeben. Das ist mit der vorherigen Erklärung konsistent, wenn man es zugleich als Evidenz dafür nimmt, daß sich Erde und Mond in der allerersten Phase der Bildung des Sonnensystems bereits getrennt haben.

Erdalter: Einer Altersbestimmung ist nur die Oberfläche der Erdkruste direkt zugänglich, worunter die obersten 5-7 km (Meeresböden) bzw. 10-70 km (Kontinente) der Erdkugel fallen. Seit der Entdeckung der Plattentektonik [SpW 87] weiß man, daß die Erdkruste in ständiger Bewegung ist, wobei die Kontinentalschollen auf der unterliegenden Lithossphäre schwimmen, während sich die Ozeanböden mit (geologisch) sehr großen Geschwindigkeiten von 2 bis maximal 16 cm pro Jahr relativ zueinander bewegen.

Aufgabe 1.3: Schätzen Sie ab, wann sich die Kontinente Europa und Amerika voneinander getrennt haben, wenn ihre mittlere Separationsgeschwindigkeit im Nordatlantik 6 cm/a beträgt.

Dabei verschieben sich die Kontinente relativ zueinander, brechen an manchen Stellen auseinander und schieben sich an anderen Stellen zusammen, wobei es zur Bildung der großräumigen Gebirgsketten (z.B. Alpen, Himalaja, Anden) kommt. Dieser Vorgang der Plattentektonik ist auf der Erdoberfläche weitgehend studiert und auch in seinem zeitlichen Ablauf rückwärts verfolgt worden. Die heutige Verteilung der aktiven Platten und die rekonstruierte Kontinentverteilung der Vergangenheit zeigt die Abb. 1.22. Dabei ist anzumerken, daß die zeitliche Abfolge der Verschiebung im wesentlichen aus palaeomagnetischen Untersuchungen der Magnetisierungsrichtungen im Erdfeld ermittelt wurde, die beim Erstarren des aus den ozeanischen Platten hervorquellenden neu gebildeten Ozeanbodens eingefroren wurden. Aus der Neigung und geographischen Weisung dieser Magnetisierungsrichtungen lassen sich die ursprünglichen Entstehungsorte konstruieren. Außerdem hat sich herausgestellt, daß sich die Polung des Magnetfelds der Erde im Verlauf der Erdgeschichte im mittleren Abstand von $4 \cdot 10^5$a oftmals innerhalb von einigen hundert Jahren (d.h. erdgeschichtlich „momentan") umgepolt hat. Das zeitliche Muster dieser Tausende von Umpolungen spiegelt sich in der paleomagnetischen Magnetisierungsrichtung wider, sodaß für jede erdgeschichtliche Periode ein zeitlicher *Umpolungsabdruck* existiert, der es erlaubt den Proben neben der geographischen Position auch einen erdhistorischen Zeitpunkt zuzuordnen. (Wir werden bei der ^{14}C-Datierung einem ähnlich glücklichen Umstand in der *Baumringmethode* wiederbegegnen). Auf diese Weise lassen sich die detaillierten Kenntnisse über die Erdtektonik und das große Vertrauen in deren Zuverlässigkeit verstehen. Die Plattentektonik läßt sich so über 600 Millionen Jahre zurückverfolgen, obwohl sie noch wesentlich länger wirksam sein muß, wie die Untersuchung der Krustenbruchstücke ergeben hat, aus denen sich die Kontinente heute zusammensetzen [SpW87]. Bei den zahlreichen Kontinentaufbrüchen und neuen Zusammenschiebungen ist von der primordialen Erdkruste fast nichts mehr übrig geblieben und die Suche nach den ältesten Gesteinen auf der Erdoberfläche ist noch im Gange, da sie Auskunft geben sollten über den Zeitraum zwischen der Bildung des Planeten vor $4.6 \cdot 10^9$ a und der Bildung der festen Erdkruste. Die Differenz muß die *Abkühlungsphase* sein, nach deren Ablauf die Kernuhr zu laufen begann. Ihre Dauer ist geophysikalisch sehr interessant. Die gegenwärtig ältesten Gesteine stammen aus Westaustralien und haben ein Alter von 4.1 bis $4.3 \cdot 10^9$a. Es wurde mit der U/Pb-Methode an Zirkonen ($Zr[SeO_4]$) bestimmt, die sehr unempfindlich gegen Verwitterung und Temperaturveränderungen sind. Man kann also das mittlere Erstarrungsalter T_E der Erde fixieren auf etwa

$$T_E = 4.1 \cdot 10^9 a$$

(1.36)

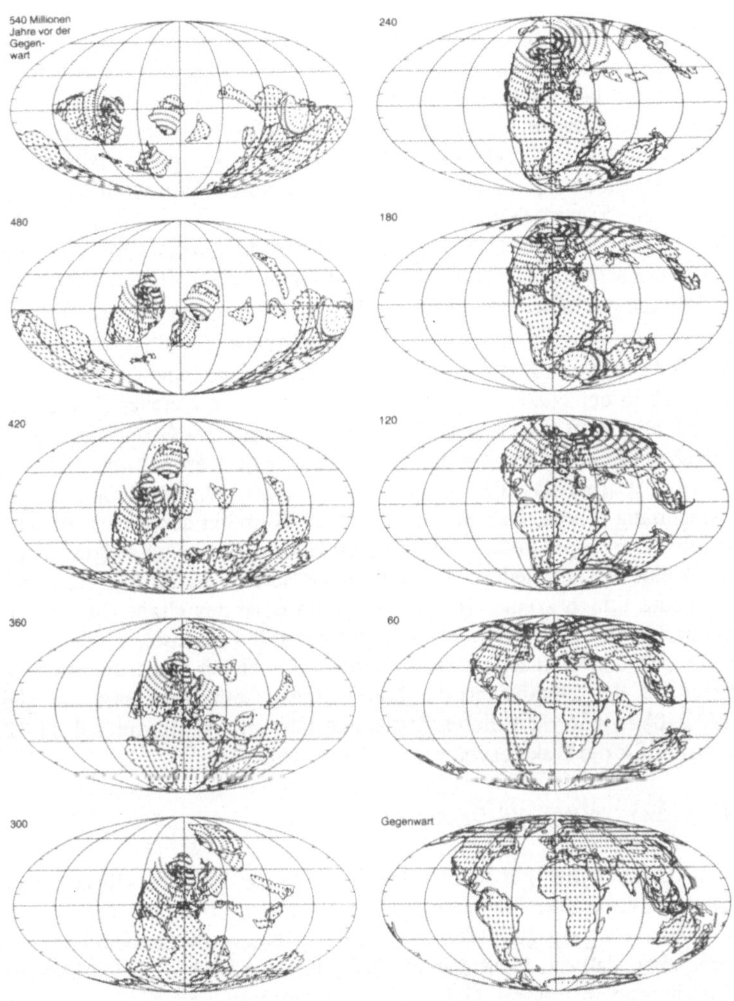

Abb. 1.23 Aus palaeomagnetischen Daten rekonstruierte Wanderung der Kontinente auf der Erdoberfläche im Verlauf der vergangenen $5.4\cdot10^8$ a. (Aus [SpW87] mit frdl. Genehmigung des Verlages).

Demnach hat die Abkühlungsphase der jungen Erde ca. fünfhundert Millionen Jahre gedauert.

1.6.4   Zeitpunkt der Elementsynthese

Nachdem wir das Alter des Sonnensystems kennen, kann man weiter fragen, wie alt die Elemente sind, aus denen das Sonnensystem besteht. Unsere Kenntnis vom Leben der Sterne läßt es gewiß erscheinen, daß die Elemente, aus denen unsere Erde besteht, irgendwann in Supernova(SN)-ähnlichen Sternausbrüchen ent-standen sind. In Abschn. 1.5.2 haben wir die Messung der Isotopenverhältnisse zweier Nuklide als Methode zur Altersbestimmung eingeführt. Wir wollen sie nun auf diese interessante Fragestellung anwenden.

Als Nuklide bieten sich für unser Problem zunächst die Uranisotope ^{238}U und ^{235}U an, da sie unterschiedliche, aber hinreichend lange Lebensdauern haben und ihr heutiges Isotopenverhältnis gut bekannt ist. Für die Jetztzeit ($t = T$) ergeben sich die Werte $R(T) = N_{238}(T)/N_{235}(T) = 138.9$ sowie $\lambda_1 = \lambda(^{238}U) = 1.55 \cdot 10^{-10} a^{-1}$, $\lambda_2 = \lambda(^{235}U) = 9.85 \cdot 10^{-10} a^{-1}$. Das Verhältnis $R(0)$ kennen wir noch nicht. Die simple Annahme, daß in der Nukleosynthese alle Uranisotope in gleicher Zahl produziert wurden, daß also $R(0) = 1$ ist, dürfen wir nicht machen. Der Grund liegt in der unterschiedlichen Bindungsenergie der Nukleonen in ug-Kernen wie ^{235}U und gg-Kernen, wie ^{238}U [MK94], die zu sehr verschiedenen Wirkungsquerschnitten für Neutroneneinfang führen. Das ist wichtig, da die Kerne in der extrem hohen Neutronendichte einer Supernovaexplosion durch Neutroneneinfang aufgebaut werden und sogar kleine Unterschiede im Einfangsquerschnitt zu großen Differenzen in der Nuklidausbeute führen können (s. Kap. 4.2). Im Falle des Urans führt die relativ zuverlässige Theorie der *schnellen Einfangprozesse* (r-Prozesse), bei denen die Lebensdauern für den Betazerfall eines Kerns nach einem Neutroneneinfang viel größer sind als der Zeitabstand der konsekutiven Einfangprozesse am gleichen Kern, auf $R(0) = 0.56$. Mit dieser Festlegung können wir nun mit Gl. (1.32) ein mittleres Alter für die Nukleosynthese des Urans von

$$T_U = (\Delta\lambda)^{-1} \ln[R(T_U)/R(0)] = 6.7 \cdot 10^9 \, a$$

bestimmen. Dieses Alter gilt jedoch nur dann für die Nukleosynthese allgemein, wenn die Produktion aller Elemente des Sonnensystems in einem einzigen, zeitlich eng begrenzten Vorgang geschehen ist und damit unsere Probenbedingung erfüllt. Wir wissen aber, daß das nicht stimmt. Tatsächlich vollzieht sich die Elementsynthese fortwährend in unserer Galaxis in Riesensternen und SN-Explosionen (s. Abschn. 4.2.4) und eine benachbarte SN hat vermutlich eine bereits vorhandene Gaswolke zum Kollaps gebracht, aus dem unser Sonnensystem enstand..

Es gibt aber glücklicherweise noch weitere Nuklidpaare, die nicht Isotope sind, deren langlebige Zerfälle für eine Abschätzung des Elementalters genutzt werden können. Wir wollen das aus dem Betazerfall des ^{187}Re in das stabile ^{187}Os stammende [Os/Re] Verhältnis betrachten, das wegen der Re-HWZ von $1.2 \cdot 10^{10} a$ auch als *Aeonenuhr* bezeichnet wurde. Das heute in Meteoriten gemessene Verhältnis

R(T) der beiden Nuklide läßt sich auf seinen Wert zur bekannten Zeit T_S der Meteoritenbildung zurückrechnen. Wenn der Anteil des ^{187}Os(0) aus der Elementsynthese berücksichtigt wird, der aus der Theorie des s-Prozesses (s. S. 256) auf 10% genau bekannt ist, kann man das Verhältnis darauf korrigieren und den Wert für $R(T_S) = [Os(T_S)/Re(T_S)] = 0.11$ festlegen. Damit ist die Zeit $\Delta T = T_N - T_S$ bestimmt, denn wir haben $R(T_S) = \exp[\lambda_{Re}\Delta T] - 1 \approx \Delta T/\tau_{Re}$, wie aus Gl. (1.7) folgt. Da $\tau_{Re} = 6.06 \cdot 10^{10}$a auf einige Prozent genau bestimmt wurde, erhalten wir $\Delta T = 6.7 \cdot 10^{10}$a und damit $T_N = 1.1 \cdot 10^{10}$a. Hier müssen noch Korrekturen berücksichtigt werden, da τ_{Re} an neutralen Re-Atomen gemessen wurde, bei der Elemententstehung aber zunächst nackte Kerne vorliegen, deren Lebensdauer anders sein kann. Bei ^{187}Re ist genau das der Fall: die Übergangsenergie des β-Zerfalls beträgt für das neutrale Re nur $Q = 2.66$ keV, woraus sich die lange Lebensdauer erklärt. Im nackten Re-Kern ist aber der am stärksten gebundene Elektronenzustand der Atomhülle unbesetzt und kann von dem Elektron des β-Zerfalls eingenommen werden, wobei $Q = 63.22$ keV frei werden und die HWZ sich auf 33a verkürzt! Das wurde im Speicherring der GSI Darmstadt in einem eleganten Experiment gemessen [Bos96]. Berücksichtigt man die Aufenthaltsdauer der Re-Atome im Entstehungsprozess bei Temperaturen, die für eine völlige Ionisierung nötig sind ($\approx 6 \cdot 10^8$K) und die Verschiebungen der Isotopenverhältnisse beim Aufenthalt im Sterninneren (*Astrationseffekte*), so kommt man auf ein Elementalter von

$$T_N = 1.5 \cdot 10^{10} \text{a}.$$

Das kann auch als das *Galaxisalter* betrachtet werden, wenn man davon ausgeht, daß die Elemente unserer Galaxis hinreichend durchmischt sind und zwischen den Galaxien kein nennenswerter Stoffaustausch stattfindet.

Als Zeitfolge der Entstehung unserer Erde können wir demnach gegenwärtig folgenden Ablauf angeben (Zeitangaben in Jahren vor der Jetztzeit).

1. *Elementalter:* $T_N = 1.5 \cdot 10^{10}$a. Die Elemententstehung setzt mit der Bildung unserer Galaxis ein und geht seitdem mit konstanter Produktionsrate vonstatten. Eine Wolke aus interstellarer Materie, die bereits eine ganze Reihe von Sternzyklen durchlaufen hatte, wird durch eine benachbarte SN-Explosion zum Gravitationskollaps gebracht.

2. *Uranalter:* $T_U = 6.7 \cdot 10^9$a. In dieser SN-Explosion wurden die heute in der Erdkruste gefundenen Uranisotope aufgebaut und in die kollabierende Gaswolke eingebracht.

3. *Meteoritenalter*: $T_S = 4.6 \cdot 10^9$ a. Der Zentralstern (Sonne) vereinigt 99% der Wolkenmasse in sich. Die aufgrund ihres Drehimpulses nicht einverleibten großen Konglomerationen werden zu Planeten, die 99.8% des gesamten Drehimpulses übernehmen und einem heftigen Bombardement der kleineren Konglomerate ausgesetzt sind. Der Mond entsteht. Die restlichen kleinen Kondensationsprodukte

verbleiben in den weit außen liegende Kometenwolken und im Meteoritengürtel zwischen Mars und Jupiter [Bin91].

4. *Gesteinsalter*: $T_E = 4.1\cdot10^9$ a: Nach einer Akkretions- und Abkühlzeit von $5\cdot10^8$ Jahren bildet sich die junge Erdkruste. Durch die lebhafte Plattentektonik der Erde geht diese praktisch vollständig verloren.

1.6.5 Alter des Universums

Diese interessante Größe ist nicht aus radioaktiven Zerfallsprozessen bestimmbar, da die im Urknall entstandenen Elemente H, He und D keine langlebigen Isotope aufweisen, die eine Altersbestimmung erlauben könnten. Die Basis für eine Bestimmung des mittleren Alters T_H des Universums benutzt daher die von *E. Hubble* 1928 entdeckte Rotverschiebung der Galaxien aufgrund ihrer gegenseitigen Fluchtbewegung. Sie läßt sich erklären, wenn man annimmt, daß das Universum sich ausdehnt, wobei sich der Krümmungsradius ständig vergrößert. Eine sehr vereinfachende schematische Darstellung gibt die folgende Abbildung 1.24. Sie benutzt die Analogie zwischen der Raumkrümmung im expandierenden Kosmos und der Oberflächenkrümmung auf einer expandierenden Kugel.

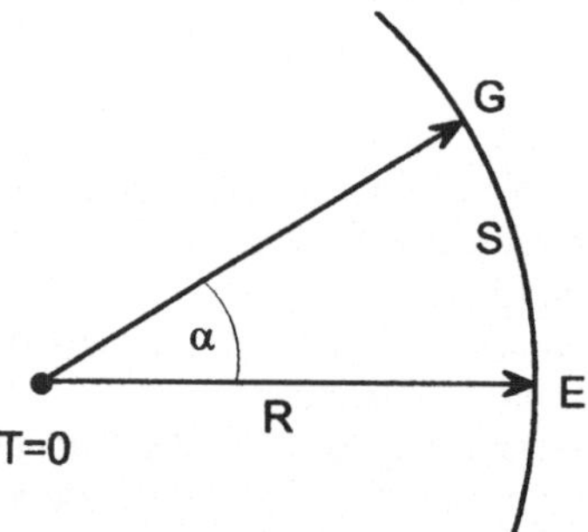

Abb. 1.23:
Schematisch vereinfachte Darstellung der Bestimmung des Alters für ein expandierendes Universum. Die Messung der Fluchtgeschwindigkeit $\dot{S}$ über die Dopplerverschiebung der Galaxie G (gemessen von der Erde E aus) und Kenntnis des Galaxienabstands S erlaubt die Bestimmung des Hubble-Weltalters $T = S/\dot{S}$.

Wenn sich das Universum ausdehnt, wobei der Krümmungsradius R mit $R = v_0T$ zunimmt, vergrößert sich der räumliche Abstand zweier lokal ruhender Galaxien mit $S = \alpha R = \alpha v_0T$. Die Dopplerverschiebung des Sternenlichtes der Galaxien erlaubt die Bestimmung von $\dot{S} = dS/dt = \alpha v_0$. Kennt man S, so kann man die Hubblekonstante $H = \dot{S}/S$ bilden, die heute zu $H = (70 \pm 10)$ km/sMpc angenommen wird, wobei ein *Megaparsec* Mpc $= 3.6\cdot10^6$ Lichtjahre $= 3\cdot10^{19}$ km ist.
Bei der Bestimmung von H ist die Kenntnis des Galaxienabstands S vergleichweise problematisch, da für große Distanzen keine sicheren Entfernungsmaßstäbe für den Galaxienabstand existieren. Die regelmäßig auftretenden Korrekturmeldungen für

H haben in der Regel mit Neubestimmungen von S zu tun. Aber in letzter Zeit sind *Einheitskerzen* etabliert worden, die hell genug sind, um auch sehr große Entfernungen messen zu können. (Supernovae vom Typ Ia, die an ihren Spektren erkannt werden können und praktisch konstante absolute Helligkeit entwickeln. Deren auf der Erde beobachtete scheinbare Helligkeit gestattet daher, ihre Entfernung eingermaßen zuverlässig zu bestimmen). Die Dopplerverschiebung $\dot{S}$ ist jedoch relativ genau meßbar und im wesentlichen unbestritten. Wie unser schematisches Bild zeigt, können wir schreiben $H = \dot{S}/S = 1/T_H = (23\pm3)\ 10^{-19}\ \mathrm{s}^{-1}$ woraus wir das *Hubblealter* des Universums zu $T_H = (5\pm1)10^{17}\mathrm{s} = (17\pm3)10^9$ a abschätzen können. Dieser Wert muß noch durch die Gravitationsabbremsung infolge der sich anziehenden Massen im Universum korrigiert werden. Dadurch nimmt v_0 mit der Zeit ab und das Universum hat sich vermutlich zu Beginn schneller ausgedehnt als heute. Die neuesten Bestimmungen des Weltalters führen daher auf einen Wert von

$$T_H \approx (14 \pm 2)\ \mathrm{Ga} \tag{1.38}$$

was mit den Elementaltern des letzten Abschnitts verträglich ist und andeutet, daß zwischen dem Urknall und der Bildung der ersten Galaxien mit ihren supermassiven Sternen aus Wasserstoff und Helium, in denen die Synthese der schweren Elemente mit großer astrophysikalischer Geschwindigkeit vonstatten ging, keine wesentliche Zeitspanne liegen kann.

1.7 Geophysikalische Anwendungen

Hierunter wollen wir die Anwendungen verstehen, die sich nicht primär mit der Frühgeschichte der Erde befassen, sondern Prozesse im Auge haben, die gegenwärtig auf der Erde ablaufen und somit auch in die jüngste Erdgeschichte hineinreichen. Damit sind also Zerfälle interessant, deren Lebensdauer wesentlich kürzer ist als die der bisher betrachteten. Nach aufsteigendem Nukleargewicht angeordnet ergibt sich für die wichtigsten Radionuklide dieser Kategorie die folgende Liste (in Klammern angegeben ist die Halbwertzeit, bzw. die Maximalenergie der emittierten Leptonen).

$${}^{3}\mathrm{H}(12.33\ \mathrm{a}) \rightarrow {}^{3}\mathrm{He} + \mathrm{e}(18\ \mathrm{keV})\ \bar{\nu} \qquad {}^{10}\mathrm{Be}(1.6{\cdot}10^{6}\ \mathrm{a}) \rightarrow {}^{10}\mathrm{B} + \mathrm{e}(560\ \mathrm{keV})\ \bar{\nu}$$

$${}^{14}\mathrm{C}(5730\ \mathrm{a}) \rightarrow {}^{14}\mathrm{N} + \mathrm{e}(156\mathrm{keV})\ \bar{\nu} \qquad {}^{26}\mathrm{Al}(7.2{\cdot}10^{5}\ \mathrm{a}) \rightarrow {}^{26}\mathrm{Mg} + \bar{\mathrm{e}}\ (1.17\ \mathrm{MeV})\ \nu$$

$${}^{36}\mathrm{Cl}(3.10{\cdot}10^{5}\ \mathrm{a}) \rightarrow {}^{36}\mathrm{Ar} + \mathrm{e}(710\ \mathrm{keV})\ \bar{\nu} \qquad {}^{39}\mathrm{Ar}\ (269\ \mathrm{a}) \rightarrow {}^{39}\mathrm{K} + \mathrm{e}(565\ \mathrm{keV})\ \bar{\nu}$$

$${}^{41}\mathrm{Ca}(1.04{\cdot}10^{5}\mathrm{a})\mathrm{EC} \rightarrow {}^{41}\mathrm{K} + \nu \qquad {}^{53}\mathrm{Mn}(3.7{\cdot}10^{6}\ \mathrm{a})\ \mathrm{EC} \rightarrow {}^{53}\mathrm{Cr} + \nu$$

$${}^{85}\mathrm{Kr}(10.7\ \mathrm{a}) \rightarrow {}^{85}\mathrm{Rb} + \mathrm{e}(670\ \mathrm{keV})\ \bar{\nu} \qquad {}^{129}\mathrm{I}(1.6{\cdot}10^{7}\mathrm{a}) \rightarrow {}^{129}\mathrm{Xe} + \mathrm{e}(150\ \mathrm{keV})\ \bar{\nu}$$

Tab. 1.2 Die geophysikalisch wichtigsten Radionuklide.

Da sie erdgeschichtlich sehr kurzlebig sind, sind sie heute in natürlicher Umgebung nur anzutreffen, weil sie ständig neu produziert werden. Die entscheidende Quelle hierfür ist die Wechselwirkung der kosmischen Strahlung mit den Atomkernen der Luftmoleküle unserer Atmosphäre, deren Volumen sich im trockenen Zustand hauptsächlich aus $^{14}N_2$ (78%), $^{16}O_2$ (21%), und ^{40}Ar (0.9%) zusammensetzt. Die für die Isotopenproduktion wichtigste Komponente der kosmischen Strahlung ist der Fluss hochenergetischer Neutronen, die überwiegend in der Atmosphärenschicht oberhalb 15 km bei Stößen mit den Protonen aus der primären kosmischen Strahlung entstehen (s. Abb. 1.11). Diese Neutronen setzen dann in den tieferliegenden und dichteren Luftschichten sekundäre *Austauschreaktionen* in Gang. Eine weitere Radionuklidquelle sind *Spallationsreaktionen* [MK94], bei denen die hochenergetischen Protonen und Heliumkerne der primären kosmischen Strahlung kleinere Bruchstücke direkt aus den getroffenen Atomkernen herausschießen. Die folgende Liste gibt die wichtigsten Beispiele dieser *kosmogenen* Radionuklide und ihre hauptsächlichen Erzeugungsreaktionen.

Isotop	Erzeugung	Relative Häufigkeit in der Atmosphäre
^3H	$^{14}N(n,t)^{12}C; {}^{16}O(n,t)^{14}N$	250
^{10}Be	$^{14}N, {}^{16}O$ (Spallation)	45
^{14}C	$^{14}N(n,p)^{14}C$	2400
^{36}Cl	$^{35}Cl(n,\gamma)^{36}Cl; {}^{36}Ar(n,p)^{36}Cl$	15

Tab. 1.3 Die wichtigsten kosmogenen Radionuklide und ihre Erzeugungsreaktionen[4].

Neben der Atmosphäre stellt die Erdkruste eine wichtige Quelle der kosmogenen Radionuklide dar. Dabei sind zum einen die Reaktionen der schnellen Neutronen aus der Höhenstrahlung mit den im Erdreich häufig anzutreffenden Nukliden ^{28}Si, ^{27}Al, ^{24}Mg, ^{32}S, ^{40}Ca und ^{56}Fe wichtig, die durch (n,2n), (n,np), (n,α) und Spallationsprozesse wirken. Während die Neutronen so stark absorbiert werden, daß sie jenseits von einigen Metern Tiefe vernachlässigbar sind, haben die ebenfalls in den kosmischen Schauern erzeugten Müonen eine bedeutend größere Eindringtiefe, sodaß vor allem die Evaporation der hochangeregten (ca. 100 MeV) Atomkerne nach Müonenabsorption für merkliche Vorkommen kosmogener Radionuklide bis in Tiefen von 250 m verantwortlich ist [Hei97].
Im übrigen haben aber auch die bereits besprochenen K/Ar- und Rb/Sr-Zerfälle der Aufstellung (1.33) bzw. die U/Pb-Reihe der Aufstellung (1.34) in geophysikalischen Anwendungen ihre Bedeutung.

---

[4]Das Isotopenverhältnis $[^{14}C/^{12}C]$ ist zu $3.6 \cdot 10^{-16}$ bestimmt worden. Da der CO_2-Anteil am Luftvolumen $3 \cdot 10^{-4}$ beträgt, läßt sich der relative Volumenanteil des $^{14}CO_2$ zu 10^{-19} angeben, was einem Massenanteil $1.5 \cdot 10^{-19}$ entspricht. Daraus lassen sich die Anteile der anderen Radionuklide entsprechend der Tabelle 1.3 ermitteln.

1.7.1 Palaeowissenschaften: K/Ar- und Rb/Sr-Datierungen

Beginnen wir unsere kurze Anwendungsübersicht mit Ergebnissen dieser Methode. Sie reichen wegen der langen Lebensdauer des ^{40}K am weitesten in die Vergangenheit. (Es sollte noch erwähnt werden, daß der gesamte Zerfall zu 89% über Beta-Emission in das ^{40}Ca geht, wobei die emittierten Elektronen eine Maximalenergie von 1.31 MeV haben. Diese Energie trägt, im Verein mit den α-Zerfällen von ^{232}Th und ^{238}U, den Hauptanteil zum Temperaturanstieg von (1-3°C/100 m) mit wachsender Erdtiefe bei.Wegen des überall in großen Mengen gegenwärtigen ^{40}Ca ist der K/Ca-Zerfall aber nicht gut für die Altersbestimmung geeignet).

Tektite: Hier handelt es sich um spezifische Gesteinsformen, die in bestimmten Regionen der Erde gefunden werden.

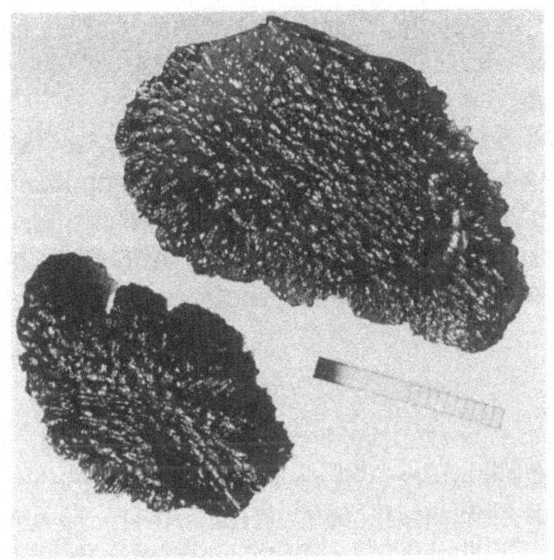

Abb.1.24:
Tektite der Moldavitgruppe mit einer typischen Oberflächenstruktur. Sie entstand durch die Luftströmung um die im Weltraum erstarrten und beim Wiedereintritt in die Erdatmosphäre oberflächlich erneut aufgeschmolzenen Tektite. Der abgebildete Maßstab ist 2 cm lang. (Mit frdl. Erlaubnis von Prof. H.J. Lippolt, Universität Heidelberg)

Die in Böhmen gefundenen Tektite (sog. *Moldavite*) haben ein Alter von $1.5 \cdot 10^7$ a und einen Aufbau, der mit dem K/Ar-Alter und der Zusammensetzung der Gesteine im *Nördlinger Ries* übereinstimmt. Dies hat zu der heute akzeptierten Vorstellung geführt, daß die Ursache des Rieses im Einschlag eines Meteoriten von etwa 1 km Durchmesser zu suchen ist, der einen gewaltigen Auswurf von verflüssigtem Gestein zur Folge hatte. Ein Teil hiervon wurde als Tropfen in die Stratosphäre geschleudert, die erstarrten und beim Wiedereintritt in die Atmosphäre erneut oberflächlich aufgeschmolzen wurden, wobei sie die typische Form der Abb. 1.24 annahmen. Aus der geographischen Verteilung der Tektite lassen sich Informationen über Geschwindigkeit, Bahnrichtung und Auftreffwinkel des Meteoriten ableiten. Das Alter weiterer Funde von Tektiten und zugehörigen Kratern in Afrika und Indonesien führen zu der Abschätzung, daß heute etwa alle 20 Millionen Jahre mit einem Einschlag dieser Größenordnung zu rechnen ist [Rad94][5].

Ein letztes Beispiel ist der Krater von 180 km Durchmesser in Chicxulub vor der Yucatan-Küste von Mexiko, dessen Alter auf (65.06 ± 0.18) Ma bestimmt wurde. Er soll einen Durchmesser von 10 km gehabt und etwa die Energie von 10^8 Megatonnen TNT (entsprechend $5 \cdot 10^9$ Hiroshimabomben!) freigesetzt haben. Er könnte somit einer der Auslöser für das große Artensterben, darunter der Saurier, am Ende der Kreidezeit sein. Aber auch die häufigeren Treffer von Meteoriten viel kleineren Durchmessers stellen bereits eine bedeutende Gefahr dar, über deren mögliche Abwehr man nachdenkt [Rad94].

Palaeobiologie: Für die Datierung der alten Knochenfunde, die für die ^{14}C-Methode (s. Abschn. 1.8) außerhalb ihrer Reichweite liegen, sind die langlebigen Radioisotope ebenfalls unerläßlich, so z.B. das spontan spaltende ^{238}U. Auf diese Weise konnten die ältesten Knochenfunde von Hominiden, also unseren frühesten Vorfahren in der Menschenentwicklung, auf $3.4 \cdot 10^6$ Jahre datiert werden.

Ein für die Palaeoanthropologie prinzipiell hervorragend geeignetes Isotop ist ^{41}C, das sich mit $[^{41}Ca/Ca] \sim 10^{-14}\text{-}10^{-15}$ in Knochen findet. Wegen seines komplexen Weges von der Produktion über $^{40}Ca(n,\gamma)^{41}Ca$ aus den Neutronen der kosmischen Strahlung und den anschließenden Transport in der Biosphäre bis zur Aufnahme in der Knochensubstanz ist es aber noch nicht gelungen, ein zuverlässiges $R(0)$ zu gewinnen.

1.7.2   Kosmogene Radioisotope

^{10}Be-Datierungen (Tiefseesedimente und Aerosole): Wie in Tabelle 1.3 vermerkt, entsteht ^{10}Be aus Reaktionen der schnellen Nukleonen aus der Höhenstrahlung am N_2 und O_2 der Luft. Die so entstandenen Spallationsprodukte adsorbieren an den Aerosolen der oberen Atmosphäre, die schließlich mit dem Regen auf die Erdober-

---

[5] Das ist sehr selten, verglichen mit dem Bombardement an Meteoriten und Asteroiden aller Größen, das die Erde und alle übrigen Planeten in der Frühzeit des Sonnensystems aushalten mußten. Dokumente dieser Periode sind noch heute auf den Oberflächen der Himmelskörper ohne Atmosphäre zu beobachten, z.B. dem Mond und dem Merkur. Dieses Bombardement nahm auf den inneren Planeten relativ rasch ab, wohl hauptsächlich durch die „Staubsaugerwirkung" der Riesenplaneten Saturn und Jupiter. Da jeder Meteoriteneinschlag dieser Größenordnung zu einer katastrophalen Störung des Erdklimas geführt haben muß, ist die Existenz der Riesenplaneten vielleicht eine wesentliche Bedingung für die relativ ungestörte Entwicklung höherer Lebensformen auf der Erde gewesen (vgl. hierzu auch [BT86]).

fläche transportiert werden, wo sie sich mit dem stabilen ^{9}Be vermischen. Mit der AMS-Methode kann die ^{10}Be-Datierung etwa auf die letzten 14 Millionen Jahre ausgedehnt werden [Fin93]. Daher ist sie besonders wichtig für das Studium der Ozeane und ihrer Geschichte, da das ^{10}Be mit den Aerosolen auf den Meeresboden absinkt. Für die Bestimmung des Alters eines so gebildeten Sediments stellt sich der vereinfachte Zusammenhang wie folgt dar: Wenn $R_{1,2}$ das Verhältnis der ^{10}Be/^{9}Be-Konzentration bei den Sedimenttiefen $H_{1,2}$ bedeutet, die das Alter $T_{1,2}$ haben, so ist (mit $\Delta T = T_2 - T_1$ und $\lambda(^9Be) = \lambda_2 = 0$) nach Gl. (1.31)

$$[R_2/R_1] = \exp[-\lambda\Delta T] \text{ und } \Delta T = \lambda^{-1} \ln[R_1/R_2] \qquad (1.39)$$

Machen wir den Ansatz konstanten Sedimentwachstums $H_2 - H_1 = k\Delta T$, so läßt sich k bestimmen, wenn ΔT bestimmt ist. Dieser einfache Zusammenhang darf allerdings nicht bei allen kosmogenischen Radionukliden der Tab. 1.3 ohne weiteres vorausgesetzt werden. Der Grund liegt darin, daß in Gl.(1.39) angenommen wird, daß das Anfangsverhältnis $R_1(0) = R_2(0)$, also zeitunabhängig ist. Wenn wir an Abschn. 1.2.4 anknüpfen, so entspricht diese Annahme einem konstanten Projektilstrom, der die Sättigungsaktivität der Gl.(1.18) und damit $N_1(0)$ erzeugt. Der zu Grunde liegende Fluss der kosmischen Strahlung ist aber nicht konstant und die atmosphärischen Verweilzeiten der Radioisotope bis zur Deposition sind viel zu kurz, um die Variationen auszugleichen. In Abschn. 1.8 werden wir sehen, wie diese Variationen in der ebenfalls aus der kosmischen Strahlung stammenden ^{14}C-Produktion direkt nachgemessen werden können. Die Langzeitvariation der ^{10}Be-Produktion korrelieren daher stark mit der von ^{14}C [Gey90]. Hinzu kommt noch, daß die produzierten Radioisotope sich in verschiedenen *Georeservoiren* ansammeln können (Atmosphäre, Biosphäre, Hydrosphäre etc.) in denen sie mit der Produktionsquelle verbunden bleiben und nicht altern, aber völlig verschiedene N(0) bilden können. Insgesamt erfordert die Radiodatierung mit kosmogenischen Radionukliden also erhebliche Vorüberlegungen. Allerdings mitteln sich viele der relativ kurzlebigen Schwankungen heraus, wenn man zu großen Zeiträumen übergeht. So ist die N(0)-Schwankung für ^{10}Be gemittelt über 10^6 a nur noch 6%, über $(7-8)10^6$ a kann sie fast als konstant angesehen werden [Gey90]. Außerdem gewinnt die Altersbestimmung über große Zeiträume an Genaugkeit, weil die kurzfristigen Schwankungen mit steigendem Alter immer weniger Gewicht haben, wie Gl. (1.32') zeigt. Unter dieser Voraussetzung konnte an den Enden von 15 m langen Bohrkernen der Meeressedimente ein Altersunterschied von $3 \cdot 10^6$ a gemessen werden, was eine Sedimentakkretion von $k = 5$ mm/10^3 a ergibt. Das Wachstum der auf dem Meeresboden liegenden Mn-Knollen wurde ebenfalls durch Messung ihrer ^{10}Be-Profile bestimmt. Bei Knollen in 1500-4900 m Tiefe fand man dabei Wachstumsgeschwindigkeiten von $k = (2-4)$ mm/10^6 a, also etwa ein Tausendstel des Sedimentwachstums [Fin93]. Außerdem zeigten sich Korrelationen mit dem Erdklima, wonach das Wachstum in Warmzeiten verdoppelt ist und somit einen wichtigen Indikator für die Palaeoklimatologie bildet.

Eine weitere Anwendung benutzt die Messung des bei der Spallation ebenfalls entstehenden kurzlebigen Isotops ^{7}Be(53d). Die Messung des Verhältnisses $R = [^7Be/^{10}Be]$ im Regenwasser erlaubt dann nach Gl.(1.31) die Aufenthaltsdauer des Aerosols in der oberen Atmosphäre zu bestimmen, weil wegen $\lambda(^{10}Be) \ll \lambda(^7Be) = \lambda$ gilt $R(T) = R(0)exp[-\lambda T]$, wobei $R(0)$ durch Messung des Produktionsverhältnisses der Be- Isotope in Spallationsreaktionen an Teilchenbeschleunigern gemessen wurde. Damit ergab sich für das Aerosol eine *mittlere Aufenthaltsdauer* von 14 d in der Atmosphäre.

^{36}*Cl-Datierungen (Salzalter):* Wie Tabelle 1.3 zeigt, stammt der Hauptanteil des ^{36}Cl aus der (n,γ) Reaktion am ^{35}Cl an der Erdoberfläche, wobei die kosmische Strahlung einen *Neutronenfluss* $\phi_n = 15$ n/m^{2}s produziert. Nach Gl. (1.18) führt das zu einer Sättigungsaktivität von $P_S = N_0\lambda_n$ wo $\lambda_n = \sigma(n,\gamma)\phi_n$ und N_0 die Anzahl der ^{35}Cl-Atome ist, die sich aus der lokalen chemischen Zusammensetzung der Erdkruste ergibt[6]. Damit erhält man für ^{36}Cl als Ausgangshäufigkeit in der Altersgleichung $N(0) = \tau(^{36}Cl)P_S$.

Die oben erwähnte Mittelung über die vergleichsweise schnellen Schwankungen der kosmischen Strahlung erlaubt die Festlegung eines $[^{36}Cl/^{35}Cl]$-Verhältnisses von $R(0) \approx (5\text{-}30)10^{-15}$ [Gey90] für Proben mit einem Alter von 10^6 a und mehr. Damit lassen sich die Verschlussdaten der Salzlager ausgetrockneter Meeresareale zu $(1.6\text{-}3)10^6$ a bestimmen. Generell ist ^{36}Cl auch sehr geeignet für die Datierung von alten Tiefengrundwässern, deren Alter sich in der Regel zu mehreren 10^3 a ergibt.

Da ^{36}Cl zu den Radioisotopen gehört, die durch die starken Neutronenflüsse während der zahlreichen atmosphärischen Kernwaffentests 1958-1968 produziert wurden (s. Abb. 1.25), gibt es die Möglichkeit, durch Messung diese Anomalie auch sehr junge Alter zu bestimmen. So lassen sich oberflächennahe Grundwässer und Eis bis zu Altern von einigen Dekaden messen.

^{26}*Al-Datierungen:* Dieses Radionuklid zerfällt über Positronenemission, wie Tabelle 1.2 zeigt. Daher ist der Nachweis relativ einfach, weil die Vernichtungsstrahlung des Positrons mit einem Elektron in der Probe zur Emission von zwei Gammas mit je 511 keV Energie und linearer Impulskorrelation ("back to back") führt. Deshalb spielt ^{26}Al eine wichtige Rolle als Sonde zur Probenanalyse (s. Kap. 2). Als kosmogenes Isotop unterliegt es den gleichen Bedingungen wie

---

[6] Wegen der gewaltigen ^{35}Cl-Menge in den Meeren führt das zu einem geschätzten ^{36}Cl-Inventar auf der Erdoberfläche von ca. 10^6kg!

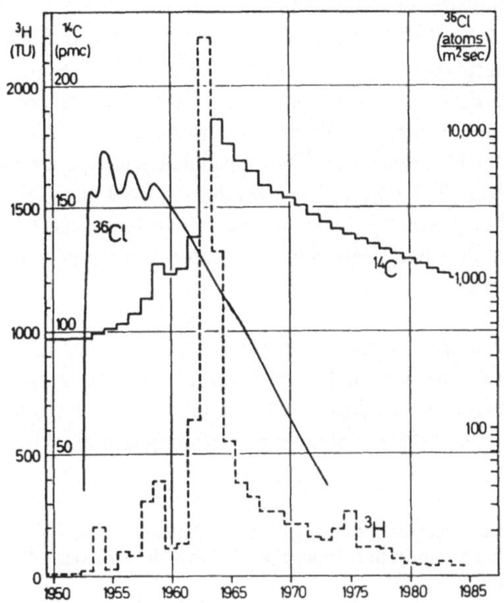

Abb. 1.25: Änderungen in der atmosphärischen ^{14}C- und T-Konzentration als Folge der oberirdischen Kernwaffentests zwischen 1953 und 1964 (nach [Gey90]).

^{10}Be, d h die Ausgangskonzentration in der Probe ist wegen der schwankenden Höhenstrahlungsintensität nicht hinreichend bekannt um ohne weiteres für die Bestimmung jüngerer Alter dienen zu können. Aussichtsreich scheint aber die Methode, über die Bestimmung des ^{26}Al/^{10}Be-Verhältnisses einer Probe die Notwendigkeit zu umgehen, die Anfangskonzentration kennen zu müssen. Das Alter läßt sich dann direkt über Gl.(1.31) bestimmen, sofern das Produktionsverhältnis [^{26}Al/^{10}Be], das bisher zu R(0) $\approx 4 \cdot 10^{-3}$ bestimmt wurde [Gey90], genauer bekannt ist.

Edelgas-Datierung: Das kurzlebige ^{39}Ar findet besonders für die Datierung von Polareis und Meeresströmungen Verwendung. Der Grund liegt vor allem in der chemischen Neutralität eines Edelgases, die verfälschende Reaktionswege ausschließt. Das Hauptanwendungsgebiet der radioaktiven Edelgase liegt aber in der Umweltkontrolle (s. Kap.2) und sie werden uns dort als Radiotracer wiederbegegnen. Das entsprechende gilt auch für das extrem kurzlebig ^{85}Kr, das hierfür besonders geeignet ist.

^{53}Mn-Datierung: Sie wird standardmäßig angewendet, um das *Expositionsalter* von Meteoriten zu bestimmen, die auf der Erde gefunden werden. Damit läßt sich die Aufenthaltsdauer dieser Objekte im Weltraum vor ihrer Landung auf der Erde angeben. Das geht, weil ^{53}Mn hauptsächlich durch die von den Protonen des Sonnenwindes induzierte Reaktion ^{56}Fe(p,α) ^{53}Mn erzeugt wird. Nimmt man eine konstante mittlere Produktionsrate an, so läßt sich aus der produzierten Aktivität das Expositionsalter in unserem Sonnensystem bis zu $1.2 \cdot 10^7$ Jahre bestimmen (s. Abschn. 1.2.4). Der Nachweis des ^{53}Mn geschieht häufig über die Umwandlung in das kurzlebige ^{54}Mn (312 d) durch n-Einfang im Reaktor. Beim Zerfall des ^{54}Mn wird Gammastrahlung von 835 keV emittiert, die leicht nachweisbar ist. Mit der AMS-Methode ist aber das ^{53}Mn einfacher und mit höherer Empfindlichkeit direkt nachweisbar geworden.

Tritium / ^{3}He-Methode: Tritium ^{3}H (abgekürzt T) ist das kurzlebige Radiosiotop des Wasserstoffs (s. Tab. 1.2) und seine Produktion in der Atmosphäre beläuft sich auf 0.25 T-Atome/cm^{2}s, wodurch ein Gleichgewichtsinventar in der gesamten Lufthülle von 4 kg entsteht, die aber in der Atmosphäre mit $(10^{-16} \text{-} 10^{-21})$ at% sehr ungleich verteilt sind.

Aufgabe 1.4: Schätzen Sie ab, ob diese Angaben der Größenordnung nach stimmen. Wie groß ist der Massenanteil von Tritium in der Atmosphäre? Wie groß wäre der at%-Anteil bei Gleichverteilung in der Lufthülle?

Dabei wächst die Konzentration zu den Polen hin wegen der zunehmenden Intensität der kosmischen Strahlung stark an. Das geophysikalische Potential der T-Aktivität liegt in der chemischen Affinität zum Wasser, wodurch im Prinzip eine ideale „Wasseruhr" für Wasserkörper im Altersbereich (1-100)a gegeben wäre. Die einfache Messung der T-Aktivität, wie sie der klassischen Methode zu Grunde liegt, ist aber in den letzten vier Jahrzehnten unmöglich geworden, seitdem eine enorme T-Produktion (ca. 500 kg) durch die atmosphärischen Nuklearbombentests bewirkt wurde (s. Abb. 1.25). Nach dem Stop der Tests ist seit etwa 1975 die Tritiumaktivität wieder ungefähr auf den zehnfachen Wert der kosmogenen Produktion abgesunken. Seitdem wird sie vor allem durch die Emissionen der über 400 weltweiten Kernkraftwerke auf diesem Niveau gehalten. Aus diesem Grunde werden T-Datierungen heute nach dem Muster der K/Ar-Methode durch gleichzeitige Messung des Zerfallsprodukts ^{3}He der Probe durchgeführt. Wegen der Flüchtigkeit der Gase sind besondere Maßnahmen der Probenaufbereitung nötig, um Gasverluste zu vermeiden. Dies ist in abgeschlossenen Anordnungen mit Zählrohren und Massenspektrometern am besten möglich.

Eine Hauptanwendung der T/^{3}He-Methode liegt im Studium der arktischen Eisablagerungen, die ein sehr gutes Niederschlagsarchiv darstellen. Dies deutet schon an, daß die überragende Bedeutung des Tritiums nicht in seiner Funktion als Uhrennuklid liegt, sondern in seiner Rolle als Sonde, wie wir in Kapitel 3 sehen werden.

1.7.3 Aktivitätsalter: gestörtes Gleichgewicht

Bei der Datierung über Zerfallsreihen kann man eine Methode anwenden, die den zeitlichen Verlauf bei der Einstellung des radioaktiven Gleichgewichts (s. Abschn. 1.2.3) ausnutzt. Wenn bei der Probenbildung eines der kurzlebigen Isotope in der Zerfallskette noch nicht vorhanden ist oder eine bekannte Konzentration hat, die nicht der des radioaktiven Gleichgewichts entspricht, so stellt sich dieses Gleichgewicht in der Probe in einem Ausgleichsvorgang her, dessen Zeitabhängigkeit man bestimmen kann. Das gemessene Aktivitätsverhältnis der Probe gibt dann die seit der Probenbildung vergangene Zeit, also das Alter der Probe an. Um dieses Verhalten zu untersuchen, gehen wir von zwei Nukliden mit der Zerfallskonstanten $\lambda_{1,2}$ aus. Es sei $P(T) = P_2(T)/P_1(T) = \lambda_2 N_2(T)/\lambda_1 N_1(T)$ das Aktivitätsverhältnis der beiden Nuklide. Wenn wir den allgemeinen Fall erfassen wollen, daß vom Tochternuklid bei $T = 0$ schon die Menge $N_2(0)$ vorliegt, müssen wir die Gl.(1.12) um den Zerfall dieser Anfangsmenge ergänzen, und da die Zerfälle unabhängig voneinander sind erhalten wir ($\Delta\lambda = \lambda_2 - \lambda_1$)

$$N_2(T) = N_1(0)\,(\lambda_1/\Delta\lambda)(\exp[-\lambda_1 T] - \exp[-\lambda_2 T])) + N_2(0)\exp[-\lambda_2 T] \quad (1.40)$$

Damit ergibt sich

$$P(T) = (\lambda_2/\Delta\lambda)(1 - \exp[-\Delta\lambda T]) + P(0)\exp[-\Delta\lambda T] \quad (1.41)$$

Für den praktisch wichtigen Fall der langlebigen Mutter ($\lambda_1 \ll \lambda_2$) erhalten wir daraus

$$P(T) = 1 + (P(0) - 1)\exp[-\lambda_2 T] \; ; \; T = \lambda_2^{-1} \ln[(1 - P(0))/(1 - P(T))] \quad (1.42)$$

Für $P(0) = 0$ ergibt sich wieder Gl.(1.17). Wenn $P(0)$ bekannt ist und $P(T)$ gemessen wird, läßt sich also das Alter T der Probe bestimmen. Mit diesem Formalismus kann man z.B. das Verhältnis $[^{234}U/^{238}U]$ in der Uranserie zur Datierung verwenden. Unter der Annahme, daß das $P(0) = 1.15$, das man im Ozeanwasser bestimmt[7], auch für die Probenbildung gilt, läßt sich dann z.B. durch Messung des Aktivitätsverhältnisses in verschiedenen Probentiefen das Alter einer Gesteinsbildung messen [Mom86] (s. Abb. 1.26).

---

[7] Aus der natürlichen Häufigkeit von $5.5 \cdot 10^{-5}$ für ^{234}U folgt, daß die Aktivitäten von ^{238}U und ^{234}U im freien Zustand gleich sind, also $P(0) = 1$ sein müßte, wie es der Zerfallskette entspricht, die von einer langlebigen Mutter angeführt wird. Die Abweichungen hiervon beruhen darauf, daß die ^{234}U-Verbindungen etwas höhere Wasserlöslichkeit aufweisen. Mit dem Flusswasser wird dieses Aktivitätsverhältnis in das Meerwasser übertragen.

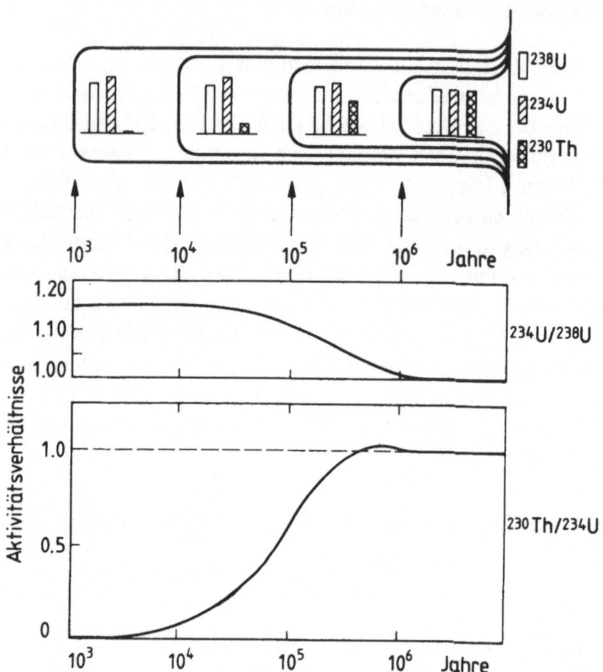

Abb. 1.26 Uranseriendatierung eines Stalagmiten (aus [Mom86] mit freundlicher. Erlaubnis des Autors).

Die Abbildung zeigt das Ergebnis für die Bestimmung des Alters von Tropfstein-bildungen. Die beiden Kurven zeigen P(T) für das Verhältnis $[^{234}U/^{238}U]$ mit P(0) = 1.15 und $\lambda_2^{-1} = 6\cdot10^5$ a bzw. den Aufbau des Enkelnuklids ^{230}Th, das bei der Pro-benbildung noch nicht vorhanden ist. Aus den gemessenen P(T)-Werten für beide Nuklidpaare läßt sich das Alter und damit die (sehr geringe) Wachstumsgeschwin-digkeit des Tropfsteins bestimmen.

Die gleiche Methode ist auch bei Muscheln anwendbar, da diese bei ihrem Wachs-tum bevorzugt Uran aus dem Meerwasser aufnehmen. Auf diese Weise gelingt die Messung des Bildungsalters von Muscheln bis 10^6 a.

1.7.4   Bestrahlungsalter

Neben den bisher bekannten Methoden der Bestimmung des *Okklusionsalters*, d.h. der Zeitdauer seit die Proben von der äußeren Aktivierungsursache abgetrennt und sich selbst überlassen wurden, besteht auch die Möglichkeit der Bestimmung des

Bestrahlungsalters, d.h. der Zeitdauer, über die eine Probe einer Aktivierung ausgesetzt war. Die Grundlage für dieses Verfahren läßt sich ausgehend von Gl.(1.12) darlegen. Wir können die konstante Produktionsrate a_i eines Nuklids N_i als Wirkung eines Mutternuklids mit $N(0) = \infty$ und $\lambda_i = 0$ auffassen, sodaß $\lambda_i N_i(0) = a_i = dN_i/dt$ ist. Nehmen wir noch an, daß zur Zeit $t = 0$ die Nuklidanzahl $N_i(0)$ vorliegt, so erhalten wir aus Gl.(40)

$$N_i(T) = (a_i/\lambda_i)(1 - \exp[-\lambda_i T)]) + N_i(0) \exp[-\lambda_i T] \tag{1.43}$$

Offenbar gibt diese Gleichung für $T \to \infty$ das Produktions-/Zerfallsgleichgewicht $a_i = \lambda_i N_i(\infty)$. Solange dieses Gleichgewicht aber nicht erreicht ist, kann man durch Messung von $N_i(T)$ das Bestrahlungsalter T durch Lösung der transzendeten Gl. (1.43) ermitteln. Vereinfachen läßt sich die Situation durch die Annahme, daß das Nuklid N_i vor der Exposition nicht mehr in der Probe vorhanden war. Insbesondere bei relativ kurzlebigen Nukliden und geologischen Okklusionsdauern ist das oft gerechtfertigt. Wenn man unter dieser Bedingung für ein Radionuklidpaar (z.B. $[^7\text{Be}/^{10}\text{Be}]$ oder $[^{26}\text{Al}/^{10}\text{Be}]$ das Aktivitätsverhältnis $P(T) = P_2(T)/P_1(T)$ bestimmt so ergibt sich (mit $R(T) = N_2(T)/N_1(T)$):

$$(\lambda_2/\lambda_1)\, R(T) = P(T) = (a_2/a_1)(1 - \exp[-\lambda_2 T])/(1 - \exp[-\lambda_1 T]) \tag{1.44}$$

Diese transzendente Gleichung läßt sich graphisch oder numerisch lösen und ergibt das Bestrahlungsalter T. Mit dieser Methode kann etwa festgestellt werden, vor wie langer Zeit Meteoriten von der sie über Jahrtausende schützenden Eisschicht befreit und an der Oberfläche der kosmischen Strahlung ausgesetzt worden sind.

Im Falle von kosmogenen Isotopen, die in einem Meteoriten im Weltall über die Bestrahlungsdauer T_B angereichert und nach Abschirmung von der kosmischen Strahlung über die Zerfallszeit T_Z wieder abgebaut wurden, haben wir Gl.(1.44) offensichtlich um diese Aktivitätsabnahme zu erweitern und erhalten

$$P(T_B, T_Z) = P(T_B)\exp[-(\lambda_2 - \lambda_1)T_Z] \tag{1.44'}$$

Hieraus sind T_B und T_Z nur mit weiteren Annahmen zu separieren.

1.8   Kulturwissenschaftliche Anwendungen

1.8.1   Radiokohlenstoffmethode: ^{14}C-Datierung

Die Heraushebung des Komplexes der ^{14}C-Anwendung hat zwei Gründe. Zum einen ist die Fülle der Fragestellungen mit kulturgeschichtlichem Bezug sehr groß und die möglichen Antworten stoßen auf weitverbreitetes Interesse. Zum anderen ist in den meisten Proben kulturgeschichtlicher Artefakte Kohlenstoff enthalten, der sich in fast allen Substanzen findet, die im Laufe der Entwicklung der menschlichen Zivilisation Verwendung fanden. Hierbei ist es ein glücklicher Umstand, daß das kosmogene Radioisotop ^{14}C gerade eine Lebensdauer hat, die Altersbestimmungen im Bereich von ca. 300 bis 50 000 a mit hoher Präzision erlaubt[8].

Die Einführung dieser Datierungsmethode empfand man als so bedeutend, daß ihr Erfinder *W.F. Libby* dafür 1960 mit dem Nobelpreis ausgezeichnet wurde. Heute bezieht die weiterentwickelte Methode ihre Stärke zusätzlich aus der Möglichkeit, in der AMS schon mit 100 µg Probenmaterial auszukommen [TL92,Bow95]. Daher lassen sich zum einen bereits winzige Spuren von Überresten datieren und zum anderen an wertvollen Objekten Datierungen vornehmen, ohne nennenswerte Spuren zu hinterlassen. Beides hat zum heutigen großen Erfolg der Methode wesentlich beigetragen.

^{14}C-Produktion und C-Reservoire: Die ^{14}C-Datierung geschieht über die Messung des Isotopenverhältnisses $[^{14}C/^{12}C] = R(T)$. Nach Gl.(1.31) erhalten wir dann (mit $\lambda_1 = 0$, da ^{12}C stabil ist) $R(T) = R(0)\exp[-\lambda T]$, wobei $\lambda\,(^{14}C) = 1.21 \cdot 10^{-4}\,a^{-1}$, also

$$T = 8.27 \cdot 10^3 \; \ln[R(0)/R(T)] \; a \qquad\qquad (1.45)$$

Wie in Abschn. 1.5.2 abgehandelt wurde, ist $R(0)$ bei der ^{14}C-Methode durch das Isotopenverhältnis zum Zeitpunkt der Abkopplung des Probenmaterials von der Biosphäre gegeben, d.h. dem C-Austausch mit der Umgebung. Die einfachste Annahme ist die, daß $R(0)$ mit dem gegenwärtig gemessenen $[^{14}C/^{12}C]$-Verhältnis $1.2 \cdot 10^{-12}$ im Seewasser übereinstimmt. Wir werden im nächsten Abschnitt sehen, daß diese Annahme nicht haltbar ist.

Die Produktionsrate von ^{14}C aus $^{14}N(n,p)^{14}C$-Reaktionen beträgt im Mittel $\approx 2/cm^2 s$ [TL92] und ihr Maximum liegt in 15 km Höhe, wovon noch 0.3% auf Meereshöhe übrig bleiben. Damit werden pro Jahr ≈ 7 kg ^{14}C in der Erdatmosphäre erzeugt. Da die Intensität der kosmischen Strahlung und damit der Neutronenfluss

---

[8] Die Lebensdauer des ^{14}C ist eine ähnliche Naturlaune mit weitreichenden Folgen, wie die Resonanz in der Bildung des ^{12}C aus 3α bei stellaren Temperaturen (Abschn. 4.2.3). Durch das zufällige gegenseitige Wegheben von zwei Matrixelementen wird die HWZ des ^{14}C von uninteressanten 20 d auf 5730 a vergrößert [Ros68].

vom Äquator bis zu den Polen um den Faktor 5 ansteigt, ist die Primärproduktion des ^{14}C in der Lufthülle sehr inhomogen. Das ^{14}C bildet aber rasch ^{14}CO$_2$ und vermischt sich im Laufe weniger Wochen (s. Abschn. 1.7.2) mit der umgebenden Luft, sodaß in Nähe der Erdoberfläche keine geographischen Variationen mehr feststellbar sind. Details hierzu kann man dem Kap. 7.4 in [Mom86] entnehmen. Das weitere Verbleiben des ^{14}C ist in den letzten Jahrzehnten genauer studiert worden und führte zur Charakterisierung der verschiedenen Reservoire, die in Abb. 1.27 dargestellt sind.

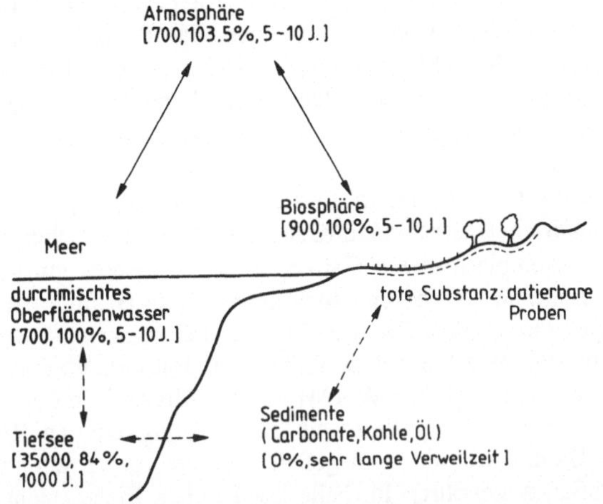

Abb. 1.27 C-Reservoire und Kohlenstoffkreislauf auf der Erde (aus [Mom86] mit freundlicher Erlaubnis des Autors).

Unter der vernünftigen Annahme, daß der gesamte Kreislauf im Gleichgewicht ist, also die Neuproduktion an ^{14}C von 7 kg/a gleich der Abnahme durch den radioaktiven Zerfall ist, läßt sich dessen Gesamtinventar in den am ^{14}C-Austausch beteiligten Reservoiren zu 58 t abschätzen. Damit ergibt sich für das Ensemble von Atmosphäre, Biosphäre und Ozean ein Verhältnis von $[^{14}\text{C}/^{12}\text{C}] = 1.6 \cdot 10^{-12}$, was angesichts der abgeschätzten Rerservoirkapazitäten mit dem gemessenen Isotopenverhältnis völlig kompatibel ist. Für die gleichmäßig durchmischte Atmosphäre ergibt sich daraus ein ^{14}C-Anteil von $3 \cdot 10^{-16}$ vol.% mit einer spezifischen Aktivität von $3 \cdot 10^{-5}$ Bq/l.

Aufgabe 1.5: Prüfen Sie diese Angaben und die zur Jahresproduktion von ^{14}C mit einer Überschlagsrechnung selbst nach.

Zeiteichung der ^{14}C-Produktion: Dendrochronologie: Die einfache Annahme eines konstanten R(0) erwies sich bereits bei den ersten Anwendungen der ^{14}C-Methode als problematisch. Die Vergleiche zwischen dem historisch bekannten Alter von Objekten und deren ^{14}C-Datierung auf der Basis eines konstanten R(0) zeigten gravierende Differenzen. Bei den sehr gut mit kalendarischen Fixdaten (z.B. astronomische Ereignisse [Mom86, S.202 ff]) belegten historischen Daten beliefen sie sich bei 3000 v. Chr. auf ca. 600 Jahre, um die das ^{14}C-Alter zu jung war. Da die gemessenen ^{14}C-Alter alle miteinander übereinstimmten, mußte die Ursache in einer Abweichung des R(0) vor 4700 Jahren vom heutigen Wert gesucht werden. Diese Vermutung wurde bestätigt als es gelang, den zeitlichen Verlauf von R(0) bis weit in die Vergangenheit direkt zu verfolgen. Die Basis hierfür ist die *Dendrochronologie* [Bow95, Mom86]. Darunter versteht man die Bestimmung des Alters eines Baumes durch Abzählen seiner Jahresringe[9] und Messung des ^{14}C-Alters des Baumholzes bei einem vorgegebenen Jahresringalter, woraus sich dann R(0) für dieses Alter ermitteln läßt.

Als die größten Stützen in diesem Verfahren haben sich die extrem langlebigen Bäume der kanadischen Bristlecone-Kiefer sowie der deutschen und irischen Eichen erwiesen. Exemplare dieser Gattungen können unter günstigen Umständen mehr als 4000 Jahre alt werden und auch umgestürzte Bäume verrotten nicht über lange Zeit wegen ihres hohen Harzgehaltes und bei trockenem Klima in ihrer Umgebung. So läßt sich eine lückenlose Reihe von Baumringdatierungen über mehr als 9600 Jahre etablieren [Fin53,Wöl94], die im Abstand von etwa 10 Jahren gemacht werden und auf diese Weise die Zeitabhängigkeit von R(0) liefern. (Die noch lebenden Bäume werden nicht gefällt, sondern zum Entnehmen eines Altersprofils von außen angebohrt). Im Falle der irischen Eiche reicht die Skala über 7000 Jahre zurück. Die Zeitreihe des R(0) Verlaufs ist inzwischen bis 11000 BP[10] erstellt und wird ständig weiter vervollständigt (s. Abb. 1.28).

Die Eichkurve zeigt R(0)$-$R$_0$ = Δ^{14}C, wo R$_0$ der [^{14}C/^{12}C]-Standardwert einer Oxalsäureprobe im National Bureau of Standard (NBS) in Washington D.C. ist. Sie

---

[9]Pflanzenphysiologisch umfasst die aktive, C-austauschende Schicht 4-5 Jahresringe, die jedes Jahr um einen erweitert werden und die Gefäße des Wassertransports zu den Blättern enthalten. Die Zellen in dieser Ringschicht sind im Frühling am größten. Sie nehmen im Laufe des Jahres ab und sind gegen Herbstende sehr klein. Daher ist ein Jahresring sehr gut zu identifizieren und verrät durch seine spezielle Struktur den klimatischen Verlauf des Jahres. Das Ergebnis ist eine Folge von Jahresringen, die dem „Fingerabdruck" der entsprechenden Folge von Jahresdaten entsprechen. Findet man Bäume verschiedenen Alters in einer Region, so lassen sich diese Jahresringfolgen zur Deckung bringen und damit der absolute Altersabstand der Bäume bestimmen. Da die abgestorbenen Ringe im Inneren der Bäume nicht verrotten, läuft die ^{14}C-Uhr im Holz permanent gemäß Gl.(1.45) weiter mit dem Wert von R(0) zur Lebenszeit der Bäume, als sie mit dem CO_2 der Biosphäre im Austausch standen.

[10]Die Angabe BP heißt „before present", wobei die Jahre von 1950 an gezählt werden.

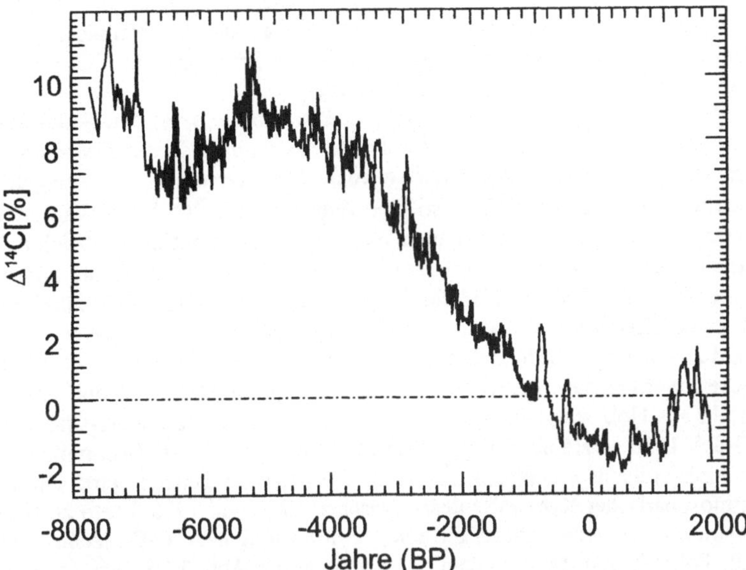

Abb. 1.28 An Baumringen gemessene ^{14}C-Produktionsschwankungen, bezogen auf eine Normalprobe. Eine Abweichung von 1% bedeutet eine ^{14}C-Altersdifferenz von 83a. (Nach M. Stuiver et al., Radiocarbon 28 (1986) 980).

läßt Variationen mit verschiedenen Zeitkonstanten erkennen.

1. *Langfristiger Trend:* Der gemittelte Verlauf zeigt einen langperiodischen Δ^{14}C-Anstieg, der über 5000 Jahre ungefähr einen Faktor 2 ausmacht und die unkorrigierten ^{14}C-Alter bedeutend verringert. Als naheliegende Ursache für diese Abweichung wird eine Schwankung in der Intensität der die Atmosphäre erreichenden kosmischen Strahlung angesehen. (Die Annahme wird durch die Beobachtung unterstützt, daß aus anderen Zusammenhängen bekannte Perioden veränderter Sonnenaktivität sich als kurzzeitige Maxima im Δ^{14}C wiederfinden). Ferner sollte eine allmähliche Abnahme des Erdmagnetfeldes zu einer Verstärkung der kosmischen Strahlungsintensität in der Erdatmosphäre führen, da die abschirmende Wirkung des Feldes darin besteht, daß die einfallenden Protonen von der Erde weggelenkt werden, sofern sie nicht durch das „magnetische Loch" an den Polkappen hereinkommen. Eine entsprechende Abnahme des Erdfeldes würde also zu der beobachteten Zunahme von Δ^{14}C führen. Allerdings sollten auch die anderen kosmogenen Elemente (^{10}Be, ^{26}Al) eine vergleichbare Zeitabhängigkeit zeigen, was noch nicht gesichert scheint. Dies ist ein Hinweis darauf, daß ein wesentlicher Teil der Veränderung des CO_2-Gehalts der Atmosphäre auch eine Folge - und nicht nur Ursache -

der erdgeschichtlichen häufigen Schwankungen der mittleren Temperatur der Erdoberfläche sein kann (s. Abschn. 2.5.1). Die mit einer Temperaturerhöhung ausgelöste Abgabe von gespeichertem CO_2 aus dem Ozean und den Permafrostgebieten
der Kontinente sollte allerdings zu einer generellen Erhöhung der ^{14}C-Alters führen, wie wir gleich im Suess-Effekt sehen werden.

2. *Kurzfristige Änderungen:* Die in Abb. 1.28 sichtbaren schnellen Fluktuationen
können vermutlich auf entsprechend schnelle Änderungen in der Sonnenaktivität
(Zyklus von 11 Jahren) zurückgeführt werden. Die letzten 150 Jahre zeigen aber
eine starke Abnahme von $\Delta^{14}C$, also eine Zunahme des ^{14}C-Alters. Dieser, nach
dem Kernphysiker *H.H. Suess* benannte *Suess-Effekt* wird auf die plötzlich mit der
Industrialisierung einsetzende Verbrennung großer Mengen von Kohle zurückgeführt, die als fossile Brennstoffe kein ^{14}C mehr enthalten und so R(0) herabsetzen.
Damit ist es offenbar nicht ratsam, bedenkenlos eine Probe aus der Jetztzeit als
Standard zu etablieren, bezüglich der die gemessenen ^{14}C-Alter historischer Proben
angegeben werden. Die Aktivität der oben erwähnten Standardprobe am NBS,
hergestellt aus Holz aus dem Jahre 1950, wurde daher auf den Suess-Effekt korrigiert. Nach 1950 setzte ein dramatischer Effekt ein, der die ^{14}C-Bestimmung ganz
junger Alter vollends unmöglich macht und *Bombenpeak* genannt wird. Die große
Zahl atmosphärischer Kernwaffentests zwischen 1955 und 1975 führte zu Neutro-
nenschauern in der Atmosphäre, die eine Verdoppelung der ^{14}C-Konzentration der
Luft zur Folge hatten. Man erkennt das bereits in der Abb. 1.25. Seit der Beendi-
gung der oberirdischen Tests nimmt diese Konzentration durch Vermischung des
^{14}C mit den C-Reservoiren wieder ab und bewirkte 1990 noch eine Erhöhung um
etwa 20% gegenüber dem Wert des Standards von 1950. Da nach Gl.(1.32') $\Delta T =$
$\tau\Delta R(0)/R(0)$ gilt, also eine R(0) Abweichung von 1% bereits zu einer vom Alter
unabhängigen Verschiebung von 83 a führt, ist eine ^{14}C-Datierung mit modernen
Proben praktisch ohne Wert und man bestimmt keine Alter unter 200 a mit dieser
Methode.

Der Bombenpeak hat andererseits die Möglichkeit eröffnet, Theorien über die Mi-
schungsdynamik der einzelnen Kohlenstoff-Reservoire zu testen (ein ähnlicher
unverdienter Bonus ergab sich als Folge der Reaktorkatastrophe von Tschernobyl
(s. Kap. 3). Die aufgetretenen massiven Kontaminierungen mit Radioisotopen unterschiedlicher Halbwertszeit haben es erlaubt, die Dynamik einiger Naturkreis-
läufe, z.B. Nahrungsketten und Diffusionsvorgänge in der Biosphäre, eingehender
zu untersuchen).

Eine weitere moderne Quelle fortdauernder ^{14}C-Emissionen stellen die weltweiten
Kernkraftwerke dar. Sie lieferten 1990 eine Gesamtenergie von 620 GWa, was
eine emittierte ^{14}C-Aktivität von $5.8 \cdot 10^5$ GBq (entsprechend 3.6 kg ^{14}C) zur Folge
hatte, mit steigender Tendenz für die folgenden Jahre. Da zugleich der Verbrauch
an ^{14}C-freien fossilen Brennstoffen weiter zunimmt, deren C-Emission die der
KKW-Emissionen noch um zwei Größenordnungen übertrifft, beobachtet man gegenwärtig ein jährliche Nettoabnahme des ^{14}C-Gehalts der Atmosphäre um 120 kg

[TL92, S.520] also eine andauernde Dominanz des Suess-Effekts. Die Abb. 1.29 zeigt eine aktuelle (1998) Darstellung der Abweichungen zwischen ^{14}C-Alter kalendarischem Alter über die letzten 11000 Jahre, in der alle existierenden Daten kritisch berücksichtigt wurden.

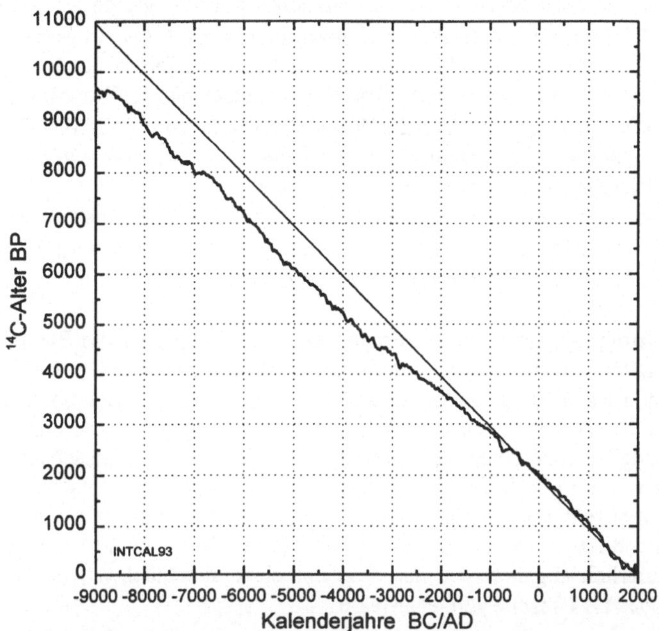

Abb. 1.29 Kalibrationskurve für ^{14}C-Alter über die zurückliegenden 11000 Jahre. Sie wurde aus Daten verschiedener Laboratorien von M. Stuiver und P.J. Reimer (Radiocarbon **35** (1993) 215) zusammengestellt. Alle Daten sind publiziert in Radiocarbon **35** (1993). Ich danke Herrn M. Friedrich vom Inst. f. Botanik der Univ. Hohenheim für die Überlassung der Abbildung).

Systematische Alterskorrekturen: Die mittels der Dendrochronologie korrigierten ^{14}C-Messungen unterliegen noch einer Reihe von möglichen systematischen Fehlerquellen, die nicht in der Meßtechnik begründet sind, sondern den ^{14}C-Gehalt der Probe selbst verfälschen können [Bow95]. Von diesen sei die *Isotopen-Fraktionierung* erwähnt, da sie sich relativ einfach quantifizieren läßt. Sie berücksichtigt die Tatsache, daß die naheliegende Annahme, alle C-Isotope würden sich chemisch völlig gleich verhalten, nicht streng richtig ist. In fast allen bekannten biologischen Reaktionspfaden besteht die Tendenz, daß das leichteste Isotop am reaktivsten ist und daher etwas bevorzugt aufgenommen wird. [Mom86]. Glücklicherweise erlaubt die ständige Präsenz des ^{13}C eine quantitative Abschätzung dieses Effekts über das Verhältnis $[^{13}C/^{12}C]$. Ohne Fraktionierungseffekt müßte es in allen Proben den Wert $1.10 \cdot 10^{-2}$ haben, den man in anorganischen Materialien findet. Es schwankt aber von Probe zu Probe und sein Wert wird angegeben als $\delta^{13}C = [^{13}C/^{12}C]/[^{13}C/^{12}C]_{PDB} - 1$, wo $[^{13}C/^{12}C]_{PDB}$ das Verhältnis in einer genau fixierten palaeontologischen Muschelart ist, die als Standard gewählt wurde. Für Holz ist $\delta^{13}C = -2.5 \cdot 10^{-2}$ und für andere Pflanzensorten liegt er niedriger. In erster Näherung gilt, daß dieser Isotopieeffekt linear von der Massendifferenz der Isotope abhängt, für $[^{14}C/^{12}C]$ also die doppelte Korrektur anzusetzen ist. Die Abweichung von 2.5% in $\delta^{13}C$ für Holz wird also durch eine Korrektur von 5% in $\delta^{14}C$ berücksichtigt, was nach Gl.(1.32') zu einer Altersverschiebung von 400 a führt, die jedoch mit wachsendem T immer weniger Gewicht hat.

Da bei AMS-Anordnungen auf einfache Weise das $[^{13}C/^{12}C]$-Verhältnis zugleich mit dem $[^{14}C/^{12}C]$-Wert gemessen werden kann (s. Abb. 1.19), wird die $\delta^{13}C$-Korrektur in jeder Messung mitbestimmt und im Ergebnis berücksichtigt.

U/Th-Zeiteichung: Es stellt sich die Frage, ob ^{14}C-Eichung über die Baumgrenze von 10000 a BP hinaus in Richtung auf die gegenwärtig technische Grenze der ^{14}C-Messung von etwa $3 \cdot 10^{4}$ a weiter ausgedehnt werden kann. (Bei noch älteren Proben ist der ^{14}C-Anteil soweit zerfallen, daß der unvermeidliche Meßuntergrund die Bestimmung solcher Alter verbietet, vgl. Abschn. 1.5.1). Tatsächlich ist es gelungen, durch Vergleich der ^{14}C-Konzentration in Muscheln mit deren U/Th-Alter die ^{14}C-Konzentration noch weiter zurückzuverfolgen [Bar90]. Es zeigt sich, daß die ^{14}C-Produktion von einem etwa 40% höheren Wert vor 20000 Jahren bis heute kontinuierlich abgenommen hat, was mit einer allmählichen Zunahme des Erdmagnetfeldes als Ursache vereinbar wäre.

1.8.2 Datierungsbeispiele

Für die kulturhistorischen Fragenkomplexe hat die ^{14}C-Methode revolutionäre Auswirkungen gehabt, indem sie zum einen viele Lehrmeinungen bestätigt und damit auf eine sichere Grundlage gestellt hat. In manchen Fällen hat sie aber auch ebenso feste wissenschaftliche Überzeugungen erschüttert oder widerlegt und somit neue Überlegungen erzwungen. Wir werden zum Abschluß dieses Teils einige willkürlich ausgewählte Ergebnisse hierzu mitteilen. Eine umfassende Darstellung des Kenntnisstandes aus dem Jahre 1990 bietet z.B. [TL92], worin auch die historische Entwicklung des gesamten Komplexes ausführlich behandelt ist.

Datierungsfenster: Die Kalibrationskurve der Abb. 1.29 läßt erkennen, daß es nicht immer einen unzweideutigen Zusammenhang zwischen ^{14}C-Gehalt und Alter der Probe gibt. Die Schwankungen in R(0) führen dazu, daß manchmal zwei oder sogar mehrere Alter mit unterschiedlichen Wahrscheinlichkeiten einem gemeinsa-

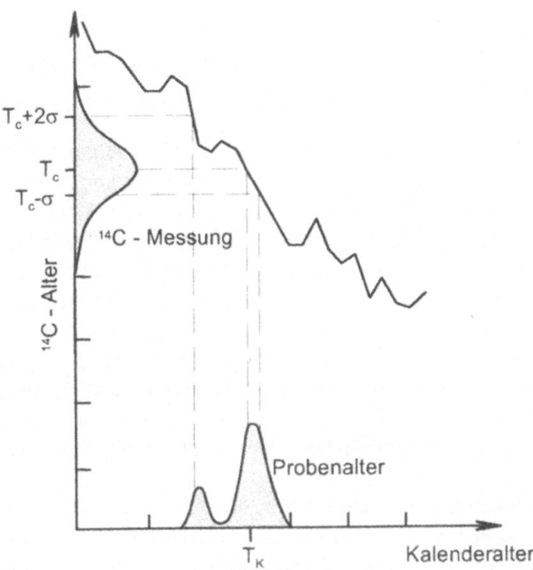

Abb. 1.30 Bestimmung des Kalenderalters aus einem mit statistischem Fehler gemessenen ^{14}C-Alter (nach [Bow95]). Nur bei einem linearen Eichkurvenverlauf würde für T_K ebenfalls eine Normalverteilung folgen.

men $R(T)$ zugeordnet werden können. Diese Mehrdeutigkeit ist offensichtlich abhängig von der Fehlerbreite in der ^{14}C-Messung. Abb. 1.30 zeigt, daß in die Fehlergrenzen der Altersangabe die Details der Eichkurve wesentlich eingehen, sodaß die normalen Verfahren der Fehlerberechnungen nicht ausreichen. Es kann auch, wenn die Eichkurve sehr flach verläuft Bereiche geben, wo Datierungen nicht mehr mit den normalerweise erreichbaren Genauigkeiten möglich sind. Dies gilt z.B. für die Zeit vor etwa 300 Jahren (in der gerade die oft gewünschte genaue Datierung von wertvollen Streichinstrumenten aus der Schule von Cremona nicht möglich ist) oder die archäologisch reiche Hallstadtperiode (400-800) BC in Niederöstereich[11]. Wie die Abbildung zeigt, können sogar getrennte Datierungsfenster resultieren,

[11] Ich danke W. Kutschera (Radiuminstitut der Universität Wien) für diese Hinweise

denen verschiedene Wahrscheinlichkeiten zugeordnet werden müssen, wobei die dazwischen liegenden Altersfenster auszuschließen sind. Diese Situation hat zur Ausbildung eigens angepasster Verfahren zur Fehlerbestimmung und zu Konventionen für die Fehlerangabe in veröffentlichten Daten geführt, die man beachten muß, wenn z.B. verschiedene Ergebnisse auf Konsistenz überprüft werden sollen [Bow95,Wöl94]. Andernfalls können scheinbare Widersprüche (oder auch Übereinstimmungen) entstehen.

Frühgeschichte: Hier sei zunächst die 1991 in 3200 m Höhe gefundene *Ötztaler Gletschermumie* aus dem österreichisch-italienischen Grenzgebiet der Alpen genannt. Sie wurde mit der ^{14}C-Methode auf ein Alter von 5100-5300 BP datiert. Dieser „Ötzi" lebte also um 3200 BC, etwa 1000 Jahre vor Beginn der Bronzezeit. Für die ^{14}C-Messung wurden nur wenige mg Probensubstanz benötigt und außer der Mumie selbst wurden die Überreste zahlreicher mitgeführter Gegenstände datiert. Die Ergebnisse bestätigten die neuere Vorstellung, nach der die frühe Besiedlung der Alpenregion von den Hochtälern ausging und erst allmählich in die tieferen Täler vordrang, entgegen der landläufigen Meinung, das Vordringen der Menschen habe den umgekehrten Weg genommen. Die Täler waren versumpft und wurden vermutlich wegen gefährlicher Tiere und Krankheiten (Malaria) gemieden.
Eine andere Entdeckung, die frühere Vorstellungen verändert hat, sind die steinzeitlichen *Höhlenmalereien von Chauvet* nahe dem Unterlauf der Rhone. Sie sind ca. 30000 Jahre alt, wie sich aus der Datierung von ca. 100 µg Kohlenstoff aus einer der Strichzeichnungen ergab. Dabei sind die Zeichnungen von so hoher künstlerischer Kraft, daß sie zunächst noch wesentlich jünger als die bereits bekannten Darstellungen in den ca. 20000 Jahren alten *Höhlen von Lascaux* in Südwest-Frankreich geschätzt wurden. Damit ist die Vorstellung von der stetigen Entwicklung von anfangs primitiven Darstellungen zu immer verfeinerteren künstlerischen Ausdrucksformen offensichtlich nicht haltbar [Geo97]. Auch andere Ergebnisse der Datierung kulturhistorischer Fundstätten widersprechen den früheren Theorien der allmählichen Kulturmigration aus dem Mittelmeerraum in die entfernteren Regionen des europäischen Festlandes. Wahrscheinlich hat es voneinander unabhängige Ursprünge der Entwicklung zu höheren Kulturen gegeben, was als fundamentale Korrektur bisheriger Vorstellungen gewertet werden muß.

Altertum: Hier sei die genaue Datierung des vulkanischen *Thera-Ausbruchs* erwähnt, der große Verwüstungen im Mittelmeerraum bewirkt haben muß und zum abrupten Ende der minoischen Kultur führte. Er wurde auf das Jahr (3368 ± 19) BP fixiert, also (1680 ± 20)BC [Wöl94]. Dieses Datum wird auch durch die Dendrochronologie gestützt, die um 1636 BC Frostringe mit extrem niedrigem Jahreswachstum zeigt. Dies könnte auf einen mehrjährigen Temperatursturz als Folge verminderter Sonneneinstrahlung hinweisen. Eine solche Reduzierung wird als Folge von Asche und Staubwolken vermutet, die durch die Eruption in die Stratosphäre geschleudert wurden, so wie es bei kleineren Ausbrüchen aus den letzten 100 Jahren beobachtet wurde. Das bisherige Rätsel, warum diese gewaltige Katastrophe in den sonst sehr genau geführten ägyptischen Annalen dieser Zeit nicht vermerkt ist, könnte eine plausible Erklärung darin finden, daß die ^{14}C-Datierung der *Pyramiden* des alten Reichs ein Alter ergibt, das um 375 Jahre über dem bisher von den Archäologen akzeptierten Alter liegt. Damit würde die bisherige zeitliche Zuordnung verschoben und der Thera-Ausbruch in eine Periode fallen, wo Ägypten unter Fremdherrschaft lebte und die gesamte Verwaltungsstruktur, also auch die Geschichtsschreibung, völlig darnieder lag.

Andererseits hat die Datierung des Wachses, das von der *Statue der Nofretete* stammt, ein Alter (1205 ± 100)BC ergeben, was im Einklang mit der bisherigen archäologischen Datierung steht. Auch die Schriftrollen aus den *Höhlen von Qumran* am Toten Meer wurden auf die Zeit 100 BC bis 100 AD datiert. Ihre bisherige zeitliche Einordnung wurde also bestätigt [Wöl94].

Mittelalter: Unter der großen Fülle von Untersuchungen an Objekten dieser Zeit erregte vor einigen Jahren die Datierung des sogenannten *Turiner Leichentuchs* das allgemeine Interesse. Es handelt sich hierbei um eine Reliquie, die im Jahre 1389 AD in Frankreich bekannt wurde und seitdem als „Grabtuch Christi" in katholischen Kreisen große Verehrung genießt. Nachdem die AMS-Technik die Möglichkeit bot, an Proben von der Größe einer Briefmarke eine Datierung vorzunehmen, wurden an fünf verschiedene Labors in Europa und in den USA Stoffproben des Leichentuchs und anderer Stoffe, deren Alter bekannt war, nach einem ausgeklügelten System verteilt. Dadurch war sichergestellt, daß die Labors keine Kenntnis von der Herkunft der Einzelproben hatten, also keine Vorurteile in die Untersuchung einfließen konnten. Die Ergebnisse zeigten übereinstimmend, daß die Fasern, aus denen das Leichentuch gewebt ist, vor (691 ± 31) Jahren geerntet wurden, also aus der Nähe des Jahres 1280 AD stammen. Sie sind demnach nicht biblischen Alters [Wöl94]. Die Abb. 1.32 gibt dies wieder.

Ein vergleichbares Schicksal hatte ein vielbeachteter *Maja-Kodex*, der auf nur aus 1.5 g wiegenden Blättern verzeichnet ist. Sein Alter wurde auf mehr als 2000 Jahre geschätzt. Die Datierung von Proben, die nur aus mg Mengen bestanden, zeigte im ^{14}C-Gehalt einen klaren Bombenpeak, womit der Kodex als Fälschung aus den letzten 40 Jahren entlarvt war [Wöl94].

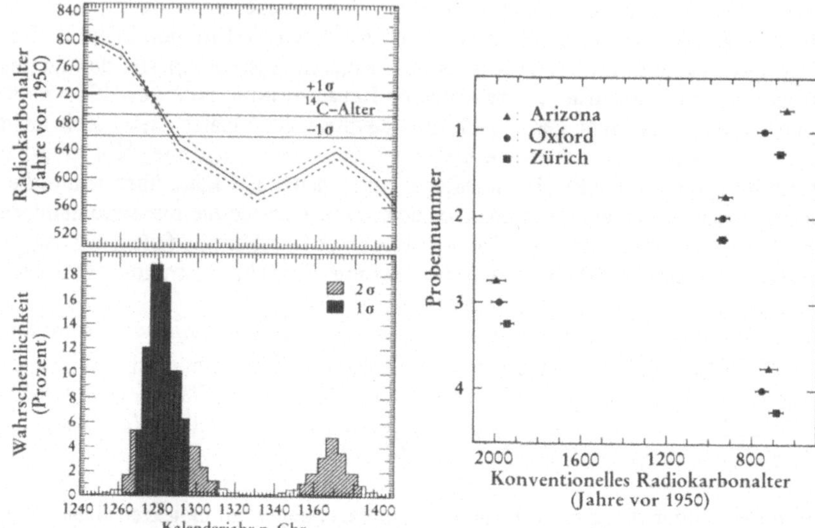

Abb. 1.31 Links: Bestimmung des Kalenderalters für das Turiner Grabtuch gemäß dem Verfahren der Abb. 1.30. Bei Berücksichtigung einer Fehlerbreite σ (± 31a) im ^{14}C-Alter ist das Ergebnis eindeutig. Bei Berücksichtigung von 2σ öffnet sich ein weiteres, noch jüngeres Datierungsfenster. Rechts: Zusammenfassung der unabhängigen Datierungsergebnisse aus verschiedenen ^{14}C-Labors. Die Proben waren 1: Turiner Grabtuch, 2: Afrikanisches Leinen aus dem 11./12. Jahrh. AD, 3: Ägyptisches Leinen aus dem 1. Jahrh.AD, 4: Leinenfäden aus einem provencalischen Chorrock (1260-1280)AD. (Mit frdl. Genehmigung des Autors von Ref. [Wöl94])

1.8.3 Thermolumineszenz-Methode

Zur Datierung von Artifakten läßt sich auch die Eigenschaft verwenden, daß Proben in ungestörtem Zustand innere Strahlenschäden aufsummieren, die man nach Ablauf der Zeit T sichtbar machen kann. Wir haben die zu diesem Verfahren gehörende Spaltspurmethode bereits in Abschn. 1.4.6 behandelt, die auch in kulturhistorischen Fragen angewendet wird. So kann man z.B. das *Brandalter* von Gläsern bestimmen. Es gibt an, wann eine Probe zum letzten Mal über eine Temperatur hinaus erhitzt wurde, bei der die Strahlenschäden ausheilen. Diese liegt normalerweise oberhalb einiger 100°C und kann sowohl bei der Produktion, als auch bei einem späteren Brandgeschehen erreicht werden, in dem sich das Objekt befand.
Aber nicht nur Spaltspuren werden in einer Probe archiviert, sondern auch latente elektronische Anregungen der Moleküle des Probenmaterials, die durch andere ra-

dioaktive Zerfallsmoden sowie durch die kosmische Höhenstrahlung verursacht werden. Bei diesen Anregungen sind in einem isolierenden Material Elektronen aus dem vollen Valenzband in das leere Leitungsband gehoben worden und haben sich durch Zufallsbewegungen schnell von dem entstandenen Lochzustand entfernt. Daher können beide nicht mehr rekombinieren, wie es in der weit überwiegenden Zahl der Fälle geschieht, sondern irren im Leitungs- bzw. Valenzband umher. Dabei bleiben sie schließlich an Fremdatomen im Festkörper hängen, die entweder Elektronen festhalten (*Haftstellen*) oder Löcher fixieren können (*Aktivatoren*). Bei normaler Temperatur ist die Mobilität dieser besetzten Störstellen so gering, daß die Lebensdauer der latenten Anregungen beliebig lang ist. Deshalb akkumuliert sie der Festkörper mit der Zeit, sodaß ihre Zahl ein Maß für das Probenalter ist. Wird die Probe schließlich auf mehr als 500°C aufgeheizt, so erhöht sich die Mobilität der latenten Teilchen-Lochpaare rapide, so daß sie rekombinieren und ihre Anregungsenergie wieder freigesetzt wird. Dabei werden Photonen emittiert, woraus sich der Name des Verfahrens erklärt. Diese Photonen kann man nachweisen und ihre Gesamtenergie ist ein Maß für das Probenalter [Mom86]. Die latente Energie wird bestimmt durch die Aufnahme einer *Luminiszenzkurve* $L(\theta)$, wo θ die Probentemperatur ist. Da die Aktivierungsenergie der einzelnen Fehlstellentypen (*trapping sites*) unterschiedlich ist, werden beim Aufheizen der Probe nacheinander alle trapping sites entleert und das Integral $\Phi = \int L(\theta)d\theta$, aufgenommen zwischen Anfangs- und Endtemperatur θ_A bzw. θ_E, gibt die Lichtausbeute Φ, die das Maß für die angesammelte latente Anregungsenergie der Probe ist.

Um den Zusammenhang zwischen Φ und dem Probenalter T zu gewinnen, muß das Probenmaterial geeicht werden. Dies geschieht durch Messung der Thermolumineszenz in Abhängigkeit von einer künstlichen Dosis D_k, der die Probe in einem Beschleunigerstrahl ausgesetzt wird, und anschließende Extrapolation auf die vor der Bestrahlung gemessene archäologische Dosis D_A der Probe. Das Probenalter ergibt sich dann aus $D_A = d_A T$ wo d_A die Dosisrate ist, die üblicherweise wegen der geringen Aktivität im Probenmaterial in Gray/ka angegeben wird. Ihre Bestimmung setzt voraus, daß die Konzentration der Radioisotope (vor allem U, Th und K) in der Probe bekannt ist und eine Abschätzung für die kosmische Strahlung gemacht werden kann, der die Probe ausgesetzt war. Hauptsächlich mit dieser Dosisratenbestimmung sind die Unsicherheiten des gesamten Thermolumeniszenz-Verfahrens verbunden. Um die Fehlerquellen zu minimieren, wurden ausgeklügelte Prozeduren entwickelt [Mom86]. Die Methodenkontrolle durch den Vergleich mit ^{14}C-Datierungen an den gleichen Proben hat aber übereinstimmende Alter ergeben. Einige Faktoren lassen jedoch natürliche, unseren Probenbedingungen aus Abschn. 1.5.1 analoge Grenzen für die Thermolumineszenz-Methode erkennen:

1. Für die Lebensdauer τ_F der besetzten Fehlstellen muß gelten $\tau_F \gg T$, damit die Lichtausbeute Φ ein invariantes Maß für das Probenalter T ist. Diese Voraussetzung ist in aller Regel erfüllt.

2. Die Anzahl der trapping sites in einer Probe ist begrenzt, sodaß ein Sättigungseffekt eintreten kann. Diese Bedingung beschänkt das sicher meßbare Alter auf $T \leq (1-2)10^6$a.

3. Es können während der Eichmessung durch die Bestrahlung selbst neue Fehlstellen geschaffen werden, wodurch die Eichung verloren geht. (In wenigen Minuten wird in der Probe eine Dosis deponiert, die einem Probenalter von mehreren 10^4a entspricht!).

Bei Beachtung dieser Bedingungen ist die Thermolumineszenz ein weitgehend fälschungssicheres Verfahren zur Echtheitsprüfung von Keramiken und Plastiken, die mit Proben im mg-Bereich ausgeführt werden kann, sodaß die Objekte praktisch nicht beeinträchtigt werden. Die Methode wird inzwischen regelmäßig angewendet und hat neben der Datierung zahlreicher Kunstgegenstände auch zur Aufdeckung vieler Fälle von Kunstbetrug geführt.

2. Kerne als Sonden (*Nukleare Radiografie*)

Bei der Verwendung von Nukliden als Sonden bleibt die untersuchte Probe praktisch unverändert, da nur ein so kleiner Teil der Probenatome mit den Sondenteilchen wechselwirkt, daß die unvermeidlich verursachten Schäden in der Probe, obwohl sie lokal sehr groß sein können, für den gesamten Probekörper völlig vernachlässigbar sind. Das Ziel ist also, ein Bild vom inneren Aufbau der Probe zu gewinnen, ohne sie im Gesamten zu verändern oder gar zerstören zu müssen. Dabei wird das Sondenteilchen durch seine Wechselwirkung mit den Probenatomen deren Art und Verteilung im Inneren der Probe signalisieren. Wir müssen deshalb zunächst auf diese Wechselwirkung zwischen Sonde und Probenatom eingehen.

2.1 Strahlendurchgang durch Materie

2.1.1 Geladene Teilchen: Bethe-Bloch-Formel

Geladene Projektile wechselwirken mit den Probenatomen nahezu ausschließlich über ihre elektrische Ladung. Da das Volumen der Probe fast völlig von den Elektronenhüllen der Probenatome eingenommen wird, die deren Kernladung weitgehend abschirmen, wird die Wechselwirkung von der Coulombanziehung zwischen der positiven Projektilladung und den negativ geladenen Hüllenelektronen dominiert. Während des Vorbeiflugs an einem Elektron überträgt das Projektil diesem einen Impuls $\Delta p_e = F_c \Delta t$, wobei $F_c = Ze^2/4\pi\varepsilon_0\, r^2$ die Coulombkraft der Projektilladung Z und Δt die Dauer des Vorbeifluges ist, die von der Projektilgeschwindigkeit v_p gemäß $\Delta t \propto v_p^{-1}$ abhängt. Die auf das Elektron übertragene Energie ist damit durch (M,E: Projektilmasse bzw. Energie, m: Elektronenmasse)

$$\Delta E_e = (\Delta p_e)^2/2m \propto F_c^2/v_p^2 = F_c^2 M/2E$$

gegeben. Das Projektil erleidet einen Energieverlust, sobald der Impulsübertrag Δp_e nicht mehr elastisch ist, das Targetatom also angeregt und schließlich ionisiert wird, wozu die mittlere Ionisierungsenergie $< I > \approx 11.5\, Z_T$ (eV) erforderlich ist. In nichtrelativistischer Behandlung des Problems [Eva55,Bal97] führt die Integration aller inelastischen Impulsbeiträge bis zur Ionisationsgrenze zu einem Faktor $\ln[(m/M)4E\,/ < I >]$. Berücksichtigt man noch die Zahl der Elektronen mit denen das Projektil auf der Flugstrecke dx in Wechselwirkung tritt als $n_T Z_T dx$, (wo n_T die Targetatomdichte und Z_T die Ordnungszahl der Targetatome ist), so erhält man die *elektronische Bremsung* dE_p des Projektils auf der Strecke der dx im Target S_e

$$S_e = k_C^2 n_T Z_T\, (MZ^2/2E)\ln[(m/M)4E\,/ < I >] \tag{2.1}$$

wo $k_C = e^2/4\pi\varepsilon_0$. Dies ist die *Bethe-Bloch-Formel*. Die gemessene *Energiever-lustkurve* (*stopping power*) eines Projektils zeigt die Abb. 2.1

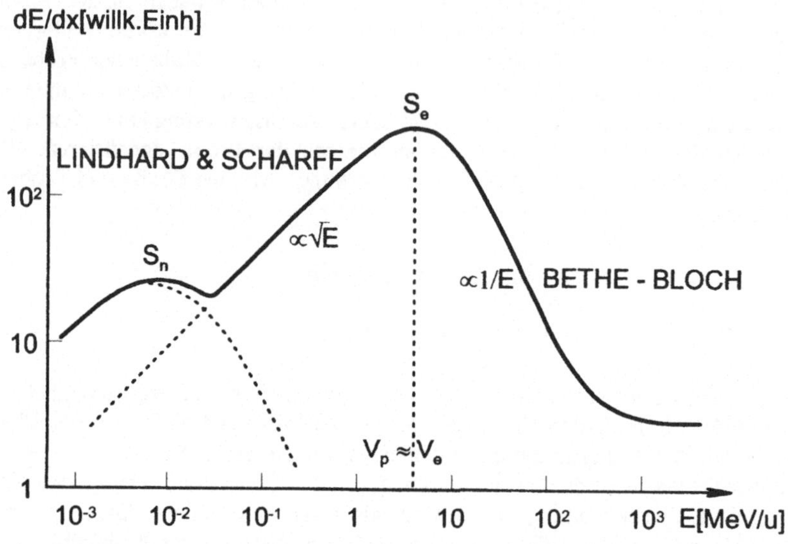

Abb.2.1 Energieverlustkurve in Abhängigkeit von der Projektilenergie. S_e: Bereich der elektronischen Abbremsung in den Bereichen der Theorie von Bethe-Bloch bzw. Lindhard-Scharff. $v_e = (k_C/\hbar)Z_T^{2/3}$ ist die mittlere Elektronengeschwindigkeit in der Hülle der Targetatome. S_n: Bereich der nuklearen Abbremsung durch atomare Stöße.

Die Kurve folgt unterhalb der Einschußenergie E zunächst der Gl.(2.1) weshalb diese Region auch *Bethe-Bloch-Bereich* genannt wird. In dem anschließenden Bereich unterhalb des Maximums liegt die Projektilgeschwindigkeit v_p in der Nähe der mittleren Geschwindigkeit $v_e \approx Z_T^{2/3}(c/137)$ der Elektronen in der Hülle der Targetatome. In dieser Situation wachsen die *Umladequerschnitte* stark an, die das Überwechseln von Targetelektronen in die Hülle der Projektilionen beschreiben. Dadurch verringert sich die in Gl.(2.1) wirksame Projektilladung zu $Z_{eff} < Z$ und der Energieverlust nimmt $\propto E^{1/2}$ ab. Er erreicht nach Durchlaufen dieses Umladebereiches ein Minimum, in dessen Nähe $Z_{eff} \approx 0$, das eingeschossene Projektil also zum neutralen Atom geworden ist. Damit ist die Coulombwechselwirkung mit den Targetelektronen zum Erliegen gekommen und die restliche Einschußenergie wird dann im Bereich der *atomaren Bremsung* über elastische Stöße an die Targetatome abgegeben bis das Projektil zur Ruhe kommt. Im unabgeschirmten Coulombpotential ergibt sich dabei für das Verhältnis der elektronischen zur atomaren Bremsung $(dE)_{elektr.}/(dE)_{atomar} \approx 10^3$. Der genaue Verlauf der Abbremsung unterhalb des *Bragg-Maximums*, in dem dE/dx maximal ist, läßt sich nur über komplizierte Rechnungen bestimmen, die den elektronischen Hüllenaufbau der beteiligten Atome berücksichtigen.

Der Abbremsvorgang ist mit vielen statistisch verteilten Ablenkungen des Projektils aus seiner Einfallsrichtung verbunden, die zu einer immer breiter werdenden Verteilung der Projektilbahn um die Einfallsrichtung herum führen (*Winkelstraggling*). Ebenso ist die Strecke, die die Projektile bis zum Stillstand zurücklegen, nicht für alle gleich, sondern um einen Mittelwert der *Reichweite* R verteilt (*Reichweitenstraggling*), wobei R definiert ist durch

$$E = \int_0^R (dE/dx)dE \;\; ; \;\; \text{also } R(E) = \int_E^0 (dx/dE)dE$$

Die Reichweiten der Nuklide in Abhängigkeit von Z,E und Z_T sind in umfangreichen Tabellenwerken festgehalten.

Delta-Elektronen: Da die Hüllenelektronen nicht in Ruhe sind, sondern in jedem Quantenzustand eine eigene Impulsverteilung haben, die bis zu großen v-Werten reicht, sind heftige Zentralkollisionen mit den Projektilionen möglich. Dabei erhalten die Elektronen wegen der großen Ionenmasse eine kinetische Energie $\frac{1}{2} m v'^2_e = \frac{1}{2} m (v_e + 2v_p)^2$, was besonders bei großen Z_T und E zur Emission von δ–*Elektronen* mit etlichen MeV Energie führen kann.

Aufgabe 2.1: Im 1s-Zustand beträgt die nukleare Geschwindigkeit $<v_e> = Z_T c \alpha$, wobei $\alpha = 1/137$ die *Feinstrukturkonstante* ist. Nehmen Sie an, ein s-Elektron in Sn mit $v_e = 2<v_e>$ trifft auf ein entgegenkommendes schweres Ion mit E = 10 MeV/u. Schätzen Sie die Energie des emittierten δ-Elektrons ab. (Beachten Sie dabei, daß die Geschwindigkeiten relativistisch addiert werden).

2.1.2   Ungeladene Teilchen

Langsame neutrale Atome können nur durch elastische Stöße mit dem gesamten Targetatom ihre restliche Energie an die Targetatome abgeben, so wie sie (s. Abb. 2.1) im Bereich der atomaren Bremsung wirksam sind. Der Rückstoß, den die Targetatome bei der Streuung schwerer Projektilatome erleiden, ist nur bei sehr kleinen Energien nicht ausreichend, um sie aus ihren Gitterplätzen zu werfen. Bei höheren Energien werden durch die Stöße der atomaren Bremsung in der Regel auch größere Gitterstörungen verursacht. Daher ist die Gitterregion um das Reichweitenende eines völlig gebremsten Ions in erheblichem Maß amorphisiert, d.h. die Gitterstruktur ist weitgehend zerstört.

Neutrale Projektilatome wechselwirken mit den Targetatomen über die elektrische Abstoßung ihrer Kerne, die als Folge der im Stoß deformierten Atomhüllen nicht mehr vollständig abgeschirmt wird. Dagegen ist für Neutronen die Wechselwirkung mit den Elektronen vernachlässigbar klein, weshalb nur direkte Stöße mit den Atomkernen wirksam werden. Die dafür maßgebenden Wirkungsquerschnitte der elastischen und inelastischen Streuung sind an vielen Stellen tabelliert und verfügbar. Eine Besonderheit sind hierbei die Resonanzen, die in der Nähe thermischer Neutronenenergien ($E_n \approx 2.5 \cdot 10^{-5}$ eV, d.h. bei einer Temperatur $T = E_n/k \approx 300$ K) zu Streuquerschnitten führen können, die sich in benachbarten Elementen um mehrere Größenordnungen unterscheiden. Der physikalische Grund hierfür ist die Lage der Resonanzniveaus für Neutroneneinfang, die zum exponentiellen Anwachsen von Streu- und Reaktionsquerschnitten für thermische Neutronen führen, wenn die Anregungsenergie der Resonanz in der Nähe der Bindungsenergie des Neutrons liegt (s. Abschn. 4.1.5).

2.1.3   Photonen

Photonen können nur an geladenen Teilchen absorbiert oder gestreut werden. Da Photonen der Energie $E_\gamma = \hbar\omega$ den (relativistischen) Impuls $p_\gamma = E_\gamma/c$ mitführen, muß bei der Behandlung der Photonenwechselwirkung sowohl der Energie - als auch der Impulssatz beachtet werden, ganz wie bei der Wechselwirkung von massiven Körpern untereinander. Man fasst beides zusammen als Erhaltung des *Viererimpulses* $\underline{p} = \{E/c, \mathbf{p}\}$. (Die relativistische Behandlung dieser Probleme ist an vielen Stellen ausführlich behandelt, z.B. [Her98]). Wir wollen nur die wichtigsten Fakten qualitativ zu verstehen suchen. Eine quantitative Behandlung findet man in [Dav58].
Beginnen wir mit dem Prozess der Photoabsorption unter Emission eines Elektrons, dem *Photoeffekt*. Er kann nur in Gegenwart einer weiteren Masse stattfinden, die die Impulsdifferenz zwischen Anfangs- und Endzustand als Rückstoß aufnimmt. Dadurch ist die Wirksamkeit dieses Prozesses an die Stärke des elektrischen Feldes geknüpft mit der das freigesetzte Elektron an seinen Atomkern gebunden war. Für die Absorption eines Photons der Energie E_γ an einem Elektron aus der Hülle des Targetatoms der Ordnungszahl Z_T ergibt sich als Wirkungsquerschnitt [Eva55, Kap.24]

$$\sigma_{photo} \propto Z_T^5 E_\gamma^{-3} \tag{2.2}$$

Die starke Abhängigkeit von Z_T läßt sich verstehen, wenn man bedenkt, daß wegen des erforderlichen Rückstoßübertrags an den Atomkernen fast nur Elektronen in Kernnähe, also s-Elektronen absorbiert werden. Deren Aufenthaltswahrscheinlichkeit beim Kern ist in etwa bestimmt durch das Volumen V_n der innersten Schale mit Hauptquantenzahl n, die einen Radius von $a_n \propto n^2/Z$ hat, sodaß $V_n \propto n^6 Z^{-3}$ ist. Da $\rho_n V_n = 2$ die Anzahl der Elektronen in einer s-Schale angibt, folgt die Elektronendichte $\rho_n \propto Z^3$ für jede Schale. Die über alle Zustände gemittelte Anzahl v der kernnahen Elektronen wächst etwa mit Z und die Wirksamkeit der Rückstoßkoppelung k an den Atomkern wächst ebenfalls mit der Feldstärke, sodaß insgesamt eine Abhängigkeit $\sigma_{photo} \propto \rho_n vk \propto Z_T^5$ resultiert. Der Faktor E_γ^{-3} beschreibt die Energieabhängigkeit der Absorption von elektrischer Dipolstrahlung, wie sie im Elektromagnetismus abgehandelt wird. Wegen der Bindung der Elektronen in ihren Schalen muß $E_\gamma > \Phi_n$, der Bindungsenergie in der n-ten Schale sein, bevor die Elektronen dieser Schale am Photoeffekt teilnehmen können. Dann steigt der Wirkungsquerschnitt sprunghaft an und bildet eine *Absorptionskante*. So entsteht insgesamt der Verlauf der Kurve in Abb. 2.2

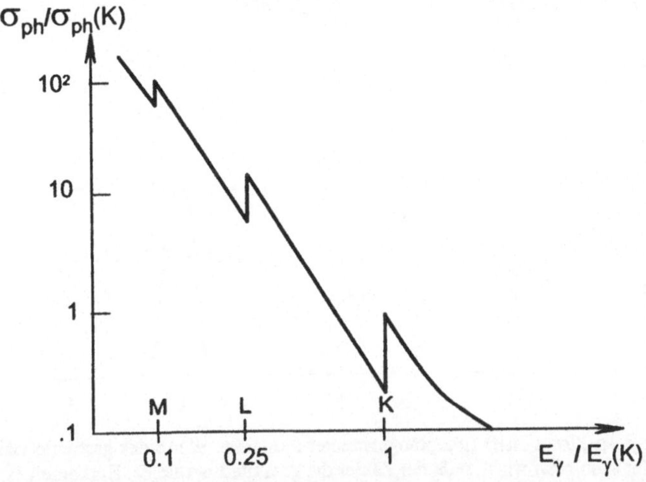

Abb. 2.2: Photoabsorptionsquerschnitt, normiert auf $\sigma_{ph}(K)$ an der K-Kante, d.h. Absorption eines 1s Elektrons. (L,M) sind die entsprechenden Kanten der (2s, 3s)-Elektronen.

Comptonstreuung: Sie beschreibt die elastische Streuung von Photonen der Energie $\hbar\omega$ an geladenen Teilchen[1]. Da das Photon dabei die Energie $\Delta E_\gamma = E_0 - E'_\gamma$ überträgt, ist seine Frequenz nach dem Stoß $E'_\gamma/\hbar = \omega' < \omega$, also gilt $\lambda' > \lambda$. Wenn das geladene Teilchen als ruhend betrachtet werden kann, ergibt sich die Wellenlängendifferenz zu

$$\lambda' - \lambda = \Delta\lambda = \lambda_c(1 - \cos\theta) = hc\Delta E_\gamma / E_0^2 \tag{2.3}$$

---

[1] Da das Photon hierbei im Gegensatz zum Photoeffekt erhalten bleibt, wird der Prozess als relativistischer Stoß zweier Teilchen beschrieben. Dann ist kein weiterer Reaktionspartner nötig und das gestoßene geladene Teilchen kann entweder frei oder gebunden sein.

wobei $\lambda_c = h/mc$ die *Comptonwellenlänge* des Teilchens mit der Masse m ist und θ der Streuwinkel des Photons im Laborsystem. Für maximale Rückwärtsstreuung haben wir

$$\theta = \pi \quad ; \quad (\Delta E_\gamma)_{max} = 2\,E_0^2/mc^2 = E_R \tag{2.4}$$

Die auf das Teilchen übertragene Energie reicht also bis zur *Comptonkante* E_R. In Vorwärtsrichtung nimmt ΔE_γ ab und verschwindet, wenn das Photon ohne Wechselwirkung ($\theta = 0$) vorbei fliegt. Die Comptonstreuung ergibt für das Spektrum des geladenen Teilchens also das folgende Bild

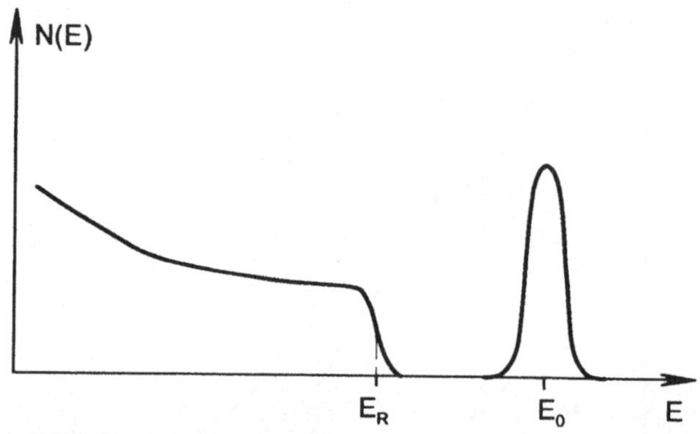

Abb. 2.3: Energiespektrum N(E) Compton-gestreuter Photonen. Wenn das gestreute Gamma im Zähler absorbiert wird, mißt der Zähler die gesamte Energie E_0. Entkommt es, so wird nur die Rückstoßenergie des Elektrons gemessen. E_R ist die Comptonkante.

Für den Wirkungsquerschnitt des Comptoneffekts gilt

$$\sigma_c = Z_T r_0^2 f(\varepsilon) \tag{2.5}$$

wobei $r_0 = e^2/4\pi\varepsilon_0 mc^2 = 2.8 \cdot 10^{-15}$ m der klassische Elektronenradius, $\varepsilon = E_\gamma/mc^2$ und $f(\varepsilon)$ eine komplizierte Funktion von ε ist, die für kleine ε die Näherung $\approx 1-2\varepsilon$ und für große ε-Werte $\approx \ln\varepsilon/\varepsilon$ erfüllt. (Für das klassische Photonenfeld mit $E_\gamma \to 0$ gilt $\sigma_c = Z_T(8\pi/3)r_0^2$, sodaß die Comptonstreuung, wie zu erwarten, in die klassische *Thomsonstreuung* übergeht). Die lineare Abhängigkeit von Z_T ergibt sich daraus, daß der Comptoneffekt den Atomkern nicht involviert, also an jedem Elektron der Atomhülle stattfinden kann, deren Anzahl mit Z_T anwächst.

Paarbildung: Dieser Prozess besteht in der Umwandlung eines Photons in ein geladenes Teilchen-Antiteilchenpaar. Er kann wieder nur im elektrischen Feld eines

Atomkerns stattfinden (analog dem Photoeffekt, als dessen formale Extension in den Bereich des *Dirac-Sees* negativer Elektronenenergien er beschrieben werden kann) und es muß $E_\gamma \geq 2mc^2$ sein, da mindestens die Masse der erzeugten Teilchen aufzubringen ist. Für die (weitaus häufigste) Bildung eines $e\,\bar{e}$ -Paares gilt also $E_\gamma \geq$ 1.22 MeV. Der Wirkungsquerschnitt wird durch die Stärke des Kernfeldes und den Phasenraum der erzeugten Teilchen (d.h. die Oberfläche der Impulskugel $\propto p^2 = E_\gamma^2/c^2$) gegeben. Wir haben demnach [Eva55]

$$\sigma_{\text{paar}} \propto Z_T(E_\gamma - 1.22\ \text{MeV})^2 \tag{2.6}$$

Absorptionskoeffizienten: Die angegebenen Wirkungsquerschnitte σ_i wirken unabhängig von einander und führen über die Targetstrecke dx zur Abnahme der Photonenzahl N_γ gemäß $-dN_\gamma = N_\gamma\Sigma\mu_i dx = N_\gamma\mu_\gamma dx$, wobei $\mu_i = n_T\sigma_i[\text{cm}^{-1}]$ mit $n_T = \rho(L/A)$ und $\mu_\gamma = \Sigma\mu_i$ ist. Damit erhält man

$$N_\gamma(x) = N_\gamma(0)\,\exp[-\mu_\gamma x] \tag{2.7}$$

Die verschiedenen Prozesse der Photonenabsorption führen daher insgesamt zu einer Absorptionskurve, wie sie im folgenden Bild 2.4 gezeigt ist.

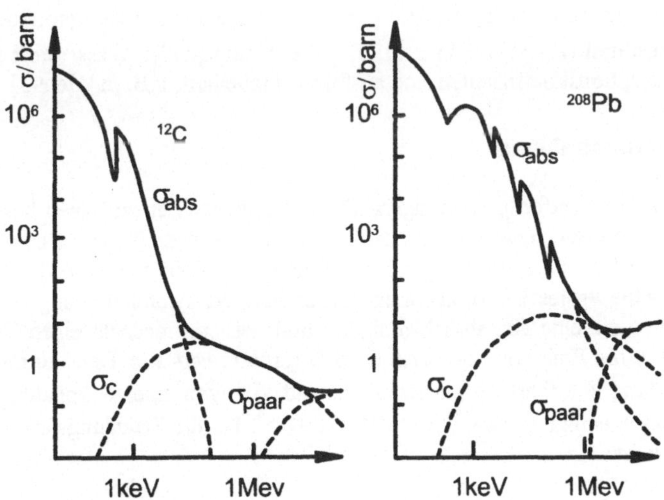

Abb. 2.4: Totale Absorptionsquerschnitte für Photonen an ^{12}C bzw. ^{208}Pb in Abhängigkeit von der Photonenenergie.

Charakteristisch für verschiedene Materialien sind die *Strahlungslängen* $\Lambda = \mu_\gamma^{-1}$ mit $N_\gamma(\Lambda) = N_\gamma(0)/e$. Für $E_\gamma = 0.5$ MeV ergeben sich hierfür die folgende Werte

Target	Pb	Al	H_2O	Luft
Λ(cm)	0.6	5	10	$9 \cdot 10^3$

Tab. 2.1: Strahlungslängen für Photonen in verschiedenen Substanzen

Massenabsorptionskoeffizient: Der Zusammenhang der Gl. (2.7) zeigt, daß die Absorptionskoeffizienten von der Targetdichte ρ abhängen, die Wechselwirkungen aber nur von den elementaren Wirkungsquerschnitten am Einzelatom. Diese unwesentliche Abhängigkeit vom Festkörperaufbau des Targets läßt sich beseitigen, wenn man stattdessen den *Massenabsorptionskoeffizienten*

$$m[cm^2 g^{-1}] = \mu_\gamma \rho = (L/A)\sigma_\gamma \tag{2.8}$$

einführt. Damit erhält man als Absorptionsgesetz

$$N_\gamma(x) = N_\gamma(0) \exp[-md] \tag{2.8'}$$

wobei $d[g/cm^2]$ die Absorbermasse/cm^2 ist. Von dieser Vereinfachung profitiert insbesondere der sehr wichtige Comptoneffekt, da für ihn nach Gl. (2.5) gilt $m_C = \sigma_C^* (Z_T/A)L \approx$ const., wo $\sigma_C^* = r_0^2 f(\varepsilon)$ der elementare Comptonquerschnitt pro Elektron und $(Z_T/A) \approx 0.45 \pm .05$ für alle Atome (außer Wasserstoff ist). Die Massenabsorptionskoeffizienten sind ausführlich tabelliert, z.B. in [Hen93].

2.1.4   Bremsstrahlung

Dieser Prozess rechtfertigt eine eigene Betrachtung, weil er auf einen besonderen Wechselwirkungsmechanismus zurückgeht: Wenn geladene Teilchen beschleunigt werden, so geben sie elektromagnetische Strahlung ab. Da während des Materiedurchgangs die Projektile vor allem im starken Feld der Atomkerne abgelenkt werden, erfahren sie eine Kreisbeschleunigung und verlieren deshalb einen Teil ihrer Energie über die Emission von *Bremsstrahlungsphotonen*. Ein Teilchen mit Masse m und Ladung Z erfährt im mittleren Abstand $<\rho>$ von einer Kernladung Z_T die mittlere Beschleunigung $<a> = ZZ_T e^2/4\pi\varepsilon_0 m <\rho>^2$. Da die Strahlungsleistung $\propto a^2$ ist, erhalten wir

$$I_B \propto Z^2 Z_T^2\, e^4/m^2 \tag{2.9}$$

Wegen der starken Abhängigkeit von m können praktisch nur Elektronen Bremsstrahlung aussenden, da bereits für Protonen mit $(m_p/m_e) = 1840$ die Intensität ungefähr 10^6-fach geringer ist.

Die Energie der Bremsstrahlungsphotonen ist über ein Spektrum verteilt, das der Intensitätsverteilung $I(\nu) \propto \nu^2$ folgt und mit der Maximalenergie $h\nu_{max} = E_p$ abbricht, wo E_p die Projektilenergie ist. (Diese Verteilung folgt aus der Tatsache, daß die Wahrscheinlichkeit für Bremsstrahlungsemission proportional zum Phasenraum für die ausgesendeten Photonen, also zur Oberfläche der Impulskugel $p^2 = (h\nu c)^2$ ist). Dieses Spektrum wird bei einem dünnen Target, in dem der Energieverlust des Strahls klein ist, beobachtet. Ein dickes Target kann man sich aus der Aufeinanderfolge vieler Schichten mit abnehmender Strahlenergie zusammengesetzt denken, deren Intensitätsverteilungen abnehmendes ν_{max} haben und ihre Strahlungsbeiträge aufaddieren [Eva55,Kap.21]. Das Integral über die gesamte abgegebene Bremsstrahlungsenergie eines Elektrons der Einschußenergie E_0 ist dann gegeben durch

$$E_B = \text{const.} Z_T E_0^{\,2} \qquad (2.10)$$

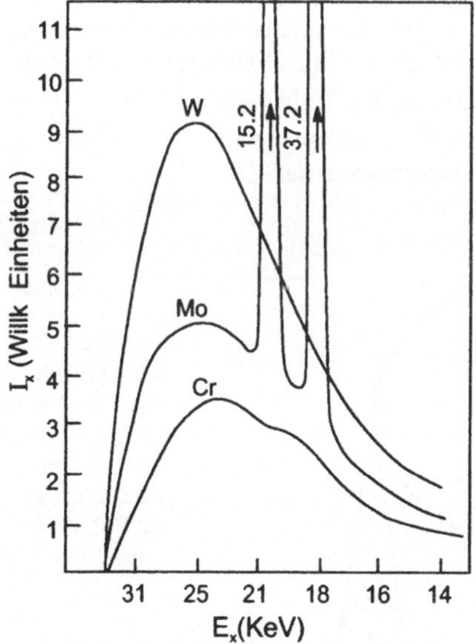

Abb. 2.5: Röntgenemissionsspektrum mit charakteristischen Linien.

Dem Bremsstrahlungspektrum überlagert sind die *charakteristischen Linien* des Targetmaterials der Anode, in der der Primärstrahl abgebremst wird und die von der Wiederbesetzung der Hüllenzustände stammen, deren Elektronen durch den

Primärstrahl hinausgeworfen wurden. Sie entsprechen den Absorptionskanten in Abb. 2.4. Der Wirkungsgrad $\eta = E_B/E_0$ beträgt bei Röntgengeneratoren nur etwa ein Prozent. Der Hauptteil der Energie wird beim Abbremsen der Elektronen in Wärme verwandelt und heizt die Anode auf. Deren externe Kühlung ist also einer der wichtigsten Bestandteile einer Röntgenröhre.

2.1.5   Synchrotronstrahlung

Eine technische Revolution der Röntgenspektroskopie folgte auf den Bau der Elektronen-Ringbeschleuniger, die zunächst, wie die Beschleuniger DORIS und PETRA am Deutschen Elektronen Synchrotron DESY in Hamburg, als Instrumente der Elementarteilchenphysik gebaut wurden. Mittlerweile sind aber auch große Ringbeschleuniger (z.B. ESRF in Grenoble) nur für die Erzeugung von Synchrotronstrahlung gebaut worden, die gegenwärtig in der Physik der kondensierten Materie (Festkörper und Flüssigkeiten) zu den wichtigsten Forschungsgeräten gehören. Physikalisch ist die Synchrotronstrahlung mit der Bremsstrahlung identisch: Wenn ein geladenes Teilchen der Masse m und der Energie E mit nahezu Lichtgeschwindigkeit auf einer Kreisbahn mit Radius ρ umläuft, erfährt es eine ständige Zentripetalbeschleunigung $a = m\gamma(c^2/\rho)$, wo $\gamma = E/mc^2$ ist. Daher gibt es ständig Bremsstrahlung ab, die wegen der relativistischen Aberration [Her98] in Bewegungsrichtung, also tangential zur Umlaufbahn gebündelt ist. Die Richtungen senkrecht zur Bewegungsrichtung im Ruhesystem ($\theta' = 90°$) erscheinen daher im Laborsystem unter dem Winkel $\tan\theta \approx \theta = (\beta\gamma)^{-1} \approx mc^2/E$, wenn $\beta = (v/c) \approx 1$ ist. Die Abbildung 2.6 stellt die Situation dar.

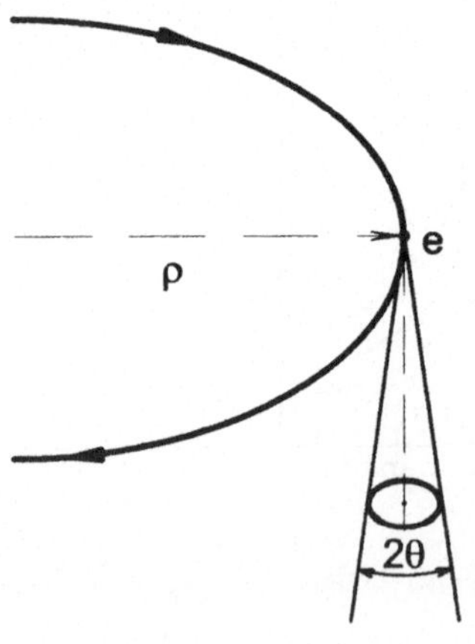

Abb. 2.6:
Bremsstrahlungsemission eines Elektrons der Energie $E = \gamma mc^2$ auf einer Umlaufbahn mit Radius ρ. Durch die relativistische Aberration ist die Strahlung der vorderen Hemisphäre im Ruhesystem in den Kegel der Öffnung 2θ im Laborsystem konzentriert.

Gleichzeitig wird durch den Dopplereffekt die Frequenz ν_0 der Strahlung im Ruhesystem im Laborsystem unter $\theta \approx 0$ auf $\nu_S = \nu_0[(1+\beta)/(1-\beta)]^{1/2} = \nu_0\gamma(1+\beta)$, „blauverschoben".

Die Intensität der Bremsstrahlung kann durch *Wiggler* und *Undulatoren* (s. S.174) stark vergrößert werden bei denen der Strahl durch einen Magnetkanal mit vielen Polungswechseln geschickt wird, wodurch die Elektronen eine Reihe von kurzen Bahnsegmenten im Abstand d mit stark verkleinertem ρ durchlaufen. In diesen Bereichen hoher Zentripetalbeschleunigung ist die Abstrahlung entsprechend verstärkt. Vom Ruhesystem des bewegten Elektrons aus ist außerdem d relativistisch verkürzt, also $\lambda = d/\gamma$. Dazu wird die vom Elektron im Ruhesystem mit λ ausgesendete Strahlung im Laborsystem mit der oben angegebenen Dopplerverschiebung $\nu_S = 2\gamma\nu$ aufgenommen, sodaß dort insgesamt die Wellenlänge $\lambda_S = c/\nu_S = \lambda/2\gamma = d/2\gamma^2 = hc/E_S$ gemessen wird. So erhalten wir schließlich für die Energie des Synchrotronstrahlungsmaximums im Laborsystem die Beziehung $E_S/mc^2 = (\lambda_C)2\gamma^2/d$, wobei $\lambda_C = h/mc = 3.9\cdot10^{-13}$m die uns schon bekannte Comptonwellenlänge des Elektrons ist.

Aufg. 2.2: Bestimmen Sie E_S für einen Elektronenstrahl von $E = 5$ GeV und $d = 5\cdot10^{-2}$ m, sowie den Öffnungswinkel θ und die Frequenzverschiebung für ein Photon der Energie $h\nu_0 = 10$ eV, bei der gleichen Elektronenenergie.

Auf diese Weise werden Intensitäten und Wellenlängen erreicht, die der Röntgenanalyse eine Vielzahl von neuen Anwendungsmöglichkeiten erschlossen haben. Eine Übersicht der erreichten Energien und Brillianzen zeigt die Abb. 2.46.

Wegen der großen verfügbaren Intensität ist es nunmehr möglich, durch Wellenlängenfilter einen quasi-monochromatischen Bereich der Strahlung auszublenden. Dies geschieht durch Ausnutzung der *Braggstreuung* nach der die Streubeiträge einer Strahlung der Wellenlänge λ an einem Gitter mit dem Netzebenenabstand d unter jedem Streuwinkel α mit $\sin\alpha = N\lambda/d$ (N: ganze Zahl) konstruktiv interferieren und so ein Streumaximum erzeugen (s. Abb. 2.31). Auf diese Weise läßt sich eine sehr schmalbandige Strahlung erzeugen, deren Intensität die der gesamten breitbandigen Strahlung einer herkömmlichen Röntgenröhre noch immer um viele Größenordnungen übertrifft. (Eine Möglichkeit, durch Resonanzstreuung an Kernniveaus Sekundärstrahlung noch größerer Energieschärfe zu erzeugen, werden wir in Abschn. 2.6.2 behandeln).

2.2 Ionenstrahlanalytik

Wir werden nun darstellen, wie die Wechselwirkung zwischen Projektil und Targetatomen für Sondenprobleme genutzt werden kann. Dabei wird das Grundprinzip sein, die für die Probe charakteristische Schwächung des Projektilstrahls beim

Durchgang zu messen. Hierzu kann man die aus der Einfallsrichtung herausgestreuten Teilchen, oder die durchgelassene Intensität bestimmen. Beginnen wir mit dem zuletzt genannten Prozess.

2.2.1   Absorptionsradiographie

Die in Gl. (2.7) für Gammas gegebene Abnahme der Primärstrahlintensität nach Durchlaufen der Targetdicke x gilt für jede Art von Strahlung. Wir schreiben analog zur Gl. (2.7)

$$I(x) = I(0) \exp[-\mu_{tot}x] \tag{2.7'}$$

worin I [Teilchen/s] die Projektilstromintensität und $\mu_{tot} = \Sigma\mu_i$ der totale Wirkungsquerschnitt ist, der die summierte Wirkung aller unabhängigen Prozesse beschreibt, denen das Projektil beim Durchgang durch das Target unterworfen ist.

Röntgendiagnose: Eine wohlbekannte Anwendung dieser Beziehung ist die Durchleuchtung eines Körpers mit Röntgenstrahlen. Wegen der unterschiedlichen Absorptionskoeffizienten $(\mu_\gamma)_i$ für die verschiedenen Strukturen im Körperinneren werfen diese jeweils einen chrakteristischen Schatten auf die Nachweisebene hinter der Probe. Dieses Röntgenbild muß dann interpretiert werden. Moderne medizinische Röntgenapparaturen verwenden Strahlung, die durch intensive Ströme von 20-50 keV Elektronen beim Auftreffen auf Schwermetallkathoden mit hohem Z_T ausgelöst wird, in denen nach Gl.(2.10) die Strahlenausbeute maximiert wird. Um Strukturen im durchleuchteten Körper optimal sichtbar zu machen, werden *Kontrastmittel* verwendet, die dem Patienten gespritzt oder verabreicht werden. Sie bestehen aus Verbindungen, die Elemente mit hohem Z enthalten, z.B. Ba (Z=56) oder Bi (Z=83) und bei Energien bis 100 keV, wo der Photoeffekt nach Gl. (2.5) dominiert, die Absorption in dem umgebenden Gewebe mit der mittleren Ordnungszahl $Z = 7$ um das 10^4- bis 10^6-fache übertreffen. Dadurch können die Kontrastmittel in sehr geringer und physiologisch unschädlicher Konzentration eingesetzt werden. Hinzu kommt, daß moderne Methoden der elektronischen Bildverstärkung es erlauben, die Primärintensität gegenüber früher sehr stark zu reduzieren. (Bei diesen Verfahren wird die Röntgenintensität in der Bildebene nicht zur photochemischen Bilderzeugung auf Röntgenfilmen benutzt, sondern entweder direkt auf Photokathoden geleitet, deren Sekundärelektronenstrom verstärkt wird, oder auf elektronischen Bildspeicherebenen festgehalten, von wo sie digital ausgelesen werden können. Damit läßt sich die erforderliche Primärintensität um Größenordnungen senken). Dies ist vor allem für die Verwendung der *Computertomografie* (CT) von Bedeutung. Dabei wird der Patient einer Serie von Röntgenbelichtungen ausgesetzt und diese so entstandenen Bilder werden elektronisch gespeichert und ausgewertet, wodurch 3D-Abbildungen des Körperinneren erstellt und in einer ausführlichen Bildanalyse am Computer ausgewertet werden können.

Die Methode der Röntgenbildanalyse ist auch in der nichtmedizinischen Technik weitverbreitet. Dabei werden große Werkstücke an kritischen Stellen durchleuchtet, um verdeckte Material- oder Verarbeitungsfehler (Schweißnähte) sichtbar zu machen. Diese Verfahren werden vor allem bei Anlagen angewendet, die im Normalbetrieb stark belastet werden, wie z.B. die Dampfkreisläufe der Atomreaktoren (s. Kap. 4). Im steigenden Umfang verwendet man zur Absorptionsradiografie inzwischen nicht mehr Strahlung aus Röntgenröhren, sondern Synchrotronstrahlung (s. Abschn. 2.1.5) wegen der großen Variabilität in Intensität und Wellenlänge der Strahlung. Ein medizinisches Beispiel ist die Sichtbarmachung von Gefäßen im Körper durch schmalbandige Synchrotronstrahlung, deren Frequenz zwischen Werten dicht unterhalb bzw. oberhalb einer Absorptionskante (s. Abb. 2.4) des Kontrastmittels wechselt. Für Gefäße, die das Kontrastmittel führen, ist die Absorption zwischen beiden Energien um fast eine Größenordnung verschieden, während das umgebende Gewebe bei beiden Energien praktisch den gleichen Absorptionskoeffizienten hat. Durch rechnergestützte Subtraktion der Bildinhalte bei beiden Frequenzen lassen sich die kontrastmittelführenden Gefäße völlig klar herausheben, wie die folgende Abbildung zeigt

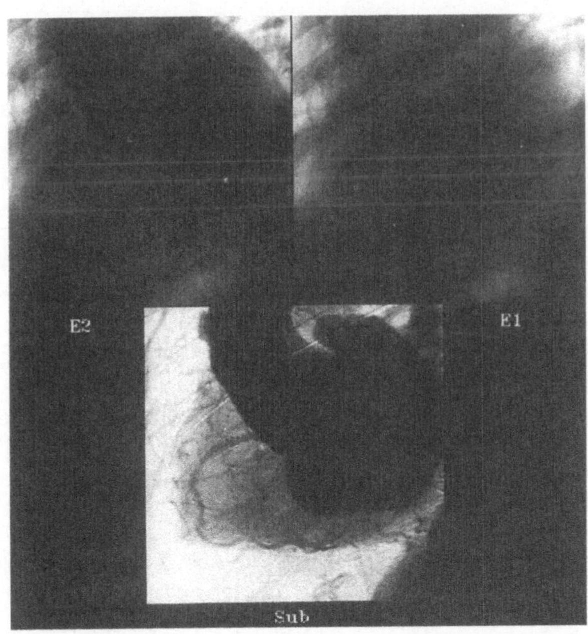

Abb. 2.7.
Röntgenaufnahmen mit Synchrotronstrahlung der Energie E_1 und E_2, zwischen denen eine Absorptionskante des Kontrastmaterials liegt. Elektronische Subtraktion der beiden Aufnahmen gibt das Kontrastbild Sub.
(Mit frdl. Genehmigung von DESY (Hamburg)).

Mit diesem *Digitale Subtraktionsangiographie (DSA)* genannten Verfahren können diagnostische Aufnahmen mit so geringer Konzentration an Kontrastmittel gemacht werden, daß dieses nicht mehr mit einem Katheter in Bildortnähe gebracht werden muß, sondern intravenös gespritzt werden kann. Trotz der starken Verdünnung auf dem Weg bis zum Bildort ist die Konzentration dort noch völlig ausreichend, um einwandfreie Bildinformation zu gewinnen.

Prozesskontrolle: Bei der technischen Nutzung radiographischer Methoden sind die gesuchten Informationen oft sehr viel einfacher, aber die Proben sehr viel massiver und unempfindlicher als in der Biologie. Daher werden hier in der Regel radioaktive Quellen eingesetzt, deren Intensitätsschwächung durch die Probe als Signal dient. So ist die *Dickenkontrolle* von fabrizierten Werkstücken möglich, wie Abb. 2.8a zeigt.

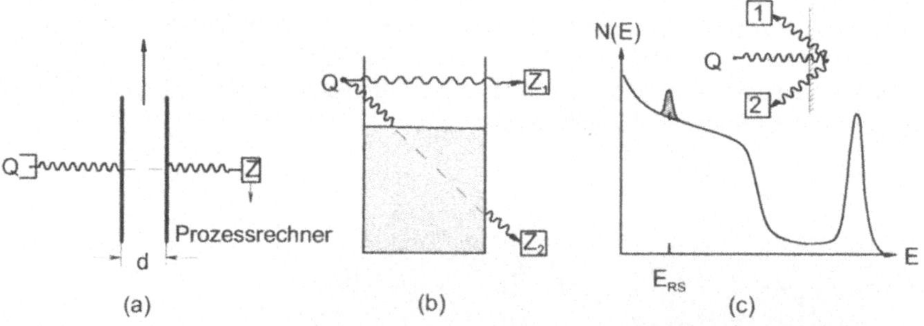

Abb. 2.8: Absorptionsmessung zu (a) Dickenkontrolle, (b) Füllstandkontrolle mit einem Niveau (Z_1) bzw. kontinuierlicher Niveaukontrolle (Z_2), (c) Tiefenmessung mithilfe des Compton-Rückstreupeaks.

Für die vom Zähler Z am Ort x nachgewiesene Intensität gilt nach Gl. (2.7') die Beziehung $I(x) = I_0 \exp[-\mu d(x)]$. Schwankungen in der gemessenen Intensität werden über einen Prozessrechner zur Fabrikationskontrolle verwendet. (So kann z.B. bei Rotationspressen mit einer ^{63}Ni(HWZ 100a) Quelle, die Elektronen von 67 keV aussendet, eine mit µm Dicke aufgetragene Druckerschwärze im laufenden Produktionsprozess überwacht werden). Bei diesem Verfahren besteht das Problem nur darin, die für den Fabrikationsprozess geeignete Kombination von Energie und Lebensdauer in einer Strahlungsquelle vereint zu finden.

Wenn die Dicke der Probe vorgegeben ist (z.B. bei Verpackungen) kann auf die gleiche Weise die *Dichtekontrolle* des Inhalts erreicht werden. Analog ist die *Niveaukontrolle* in unzugänglichen Behältern zu erreichen. Wie Abb. 2.8b zeigt, kann mit einer Quelle und zwei Zählern registriert werden, ob der Füllstand zwischen zwei vorgegebenen Pegeln liegt. Sobald die Zählrate beginnt, vom Normalwert des ungestörten Strahlungseinfalls aus der Quelle abzusinken, ist der entsprechende Pegelstand erreicht. Mit einer vertikalen Reihe von Zählern oder Beobachtung der mit sinkendem Pegel zunehmenden Zählrate Z_2 kann der Pegelstand auch differenzierter kontrolliert werden. Das *Rückstreuverfahren* schließlich nutzt den Comptoneffekt der Gl. (2.3) aus. Da der Energieverlust des gestreuten Photons $\propto(1-\cos\theta)$ variiert, ist im Bereich der Rückstreuung ($\theta \approx \pi$) die Photonenergie nur schwach von θ abhängig. Daher zeigt das Gammaspektrum einen leicht beobachtbaren *Rückstreupeak* mit dem Energieverlust $\Delta E_\gamma = 2(E_0^2/mc^2) = 2(E_0^2/511\ \mathrm{keV})$, dessen Intensität nach Gl. (2.5) proportional zu ρZ ist. Bei gegebener mittlerer Ordnungszahl $\langle Z \rangle$ eines Materials (Erdreich, Straßenbelag, Baumaterialien) ist dann die über die Reichweite der Strahlung gemittelte Dichte $\bar{\rho}$ durch Messung des Rückstreupeaks zu bestimmen, wie Abb. 2.8c zeigt. Da z.B. die Gammastrahlung aus ^{60}Co ($E_\gamma = 1.2$ MeV) eine Strahlungslänge von etwa 10 g/cm^2 hat, kann mit hinreichend starken Quellen und einer noch im Detektor nachweisbaren Strahlungsabnahme von 10^7 die Dichte über 16 Strahlungslängen gemittelt werden, was einer Materialdicke von 30 cm entspricht. Weitere ausführliche Beispiele gibt [HK81].

Defektoskopie: Bei diesen Anwendungen wird die Messung der Zählratenvariation im Detektor zur Lokalisierung von Defekten und Betriebsstörungen ausgenutzt. Bei der *Gammaradiographie* wird eine Strahlungsquelle und der zugehörige Zähler über einen Probenkörper (Werkstück) geführt, wie in Abb. 2.9 gezeigt. Auf diese Weise lassen sich auch sehr massive Objekte auf Defekte hin untersuchen.

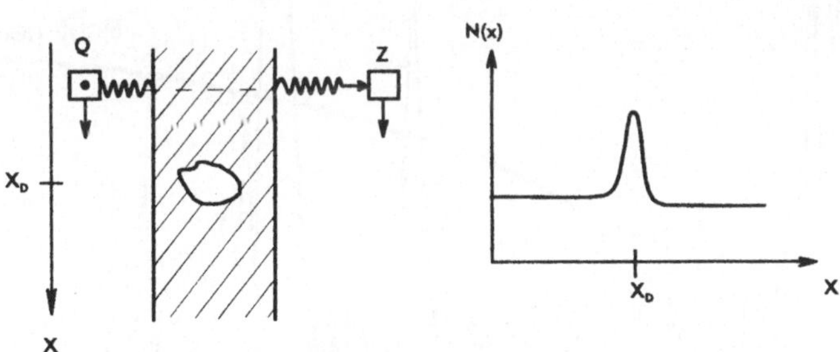

Abb. 2.9: Defektoskopieverfahren zur Kontrolle der Dichtehomogenität eines Werkstücks.

In der Strömungskontrolle von Leitungssystemen in Industrieanlagen (Raffinerien) und Ferntransportsystemen (Pipelines) gibt es die Möglichkeit, mit *Tracerinjektion* zu arbeiten, die wir in Abschn. 2 ausführlich behandeln werden. Dabei wird an einem Schleusenzugang zum Rohrsystem eine radioaktive Lösung injiziert. Dann kann mit einem äußeren Zähler die Transportgeschwindigkeit gemessen oder eine

Durchgangsblockade festgestellt werden. Durch Verwendung einer Zählerboje, die nach Abfluß des Tracers durch die Leitung geschickt wird, kann ebenfalls genau festgestellt werden, an welchen Stellen Radioaktivität ausgetreten, also ein Leck im Rohrsysytem vorhanden ist, da die Boje die Aktivität des aus dem Rohr in das umgebende Erdreich gewanderten Tracers mißt.

Neutronenradiografie: Die starke Z_T-Abhängigkeit des Absorptionsquerschnitts für Röntgenstrahlen hat zur Folge, daß die leichten Elemente bis zum O nur schlecht mit Gammas radiografiert werden können. Dies ist im vorhergehenden Text schon deutlich geworden. Doch hier kommt die Tatsache zu Hilfe, daß gerade die leichten Elemente sehr große Reaktionsquerschnitte gegenüber langsamen Neutronen haben. Wir haben in Abschn. 2.1.2 angedeutet, woran das liegt: Die Schalenstruktur der Atomkerne und die starke Paarkraft zwischen gleichen Nukleonen führt über das ganze Periodensystem hinweg zu großen Variationen im Absorptionsquerschnitt, der sich im Absorptionskoeffizienten μ/ρ widerspiegelt. Der Vergleich der Neutronenabsorption mit der Röntgenabsorption ist über das Periodensystem hinweg in Abb. 2.10 zusammengestellt.

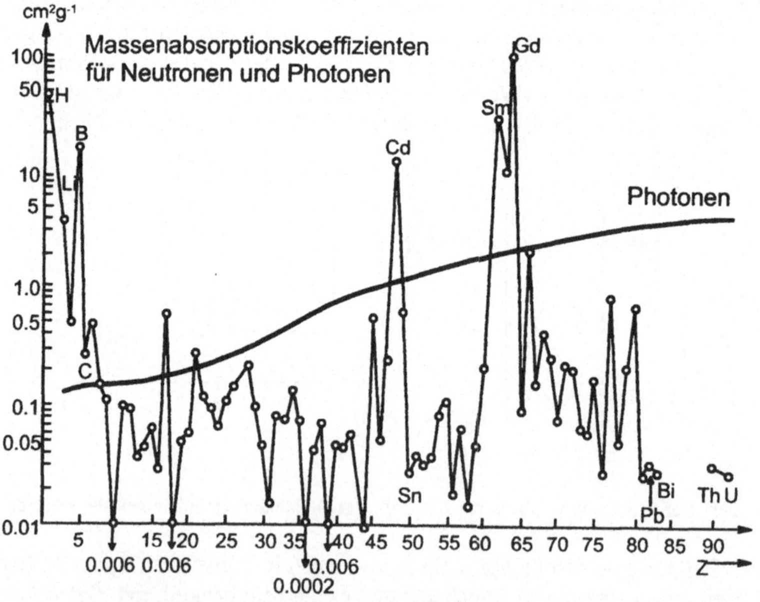

Abb. 2.10: Absorptionskoeffizienten von Gammas (125 keV) und epithermischen Neutronen (70 meV)

Sofern in Metallbehältern Materialien mit kleinem Z eingeschlossen sind, lassen sich diese mit Neutronen nachweisen, während die für Neutronen durchsichtigen Metallteile gerade im Röntgenlicht erscheinen. Die Abb. 2.11 zeigt ein Beispiel dafür, wie eine Produktionskontrolle ausgeführt werden kann: Die fehlerhafte Klebeschicht eines zusammengesetzten Werkstücks wird im Neutronenstrahl sichtbar, während die Metallteile praktisch völlig transparent bleiben.

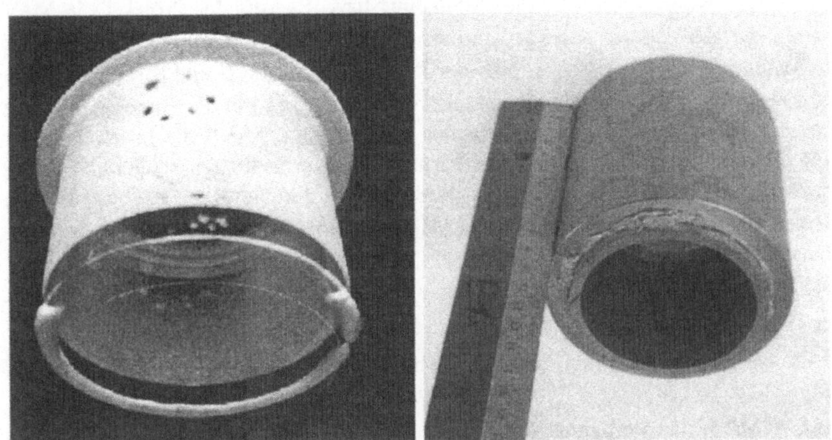

Abb. 2.11: Kunststoffklebeschicht eines metallischen Werkstücks, in Neutronenradiografie sichtbar gemacht. (Mit frdl. Erlaubnis von B. Schillinger, FRM II Garching)

Für die Radiografie mit Neutronen werden n-Quellen benötigt, die je nach Anwendungsart in unterschiedlicher Art und Größe verfügbar sind. Sie werden in Abschn. 2.7 behandelt, die verwendeten n-Zähler in Abschn. 2.8. Eine interessante Kombination der γ- und n-Radiografie findet sich bei den modernen ferngelenkten Bohrarmen, deren Vortriebsrichtung durch eingebaute n- und γ-Quellen mit Rückstreudetektoren bestimmt wird. Damit wird das umgebende Gestein auf Dichte und Elementzusammensetzung untersucht und so der leichteste oder (z.B. bei der Ölsuche) erfolgversprechendste Bohrweg eingeschlagen [Geg98].

2.2.2   Streuradiografie (RBS, ERDA)

Die Information über den Aufbau einer Probe läßt sich stark erweitern, wenn anstelle des einfachen Parameters der *Intensitätsabnahme* des durchgehenden Sondenstrahls die mehrparametrige *Streuverteilung* der aus der Probe herauskommenden Projektile gemessen wird. Bei den hier interessierenden relativ kleinen Energien und großen Kernladungen wird diese Streuung für geladene Projektile völlig von der elektrostatischen Abstoßung der Kernladungen dominiert, die für eine Streuung im Schwerpunktsystem (cm) um den Winkel θ zur Strahlachse durch den *Rutherfordstreuquerschnitt* [MK94]

$$\sigma_C(\theta_{cm}) = (e^2/16\pi\varepsilon_0)^2(ZZ_T/E_{cm})^2\sin^{-4}(\theta_{cm}/2)$$
$$= 1.30\,(ZZ_T/E_{cm})^2\sin^{-4}(\theta_{cm}/2)\,\text{mb/sr} \tag{2.11}$$

gegeben ist, wobei Z und E_{cm} die Kernladung bzw. Energie des Projektils in MeV und Z_T die Kernladung des Targetatoms angeben und $1\text{mb} = 10^{-27}\,\text{cm}^2$ ist. Die Streuwahrscheinlichkeit wächst also mit kleiner werdenden E und θ sehr stark an. Die Divergenz für $\theta \rightarrow 0$ wird jedoch vermieden, weil mit abnehmendem θ die beiden Kerne immer weiter voneinander entfernt sind, sodaß die in wachsender Zahl dazwischen befindlichen Hüllelektronen die Kernladungen schließlich völlig gegeneinander abschirmen. Um die Streuung im Laborsystem zu beschreiben, müssen θ_{cm} und E_{cm} auf ihre Werte (θ,E) im Laborsystem transformiert werden. Man erhält so den Ausdruck [Eva55]

$$\sigma_C(\theta) = 1.30\,(ZZ_T/E)^2\sin^{-4}(\theta)\,4(\sqrt{1-(\xi\sin\theta)^2}+\cos\theta)^2\,/\,\sqrt{1-(\xi\sin\theta)^2}\,\text{mb}\,/\,\text{sr}$$
$$\approx 1.30\,(ZZ_T/E)^2(\sin^{-4}(\theta/2)-2\xi^2)\,\text{mb/sr für }\xi^2 \ll 1 \tag{2.11'}$$

wo $\xi = M/M_T$ das Verhältnis von Projektil zu Targetmasse und E in MeV gegeben ist. Für $\xi \ll 1$ können wir $\xi^2 = 0$ setzen, dann fallen Schwerpunkt- und Laborsystem zusammen und aus (2.11') wird (2.11). Die Energie- und Impulserhaltung für den gesamten Streuvorgang führt außerdem zu einer Relation zwischen den Energien E des einlaufenden und E' des auslaufenden Sondenteilchens im Laborsystem:

$$E' = kE \;\; ; \;\; k = [(\sqrt{1-(\xi\sin\theta)^2}+\xi\cos\theta)/(1+\xi)]^2 \tag{2.12}$$

Der *kinematische Faktor* k für Projektilmasse M und Targetmasse M_T hängt also nur von θ und ξ ab. Daher kann der kinematische Energieverlust $\Delta E = E-E' =$ (1–k)E des Ejektils bei bekanntem ξ zur Bestimmung des Streuwinkels θ dienen, oder bei festgelegtem θ zur Unterscheidung von verschiedenen streuenden Massen ξ in einem zusammengesetzten Target. Diese letztere Möglichkeit wird in der Ionenstrahlanalytik ausgenutzt.

Da die beobachtete Streuung elastisch ist, sind die Impulsbeträge von Projektil und Target im Schwerpunktsystem konstant und liegen deshalb für alle Streuwinkel auf einem Kreis um das Stoßzentrum. Dasselbe gilt damit auch für die Geschwindigkeiten $v_S' = p_S'/M$ im Schwerpunktsystem. Für die im Laborsystem beobachteten Geschwindigkeiten nach dem Stoß ist dann $v' = v_S' + v_{CM}$, wobei v_{CM} = $v/(1+\xi^{-1})$ die Laborgeschwindigkeit des Schwerpunkts ist. Aus dieser Beziehung ergibt sich eine wichtige Fallunterscheidung, die in Abb. 2.12 dargestellt ist.

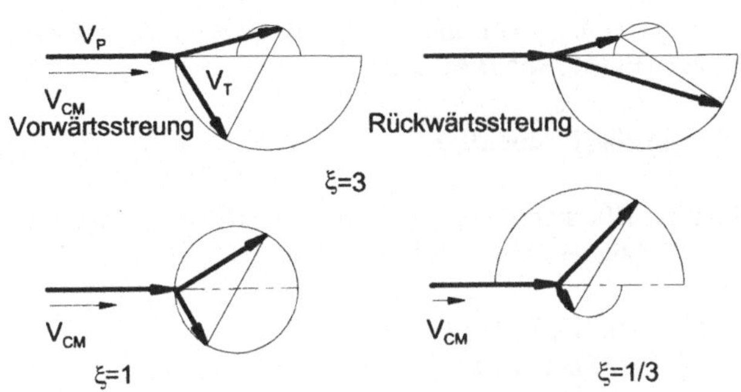

Abb. 2.12: Geschwindigkeitsdiagramme im Laborsystem für elastische Streuung von Projektil und Targetkern im Massenverhältnis $\xi = M/M_T$. Die Projektilgeschwindigkeit ist in allen Fällen gleich. Bei $\xi > 1$ treten unter gleichem Streuwinkel zwei verschiedene Projektilenergien auf, die im cm-System unterschiedlichen Streuwinkeln entsprechen.

Wenn $\xi < 1$ ist (leichtes Projektil auf schweres Target) ist $v_S' = v_S < v_{CM}$ und das Ejektil hat unter Rückwärtsrichtung nach Gl. (2.12) den maximalen Energieverlust, also die minimale Austrittsenergie $E' = k_{max}E$, mit $k_{max} = [(1-\xi)/(1+\xi)]^2$.

In diesem Fall ist die Energieseparation der verschiedenen Targetmassen maximal und das hierauf beruhende Analyseverfahren trägt die Bezeichnung *Ruckstreumethode* (*RBS: Rutherford Back Scattering*).

Wenn $\xi > 1$ ist (schweres Projektil auf leichtes Target) gibt es einen maximalen Streuwinkel mit $\sin\theta_M = \xi^{-1}$ für das Projektil, wie aus Abb. 2.13c zu sehen ist.

Außerdem führen zwei verschiedene Streuwinkel im Schwerpunktsystem zu zwei verschiedenen Energieverlusten im Laborsystem bei gleichem Streuwinkel, was zu Mehrdeutigkeiten in der Analyse führt. Daher wird in diesem Fall das Verfahren umgekehrt und der gestoßene Targetkern beobachtet, der in Vorwärtsrichtung fliegt und dessen Energie keine Ambiguitäten zeigt. Sie ist in der nichtrelativistischen Mechanik gegeben durch

$$E'_R = k_R E \; ; \; k_R = 4\xi(1+\xi)^{-2}\cos\theta_R \tag{2.13}$$

wo θ_R der Streuwinkel des *Recoils* , d.h. des gestoßenen Targetkerns im Laborsystem ist. Die Relation zwischen Ejektil und Recoilwinkel ist (aus $p'_R\sin\theta_R = p'\sin\theta$, wegen des verschwindenden Gesamtimpulses senkrecht zur Stoßrichtung) gegeben durch

$$\sin \theta_R = (\xi E'/E_R')^{1/2} \sin \theta = (\xi k/k_R)^{1/2} \sin\theta \tag{2.13'}$$

Nach Einsetzen der Gln. (2.12) und (2.14) läßt sich durch algebraische Umformung noch zeigen [Eva55,App.B.4], daß

$$\tan \theta = \sin 2\theta_R (\xi - \cos 2\theta_R)^{-1} \tag{2.13''}$$

Mit dieser Relation läßt sich (2.11') auf den Rutherford Streuquerschnitt für den Rückstoßkern umschreiben. Man erhält (E in MeV)

$$\sigma_C(\theta_R) = 1.30(ZZ_T/E)^2(\xi+1)^2 \cos^{-3}\theta_R$$
$$= 1.30(Z/E)^2(Z_T/M_T)^2(M+M_T)^2 \cos^{-3}\theta_R \text{ mb/Sr} \tag{2.14}$$

Da $(Z_T/M_T) \approx 0.5$ ist, hängt für schwere Projektile und leichte Rückstoßkerne ($\xi \gg 1$) der Streuquerschnitt nur schwach vom Targetkern ab. Deshalb sind alle leichten Targetkerne in gleicher Nachweisempfindlichkeit mit nur einem Projektilstrahl analysierbar, was in den Anwendungen (ERDA) sehr vorteilhaft ist.

Rutherford-Rückstreuung (RBS) und Schwerionen-RBS (HIRBS): Bei dieser Methode (die ihren Namen der Art und Weise verdankt, in der E. Rutherford 1911 die Entdeckung der Atomkerne durch die Rückstreuung von Alphateilchen an einer Goldfolie gelang) werden Energie und Intensität des rückgestreuten Sondenstrahls unter vorgegebenem Winkel gemessen. Aus Gln. (2.12) und (2.11') ergeben sich dann bei festem E die Masse, Ladung und Dichte der in der Probe vorhandenen Nuklide. Da der Projektilstrahl nach Gl.(2.1) Energie verliert, sobald er in die Probe eindringt, ist die Rückstreuenergie (2.12) nur bei sehr dünnen Probenschichten hinreichend konstant. Bei dickeren Schichten erhält man dagegen ein breites Band an Rückstreuenergien, deren Intensität außerdem mit abnehmender Energie zunimmt, da der Wirkungsquerschnitt (2.11) mit E^{-2} anwächst. Wird dagegen ein *Mischtarget* analysiert, das aus einem Kristall von mehratomigen Molekülen oder einer Abfolge von aufeinander liegenden dünnen Schichten einiger *Monolagen* Dicke besteht (unter einer Monolage versteht man eine praktisch homogene Kristallschicht von der Dicke einiger Atomdurchmesser), so beobachtet man ein Spektrum, das als Überlagerung von Einzelspektren der verschiedenen Targetnuklide mit einer über die ganze Reichweite gemittelten Dichte entsteht. Prinzipiell läßt sich daraus durch Entfalten der Aufbau einer Probe praktisch vollständig ermitteln. Dies geschieht meistens durch numerische Simulation des erwarteten RBS-Spektrums für einen vorab angenommenen Probenaufbau, der dann solange abgeändert wird, bis Messung und Simulation hinreichend gut übereinstimmen. In der

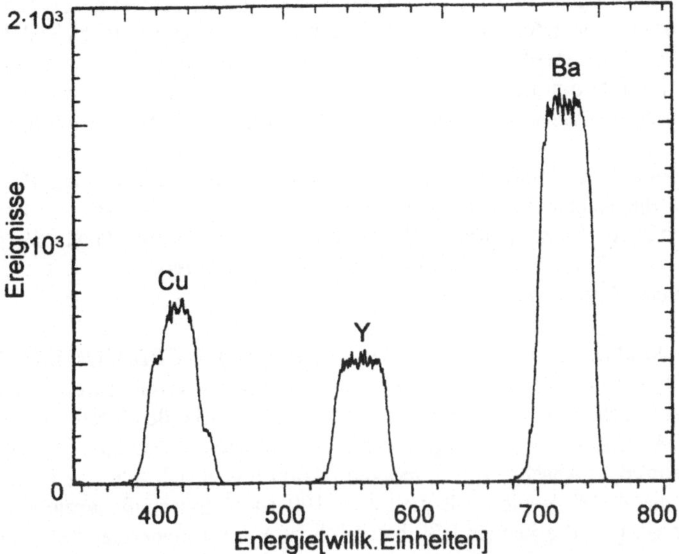

Abb. 2.13: RBS-Spektrum an der YBaCuO-Schicht eines HT-Supraleiters. Die Lage der Linien hängt von der Targetmasse und Schichttiefe ab, ihre Breite von der Schichtdicke und ihre Höhe von der Targetkerndichte (die Kanalzahlen der Linienschwerpunkte stehen in dem nach Gl. (2.12) erwarteten Verhältnis). Durch Entfalten des Spektrums lassen sich diese Messgrößen einzeln bestimmen. (Mit frdl. Genehmigung von W. Assmann, Univ. München).

Approximation dünner Proben kann man auch die Gln. (2.1) und (2.12) zur Gewinnung einer linearen Beziehung zwischen Rückstreuenergie und Tiefe der streuenden Schichten benutzen. Dies ist in [SW97, S.273 ff] gezeigt und kann für einfache Analysen ausreichend sein. Als Beispiel für eine RBS-Anwendung zeigt Abb. 2.13 die Bestimmung von Aufbau und Stöchiometrie der Schichten eines *Hochtemperatur-Supraleiters* (HTSL)[2] der Zusammensetzung $YBa_2Cu_3O_x$, die mit O-Ionen beschossen wurden.

---

[2]Dies sind Materialien, deren Sprungtemperatur für den Übergang in den supraleitenden Zustand nicht, wie bei den zuvor allein üblichen Supraleitern, in der Nähe des absoluten Temperaturnullpunkts sondern oberhalb 100 K liegt. Somit können sie bei Temperaturen des flüssigen N_2 betrieben werden und sind nicht mehr von der extrem teueren Technologie des flüssigen H_2 oder He abhängig, wodurch die HTSL-Materialien großes technologisches Interesse geweckt haben. Ein bedeutender Vertreter dieser Materialien ist die Verbindung $YBa_2Cu_3O_x$, deren positive Eigenschaften aber sehr kritisch von der korrekten stöchiometrischen Zusammensetzung abhängen. Die zuverlässige Herstellung dünner Schichten aus diesem Material verlangte daher nach neuen Analyseverfahren, die durch die RBS geliefert wurden.

Die Rückstreuenergien sind für leichte Projektile, die an schweren Targetkernen gestreut werden, besonders groß. Große Energien der nachgewiesenen Teilchen erlauben gute Massenauflösung der Ejektile und damit gute Trennung auch benachbarter Targetatommassen: *Für die Analyse von Strukturen, die von schweren Targetatomen gebildet werden, sind leichte Projektile in RBS-Anordnungen optimal.*

In der umgekehrten Situation leichter Targetmassen, an denen schwere Projektile streuen, ist die Rückstoßenergie der Targetnuklide besonders groß. Daher: *Die Spektroskopie der leichten Rückstoßkerne aus Stößen schwerer Projektile ist für die Analyse von Strukturen aus leichten Targetkernen optimal.*

Dieses letztere Verfahren heißt

***Elastische Rückstoßanalyse* (*ERDA*) oder *Schwerionen-ERDA* (*HIERDA*)**: Es ist klar, daß bei der Verwendung leichter Projektile die erreichbaren Rückstoßmassen sehr beschränkt sind. Deshalb wird die volle Stärke des Verfahrens erst in der HIERDA sichtbar, die allerdings einen Schwerionenbeschleuniger (vornehmlich vom Tandemtyp, s. Abschn. 1.4.5) verlangt. Damit lassen sich schwere Projektilionen bis in die Au/Pb-Region mit mehreren 100 MeV Einschußenergie erzeugen und so, wie Gl. (2.13) erkennen läßt, beträchtliche Rückstoßenergien bewirken, die optimale Massenauflösung ermöglichen. Da diese für kleines θ_R am größten sind und die Rückstoßnuklide in Materie sehr schnell gestoppt werden, ist die HIERDA für die Untersuchung dünner Schichten unter streifendem Einfallswinkel der Projektile geeignet[3].

Die Analyse zusammengesetzter Proben erfordert stets die Zerlegung des Rückstoßspektrums nach den Einzelbeiträgen der Probenbestandteile. Diese Analyse wird ganz entscheidend verbessert, wenn anstelle von Teilchenzählern Ionisationskammern verwendet werden (auch *Bragg-Kammern* genannt, wenn das Ejektil im Gasvolumen völlig gebremst wird). Deren Funktionsprinzip wurde in Abschn. 1.4.2 bereits erklärt. Die heute gebauten Kammern kombinieren den Z- und E-Nachweis eines *$\Delta E/E$-Teilchenteleskops* mit der Bestimmung des Streuwinkels θ_R durch die Positionsmessung der Teilchentrajektorien. Letzteres geschieht über die Ortsabhängigkeit des vom Strom der freigesetzten Elektronen induzierten Influenzsignals auf einer Kathode mit geeignet ausgelegter Geometrie [Gri97]. Ein Beispiel für die Leistungsfähigkeit der HIERDA-Methode zeigt die Abb. 2.14. Sie zeigt die HIERD-Analyse eines Solarabsorbers aus Al, Cu, Fe auf Si. Die Schwärzung zeigt die Anzahl der Ereignisse, die das Detektorsystem in dem entsprechen-

---

[3] Aus den gleichen Gründen ist die HIRBS nur für möglichst senkrechte Inzidenz der Projektile geeignet: dann ist die Ejektilenergie maximal und der Ionenweg durch die analysierten Schichten minimal [Grö92].

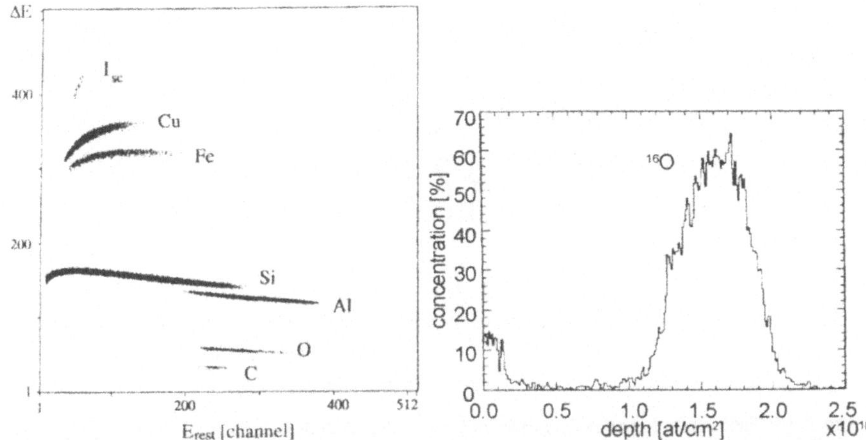

Abb. 2.14: Links: HIERD-Spektrum von ^{127}I (200 MeV) unter 37.5°, gemessen an einer AlCuFe-Schicht auf Al_2O_3-Unterlage mit Si-backing. Neben den Rückstoßkernen der Probe sind auch leichte (C,N) und schwere (I_{sc})-Verunreinigungen der Probe zu erkennen. Rechts: Analyse des O-Spektrums im linken Bild zeigt dessen Verteilung in der Probe. Die Konzentration [at%] ist über der Probentiefe ρd angegeben. Man erkennt Luftsauerstoff an der Oberfläche, Verunreinigung (3%) im Inneren der AlCuFe-Schicht (180 nm) und O aus der Al_2O_3-Schicht (40 nm). (Mit frdl. Genehmigung von W. Assmann, Univ. München).

den Teilchenast nachgewiesen hat [Ass96]. Sie werden ereignisweise aufaddiert und geben ein quantitatives Maß für die über Δx gemittelte Konzentration n_i [Teilchen/cm^3] des entsprechenden Nuklids i in der Probentiefe x:

$$n_i(x) = N_i(E_D, \theta_R) / \Phi \Delta x \sigma_i(E_x, \theta_R) \Delta \Omega \qquad (2.15)$$

wobei $\Phi = I\Delta t$ die Zahl der eingeschossenen Projektile, $N_i(E_D, \theta_R)$ die Ereigniszahl bei der zu x und θ_R gehörenden Teilchenenergie E_D im Detektor, σ_i der zur Projektilenergie in Tiefe x und θ_R gehörende Streuquerschnitt nach Gl. (2.14) und $\Delta \Omega$ der Raumwinkel des Detektors ist. Daraus läßt sich $n_i(x)$ ermitteln (s. Abb. 2.14b). Mit großen Analysiermagneten, die für das Studium von Kernreaktionen bei höchster Energieauflösung gebaut wurden, ist es sogar möglich, durch HIERD-Analysen die Oberflächenschichten kristalliner Targets mit Tiefenauflösungen in der Größenordnung des Gitterebenenabstands zu untersuchen und die Strukturveränderung des Gitters unter Strahleinwirkung zeitlich zu verfolgen [Dol93], wie in der Abb. 2.15 gezeigt.

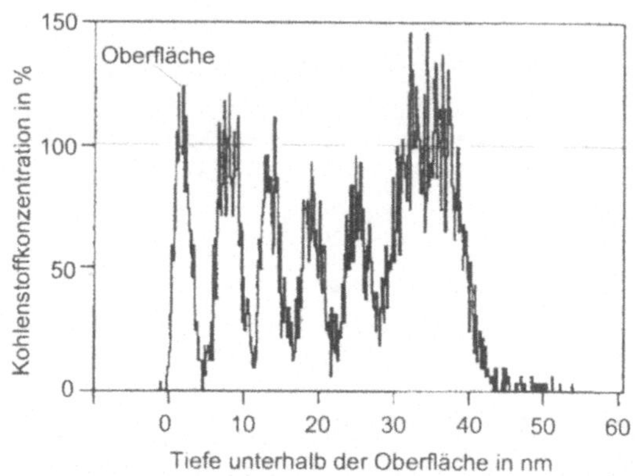

Abb. 2.15: Tiefenverteilung der C-Atome in 5 abwechselnden Schichten aus C und B, die auf einer Si-Unterlage aufgebracht sind. Die Schichtdicke beträgt 3 nm (9 Atomlagen), die letzte Schicht ist etwa doppelt so dick. (Statistische Schwankungen verteilen die Daten um den Maximalwert der Konzentration). Die B-Schichten machen sich als „fehlender Kohlenstoff" bemerkbar. (Mit frdl. Genehmigung von G. Dollinger, TU München).

Gitterführung (Channeling und Blocking): Unsere bisherige Behandlung des Ionendurchgangs in Materie hat eine mögliche Kristallstruktur der Targets nicht berücksichtigt. Wenn die Kristallachsen beliebig zu Einschußrichtung und Ejektilwinkeln orientiert sind, macht sie sich auch nicht bemerkbar. Aber wenn bestimmte Kristallorientierungen ausgewählt werden, so beobachtet man, daß die RBS-Spektren kritisch von dem Winkel δ zwischen Ejektilrichtung und Kristallachse abhängen, und eine entsprechende Abhängigkeit wird auch im spezifischen Energieverlust der Projektile nach Gl. (2.1) sichtbar. Diese Phänomene werden unter dem Begriff des *Channeling* zusammengefasst, wenn die beobachtete Größe (Streuintensität bzw. Reichweite) erhöht ist. Im Falle der Verminderung dieser Größen sprechen wir von *Blocking. Planares Channeling* tritt auf, wenn die Projektilrichtung im Kristallinneren parallel zu den Gitterebenen verläuft. Dann ist für das Teilchen die Wahrscheinlichkeit mit den Targetatomen zu stoßen reduziert, da es sich ganz überwiegend zwischen Gitterebenen bewegt, wo die Elektronendichte stark verringert ist und nur selten durch eine Atomlage hindurch in benachbarte *Zwischengitterebenen* überwechselt. Wenn die Teilchen in einem festen *Zwischengitterkanal* festgehalten werden, also nur selten zwischen Kanaltrajektorien wechseln, spricht man von *Axial-* oder *Superchanneling*, bei dem der spezifische Energieverlust bis zu 25% verringert sein kann, wodurch sich die Reichweiten im Target entsprechend vergrößern [DM85]. Ein Beispiel sieht man in Abb. 2.16, wo ein Blick in Laufrichtung des Teilchens gezeigt wird.

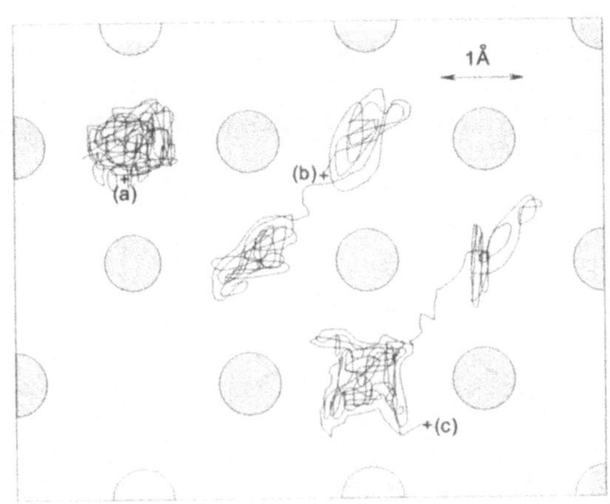

Abb. 2.16: Projizierte Trajektorien für Ionen berechnet, die sich senkrecht zur Zeichenebene bewegen und bei (+) starten. (a): Das Ion bleibt während der ganzen Bewegung in einem Gitterkanal (Superchanneling). (b): Das Ion wechselt den Gitterkanal etwa zur Halbzeit. (c): Das Ion wechselt den Gitterkanal gegen Ende der Flugzeit.

Wenn andererseits ein rückgestreutes Ion in eine Richtung zielt, in der vom Gitterplatz des Targetatoms aus mehr oder weniger zahlreiche Nachbaratome den Weg versperren, so wird das Ejektil aus dieser Flugrichtung abgelenkt und unter dem zugehörigen Winkel wird die beobachtete Rückstreuintensität entsprechend verringert. Damit enthält die gemessene Winkelabhängigkeit der Ejektilintensität direkte Information über die Struktur und Orientierung des Gitters der Targetatome.

Der physikalische Vorgang des Channeling wird durch das elektrische Potential der Gitterionen senkrecht zur Richtung der Ejektilführung, das *Kanalpotential* bestimmt. Dieses setzt sich aus den Beiträgen der im Abstand d angeordneten Gitterionen mit der Ladung Z_T zusammen, die insgesamt ein zylindersymmetrisches Potential mit der Ladungsdichte $Q = Z_T/d$ bilden, das in der Elektrostatik durch

$$U(r) = (e/4\pi\varepsilon_0)(Z_T/d)\ln[(a/r)^2 + 1] \tag{2.16}$$

beschrieben wird, wo r in die Radialrichtung zeigt, die senkrecht auf der Laufrichtung des Teilchens steht, und a der *Abschirmradius* des Potentials durch die Hüllenelektronen ist. Er wird in der Atomphysik als *Thomas-Fermi-Radius* berechnet. Das Ion hat die Ladung Z und daher die potentielle Energie $V(r) = ZeU(r)$. Es läuft mit seiner kinetischen Energie $p^2/2m$ gegen dieses repulsive Potential an. Wenn χ der Winkel seiner Trajektorie gegen die Kanalachse ist, erhalten wir als Radialimpuls $p_r = p \sin\chi$ und es gilt

$$E_r = (p^2/2m)\sin^2\chi + V \approx E\chi^2 + V \tag{2.17}$$

da χ stets ein kleiner Winkel ist. Die Projektion der Ejektilbahnen ist in Abb. 2.17 schematisch dargestellt[4].

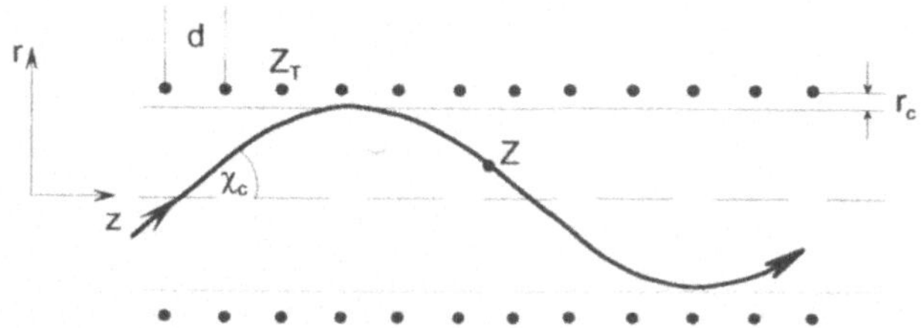

Abb. 2.17: Seitenansicht einer Channeling-Trajektorie für ein Ion der Ladung Z in einem Gitterkanal von Targetatomen der Kernladung Z_T.

Nur wenn das Ejektil den Gitteratomen nicht zu nahe kommt, wird es ungestört geführt, ohne durch die große Abstoßung aus der Bahn geworfen zu werden. Damit wird ein kritischer Abstand ρ_c festgelegt, der nicht unterschritten werden darf, und als Folge ergibt sich aus $E\chi_c^2 - V(\rho_c) = 0$ ein kritischer Winkel χ_c mit dem Ergebnis ($k_C = e^2/4\pi\varepsilon_0$)

$$\chi_c^2 = V(\rho_c)/E = (k_C Z Z_T/Ed) \ln[(a/\rho_c)^2 + 1] \tag{2.18}$$

Daraus ergeben sich χ_c-Werte von einigen Grad, die experimentell bestätigt werden, ebenso wie die Abnahme von χ_c mit der Temperatur, da $\rho_c \propto (\langle x\rangle^2 + \langle y\rangle^2)^{1/2}$ zunimmt, wo $\langle x\rangle$ und $\langle y\rangle$ die Amplituden der Gitterschwingungen sind. Auf diese Weise lassen sich Einblicke in die Gitterdynamik gewinnen.

---

[4]Die Bewegung des Ions entspricht der eines Lichtstrahls in einem Lichtleiter mit einem Gradienten des optischen Brechungsindex nahe der Oberfläche, der den Strahl ins Innere zurückbiegt. (Wir kennen dieses Phänomen auch vom Himmelslicht, das als Fata Morgana an einer heißen Straßenoberfläche zum Betrachter hin abgelenkt wird). Diese Analogie zwischen Ionenoptik und Lichtoptik ist als *semiklassische Näherung* bekannt und wird extensiv genutzt

Beim Blockingprozess starten die Ejektilionen von Gitterplätzen aus, sodaß die Channelingrichtungen gerade durch im Wege stehende Kristallatome versperrt sind. So wird das Channeling-Maximum zum Blocking-Minimum. Abb. 2.18 zeigt diesen Effekt [Nol97].

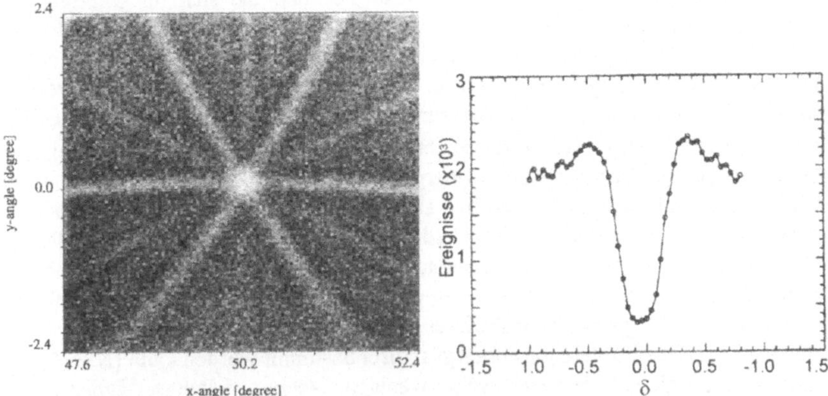

Abb. 2.18: Links: ERD-Blocking von ^{127}I (210 MeV) im Si-Einkristall, aufgenommen von einem ortsempfindlichen Zähler unter θ_R = 50.2° mit θ_x (in der Streuebene) und θ_y (senkrecht dazu). Die <111>-Achse $\hat{\theta}$ des Kristalls definiert $\theta_x = \theta_y = 0$, die Gitterebenen bilden die hexagonalen Streifen. Rechts: Intensitätsverteilung längs einem Schnitt mit $\delta = \theta_R - \hat{\theta}$. (Mit frdl. Genemigung von W. Assmann, Univ. München).

Trägt man die Intensität über dem Winkel zwischen der Nachweisrichtung θ und einer Kristallachse $\hat{\theta}$ auf, so zeigt sich diese durch das Blockingminimum bei $\delta = \theta_R - \hat{\theta} = 0$. Mit einem Zähler, der zweidimensional ortsauflösend ist, beobachtet man Blockinglinien, die behinderten Rückstoßwinkeln θ_R entsprechen.

Ein verwandtes Analyseverfahren stellt das *Emissionschanneling* dar. Hierbei werden Ionen radioaktiver Nuklide (α- oder Positronenemitter) in das Gitter eingeschossen oder eindiffundiert. Durch Beobachtung der Aktivität kann man herausfinden, in welche Gitterplätze diese Nuklide vorzugsweise eingebaut werden. Von *regulären* (d.h. in einem Idealkristall besetzten) Gitterplätzen aus ist der Weg für die von den Radionukliden emittierten Teilchen total blockiert und sie können den Kristall nur nach vielen Streuungen isotrop verlassen. Von *interstitiellen* (d.h. zwischen den regulären Gitterplätzen liegenden) Orten aus können sie mehr oder weniger frei entkommen, wobei aus den Channelingmustern ihre mittleren Positionen ermittelt werden können. Bei kurzlebigen Aktivitäten ist prinzipiell auch der Zeitablauf der Platzbesetzung messbar.

Mit Röntgenstreu- und Neutronenstreuanalysen lassen sich solche Kristallfehlstellenanalysen ebenfalls machen. Da sie keinen Beschleuniger benötigen, sind sie weitverbreitet und werden in großem Maßstab angewendet. Sie bilden ein großes und aktives Arbeitsgebiet in der modernen Festkörperphysik, das wir hier nicht näher behandeln werden.

Protonenradiografie: Dies ist eine spezielle Technik, die sich im Umkreis der Hochenergiebeschleuniger (z.B. am Protonensynchrotron im CERN), die Protonenstrahlen im GeV-Energiebereich bereitstellen, entwickelt hat. Bei diesen hohen Energien ist der Wirkungsquerschnitt für die Protonenstreuung nicht mehr von Z_T abhängig, sondern nur von der Massenzahl A. Damit ist aber die lokale Reaktionsrate ein direktes Maß für die Dichte ρ des Probenmaterials. Da für Teilchen sehr hoher Energie der spezifische Energieverlust gering (s. Gl.(2.1)[5] und daher die Reichweite sehr lang ist, lassen sich auch Bereiche im Inneren sehr großer Proben ausmessen, wobei die Strahlenschäden längs den Teilchenbahnen des Sekundärstrahls gering bleiben. Hinzu kommt, daß sich mit den Nachweisgeräten der Hochenergiephysik die Trajektorien des gestreuten Teilchens und des getroffenen Probennuklids sehr genau rekonstruieren lassen, aus deren Schnittpunkt der Ausgangsort für jedes Einzelereignis untergrundfrei bestimmt werden kann [Kle92]. Dadurch läßt sich mit vergleichsweise wenigen Wechselwirkungsereignissen ein vollständiges Bild der Dichteverteilung im Inneren der Probe gewinnen, wobei räumliche Auflösungen im μm-Bereich erreichbar sind. Allerdings hat sich die erforderliche Verfügbarkeit eines Teilchenbeschleunigers mit GeV-Energien für die Verbreitung des Verfahrens bisher erwartungsgemäß als hinderlich erwiesen.

2.2.3   Sekundärionen-Emissionsspektroskopie (SIMS)

Bei diesem Analyseverfahren wird die Probenoberfläche durch den einfallenden Sondenstrahl punktuell abgetragen, sodaß sie bei hinreichend kleinem Targetfleck insgesamt unbeschädigt bleibt. Dieser Prozess stellt eine Form des *Sputtering* (to sputter: verspritzen) dar, bei dem die Probenatome von den auftretenden Sondenteilchen mechanisch aus ihrem Gitterverband herausgeschossen werden[6]. Die herausgeschleuderten Probenatome (*Sekundärionen*) werden auf eine feste

---

[5]Die Abnahme nach Gl. (2.1) erreicht durch die in der Klammer weggelassenen relativistischen Terme bei $\beta\gamma \approx 4$ die Minimalionisierung von (1-2) MeV/gcm^{-2}. Sie ist für alle Z_T ungefähr gleich. Danach steigt der Energieverlust langsam wieder an und liegt bei den höchsten Energien etwa 20% über dem Minimalwert [Kle92].

[6]Der noch nicht in allen Einzelheiten verstandene physikalische Ablauf dieses Vorgangs wird uns hauptsächlich im nächsten Kapitel beschäftigen, da seine Wirkung primär in einer punktuellen Zerstörung der Probe besteht.

Endenergie beschleunigt und nach Ladung und Masse analysiert. Dabei sind heute Nachweisempfindlichkeiten von 10^{-8} at% eines Nuklids im Probenmaterial möglich. Allerdings kann die Wahrscheinlichkeit zur Bildung bestimmter Moleküle sehr von der Struktur und Zusammensetzung des Probenmaterials abhängig sein, was bei der quantitativen Analyse zu großen Interferenzeffekten führt. (Hier zeigt sich wieder der Vorteil der AMS, da diese Moleküle im Terminal des Beschleunigers aufgebrochen werden, sodaß nur Einzelatome weiterbeschleunigt werden und die molekularen Interferenzen wegfallen). Besonders mit dem sehr fein fokussierten Strahl (Durchmesser $\propto$ μm) einer *Mikrosonde* (s. Abschn. 2.7) hat man so die Möglichkeit, eine Probenoberfläche mit hoher Ortsauflösung zu analysieren.

Sekundär-Nachionisierungsspektroskopie (SNMS): Ein SIMS-Nachteil besteht darin, daß der Großteil (> 90%) der Sekundäratome neutral ist, also nicht direkt in die Analysieranordnung verbracht werden kann. Deshalb sind Ionisierungsverfahren entwickelt worden, bei denen die Neutralatome durch einen Elektronen- oder Laserstrahl fliegen, wobei sie in Ionen verwandelt und damit nachweisbar werden. Durch Verwendung der RIS-Methoden (s. Abschn. 1.4.6) wurde die selektive Empfindlichkeit der SNMS so gesteigert, daß nur ein 10^{-3} Anteil einer Monolage abgetragen werden muß, um die Probenfläche zu analysieren.

Stukturanalyse: Wenn man die Winkelverteilung der Sekundärionen und der rückgestreuten Probenatome mißt (entweder durch eine Detektoranordnung mit verschiedenen Winkeleinstellungen oder Variation der Probenorientierung relativ zur Sondenstrahlachse bei festem Zählerwinkel) so ist im Prinzip eine Strukturanalyse der Oberfläche möglich. Da hierfür keine einfache Stoßgeometrie vorausgesetzt werden kann, ist es erforderlich hypothetische Oberflächenstrukturen anzunehmen und unter Verwendung empirischer Wechselwirkungspotentiale per Computersimulation die zu erwartenden Winkel- und Energieverteilungen der Sekundärionen zu berechnen. Durch systematisches Variieren der Oberflächenparameter gewinnt man approximativ eine immer genauere Übereinstimmung mit den experimentell gemessenen Verteilungen und damit die atomare Oberflächenstruktur. Dabei spielt der kritische Einfallswinkel des Sondenstrahls eine wichtige Rolle, bei dessen Unterschreitung keine Rückstreuung unter einem vorgegebenen Detektorwinkel mehr stattfindet. Da die Rückstreuung einen vom Streuwinkel abhängigen Minimalabstand (Stoßparameter) zwischen Proben- und Sondenatom voraussetzt [MK94], läßt sich aus dem maximalen Rückstreuwinkel der minimale Stoßparameter des Experiments bestimmen und daraus der Streuschatten ermitteln, der durch die im Wege stehenden Nachbaratome um das streuende Probenatom herum verursacht wird. Dabei lassen sich die Beiträge der einzelnen an der Streuung beteiligten Gitterebenen und ihre kritischen Rückstreuwinkel bestimmen und so die Oberfläche analysieren. Dies ist eine der zu gewinnenden Strukturinformationen [Gum90].

2.3   Aktivierungsanalysen

Bei den bisher besprochenen Effekten beim Teilchendurchgang in der Probe haben wir die Informationsmöglichkeiten nicht betrachtet, die die Kernreaktionen der Projektile mit den Targetkernen bieten. Dies soll nun geschehen. Dabei können zum einen radioaktive Sonden in die Probe gebracht werden, was die *Tracermethoden* (Tracer = Spurensucher) charakterisiert, die im nächsten Abschnitt behandelt werden sollen. Zum anderen kann die Sonde in den Targetatomen eine künstliche Aktivität erzeugen, deren Zerfall Information über die ursprünglichen Probennuklide zu gewinnen erlaubt, was das Merkmal der *Aktivierungsmethoden* ist. Dabei kann die beobachtete Strahlung entweder aus der Elektronenhülle der Probenatome stammen, die elementspezifische Abregungsenergien emittiert, oder sie kann aus radioaktiver Kernstrahlung bestehen. Mit diesem Prozess wollen wir beginnen.

2.3.1   Kernaktivierung (NRA, PIGE)

Die Aktivierung von Spurenelementen in einem Target durch einen einfallenden Teilchenstrahl ist ein Begleiter der kernphysikalischen Forschung von Anfang an gewesen, allerdings ein unerwünschter: Die Kernreaktionen an diesen „Targetverunreinigungen" haben stets die Messung von schwachen, aber interessanten Reaktionen am Targetnuklid sehr erschwert. Aber mit dem wachsenden Interesse am quantitativen Aufbau von präparierten Festkörperschichten konnten bei der NRA (*Nuclear Reaction Analysis*) die früheren negativen Erfahrungen positiv genutzt werden. Dabei ist zu unterscheiden zwischen den Reaktionen, in denen geladene Sekundärteilchen (Ejektile) ausgesendet werden, die im Target durch Abbremsung starke Energieverschmierungen erleiden oder ganz stecken bleiben. Diese Reaktionen sind daher primär für die Untersuchung von oberflächennahen Strukturen geeignet. Bei leichten Projektilen vom gleichen Targetkern gibt es aber Reaktionen, in denen die Ejektile wegen der Kernstruktur (vor allem der leichten Nuklide) aus einer Reaktion sehr viel Energie mitnehmen. Dann sind auch tiefe Targetschichten der NRA zugänglich. Einige wichtige Beispiele sind in Tab. 2.2

$^7\mathrm{Li}(p,\alpha)\alpha$ (17.35)	$^{11}\mathrm{B}(p,\alpha)^8\mathrm{Be}(8.58)$	$^{15}\mathrm{N}(p,\alpha)^{12}\mathrm{C}(4.96)$
$^3\mathrm{He}(d,p)\alpha(18.35)$	$^{10}\mathrm{B}(d,p)^{11}\mathrm{B}(9.24)$	$^{24}\mathrm{Mg}(d,p)^{25}\mathrm{Mg}(5.11)$
$^{27}\mathrm{Al}(d,p)^{28}\mathrm{Al}(5.50)$	$^{28}\mathrm{Si}(d,p)^{29}\mathrm{Si}(6.25)$	$^{32}\mathrm{Si}(d,p)^{33}\mathrm{S}(6.42)$
$^3\mathrm{He}(d,\alpha)p(18.35)$	$^{10}\mathrm{B}(d,\alpha)^8\mathrm{Be}(17.82)$	$^6\mathrm{Li}(d,\alpha)^8\mathrm{B}(22.36)$
$^{14}\mathrm{Ni}(d,\alpha)^{12}\mathrm{C}(13.58)$		

Tab. 2.2 Kernreaktionen an leichten und mittelschweren Targetnukliden, in denen Energie frei wird (Q-Wert in MeV). Diese teilen die Teilchen nach der Reaktion als kinetische Energie gemäß ihrem inversen Massenverhältnis untereinander auf.

aufgeführt (wir folgen unserer Nomenklatur für die radioaktiven Zerfälle aus Abschn. 1.2.4, Q-Werte in MeV).

Die (d,p)-Reaktionen an den mittelschweren Targets (Mg,Al,Si) zeigen, daß mit wachsender Targetmasse die Gefahr von dicht benachbarten Ejektilenergien aus Konkurrenzreaktionen auftritt. Prinzipiell sind aber die Reaktionen an leichten Kernen sehr selektiv und nuklidspezifisch, da die Kernstruktur stark von der Neutronenzahl des Nuklids abhängt und deshalb zwischen den einzelnen Isotopen eines Elements enorme Unterschiede im Reaktionsquerschnitt existieren können. Wir haben dieses Faktum bereits bei der Streuanalyse mit Neutronen beachtet. Hinzu kommt, daß in der Regel nicht nur ein einzelner Zustand im Endkern bevölkert werden kann, sondern mehrere. Zusammen mit der benötigten Kenntnis des Reaktionsquerschnittes $\sigma_i(\theta)$, wo i den Reaktionskanal bezeichnet, führt das dazu, daß quantitative Messungen des Nuklidanteils in einem Target möglichst über die Vergleichsmessung an Referenztargets bekannter Zusammensetzung gemacht werden. Solche Relativmessungen sind frei von all diesen Schwierigkeiten. Dabei ist von Vorteil, daß sehr oft mit nur einem Projektilstrahl (p,d oder α) mehrere Reaktionskanäle gleichzeitig bevölkert werden, was große Möglichkeiten bietet, Mehrdeutigkeiten der Messung auszuschließen.

Die Nachteile des Energieverlustes der Ejektile im Target lassen sich bei einer Messung der in der Kernreaktion ebenfalls ausgesendeten Gammastrahlung weitgehend vermeiden, die ja das Target auch aus großer Tiefe ungehindert verlässt. Diese Methode wird als PIGE (*Particle Induced Gamma Emission*) bezeichnet und ist weit verbreitet.

Eine sehr erfolgreiche Methode der Reaktionsanalyse nutzt die *Resonanzreaktionen* aus, bei denen der Wirkungsquerschnitt für die Reaktion am Probennuklid i bei der Projektilenergie E_R maximal ist und nach beiden Richtungen mehr oder weniger steil abfällt (s. Abschn. 4.1.5). Der mit E_p einfallende Projektilstrahl, dessen Energie $E(x)$ mit zunehmender Eindringtiefe x abnimmt, erreicht bei x_R die Resonanzenergie $E(x_R) = E_R$ und die Reaktionsrate nimmt sehr stark zu. Der jenseits x_R weiter abgebremste Projektilstrahl hat dann $E(x) < E_R$ und die Reaktion erstirbt wieder. Die beobachtete Aktivität gibt also Auskunft über die Dichte $n_i(x)$ in der Umgebung der Tiefe x_R und durch Variation der Projektilenergie E_p, d.h. bei Messung einer *Anregungsfunktion*, kann x_R durch die Probe geschoben werden, sodaß die gesamte Verteilung $n_i(x)$ bestimmt wird. Zur quantitativen Fassung dieses idealisierten Ablaufes sei $N(E_p)$ die Reaktionsrate. Dann haben wir (mit $dE_p/dx = \varepsilon \approx$ const. nach Gl. (2.1))

$$E(x_R) = E_R = E_p - \varepsilon x_R \quad ; \quad x_R = (E_p - E_R)/\varepsilon \tag{2.19}$$

Wenn wir berücksichtigen, daß die Energieschärfe des Projektilstrahls beim Teilchendurchgang nicht erhalten bleibt, sondern durch das Reichweitenstraggling sich der Startort des Recoils mit E_R um die mittlere Tiefe $<x_R>$ von der Breite Δs verteilt, wodurch die Tiefenauflösung verringert wird, so müssen wir schreiben

$$N(E_p) = \int\limits_0^\infty n_i(x)\,I_p \exp[-(x-<x_R>)^2/(\Delta s)^2]\,\sigma(E_p-x)dx$$

Nehmen wir aber an, daß die Resonanz bei E_R sehr schmal ist, d.h. der Wirkungsquerschnitt für $E \neq E_R$ vernachlässigt werden kann und mitteln $n_i(x)$ über Δs, so haben wir mit (2.19)

$$N(E_p) = n_i(<x_R>)I_p\sigma(E_R) \tag{2.20}$$

Damit ist n_i $(<x_R>)$ nur durch die Messung von $N(E_p)$ bestimmt. Zu der Stragglingbreite Δx, die etwa $\propto \sqrt{x}$ zunimmt, kommt aber noch die Tiefenunschärfe aufgrund der in (2.20) vernachlässigten endlichen Resonanzbreite Γ_R, wobei wir für die Resonanz eine *Breit-Wigner* Form annehmen [MK94]

$$\sigma(E) = \sigma(E_R)\Gamma_R^2/[(E-E_R)^2 + \Gamma_R^2] \tag{2.21}$$

Für $\Gamma_R \approx 10^2$ eV ergibt sich damit eine typische resonanzbedingte Unschärfe von $\Delta r \approx 10$ Å, die aber in der Regel wesentlich kleiner ist, als die Stragglingunschärfe Δs. Wir haben dann

$$\Delta x = \sqrt{(\Delta s)^2 + (\Delta r)^2} \approx \Delta s$$

als experimentelle Tiefenauflösung des Verfahrens.

Das Straggling führt auch dazu, daß der Projektilstrom I_p eine von x_R abhängige Korrektur erfährt, da nicht alle Projektile die Energie E_R bei der Tiefe x_R durchlaufen, wodurch nach (2.20) $N(E_p)$ verringert und $n(x_R)$ unterschätzt wird[7].

Insgesamt ist die NRA mit leichten Projektilen (p,d,α) an den leichten Targetnukliden (B,C,N,E,O,P) sehr erfolgreich, wobei für das Studium der Volumenverteilung (*bulk analysis*) auch die in (d,n)- und (p,n)- sowie ^{3}He- Reaktionen erzeugten Positronenaktivitäten genutzt werden können, die aber kein ausgeprägtes Resonanzverhalten zeigen. Die Tiefenverteilung der leichten Targetnuklide (H,D,T) sind durch Vertauschen von Projektil und Target (*inverse Kinematik*) im Beschuß mit (C,N,O) gut meßbar.

---

[7]An der Oberfläche ist das Straggling noch nicht ausgebildet, daher zeigen Reaktionen dort eine charakteristische Zählratenverstärkung (*Lewis-Peak*), der auf die dort noch fehlende Stragglingreduktion der Reaktionsrate zurückgeht [Ams84].

Anwendungen: Aus den Anwendungen der NRA seien nur einige Beispiele angeführt. Zunächst ist die H- und D-Verteilung in Kristallen ein sehr aktuelles Arbeitsgebiet, wobei die Verteilungen im Inneren mit den Reaktionen $p(^{15}N,\alpha\gamma)^{12}C$ bzw. $d(^{3}He, p)\alpha$ studiert werden können. Interessante Fragestellungen sind die folgenden:

1. *Plasma-Wand Wechselwirkungen:* Dies betrifft die Untersuchung der Plasmagefäßwände experimenteller Fusionsanordnungen (s. Abschn. 4.4), in die H und D während der Plasmabildung hineingeschossen werden. Wegen der großen Beweglichkeit im Metallgitter (nach der Ionisierung des H hat das Proton keinen Ionenradius und wird praktisch nicht aufgehalten), wird dessen Gefüge schnell mit H geladen und so seiner elastischen Eigenschaften beraubt, was leicht zu gefährlichen Belastungsbrüchen führen kann.

2. *Wasserstoff in Metallen:* Diese Eigenschaft des Wasserstoffs wird andererseits ausgenutzt bei der Speicherung von H in Metallen (z.B. Ta). Dabei werden H-Dichten erzeugt, die in der normalen technischen Speicherung völlig unerreichbar sind. Da aber das gespeicherte Gas durch Temperaturerhöhung auch wieder kontrolliert abgegeben werden kann, ist das Interesse an diesen Untersuchungen sehr groß, die aber ihrerseits Kenntnis über die Verteilung des Gases im Kristallinneren verlangen. Hier kann die NRA helfen.

3. *Säure-Glas Wechselwirkung:* Ein weiteres interessantes Beispiel ist die H_2O-Glaswechselwirkung, da Glas das wichtigste Behältermaterial für flüssige chemische Substanzen ist. Die Untersuchung der H-Verteilung und (mittels ^{23}Na (p,γ)) der Na-Verteilung an der Glaswand hat gezeigt, daß es keine scharfe Glas/Flüssigkeitstrennfläche gibt, sondern daß nur über die Tiefe von ca. 1 μm die jeweiligen Konzentrationen zum anderen Material hin abfallen, was viele Erfahrungen mit Glasbehältern erklärt.

4. *Oberflächenschichten:* In vielen Materialien werden dünne gleichmäßige Oberflächenschichten benötigt. Schwefelhaltige Metall-, Keramik- und Halbleiteroberflächen lassen sich mit $^{32}S(p,p'\gamma)$, $^{32}S(\alpha,p)$ etc. im Detail analysieren und damit die Herstellung kontrolliert verbessern sowie Alterungsvorgänge verfolgen.

5. *Dotierungsprofile:* Durch Verbindung von NRA-Methoden mit Channeling sind spezielle Studien möglich. So läßt sich die Lokalisierung von dotierten B-Atomen in einem Si-Kristall durch die Reaktion $^{11}B(p,\alpha)2\alpha$ und das Channelingverhalten der α-Teilchen in Abhängigkeit vom Winkel der Kristallachse zur Sondenstrahlrichtung (*tilt angle*) messen und (durch Vergleich mit Simulationsrechnungen) die Aufenthaltswahrscheinlichkeit der B-Atome bestimmen. Damit wird deren Verteilung $c(z,r)$ bestimmt, wo z die Kristalltiefe und r die Lateralposition zur Kristallachse ist.

Die in den vorherigen Abschnitten besprochenen modernen RBS- und ERD-Methoden sind inzwischen in vielen Feldern führend geworden, wo früher die NRA allein verfügbar war. Das ist vor allem eine Folge der sehr viel größeren Rutherford-Streuquerschnitte (außer in speziellen Resonanzfällen, wo der Reaktionsquerschnitt unter großem Winkel leicht 10^2-fach größer als σ_C sein kann). Daher ist für Elemente leichter als O normalerweise die ERD überlegen. Aber die besprochenen Eigenschaften der NRA sichern ihren festen Platz in den kernphysikalischen Anwendungen.

Die Kombination von RBS- und PIGE-Detektoren in den Raumsonden der unbemannten Planetenerforschung führte zur Entwicklung von speziellen kompakten Detektoranordnungen, die in Abschn. 2.8.3 besprochen werden. Außerdem wird die besondere Leistungsfähigkeit der NRA- und PIGE-Methoden in der Mikroanalyse ausgenutzt, bei der der Sondenstrahl auf kleinstem Durchmesser ($\sim \mu$m) fokussiert und auf der Probe genau positioniert werden kann. Diese *Mikrosonden* werden wir in Abschn. 2.7.4 behandeln.

Neutronenaktivierungsanalyse: Während die Kernreaktionen durch geladene Projektile mit abnehmender Energie $\propto \exp[-\sqrt{E_p}\,]$ unterdrückt werden, da die Coulombabstoßung eine Annäherung der beteiligten Kerne immer stärker behindert, nehmen die Wirkungsquerschnitte für Neutronenreaktionen für langsame Neutronen $\propto 1/\sqrt{E_n}$ zu und können für thermische Neutronen sehr große Werte annehmen. Der Grund für dieses Verhalten liegt darin, daß die Aufenthaltsdauer t_n eines Neutrons mit Geschwindigkeit v_n in einem Bereich d des Kerndurchmessers $t_n \approx d/v_n$ ist. Die Reaktionswahrscheinlichkeit ist aber stets $\propto t_n$, woraus sich die genannte Abhängigkeit ergibt (s. Abschn. 4.3).

Deshalb ist es möglich, in Forschungsreaktoren mit ihrem hohen Neutronenfluss ϕ_n insbesondere (n,γ)-Reaktionen in großer Zahl zu produzieren. In den meisten Fällen führt dies auf radioaktive Nuklide, die über Betaaktivitäten und die damit verbundene Gammastrahlung mit einer charakteristischen Lebensdauer zum *Stabilitätstal* zurückkehren [MK94]. Diese Strahlung kann man messen und so die Teilchenzahl N_i des Nuklids i bestimmen. Nach Gl.(1.16) ist durch die Aktivierung in der Zeit $T \ll \tau$ (d.h. ohne Sättigungseffekte) die Anzahl N_i^* aktivierter Kerne, gegeben durch

$$N_i^* = \int_0^T \sigma\,(n,\gamma)\phi_n N_i dt \approx \sigma\phi_n N_i T \qquad (2.22)$$

erzeugt worden, die über eine Messung der Aktivität $P_i = N_i^*/\tau_i$ gemessen und daraus mit Gl.(2.22) das N_i bestimmt werden kann. (Die überlagerten Aktivitäten mehrerer Nuklide lassen sich in der Regel durch ihre unterschiedlichen Lebensdauern τ_i voneinander trennen). Die Dichteverteilung n_i kann dabei nur gemittelt über die räumliche Neutronenverteilung im Inneren des Reaktors, also über die gesamte Probe bestimmt werden. Eine Ausnahme bildet das Verfahren der *Autoradiografie*, bei dem die aktivierte Probe direkt mit einem Großflächendetektor (z.B. Fotofilm) angesehen wird. Dadurch lassen sich die Aktivitätszentren getrennt nachweisen und die n_i-Verteilung im Inneren der aufgeschnittenen Probe kann direkt bestimmt werden. Die vielen geometrieabhängigen Parameter der Messung nach Gl.(2.22) lassen sich durch gleichzeitiges Aktivieren einer Standardprobe an einer targetäquivalenten Position und anschließender Vergleichsmessung der Aktivitäten eliminieren. Die Methode wird für kurzlebige Aktivitäten (z.B. $^{27}Al(n,\gamma)^{28}Al(2.3')$) verwendet, wodurch die benötigten *Fluenzen* kleingehalten werden, da sich die Aktivitäten schnell aufbauen (s. Abschn. 1.2.4) und die Proben bereits nach kurzer Zeit wieder inaktiv sind.

Die Neutronenaktivierung ist in industriellen und wissenschaftlichen Labors (z.B. kunsthistorische Institute) verbreitet, wobei kleine Neutronengeneratoren eingesetzt werden, die kommerziell erhältlich sind (s. Abschn. 2.7.1). Dabei stellt es sich als vorteilhaft heraus, daß die in irdischen Materialien am häufigsten anzutreffenden Elemente (O, Si, Al, Ca, K, Mg, Fe) keine oder nur sehr schwach anregbare Aktivitäten mit kurzer HWZ haben. Dagegen entwickeln die kurzlebigen Signaturisotope auch bei geringer Konzentration schon nach kurzer Bestrahlung stark hervorstechende Aktivitäten (vgl. Abb. 1.3). Durch mehrdimensionale Darstellungen der aktivierten Elementcluster lassen sich charakteristische „Fingerabdrücke" herstellen [Mom86], die Lagerstätten des Ausgangsmaterials oder Künstlerwerkstätten identifizieren.

2.3.2 Hüllenaktivierung (PIXE und HIXE)

Der Vorteil der großen Wirkungsquerschnitte bei ERD- and RBS-Analysen wird nochmals um einige Größenordnungen überboten durch die Ausnutzung der Wechselwirkung zwischen Projektil und Elektronenhülle des Targetatoms. Dieser Umstand wird dann in den Methoden der *Proton-* bzw. *Schwerioneninduzierten Röntgenemission* (PIXE bzw. HIXE) ausgenutzt. Dabei werden die Elektronen aus den inneren Schalen der Probenatome durch die vorbeifliegenden Sondenionen freigesetzt. Bei der Auffüllung der entstandenen Lochzustände in der Atomhülle wird die für das Probenatom charakteristische Röntgenstrahlung emittiert, die von Halbleiterdetektoren mit großer Effizienz nachgewiesen wird. Der primäre Ionisierungsprozess läuft über die Emission eines (virtuellen) Bremsstrahlungsphotons durch das Ion und dessen Photoabsorption durch ein Hüllenelektron. Der Prozess ist also nicht etwa ein direkter Stoß zwischen beiden Teilchen, sondern verläuft physikalisch analog dem Photoeffekt. Der Wirkungsquerschnitt $\sigma(E,Q)$ für die Emission eines Photons aus der Wiederbesetzung des Hüllenzustandes Q (Q = K,L,M etc. Schale) läßt sich dann faktorisieren als $\sigma(E,Q) = \sigma_i(E)\omega(Q)$. Darin ist σ_i der Ionisierungsquerschnitt, der bei $v_p \approx v_e(Q)$ maximal ist, d.h. wenn Projektilgeschwindigkeit und Elektronengeschwindigkeit im Quantenzustand Q vergleichbar sind, und $\omega(Q)$ wird von der speziellen Hüllenphysik bestimmt, woraus sich eine starke negative Potenz der Z_T-Abhängigkeit ergibt. Insgesamt erhalten wir die Beziehung $\sigma(E,Q) \propto Z^2 v_p^4 Z_T^{-10}$ und damit für die PIXE Zählrate

$$N(E,Q) = Nn_T\sigma(E,Q)\Omega \tag{2.23}$$

wo $N = \phi\Delta T$ die Fluenz des auf die Probe gebrachten Stroms ϕ der Sonden-teil-chen, n_T = Probenatome/cm^2 und Ω = Nachweiswahrscheinlichkeit des Röntgen-zählers ist. (Normalerweise wird das Produkt $\sigma(E_p,Q)\Omega$ durch Vergleichsmessung an einem Eichtarget mit bekanntem n_T bestimmt).

Damit gelingen Nachweise von $< 10^{-7}$ Atomanteilen bei einer absoluten Nachweis-grenze von $< 10^{-15}$g des in der Probe gesuchten Elementes. Der gewichtigste Vor-teil der Methode gegenüber der Verwendung von Elektronen als Projektile liegt in dem Wegfall der Bremsstrahlung des Primärstrahls, die alle empfindlichen Messun-gen unmöglich machen würde. Der zusätzliche Vorteil eines Primärstrahls aus schweren Ionen (HIXE) besteht in deren geringerem Winkelstraggling, womit bei Mikrostrahlen eine bessere Ortsauflösung möglich ist.

Anwendungen: Aus den zahlreichen Anwendungen der PIXE seien hier nur zwei aus der Kulturhistorie erwähnt: Durch die Bestimmung der spezifischen Element-verteilungen in althistorischen Schmuckstücken lassen sich Herkunft und Wande-rung von Edelmetallen nachverfolgen [Dem92]. Zusammen mit der Altersbe-stimmung der Objekte kann man so nachweisen, daß die kulturell/ökonomische Verflechtung innerhalb der alten Kulturräume viel stärker war und schneller von-statten ging, als lange angenommen wurde. In einem anderen Fall ließen sich in den

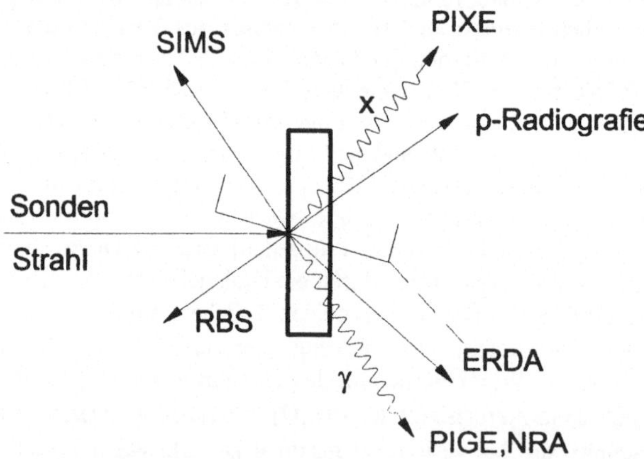

Abb. 2.19: Übersicht der Analysemethoden mit Teilchensonden. RBS: Rutherford-Rückstreu-ung. PIGE, NRA: Kernreaktionsanalyse. ERDA: Elastische Rückstreuanalyse (der Sondenstrahl muß streifend einfallen). p-Radiografie: Durchleuchtung mit hoch-energetischen Projektilen. PIXE: Protoninduzierte Hüllenstrahlung. SIMS: Massen-spektroskopie von Schwerioneninduzierten Sputterprodukten.

historischen Aufzeichnungen z.B. von *G. Galilei* durch PIXE-Analyse der verwendeten Tinte zahlreiche Ungereimtheiten aufklären, die als Folge einer bisher falschen zeitlichen Zuordnungen der Manuskriptteile aufgetreten waren.

Abschließend sind in Abb. 2.19 die einzelnen Methoden schematisch zusammengefaßt, mit denen die verschiedenen Wechselwirkungen eines Sondenstrahls mit den Kernen und Hüllenelektronen der Probenatome ausgenutzt werden.

2.4 Tracermethoden

Bei den nunmehr zu besprechenden *Tracermethoden* werden radioaktive Nuklide zur Spurensuche verwendet, woraus sich der Name des Verfahrens erklärt, der auch oft mit *Indikator-* oder *Leitisotopen-Methode* übersetzt wird. (Wir haben bei der Defektoskopie in Abschn. 2.1.1 bereits eine solche Verwendung der Radionuklide erwähnt). Die Aktivität einer Substanz kann in einem System relativ problemlos gemessen werden, wodurch sich die Vorgänge verraten, an denen sie beteiligt ist. Soll bei einem chemisch-physikalischen Prozess verfolgt werden, welchen Weg eine Reaktion nimmt und wie deren Geschwindigkeit ist, so muß einer der Reaktionspartner mit einem Radionuklid markiert werden. Das geschieht, indem eines der Atome in der Verbindung durch ein Radioisotop ersetzt wird, das sich ja chemisch von seinen stabilen Nachbarisotopen nicht unterscheidet[8]. Der für diese Methode benötigte Anteil an markierten Molekülen ist sehr klein. Für ein Milligramm einer Substanz mit Molekulargewicht $A = 250$ erfordert die Erzeugung einer Anfangsaktivität von $P = 10^2$ Bq bei einer Lebensdauer von $\tau = 10$ h lediglich die Markierung eines Atomanteils von $1.5 \cdot 10^{-12}$ der Ausgangssubstanz!

Aufgabe 2.3: Prüfen Sie diese Angaben nach (vgl. Abschn. 1.2.2).

Die bei der Untersuchung chemischer Prozesse erforderliche Ersetzung eines Atoms durch das chemisch gleiche Radioisotop wird auch *Isotopenmarkierung* genannt (s. Abschn. 2.4.2). Für die Untersuchung vieler physikalischer Prozesse (z.B. Verschleißmessungen oder Strömungsmessungen) ist die einfachere Zugabe eines ursprünglich nicht vorhandenen Isotops möglich, was als *Fremdatommarkierung* bezeichnet wird. Es gibt heute praktisch für alle Elemente brauchbare Radionuklide mit Halbwertszeiten oberhalb einiger Stunden (lediglich He, Li, B und Ne haben keine Isotope mit Halbwertszeiten > 1 min.). Eine Auswahl ist in Tabelle 2.2 aufgeführt.

---

[8] Diese Voraussetzung ist praktisch bei allen Elementen außer denen mit niedrigen Ordnungszahlen erfüllt. Bei diesen können Isotopieeffekte auftreten, die berücksichtigt werden müssen, wie wir bei der $^{13}C/^{12}C$-Korrektur der Altersbestimmung in Abschn. 1.8.1 bereits gesehen haben.

Z	Tracerisotop	HWZ	Z	Tracerisotop	HWZ
1	t	12.33 a	19	^{42}K	2.36 h
6	^{14}C	5730 a		^{43}K	22.3 h
11	^{22}Na	2.6 a	20	^{45}Ca	163.8 d
12	^{28}Mg	20.9 h	26	^{52}Fe	8.3 h
13	^{26}Al	$7.2 \cdot 10^5$ a		^{55}Fe	2.68 a
14	^{32}Si	105 a	27	^{58}Co	71 d
15	^{32}P	14.3 d	28	^{66}Ni	54.6 h
16	^{35}S	87.5 d	51	^{124}Sb	60.2 h
17	^{36}Cl	$3 \cdot 10^5$ a	53	^{131}I	8.0 d
18	^{37}Ar	35 d	79	^{198}Au	2.7 d
	^{39}Ar	269 a	80	^{197}Hg	64.1 h

Tab. 2.3: Zusammenstellung gebräuchlicher Radionuklide mit Tracerfunktion

Die Aktivitäten mit Halbwertszeiten bis zu einigen Monaten werden in Beschleunigeranlagen produziert, die den Forschungslabors assoziiert sind und deren Bedarf an speziellen Radionukliden decken. Die längerlebigen Isotope werden von der industriellen Radiochemie bereits in großer Zahl und vielfältiger Form als *markierte Verbindungen* (labled compounds) angeboten[9].

Eine Bedingung für ihre Nützlichkeit ist die ausreichende Energie ihrer Strahlung, damit sie von den außerhalb der Probe angeordneten Zählern nachgewiesen werden kann. Die Langlebigkeit der Zerfälle bedeutet natürlich fast immer das Vorliegen von Betaaktivitäten, die bei Zerfallsenergien unter 100 keV sehr leicht im Inneren der Probe absorbiert werden. Aber die in diesen Fällen meist vom Endkern emittierte Gammastrahlung ist einfach nachzuweisen.

2.4.1   Fremdatom-Markierung

Diese Tracer stammen großenteils aus dem Reservoir an natürlichen Aktivitäten. Auch *G. v. Hevesy* benutzte sie bei der Entdeckung der Tracermethode, für die er

---

[9]Diese markierten Verbindungen werden entweder durch Ionenaustauschreaktionen mit markierten Substanzen hergestellt, oder durch die *radiochemische Rückstoßsynthese* (Szilard-Chalmers-Effekt). Dabei läuft die das Radionuklid erzeugende Kernreaktion in Gegenwart der zu markierenden Substanz ab. Der Rückstoß der Kernreaktion reicht in vielen Fällen aus, in ihrer Umgebung die chemischen Bindungen in den zu markierenden Molekülen zu zerstören, sodaß das Radionuklid eingebaut werden kann. So findet sich z.B. das in einem Gemisch von CCl_4 und CS_2 durch die $^{35}Cl(n,p)$ Reaktion produzierte ^{35}S vorwiegend im CS_2 wieder. Analog dient zur Markierung mit t die $^{6}Li(n,\alpha)$t-Reaktion. Biomoleküle lassen sich markieren, indem man Pflanzenkulturen in $^{14}CO_2$-Atmosphäre oder mit ^{35}S-haltigen Nährlösungen wachsen läßt. Dieses Verfahren heißt dann *radiochemische Biosynthese*.

1943 mit dem Nobelpreis für Chemie ausgezeichnet wurde[10].

Die radioaktiven Datierungsmethoden gehören im weiteren Sinne ebenfalls in diese Kategorie, doch wir haben ihnen wegen ihrer speziellen Bedeutung ein eigenes Kapitel gewidmet. Zudem beruhte dort die Methode darauf, daß der Tracer über seine Aktivitätsabnahme die Spur des *zeitlichen* Verlaufs nachzeichnet, räumlich aber fixiert bleibt (Probenbedingung). Im gegenwärtigen Kapitel spielt die Aktivitätsabnahme keine primäre Rolle, obwohl sie ebenfalls als Indikator benutzt wird, sondern das Gewicht liegt auf der *räumlichen* Fortbewegung des Tracers.

Seit v. Hevesy's Entdeckung hat sich die Methode der additiven (d.h. nicht in Verbindungen eingebrachten) Beigabe radioaktiver Substanzen zur Markierung weitverbreitet. Die hierzu entwickelten Techniken sind dem Untersuchungszweck angepasst und werden jeweils bei der folgenden Beispielaufzählung erwähnt (sie mag den Leser anregen, sich weitere Möglichkeiten selbst auszudenken).

Technische Anwendungen: Hierzu gehören viele *Kontrollverfahren*, z.B.

1. *Verschleißkontrollen:* Dabei wird etwa dem Stahl eines Achslagers ^{52}Fe-Tracer zugegeben und dessen Menge im Abrieb vermessen. Ähnlich wird der Abrieb von Fahrzeugreifen durch Zugabe von ^{32}P in die Gummimasse kontrolliert, und ebenso der Verschleiß eines Motors gemessen, indem ^{124}Sb dem Öl beigemischt und das Sb im Abgas nachgewiesen wird. Nach dem gleichen Prinzip erfolgt z.B. die Überwachung von Hochleistungslampen durch Zugabe von ^{197}Hg in die Lampenfüllung.

2. *Funktionskontrolle:* Bei der Entwicklung neuer Verfahren ist die Funktionskontrolle durch Tracer ein Standardverfahren. So wird etwa die Entfernung eines mit ^{32}P markierten Ölflecks durch Analyse der Waschmaschinenlauge getestet, oder die Effizienz und Kontrollierbarkeit eines Pestizids durch die Markierung mit ^{36}Cl und dessen späterem Nachweis in der Schädlingslarve bzw. der Umgebung.

3. *Betriebskontrolle:* Die Betriebskontrolle großtechnischer Anlagen bedient sich häufig der Tracer um etwa die Transferzeiten in chemischen Trennkolonnen zu kontrollieren oder die Effizienz von Mischbatterien zu überwachen.

[10]Es gibt verschiedene Versionen über die Entdeckung. Eine glaubwürdige lautet, daß v. Hevesy 1911 in Manchester in einem Boardinghouse lebte, in dem das servierte Essen den Verdacht erregte, es enthalte die zurückgewiesenen Reste des Vortages. Das brachte ihn auf die Idee, durch Beimengung einer Spur radioaktiven Materials aus Rutherfords Labor den Beweis zu erbringen. Die Aktivität tauchte am nächsten Tag im Essen auf und die Köchin war überführt.

Umweltkontrolle: Dies ist ein Gebiet auf dem die Tracermethode großes Potential besitzt, dessen Nutzung bisher erst in den Anfängen steckt, bei entsprechendem Willen zur Verbesserung aber in Zukunft äußerst wirkungsvoll werden könnte. Dabei bieten sich einmal die zum Teil schon genutzten Möglichkeiten der

1. *Transferanalyse:* So wird z.B. durch Zugabe von ^{32}P zu einem Fertilizer dessen Wanderung in das Nahrungsmittel quantitativ überprüft. In dem sensitiven und von organisierter Kriminalität gekennzeichneten Bereich der Giftmüllentsorgung könnte durch den Einsatz von Tracern, die in sensitiven Bereichen von Produktionsanlagen vorgeschrieben werden, die Streitfrage über die Herkunft von Abwasserkontamination leicht entschieden werden. Analog ließe sich die Herkunft der großflächigen Meeresverseuchung durch illegales Ölablassen wesentlich sicherer klären, wenn die Schiffsöle je nach dem verantwortlichen Transportunternehmen einen Tracer enthielten, der sich leicht nachweisen läßt und in einer Art Kennziffernsystem vergeben würde. Dabei sind die heutigen technischen Nachweismethoden (etwa der RIS, wie bereits dargestellt wurde) so sensitiv, daß Bruchteile von ppb (ppb = 10^{-9}) Traceranteil ausreichen würden. Da die Markierung nicht mit Radionukliden erfolgen muß, sondern mit normalen Isotopen erfolgen kann, deren Relativanteile als Indikator dienen können, sind die Kombinationsmöglichkeiten praktisch unbegrenzt und der Verfahrensaufwand wäre gering.

Eine von der RIS abgeleitete Methode der Umweltkontrolle bietet die

2. *Lidar-Überwachung* der Atmosphäre (Lidar = Light Detection and Ranging): Sie beruht auf dem Nachweis der resonanten Rückstreuung eines Laserstrahls von Gasmolekülen in der Atmosphäre. Wenn ein Laserstrahl der Frequenz v mit der Leistung P_L abgestrahlt und an einer Konzentration in der Wolke W reflektiert wird (s. Abb. 2.20), so erreicht er W mit der Leistung $P = P_L \exp[-\alpha_0 R]$, wo α_0 der Extinktionskoeffizient des zwischen L und W liegenden Mediums ist. Diese Laserintensität wird von W mit der Reflektivität $E_W = \varepsilon \rho_W$ zurückgeworfen, wo $\varepsilon = \mu_s + \mu_r$ die spezifische Reflektivität mit nichtresonantem (s) und resonantem (r) Anteil und ρ_W = Dichte der Wolke, gemittelt über die Eindringtiefe des Laserstrahls ist. Wenn die reflektierte Strahlung isotrop zurückgesendet wird, erreicht ein Anteil $1/4\pi R^2$ wieder den Ort des Senders, wo ein Detektor mit der Nachweiswahrscheinlichkeit η steht, die sich aus Raumwinkel und Effizienz zusammensetzt. Für das nachgewiesene Signal gilt dann

$$P_W = \eta P_L \exp[-\alpha_0(2R)]\varepsilon \rho_W / 4\pi R^2 \tag{2.24}$$

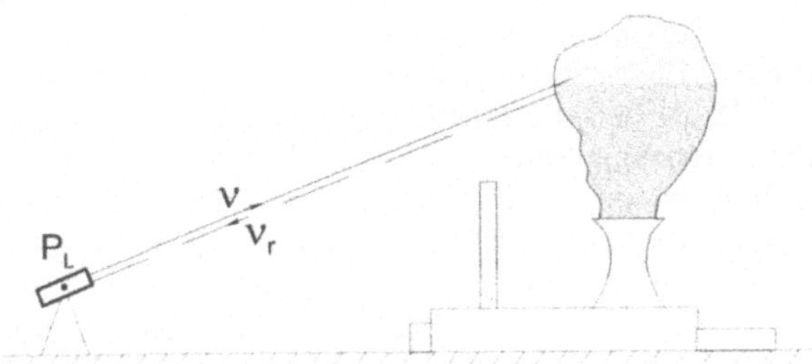

Abb. 2.20: LIDAR-Verfahren: Substanzen in der Wolke, deren Hüllenelektronen ν_R als Resonanzfrequenz haben, lassen sich durch Rückstreuung in p_L quantitativ nachweisen.

aus der ρ_W ermittelt werden soll. Durch gleichzeitige Messung von P_W bei der Frequenz ν_r, wo die gesuchte Substanz eine Streuresonanz hat, und einer Nachbarfrequenz ν außerhalb der Resonanzbreite, kann man die Differenz $\Delta(P_W) = P_W(\nu_r) - P_W(\nu)$ bilden, wodurch der normalerweise sehr starke Untergrund der Streuung beseitigt wird, der von den nicht resonant angeregten, aber den Großteil der Wolke ausmachenden harmlosen Molekülen herrührt. Man erhält so

$$\Delta P_W = \eta P_L \exp[-2\alpha_0 R]\mu_r \rho_W / 4\pi R^2 \qquad (2.24')$$

Daraus läßt sich ρ_W bestimmen, wenn die übrigen Parameter hinreichend gut bekannt sind. Mit dieser Methode ist es z.B. möglich, die nicht ohne weiteres sichtbaren Emissionen aus den Kaminen von chemischen Produktionsstätten zu überwachen, oder den O_3-Gehalt in der Troposphäre bis zu einigen km Höhe zu bestimmen. Die Schärfe der Resonanzen erlaubt es auch, über die *Dopplerverschiebung* der Frequenz ν_r die Strömungs- und Driftgeschwindigkeit der beobachteten Gaswolken genau zu messen. Das Verfahren setzt voraus, daß *Rayleighstreuung* vorliegt, bei der d $\ll$ λ ist, wo d der mittlere Durchmesser der Streuer ist. Dann sind die Streuintensitäten in Sende- und Empfangsrichtung gleich, wogegen für d $\approx$ λ *Miestreuung* vorliegt, für die eine starke Vorwärtsstreuung und sehr reduzierte Rückwärtsstreuung typisch ist. Daher muß z.B. bei der LIDAR-Messung von größeren Schwebeteilchen (Aerosolen) die Methode angepaßt werden [Bec90].

Medizinische Anwendungen: In diesen Bereich gehören einmal die schon in Abschn. 2.2.1 besprochenen nichtradioaktiven Kontrastmittel, die bei der Röntgenbildgebung und der Angiographie verwendet werden. Sie machen durch ihre Bewegung die Lage, Form und Funktionsfähigkeit der inneren Gefäße sichtbar, erfüllen also typische Tracerfunktionen. Aber die moderne Medizin benutzt in großem Umfang auch *Radiodiagnostika*, bei denen der Tracer seine Verteilung im Körperinneren durch Eigenstrahlung sichtbar macht. Unter den Fremdatomtracern sei hierfür das ^{81}Rb als Beispiel angeführt, das mit $t_{1/2} = 4.6$ h über Positronenemission (unter Aussendung eines 190 keV Gammaquants und der koinzidenten 511 keV Vernichtungsstrahlung des Positrons) in ^{81m}Kr zerfällt. (Der Zusatz m bezeichnet einen isomeren Zustand, s. Abschn. 1.3.3). Das Rb ist wegen seiner chemischen Homologie mit K in der Lage, physiologisch dessen Rolle anzunehmen und wird daher nach Injektion in die Blutbahn in den Zellen gespeichert. Das im Zerfall entstehende Edelgas Kr wird im Blut gelöst und mitgeführt. Es zerfällt mit $t_{1/2} = 13$ s und $E_\gamma = (446 + 511)$ keV. Die so abtransportierte Aktivität stört das normalerweise schnell eingestellte radioaktive Gleichgewicht der Zerfälle von Rb und Kr (s. Abschn. 1.2.3), was quantitativ nachgewiesen werden kann und so die Funktion des Blutkreislaufs zu bestimmen erlaubt.

Zur Klasse der Radiodiagnostika gehören auch Komplexverbindungen, die z.B. ^{67}Ga(3.3 d), ^{99m}Tc(6 h), ^{131}I(8.0 d), ^{197}Hg(64.1 h) oder ^{198}Au(2.7 d) enthalten und als Erkennungssignal für noch nicht sichtbare Krankheitsherde dienen. Aus bisher nur zum Teil aufgeklärten Gründen reichern sich nämlich bestimmte dieser Radionuklide z.B. in jeweils spezifischen Krebsgeschwulsten mit ihrem übersteigerten Stoffwechsel an, sodaß nach Verabreichung des Radiodiagnostikums Lage und Ausdehnung der verborgenen Geschwulst ausgemessen werden können. Insbesondere ^{99m}Tc ist wegen seiner HWZ und Gammaenergie von 140 keV strahlenbiologisch ein idealer und deshalb der am häufigsten verwendete Tracer. Es wird aus dem ^{99}Mo(66 h) Mutterpräparat durch einen Ionenaustauscher gewonnen. Als Beispiel ist in Abb. 2.21 das *Szintigramm* (d.h. die mit Strahlungsdetektoren an der Körperoberfläche gemessene Aktivitätsverteilung) einer Person nach Verabreichung eines biochemischen Präparats, mit ^{99m}Tc in einem Chelat (d.i. ein Stereomolekül, das einen Hohlraum bildet, in den das Tc-Atom ohne chemische Bindung eingesperrt werden kann). Die Konzentration des Präparats in den verschiedenen Körperzonen ist sehr gut zu sehen.

Effektive HWZ t_{eff}: Die *physikalische HWZ* t_p ist nicht mit der Abklingdauer der Aktivität im Körperinneren gleichzusetzen, die durch die *effektive HWZ* t_{eff} bestimmt ist. Sie wird durch $t_{eff}^{-1} = t_p^{-1} + t_b^{-1}$ definiert, wo t_b die *biologische HWZ* ist, die den Zeitraum angibt, bis eine chemische Substanz im Körperkreislauf entweder durch biochemischen Abbau oder Ausscheidung in einen biologischen Entsor-

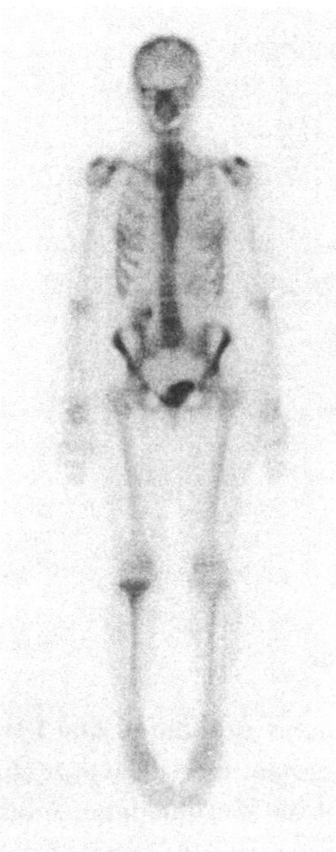

Abb. 2.21:
Szintigramm mit ^{99m}Tc. Die Verteilung des Tracers im Körper läßt sich für diagnostische Zwecke verwenden. (Mit frdl. Genehmigung des Instituts für Radiologische Diagnostik der Univ. München, Leitung Prof. K. Hahn).

gungskanal auf die Hälfte abgefallen ist. Ein sehr langlebiges Isotop kann also im Prinzip zur Bestimmung von t_b benutzt werden. Aber auch komplizierte Verläufe im Wechselspiel der Körperphysiologie lassen sich damit untersuchen, indem etwa eine chemische Substanz in verschiedenen Reservoiren angesammelt und zwischen diesen ausgetauscht wird. Ein Beispiel hierfür ist das einzige langlebige Al-Isotop ^{26}Al$(7.2 \cdot 10^5 a)$. Mit dem Verfolgen des ^{26}Al in den verschiedenen Reservoiren lassen sich die einzelnen am Mineralhaushalt des Körpers beteiligten Flüsse aufschlüsseln und die entsprechenden Diffusionskonstanten bestimmen. Auffällige Normabweichungen in diesen Austauschströmen können dann einen Zusammenhang zwischen verschiedenen Krankheitsbildern offenlegen. Durch AMS-Messung des ^{26}Al$/^{27}$Al-Verhältnisses auf dem Niveau von 10^{-15} kann die Methode mit außergewöhnlich geringer Strahlenbelastung für den Probanden ausgeführt werden [Kis97].

2.4.2   Isotopenmarkierung

Bei diesen Markierungsmethoden wird der Tracer nicht einfach nur einem System zugegeben und von dessen Komponenten mitgeführt, sondern ein sehr kleiner Teil (s. Aufg. 2.3) der Moleküle des Systems wird durch Einbau eines Radioisotops ge kennzeichnet. Die Markermoleküle nehmen dann an den normalen chemischen Reaktionen des Systems teil, wodurch sich viele Einblicke gewinnen lassen, die sonst verschlossen bleiben müssten. (Auch die ^{14}C-Methode aus Kap.1 gehört methodisch gesehen in diese Kategorie). Tatsächlich sind viele Entdeckungen in Medizin und Biophysik erst durch die Radiotracer möglich geworden, so z.B. die Aufklärung der pflanzlichen Photosynthese und etliche Entdecker verdanken ihre Nobelpreisehren diesem Verfahren.

Neben den in Tab. 2.3 angegebenen Radionukliden sind besonders für die biologisch-medizinisch genutzten markierten Verbindungen noch die in der folgenden Tabelle 2.4 angegeben Elemente von Bedeutung.

Element	Z	Tracer	HWZ	Produktion	Typische Verbindung
C	6	^{11}C	20.4 m	^{14}N(p,α)	^{11}C-Azetat
N	7	^{13}N	10.0 m	^{16}O(p,α)	^{13}NH$_3$
O	8	^{15}O	122 s	^{14}N(d,n)	^{15}OH$_2$, ^{15}OCO
F	9	^{18}F	110 m	^{20}Ne(d,α)	^{18}F-Glukose

Tab. 2.4: Wichtige biologisch-medizinische Tracerisotope

Sie sind ausnahmslos Positronenstrahler und spielen deshalb in den PET-Methoden des nächsten Abschnitts die wichtigste Rolle. Wegen ihrer sehr kurzen HWZ werden sie nahe dem Verwendungsort in spezialisierten Beschleunigern hergestellt, die p und d im Bereich von 8-20 MeV mit Strömen bis zu 100 µA liefern. Diese Anlagen werden weitgehend automatisch betrieben und sind mit allen notwendigen Installationen ausgerüstet, um die *heiße Chemie* der Herstellung radioaktiver Präparate zu bewältigen (s. Abschn. 2.7).

Das Hauptanwendungsgebiet der Isotopentracer liegt auf den Gebieten der Biochemie und Medizin mit ihren modernen Grenzgebieten. Dazu seien einige Beispiele angeführt.

Biochemische Anwendungen: Hier sind einmal die Untersuchungen zu den Stoffwechselvorgängen zu erwähnen, bei denen die Marker vornehmlich an den Enden der Biomoleküle das ^{12}C oder H durch ^{11}C bzw. ^{14}C oder T ersetzen, wobei das biochemische Verhalten der markierten Moleküle praktisch dem der unmarkierten gleich ist. In manchen Fällen wird auch ein Fremdnuklid (z.B. ^{123}I) an das Biomolekül angehängt. Auf diese Weise läßt sich etwa die Fettsäureverbrennung während der Muskeltätigkeit im einzelnen nachverfolgen.

Medizinische Anwendungen: Hierzu gehören die klinischen Diagnoseverfahren, bei denen die Funktion einzelner Organe durch die Verfolgung der markierten Biomoleküle im Körperinneren geprüft wird. Für die wichtige Frage der Strahlenbelastung gilt die Durchschnittsangabe, daß typischerweise eine spezifische Aktivität von 1 mCi verabreicht wird, die zu einer Strahlenbelastung von ca. 0.3 mSv führt, also mit der aus einer traditionellen Röntgenaufnahme vergleichbar ist (vgl. Abschn. 3.4). Prinzipiell sind kurze HWZ von weniger als 1 h medizinisch sehr wünschenswert, da sie die Strahlenbelastung für den Patienten verringern weil ihre Aktivitäten schon bald nach der radiodiagnostischen Prozedur wieder abgeklungen sind. Auch die Pharmakologie nutzt *Radiopharmaka* um die spezifische Wirkung von neuentwickelten Medikamenten zu testen und möglichen Nebenwirkungen auf die Spur zu kommen.

Technische Anwendungen: Eine wichtige Eigenschaft physikalischer Systeme ist die Selbstdiffusion, die angibt, in welchem Maße in einer homogenen Phase die Atome untereinander die Plätze tauschen. Dies läßt sich nur mit der Isotopenmarkierung studieren, wobei eine bekannte Konzentration eines Radioisotops in die Phase eingebracht und deren Wanderung beobachtet wird. (Schon v. Hevesy hatte auf diese Weise flüssiges Pb untersucht). Solche Studien der temperaturabhängigen Selbstdiffusion sind an Gasen, Flüssigkeiten, Gläsern, Salzen und anderen festen Stoffen durchgeführt worden und auch die lokale Verteilung der einzelnen Komponenten einer Legierung läßt sich auf diese Weise autoradiografisch bestimmen. Als letztes Beispiel sei genannt, daß die Verteilung von S, P und Ca in der Hochofenschlacke mit den entsprechen Radioisotopen untersucht wurde und so die Roheisen- bzw. Stahlherstellung wesentlich verbessert werden konnte. Eine immer noch gute Übersicht über den Einsatz der Radioisotope in Technik und Chemie findet sich in [Her63].

2.4.3 Positronen-Emissionstomografie (PET)

Die PET ist ein Radioisotopenverfahren, das sich in den zurückliegenden Jahren so sehr entwickelt hat, daß es eine eigene Behandlung rechtfertigt. Es beruht darauf, daß in einen Körper eingebrachte Positronenemitter (s. Tab. 2.3) im Prinzip sehr gut räumlich lokalisiert werden können. Das ist bedingt durch die Linearkorrelation der beiden 511 keV Gammaquanten, die aus der $e\bar{e}$-Vernichtung entstehen, wenn das mit 6.8 eV gebundene *Para-Positronium* (Gesamtspin S = 0), das im biologischen Gewebe vom $\bar{e}$ in ca. 10^{-10} s mit einem Elektron der Umgebung ganz überwiegend gebildet wird, vor der Zerstrahlung praktisch in Ruhe ist. In Proben mit freien e (z.B. Metalle und Halbleiter) wird die Positroniumsbildung durch den wachsenden Anteil von *Spontanannihilation* des $\bar{e}$ aus Stößen an Leitungselektronen mit antiparallelem Spin behindert. Diese bewirken eine sehr viel kürzere Lebensdauer des $\bar{e}$ als bei der Bildung von Positronium.
In jedem Vernichtungsprozess müssen die Linearimpulse der beiden entstehenden Gammaquanten sich gegenseitig kompensieren. Daher läßt sich über den ortsempfindlichen Koinzidenznachweis der beiden eine Achse durch die Probe konstruieren, auf der das Ereignis seinen Ursprung hat. Die zu den Positroniumszerfällen im Probeninneren gehörenden Achsen werden sich dann alle innerhalb des Aktivitätsherdes kreuzen und somit dessen Lage angeben. Außerdem bewirkt die Koinzi-

denzbedingung eine enorme Reduzierung des Untergrundes. Ein segmentierter Ringzähler um die Probe liefert dann mit seinen Koinzidenzen die Projektion der Aktivitätsbereiche auf die Zählerebene [Man95]. Dies ist in Abb. 2.22 zu sehen.

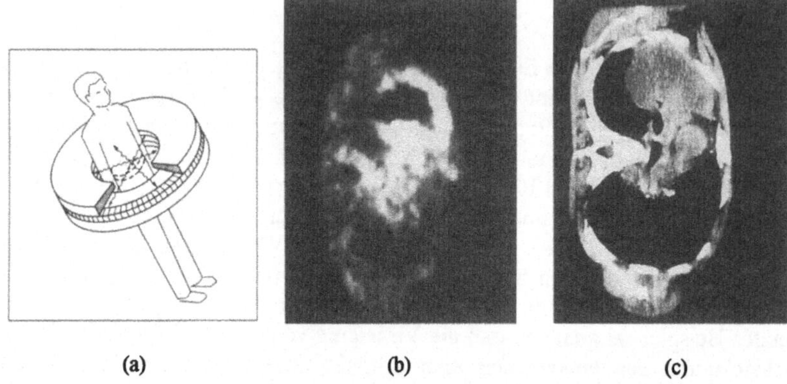

(a)   (b)   (c)

Abb. 2.22: PET-Verfahren (a): Patient im Einring-Tomografen. Koinzidente 511 keV Impulse liegen auf einer Geraden durch den Zerfallsort und definieren durch ihre Überschneidungen den Aktivitätsbereich. (b): Aufnahme eines Brusttumors nach Injektion von $1.8 \cdot 10^8$ Bq einer ^{18}F-markierten Glukose. (c): Die CT-Röntgenaufnahme zeigt den ganzen Tumor, dessen abgestorbenes Zentrum keine Glukose mehr aufgenommen hat. (Mit frdl. Genehmigung des Autors von Ref. [Ost92]).

Die Rekonstruktion dieser Projektionen zur dreidimensionalen Gestalt der Aktivitätsherde ist ein Problem der numerischen Mathematik, das seit einigen Jahren mit Computern sehr effizient bewältigt wird. Daher hat die dramatische Rechnerentwicklung auch die PET zum Standardverfahren werden lassen. Als Detektoren sind insbesondere großflächige Gammazähler mit *granularer* (d.h. räumlich hoch aufgelöster) Auslese erfolgreich, in die auch Erfahrungen aus der Hochenergiephysik verarbeitet wurden. Weiterentwicklungen bestehen aus Vieldrahtproportionalkammern mit hoher Ortsauflösung [Leo94,Kle92], die mit einer Szintillatorebene kombiniert sind und große Nachweisempfindlichkeit für 511 keV Gammaquanten mit guter Zeitauflösung verbinden. Damit ist eine sehr gute Untergrundeliminierung möglich.

Die intrinsischen Auflösungsgrenzen des Verfahrens liegen bei 1-2 mm, da das $\bar{e}$ in biologischem Gewebe diese Strecke im Mittel zurücklegt, bevor es ein Positronium bildet. (Allerdings kann sie in weniger dichten Materialien auch erheblich größer sein). Daher ist der wahre Emissionsort um ein Volumen dieser Ausdehnung unbestimmt. Außerdem ist das Positronium vor der Zerstrahlung nicht wirklich in Ruhe, sondern hat wegen des häufigen Elektronenwechsels im Austausch mit der Umgebung einen Impuls, der zur Schwankung des Korrelationswinkels um ca. ± 0.5° um den Mittelwert von 180° führt. Daraus ergibt sich eine weitere Ortsunsicherheit von 1-2 mm. Schließlich können kollineare Ereignisse vorgetäuscht werden, wenn z.B. ein nichtkoinzidentes Photon durch Comptonstreuung in einen der Zähler gelangt und dort eine zufällige Koinzidenz produziert. Die Leistungsgrenzen solcher Anlagen werden in der Regel durch *Simulationsrechnungen* geprüft. Dabei wiederholt man im Computer einen ausgewählten Prozess viele Male hintereinander, wobei die Startwerte jeweils im Bereich der angenommenen Unsicherheit variiert werden. Die überlagerte Summe all dieser simulierten Ereignisse gibt dann ein realistisches Bild von den Auflösungsgrenzen der Anordnung.

Medizinische Anwendungen: Die Verbindung der PET mit Computertomographie- (CT) Techniken gehört heute zu den informationsträchtigsten Untersuchungsinstrumentarien, die die klinische Medizin anbietet. Während die CT die genaue Lage und Ausdehnung etwa eines Tumors bestimmen kann, gibt die PET Einblick in sein Inneres, da sie den Aktivitätsgrad des Stoffwechsels erkennt, also z.B. in welchem Maß das Innere des Tumors bereits abgestorben ist und wo seine aktivsten Bereiche liegen (s. Abb. 2.22). Dieselbe Unterscheidung von *vitalem* (lebendem) und *nekrotischem* (totem) Gewebe ist mit der PET an vielen inneren Organen möglich, was in dieser Form von keiner anderen Diagnosemethode geleistet wird und die große Bedeutung der PET erklärt. Dabei ist für den Erfolg die Auswahl des passenden Radiodiagnostikums entscheidend [Mor95].

Biophysikalische Anwendungen: In diesem Bereich hat die PET besondere Forschungserfolge auszuweisen. Mit der Verfolgung der Konzentration radiomarkierter Glukose im Gehirn, wo diese als der hauptsächliche Energiespender fungiert, war eine Echtzeitaufzeichnung der Aktivitätsverlagerungen bei unterschiedlichen geistigen Anstrengungen möglich. Damit ließ sich deren räumliche Zuordnung im Gehirn und die großräumige Verteilung der mit bestimmten Vorgängen verknüpften Areale erkennen. Man hat aus diesen Experimenten auch erkannt, daß bei Willkürbewegungen die Aktivitäten der entsprechenden Hirnareale (0.8-1)s vor der Bewußtwerdung des Entschlusses zu einer Bewegung bereits in Gang gesetzt werden. Damit ist gezeigt, daß unserem bewußten Erleben ein unbewußtes mit beträchtlichem Zeitvorsprung zugeordnet ist.
Bei diesen Untersuchungen kommt als wichtiger Vorteil der PET-Methode zur Geltung, daß es durch die schnelle Abklingzeit der Positronenemitter möglich ist, Beobachtungsreihen mit Wiederholungsintervallen zu machen, die nicht länger als 10 min dauern, ohne daß sich die Messungen gegenseitig stören oder der Proband eine unzulässige Strahlendosis erhält.
Auf die PET-Anwendungen in der Festkörperphysik werden wir in Abschn. 2.6.3 eingehen.

2.5   Stabile Tracerkerne

Wir werden uns in diesem Abschnitt mit den Anwendungen befassen, die nicht die Strahlung instabiler Kernzustände ausnutzen, sondern die Eigenschaften stabiler Nuklide. Dazu gehören einmal Ladung und Masse, für deren Analyse man die Massenspektrometrie, speziell die hochsensitiven Methoden der AMS verwendet, die wir schon besprochen haben. Außerdem kann aber auch der Kernspin genutzt werden, der die Eigenschaften eines mit dem Atomkern verbundenen winzigen Permanentmagneten aufweist. Daher richtet er sich in einem externen Magnetfeld aus und läßt sich durch ein eingestrahltes Hochfrequenzfeld zur Resonanz anregen, deren Frequenz für das Nuklid spezifisch ist und als Sondensignal ausgewertet werden kann. Beginnen wir mit der Massenspektrometrie.

2.5.1   Isotopenverhältnisse

Zunächst könnte man vermuten, daß die Häufigkeitsverhältnisse der stabilen Isotope eines Elements durch die Prozesse bei der Elemententstehung festgelegt wurden (s. Kap.4) und im folgenden unverändert geblieben sind, da sich die Isotope chemisch stets gleich verhalten haben. Das stimmt aber zum einen nicht für die leichten Elemente und deren Verbindungen bis etwa $M = 40$, insbesondere für die Isotopenreihen $^{12,13}C$, $^{16,17,18}O$ und $^{14,15}N$, bei denen die relative Änderung des Atomgewichts so groß ist, daß ihr chemisches Verhalten meßbare Fraktionierungserscheinungen zeigt, die stark von der Temperatur abhängen, mit der ein Reaktionsprozess abläuft. So ändern sich die Molekulargewichte der drei wichtigsten CO_2^+-Moleküle zwischen $^{12}C^{16}O_2$, $^{13}C^{16}O_2$ und $^{12}C^{16}O^{18}O$ um 4.5%. Dies führt dazu, daß es für viele solcher Prozesse typische *Isotopensignaturen* gibt, die Informationen über die chemische Vergangenheit eines Systems enthalten. Solche Signaturen gibt es auch für $^{204,206,207,208}Pb$, wo sie aber eine andere Ursache haben: Die Isotope 206-208 enthalten die Endprodukte der noch nicht völlig zerfallenen U/Th-Reihe (s. Abschn. 1.6.2), das 204 ist dagegen kein Zerfallsprodukt, sondern alle vorhandene Substanz ist primordial, d.h. sie stammt aus der Elementsynthese. Deshalb sind die üblicherweise angegebenen unabhängigen Verhältnisse (208/206), (207/206) und (204/206) von dem U/Th-Verhältnis in der Probe abhängig. Dieses Verhältnis ändert sich z.B. über 2000 Jahre um 4%, wogegen die Verhältnisse selbst mit der Präzision $\Delta \leq \pm 10^{-4}$ gemessen werden können. Wenn dagegen im Laufe einer chemischen Aufbereitung U/Th abgetrennt wurde, so ist das Isotopenverhältnis eingefroren und kennzeichnend für das *Verhüttungsalter* des Bleis.

Eichstandards: Man hat sich auf folgende Standardwerte geeinigt, um gemessene Isotopenverhältnisse aufeinander beziehen zu können.

1. *$^{13}C/^{12}C$:* Die bereits in Abschn. 1.8.1 erwähnte PDB-Probe, die von einer Kalkschicht in North Carolina stammt. Es gilt dann (nur die Massenzahlen sind angegeben) $\delta^{13}C = [\varepsilon(13/12)_{Probe}/\varepsilon(13/12)_{PDB} -1]10^3$,
wobei δ routinemäßig auf besser als $\pm 10^{-5}$ bestimmt werden kann.

2. *$^{15}N/^{14}N$:* $\delta^{15}N = [\varepsilon(15/14)_{Probe}/\varepsilon(15/14)_{Luft} -1]10^3$.
Das $\varepsilon(15/14)$ der Luft ist innerhalb der Meßgenauigkeit überall gleich.

3. *$^{18}O/^{16}O$:* $\delta^{18}O = [\varepsilon(18/16)_{Probe}/\varepsilon(18/16)_{SMOW} -1]10^3$,
wo SMOW (Standard Mean Ocean Water) das über die Oberflächentiefe gemittelte, also seit ca. 10^2 a mit der Luft durchmischte und temperaturkonstante Isotopenverhältnis ist. (Es läßt sich auch auf eine PDB-Basis umrechnen).

Kulturgeschichtliche Anwendungen: Wir erwähnen Anwendungen aus der
1. *Archäologie:* Hier nutzt man in der *Isotopengeografie* der Edelmetallagerstätten die Isotopensignatur aus. So ist z.B. aus den $^{208/206}$Pb und $^{207/206}$Pb-Verhältnissen in den aufgefundenen Silbermünzen des östlichen Mittelmeerraumes festgestellt worden, daß es zwei wesentliche Lagerstätten gab, aus denen das Silber abgebaut wurde (von Sklaven unter heute zum Teil unvorstellbaren Bedingungen!): *Laurion* bei Athen und die Kykladeninsel *Siphnos*. Eine historische Verschiebung der Herkunftsorte läßt sich ziemlich sicher datieren, die als wirtschaftsgeschichtlicher Hintergrund der politischen Entwicklung sehr interessant ist [Mom86]. Eine ähnliche historische Analyse gestatten die Marmoruntersuchungen auf ihre $\delta^{13}C$- und $\delta^{18}O$-Signaturen. Dabei läßt sich der Wechsel der Marmorverwendung von den Brüchen auf *Paros* zu denen auf *Naxos* bzw. *Hymettos* (Kreta) in römischer Zeit nachzeichnen. Die Isotopenanalyse ist erfolgreich, während die Verhältnisse der einzelnen Elemente wegen der unterschiedlichen Solidifizierungschemie sogar innerhalb desselben Marmorbruchs um Faktoren 100 variieren kann! Durch diese eindeutige Isotopensignatur sind sowohl Fälschungen nachgewiesen als auch Reparaturen und Ergänzungen an echten Kunstwerken entdeckt worden.
2. *Kulturpflanzengeschichte:* Die Schwankungen im $\delta^{13}C$ für Pflanzenfunde sind aus dem Altersunterschied allein nicht zu erklären. Die biologische Ursache wurde im Laufe des Studiums der Photosynthese mit Radiotracern aufgedeckt: Unter gemäßigten Klimabedingungen (Nordamerika/Europa) läuft die Synthese über den *C_3-Zyklus* mit $\delta^{13}C = -(26.5 \pm 5)$ ab, bei dem eine Verbindung mit drei C-Atomen gebildet wird. In trockenen Regionen (Mittelamerika/Südafrika) wechseln die Pflanzen in den rationelleren *C_4-Zyklus* mit $\delta^{13}C = -(12.5 \pm 2)$, der in einer Verbindung mit vier C-Atomen endet. Im Verein mit der ^{14}C-Datierung lassen sich die einzelnen "Diät-Revolutionen" durch Wechsel des Getreideanbaus oder auch den Übergang vom prädominanten Fischfang zum Ackerbau in den frühen Gesellschaften Nordeuropas zuverlässig datieren.

Geophysikalische Anwendungen (Klimageschichte): Hier ist das $^{18}O/^{16}O$-Verhältnis ausschlaggebend. Bei der Untersuchung von Eisproben aus Gletschern und Carbonaten aus Meeressedimenten zeigt sich, daß jahreszeitliche *$\delta^{18}O$-Schwankungen* aufgezeichnet sind, die von Temperaturänderungen verursacht wurden, sodaß für $\Delta T = +\,5°$ ein $\Delta\delta^{18}O = +10^{-3}$ resultiert, wobei die Messgenauigkeit für $\delta^{18}O < 10^{-4}$ ist. Der physikalische Grund für dieses Verhalten von $\delta^{18}O$ liegt in der Abhängigkeit des Wasserdampfdruckes von der Temperatur und dem Isotopenverhältnis: Wenn wir die Dampfdrücke für $H_2^{18}O$ und $H_2^{16}O$ als $p(18,T)$ und $p(16,T)$ bezeichnen, so gilt für deren Verhältnis (wegen $p(T) = p(T_0)\exp[(w/R)\Delta(1/T)]$, wo w die Verdampfungsenthalpie/mol und $\Delta(1/T) = 1/T_0 - 1/T$ ist).

$$\varepsilon(T) = p(18,T)/p(16,T) = \varepsilon(T_0)\exp[(\Delta w/R)\Delta(1/T)]$$

wobei $\Delta w = w(18) - w(16)$. Daraus ergibt sich

$$\Delta(1/T) = (R/\Delta w)\ln[\varepsilon(T)/\varepsilon(T_0)] \tag{2.25}$$

und $T - T_0$ ist durch $\varepsilon(T)/\varepsilon(T_0)$ bestimmt. Die geohistorische Variation von ε spiegelt also die Temperaturschwankungen des Wassers zur Zeit des Niederschlags wieder. Diese Korrelation ist so eng, daß z.B. aus den $\delta^{18}O$-Schwankungen in den Jahresschichten ($\sim \mu$m Dicke) in Muschelkalk diese Jahreszeitenabfolge bis zu einigen 10^6a BP abgelesen werden kann. Am aufschlussreichsten sind die *Eisbohrkerne* in der Arktis und Antarktis. Sie dienen dazu, die Langzeitschwankungen des Erdklimas zu verfolgen, was in Grönland bis ca. 10^5a BP und am Südpol bis ca. $1.6\,10^5$a BP gelungen ist. Ein Problem ist allerdings, daß die ursprünglich im Mittel 35 cm/a dicken Schneeschichten nach $8\,10^3$a auf ≤ 5 mm geschrumpft sind und sich durch Selbstdiffusion homogenisieren. Im Inneren des Eises gibt es also keine Jahresringe mehr. Aber die ebenfalls jährlich erneuerten Staubschichten und gelegentlichen Ascheschichten aus Vulkanausbrüchen bleiben erhalten und erlauben eine Kalenderdatierung mit der Tiefe der Eisprobe. Eine Eisanalyse über die letzten $1.5\,10^5$ a zeigte auch, daß die ebenfalls im Eis eingeschlossenen Luftblasen mit CH_4- und CO_2-Gehalten in ihren $\delta^{18}O$-Signaturen völlig synchron verlaufen, was die methodische Sicherheit des Verfahrens untermauert [Lor90]. Noch weitergehende Datierungen sind über die $\delta^{18}O$-Werte aus Kalkschichten in *Tiefseebohrkernen* möglich.

Eine weitere unabhängige Bestätigung des geschilderten Zusammenhangs stammt aus Kalkformationen, die aus mit Calzit übersättigtem Wasser gebildet wurden. Hier wurde ein 35 cm langer Kern mit seinem Uranalter kalibriert (s. Abschn. 1.6.2) und $\delta^{13}C$- sowie $\delta^{18}O$-Verläufe gemessen. Die Ergebnisse stimmen mit den Eismessungen sehr gut überein, wodurch deren Aussagen über die Klimageschichte der vergangenen 10^6 a zusätzliche Glaubwürdigkeit gewinnen. Das Ergebnis dieser

Untersuchungen ist, daß das Erdklima der letzten $2 \cdot 10^5$ a durch heftiges Wechseln in der mittleren Temperatur gekennzeichnet ist, die zum Teil 10° in wenigen Jahrzehnten betrugen, wie die Abb. 2.23 belegt.

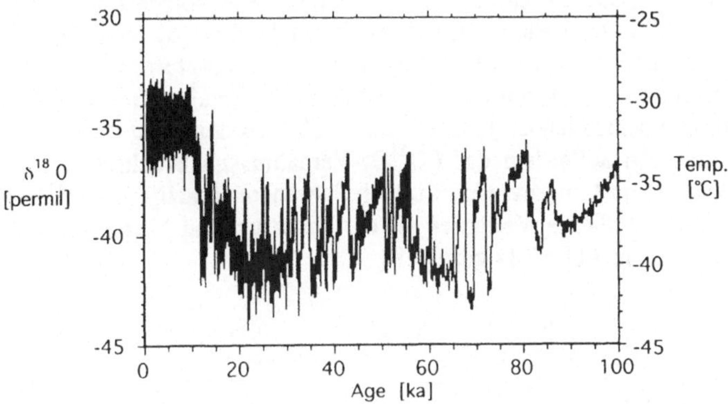

Abb. 2.23: T-Variation des Erdklimas, abgeleitet aus dem δ^{18}O-Verhältnis, gemessen am GRIP-Eiskern in Summit (Grönland). Die rapiden Schwankungen haben sich über die letzten 10 ka auffallend beruhigt. (Mit frdl. Genehmigung von J. Beer, EAWAG, Duebendorf/Schweiz).

Die Ursachen hierfür sind noch umstritten und schwierig zu klären. Es ist durchaus möglich, daß astronomische Einflüsse (durch langfristige Periodizitäten in den Erdbahnparametern verursachte Veränderung der Sonneinstrahlung) auslösend waren, die dann durch globale Folgen, wie etwa den Zusammenbruch der ozeanischen Zirkulationssysteme enorm verstärkt wurden. Auch die CO_2- und CH_4-Zunahme könnte sehr wohl Folge der Erwärmung der Ozeane bzw. Tundren gewesen sein und nicht deren Ursache. Nur über die letzten 11000 a, d.h. seit Ende der davorliegenden Eiszeit, sind die Temperaturschwankungen mit ± 3° relativ gering, sodaß wir unser gegenwärtiges Klima als ungewöhnlich stabil ansehen müssen [Bee97]. Diese Periode fällt zusammen mit der raschen kulturellen Entwicklung der Menschen, für die diese Stabilität wahrscheinlich ein entscheidender Faktor war. Über die letzten 100 a zeigt aber z.B. der CO_2-Gehalt der Luft Konzentrationsänderungen pro Jahr, die die größten historisch gemessenen Variationen um das 10^2-fache übertreffen [GC93] und inzwischen zum höchsten CO_2-Anteil in der Atmosphäre im Verlauf der letzten $1.6 \cdot 10^5$ a geführt hat. Zugleich wird ein Anstieg der mittleren Temperatur um 0.6° über die letzten 100 Jahre beobachtet. Die anthropogene Ursache dieser Entwicklungen als Folge der Industrialisierung ist unumstritten, die Prognose der Auswirkungen mit Hilfe von Klimamodellen [Cub95] ist dagegen wohl erst dann als völlig gesichert anzusehen, wenn diese auch für die einwandfrei nachgewiesenen Temperaturverläufe der Vergangenheit erfolgreiche Beschreibungen liefern können, was wegen der unerhörten Komplexität des Klimasystems große Anstrengungen erfordert[11].

Umweltgeochemie: Die Sensitivität der Isotopensignaturen auf chemisch-physikalische Reaktionsabläufe läßt sich ausnutzen, um eine solche *Fraktionssignatur* als Fingerabdruck industrieller Prozesse zu verwenden [Ert98]. Beispiele hierfür sind
1. *Prozessindikatoren:* So ist z.B. die Echtheit von Naturprodukten nachweisbar, denn da das oben erwähnte C_3/C_4-Verhältnis in Traubenzucker und Rohrzucker regional unterschiedlich ist, läßt sich eine Weinverschönerung durch Zuckerbeigabe nachweisen. Da außerdem das $(T/^{18}O)$-Verhältnis im Fruchtwasser der Trauben höher liegt als im Grundwasser, ist auch Panscherei prinzipiell direkt nachweisbar. Ein Beispiel für dieses Verfahren ist die Untersuchung Neuseeländischer Weine, deren Ergebnis in Abb. 2.24 gezeigt ist.

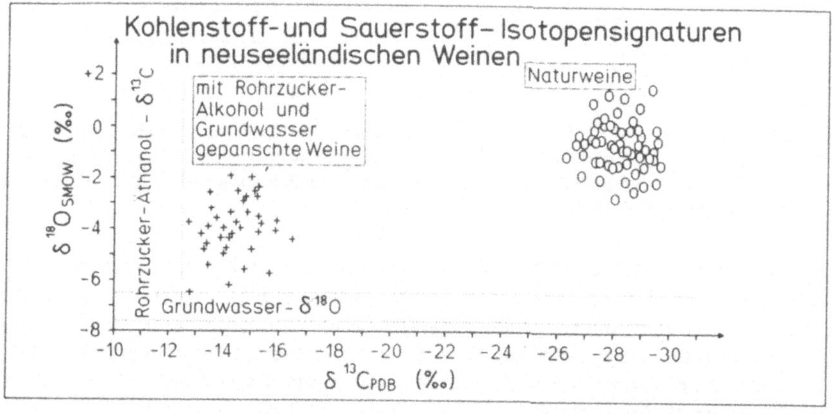

Abb. 2.24: Isotopensignaturen von naturbelassenen und gepanschten neuseeländischen Weinen. (Mit frdl. Erlaubnis von P. Horn, Institut für Mineralogie und Petrografie der Universität München).

Analog ist $\varepsilon(^{15}N/^{14}N)$ für technisch (d.h. aus der Luft) hergestellten Stickstoff anders als für das von Fäulnisbakterien stammende N_2. Insgesamt gibt es eine große Zahl von Prozessindikatoren, die massenspektrometrisch leicht nachzuweisen sind und auf ähnliche Weise verwendet werden können.
2. *Herkunftsindikatoren:* Für leichte Moleküle (A < 40) zeigt die Isotopensignatur den letzten durchlaufenen Prozess an, ist also nicht stabil (was aber etwa für das

---

[11]Aus dem Fehlen eindeutiger Beweise zu schließen, daß man die Folgen in Ruhe abwarten könne, entspräche aber wohl der wenig einleuchtenden Haltung, beim Bau eines Hauses die ungewisse Prognose des Statikers zu ignorieren.

Aufspüren der Quelle von widerrechtlich abgeladenem Sondermüll keine Rolle spielt). Für die schwereren Elemente trifft das nicht zu, sondern deren Isotopensignatur ist invariant und typisch für ihre Abstammung. Sie lassen sich also als Herkunftsindikatoren verwenden. Es ist wichtig zu betonen, daß im Gegensatz dazu die Elementsignatur einer Probe sich durch Elementfraktionierungen (z.B. nach einer Emission) ändern kann und am *Emissionsort* (Quelle) anders ist als am *Imissionsort* (Detektor). Dagegen ist etwa die Herkunft einer Plutoniumprobe eindeutig zu bestimmen, da ihre Isotopensignatur vom Reaktortyp und Ausgangsmaterial abhängt (s. Kap.4) und daher in aller Regel lokalisiert werden könnte.

Ein abschließendes Beispiel ist die Isotopensignatur des Pb. Zum einen gibt es deutliche Unterschiede je nach dem Herkunftsland, worin sich die unterschiedliche Palaeogeologie der verschiedenen Kontinente widerspiegelt.

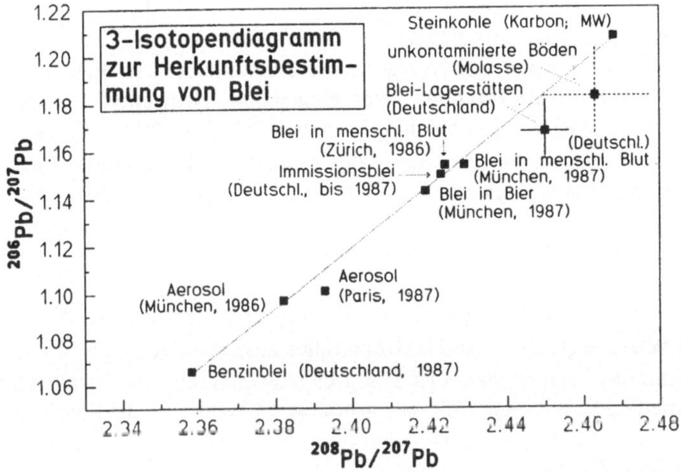

Abb. 2.25: Isotopensignatur von Pb aus Böden in Deutschland (1990). Das Pb aus den Emissionen des Autobenzins stammt offensichtlich nicht aus Deutschland. (Mit frdl. Erlaubnis von P. Horn, Institut für Mineralogie und Petrografie der Univ. München).

Da außerdem die Signatur z.B. des lange Zeit als Antiklopfmittel dem Benzin zugesetzten Bleitetraethyls charakteristisch ist, konnte man vor dessen Verbot die Umweltbleibelastung nach den Anteilen aus geogenem und Emissionsblei aufschlüsseln. So ergab z.B. 1987 die Untersuchung des Münchener Bieres, daß es eine starke Bleibelastung enthielt, die zu 40% aus den Kfz-Emissionen stammte. (Mitteilung von Prof. P. Horn, vom Inst. f. Mineralogie der Univ. München).

Die zum großen Teil noch zu bewältigenden Umweltsanierungsaufgaben (z.B. DDR-Altlasten) sollten ebenfalls von den Methoden der Isotopensignatur profitieren. So ist es etwa wichtig zu wissen, wieviel von einer vorgefundenen Belastung tatsächlich anthropogen ist und damit saniert werden sollte. Es kann sich nämlich durchaus herausstellen, daß die Belastung entgegen dem Augenschein ganz überwiegend geogen ist und eine kostspielige Sanierung somit keinen ökologischen Sinn hat.

Kriminologie: Im Arsenal der modernen Verbrechensbekämpfung haben die Isotopensignaturen ihren festen Platz unter den kriminalistischen Untersuchungsmethoden. (Die o.a. Verwendung der Herkunftsindikatoren zur Umweltüberwachung gehören mit zu dieser Anwendungsart). Hier wollen wir darauf nicht näher eingehen. Eine Übersicht über diese Disziplin, die im Detail allerdings schon etwas veraltet ist, gibt [Gui74].

2.5.2   Kernresonanzspektroskopie

Viele Atomkerne haben einen *Eigendrehimpuls* (*Spin*) $I\hbar$, der sich aus den Spins und Bahndrehimpulsen seiner Nukleonen zusammensetzt[12]. Im Falle einer geraden Anzahl sowohl der Protonen als auch der Neutronen im Kern (*gg-Kerne*)verschwindet der Spinvektor, also haben ^{12}C, ^{16}O, ^{24}Mg, ^{32}S usw. alle $I = 0$. Die Kerne mit ungerader Protonen- oder Neutronenzahl (*ug-Kerne*) haben $I \neq 0$. Mit diesen Spins sind *magnetische Momente* μ verbunden, für die gilt

$$\mu = g_N \mu_K I / \hbar \qquad\qquad (2.26)$$

wo der g-Faktor g_N (*gyromagnetischer Faktor*) ein Zahlenwert ist, der sich aus der Art und Weise ergibt, wie die Nukleonenspins zusammengekoppelt sind und $\mu_K = 5 \cdot 10^{-27}\, Am^2$ das *Kernmagneton* ist. Dadurch reagieren die Atomkerne auf ein äußeres Magnetfeld B mit einer Präzessionsbewegung bei der sie die Frequenz

$$\omega_R = \gamma B \qquad\qquad (2.26')$$

emittieren, worin $\gamma = g_N \mu_K / \hbar$ das *gyromagnetische Verhältnis* und $\nu_R = \omega_R / 2\pi$ die *Kernresonanzfrequenz* (NMR-Frequenz) ist. Für die wichtigsten leichten Nuklide sind die Spins und NMR-Frequenzen in Tab. 2.5 gegeben.

Die Energie eines solchen magnetischen Dipols μ im äußeren Feld **B** ist dann durch

$$E_d = -\mu \cdot B = -g_N \mu_K m_I B = -\hbar \gamma m_I B \qquad\qquad (2.27)$$

gegeben, wo m_I die Quantenzahl des Spins (Projektion von **I** auf die **B**-Achse) ist

---

[12]) Fettgesetzte Buchstaben bezeichnen dreikomponentige Vektoren: $I = \{I_x, I_y, I_z\}$

Isotop	I	$g_N I$	ν_R(MHz/T)	Häufigkeit (%)
^{1}H	1/2	2.79	42.58	99.98
^{2}H	1	0.86	6.54	$1.6 \cdot 10^{-2}$
^{3}He	1/2	−2.13	32.52	$1.4 \cdot 10^{-4}$
^{7}Li	3/2	3.26	16.5	92.57
^{11}B	3/2	2.69	13.7	81.17
^{19}F	1/2	2.63	40.1	100
^{27}Al	5/2	3.64	11.1	100
^{31}P	1/2	1.13	17.3	100

Tab. 2.5 Spin, magnetisches Moment (μ/μ_K), Resonanzfrequenz $\nu_R = \gamma/2\pi$ und Isotopenhäufigkeit der wichtigsten NMR-Kerne

und die Parallelstellung von **B** und μ wegen der positiven Kernladung energetisch begünstigt ist. Die Absorption bzw. Emission eines zirkularpolarisierten magnetischen Dipolphotons ($S = 1^+$) führt zum Übergang $\Delta m_I = \pm 1$ und damit zu einer Energieänderung $\Delta E_d = \pm \hbar \omega = \pm \hbar \gamma B$, also zu der Resonanzfrequenz (2.26'). Die einzelnen energetisch unterschiedlichen Orientierungszustände im B-Feld sind statistisch nach der *Boltzmannverteilung* besetzt. Für den einfachsten Fall mit $I = 1/2$ gibt es zwei Zustände (+,−), von denen der Zustand (−) energetisch begünstigt ist. Für deren Besetzungszahlen $n_+ + n_- = n$ gilt

$$n_+ = n_- \exp[-\Delta E_d/kT] = n-n_- \quad ; \quad \text{und damit}$$
$$n_- = n(1+\exp[-\Delta E_d/kT])^{-1} \quad ; \quad n_+ = n(1-(1+\exp[-\Delta E_d/kT])^{-1})$$

Für die relative Besetzung $n_- - n_+ = \Delta n$ erhält man also

$$\Delta n/n = 2(1+\exp[-\Delta E_d/kT])^{-1} - 1 \approx \Delta E_d/2kT \quad \text{für } \Delta E_d/kT \ll 1 \tag{2.28}$$

Dieser Ausdruck hat z.B. für ^{1}H bei 300 K und B = 1T den Wert $3.2 \cdot 10^{-6}$

Aufgabe 2.4: Wie groß ist $\Delta n/n$ für eine ^{31}P-Probe im Feld B = 2T und 77 K, der Temperatur des flüssigen Stickstoffes?

Die Einstrahlung eines magnetischen Dipolfeldes mit ω_R (das auch als ein mit der Zirkularfrequenz ν_R umlaufender B-Feldvektor beschrieben wird) führt in einer Probe mit vielen Kernen dieser Art zur *resonanten Absorption* der HF-Energie durch Kerne im n_--Zustand der Probe sowie zur *stimulierten Emission* der gleichen Frequenz durch die Kerne im n_+-Zustand, wodurch schließlich alle Zustände gleich besetzt werden und die Besetzungsdifferenz (2.28) verschwindet. Dieser Prozess läßt sich ausnutzen, um das Vorhandensein von Nukliden mit der Resonanzfrequenz ν_R „abzufragen". Da B bekannt ist, bestimmt sich daraus γ und somit die

Nuklidsorte (s. Tab. 2.3). Das Schema eines solchen Nachweises ist in Abb. 2.26 dargestellt.

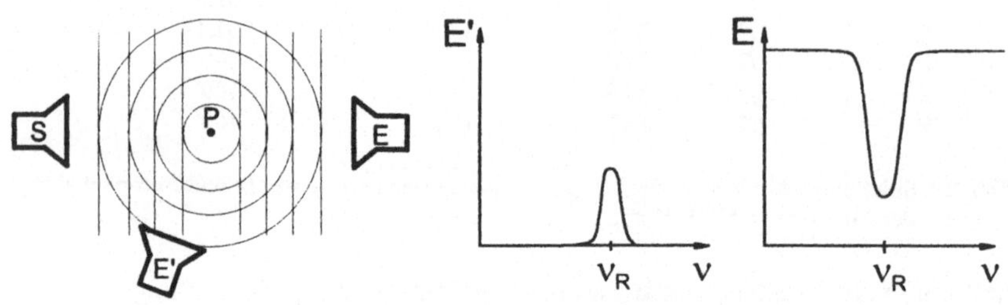

Abb. 2.26: Schema des NMR-Nachweises: Vom Sender S ausgehende HF-Strahlung wird in E aufgefangen. Bei $v = v_R$ entnimmt P einen Teil der HF-Energie (Minimum in E) und verteilt sie isotrop (Maximum in E'). Die Signalhöhe gibt die Zahl der Kerne in P.

Aufgabe 2.5: Auf eine NMR-Probe mit 100 mg ^{7}Li-Kernen in einem Feld von B = 0.15 T wird die Resonanzfrequenz mit 50 mW Senderleistung eingestrahlt. Wieviel Prozent der eingestrahlten HF-Leistung nimmt die Probe auf, wenn die mittlere Absorptionsrate 10^3Hz/Kern ist?

Mit dem beschriebenen Mechanismus wird die Gesamtzahl der NMR-Kerne ermittelt, aber nicht ihre räumliche Verteilung in der Probe. Zu deren Bestimmung muß die NMR-Frequenz ortsabhängig gemacht werden, sodaß ein $\omega_R(\mathbf{r})$ entsteht. Das Probensignal gibt dann die NMR-Kerne am Ort $\mathbf{r}$ an. In einer Dimension erreicht man diese Abhängigkeit durch ein ortsabhängiges Magnetfeld $B(x) = B_0 + bx$, sodaß $\omega_R(x) = \gamma B(x)$ und das gleichmäßige Durchfahren (*Sweep*) einer *Frequenzrampe* $\omega(t) = \omega_0 + at$, so wie Abb. 2.27 zeigt. Das Signal beim Durchlaufen einer Frequenzrampe ergibt dann die Projektion der n($\mathbf{r}$)-Verteilung auf die x-Ebene, d.h. $n(x) = \iint n(\mathbf{r})dydz$.

Zur weiteren Aufschlüsselung wird der Probenbereich von *Magnetfeldrampen* in allen drei Raumrichtungen überlagert $\Delta B = B_0 + b_x x + b_y y + b_z z$, nacheinander angelegt und von der Frequenzrampe abgefragt werden, woraus sich die Orthogonalprojektionen n(x), n(y) und n(z) ergeben. Aus diesen läßt sich $n(\mathbf{r}) = \{n(x),n(y),n(z)\}$ rekonstruieren. Die heute ereichbare *Voxelgröße* (Voxel = kleinster noch aufgelöster Raumbereich) ist ≤ 1 (mm)^3.

Im Feld eines HF-Senders (d.h. bei sehr hoher Photonendichte) geschieht die Absorption und Emission der $\hbar\,\omega_R$-Quanten so plötzlich, daß die relativen Phasenbeziehungen zwischen den Einzelspins in der Probe erhalten bleiben, d.h. die Resonanzstreuung verläuft *kohärent*. Das drückt sich darin aus, daß die Resultierende

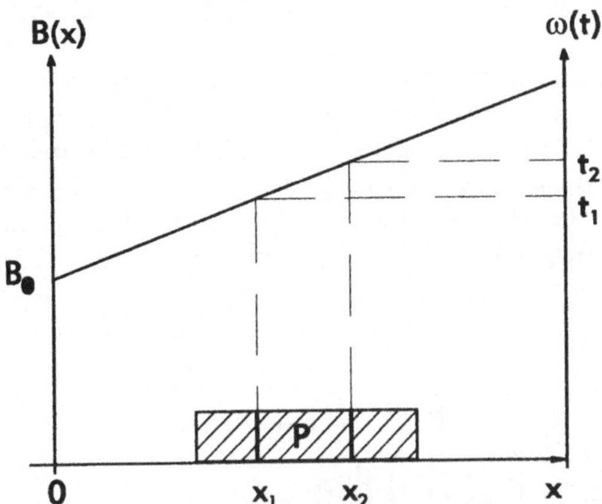

Abb. 2.27: Schema einer eindimensionalen NMR-Abfrage. Das B-Feld steigt über der Probe P mit konstantem Gradienten bx an. Durch zeitliches Variieren von $\omega(t)$ wird die Resonanzbedingung (2.26') für die Orte $x_{1,2}$ zu den Zeiten $t_{1,2}$ erfüllt. Die Höhe der Probensignale bei $t_{1,2}$ gibt die gemittelte Zahl NMR-Kern an den Orten $x_{1,2}$.

der einzelnen magnetischen Momente $\mathbf{M} = \Sigma\mu = \mu\Delta n$ erhalten bleibt, wobei $\mathbf{M}$ die *Magnetisierung* der Probe genannt wird und μ durch Gl. (2.26) gegeben ist. Wenn das zirkularpolarisierte HF-Feld senkrecht zur B-Richtung für die Dauer Δt eingestrahlt wird, so dreht sich $\mathbf{M}$ um den *Flipwinkel*

$$\alpha = \omega_R\Delta t = \gamma B\Delta t \tag{2.29}$$

Nach der Zeit T_F mit $\pi/2\gamma B$ ist $\mathbf{M}$ in die Ebene senkrecht zu $\mathbf{B}$ gedreht. Dann ist die Boltzmannverteilung (2.28) im B-Feld verschwunden, was unserer obigen Beschreibung der Resonanzabsorption entspricht. Aber in der Ebene senkrecht zu B herrscht keine Gleichverteilung, sondern $\mathbf{M}$ hat wegen der Kohärenz noch seinen ursprünglichen Betrag. Schaltet man nach T_F das *Flipsignal* (also die HF) ab, so hört die Umverteilung der Spins auf und das NMR-Ensemble kehrt nach einiger Zeit in das thermische Boltzmanngleichgewicht zurück, aber der zeitliche Ablauf dieser *Relaxation* hängt von der physikalischen Umgebung der NMR-Kerne ab und enthält deshalb sehr wichtige Informationen über den Aufbau der Probe. Dieser Relaxationsprozeß zeigt zwei unterschiedliche Zeitkonstanten.

1. Die *Querrelaxation* in der Ebene orthogonal zu B vollzieht sich mit der *transversalen Zeitkonstante* τ_2 deren Werte typisch um 100 ms verteilt sind. Sie ist bedingt durch die gegenseitige Wechselwirkung der Spins in der Probe und die Inhomogenitäten des B-Feldes, durch die die Kohärenz des Spinensembles verloren

geht, also der Betrag von **M** abnimmt und schließlich verschwindet. Anschließend beobachtet man

2. die *Longitudinalrelaxation* mit der Zeitkonstante τ_1, deren Wert im Bereich von 0.8 bis einige s liegt. Sie wird durch die Spin-Gitterwechselwirkung erzeugt, mit der sich **M** in B-Richtung neu aufbaut, also die Boltzmannverteilung (2.28) wieder hergestellt wird. Beide Relaxationsvorgänge sind mit von der Probe ausgehender HF-Strahlung verbunden, die sich in dem *FID Signal* (Free Induction Signal) der NMR-Probe beobachten läßt. (Dazu dient der Empfänger E' in Abb. 2.28)

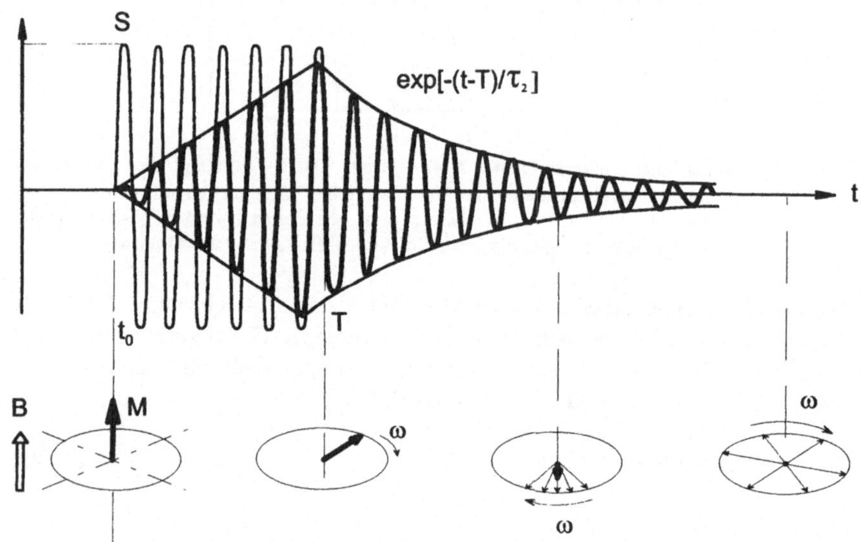

Abb. 2.28: Zeitliche Entwicklung des NMR-Signals nach Beginn des zirkularpolarisierten Flipsignals S bei t_0 (dünne Linie). Die Elementarmagnete der Probennuklide folgen in Phase, so daß M gedreht wird, aber erhalten bleibt. Nach der Zeit $T = T_F$ ist $\alpha = \pi/2$ und S wird abgeschaltet. Dann gibt die Probe die aufgenommene HF-Energie exponentiell wieder ab (starke Linie), wobei die Kohärenz der Spinbewegung statistisch verloren geht und M verschwindet. Anschließend baut sich M im B-Feld wieder auf und das System kehrt zum Anfangszustand zurück.

Es gibt noch eine weitere im NMR-Signal enthaltene Information,

3. die *chemische Verschiebung*. Sie beruht auf der Reaktion der Elektronenhülle des NMR-Nuklids auf das externe B-Feld, wobei in der Hülle Induktionsströme fließen, die dieses Feld am Kernort verändern. Die NMR-Frequenz ist also durch

$$\omega_R(x,i) = \gamma B_i(x) = \gamma B(x)(1+\sigma_i)$$

gegeben, wo σ_i die *Abschirmungskonstante* und i die Kennzeichnung des NMR-Atoms in einer bestimmten Konfiguration der Molekülstruktur des Probensystems ist. Die Elektronenhülle des NMR-Atoms wird nämlich je nach seinem Platz in diesem Molekül modifiziert, was die Abschirmströme verändert und sich in einem strukturtypischen σ_i ausdrückt, das beide Vorzeichen haben kann. Es läßt sich durch die *chemische Verschiebung*

$$\Delta\omega_R = \omega_R(x) - \omega_R(i,x) = \gamma B\sigma_i \tag{2.30}$$

messen. Je größer die verwendeten Magnetfelder B sind, desto besser kann die chemische Verbindung bestimmt werden. Deshalb sind für diese Untersuchungen supraleitende NMR-Magnete mit B > 10T üblich [Hen88].

4. Die *Bildverarbeitung* erfolgt für jedes Voxel durch *schnelle Fourier-Analyse* (FFA) des NMR-Signals. Bei diesem Verfahren wird die im Voxel enthaltene Information sehr schnell, aber mit statistischen Unsicherheiten gewonnen, die jedoch durch Überlagerung von vielen Bildwiederholungen verringert werden. Der Grund hierfür liegt darin, daß die Dekohärenz erzeugenden Störungen zwar statistisch verteilt, aber räumlich und zeitlich weitgehend konstant sind.

Spinechos: Die nach dem Ende HF-Signals bei $t = T_F$ ablaufende Querrelaxation ist anfangs noch kohärent, enthält also fast die ganze Information des NMR-Signals. Durch Einsenden eines weiteren HF-Impulses von der Dauer $t_E = 2T_F$, was einer weiteren Drehung aller Spins um den Winkel π zur B-Achse entspricht, wird die Zeitrichtung der Querrelaxation umgekehrt, sodaß **M** zu seinem Ausgangszustand am Ende des Flipsignals zurückkehrt. Dieses *Spin-Echosignal* taucht also nach einiger Zeit im Detektor auf und ist oft wesentlich störungsfreier als das FID-Signal. Es wird daher häufig bei NMR Aufnahmen anstelle des FID-Signals verwendet. Solange die Meßzeit $t < \tau_1$, die Probe also noch nicht wieder longitudinal relaxiert ist, läßt sich durch Einstrahlung weiterer t_E-Pulse innerhalb der Repetitionszeit $t_R < \tau_2$ das Spinecho durch Reflexion vervielfachen (bis 15-fach). Dabei werden vor jeder Echoumkehr die B-Feldgradienten neu gesetzt, sodaß die Bildfrequenz für eine ortsaufgelöste NMR-Aufnahme durch τ_2 anstelle des wesentlich längeren τ_1 bestimmt ist. (*Fast-Spinechoverfahren*). Nach $t = \tau_1$ wird durch einen neuen Flip-Impuls die nächste Spinecho-Sequenz angefacht [Mor95].

FLASH-Radiografie: Das normale NMR-Verfahren zur seriellen Abtastung einer ausgedehnten Probe führt bei hinreichend detaillierter Auflösung ($\sim$ 256 Aufnahmen/Schnittbildebene) wegen der Relaxationszeiten von ~ 1 s zu Aufnahmedauern von 4-5 Minuten. Das ist für viele Anwendungsziele zu lange, da vor allem auch in der Probe ablaufende Reaktionen untersucht werden sollen. Deshalb wurde die FLASH- (*Fast Low Angle Shot*) Radiografie entwickelt. Sie geht davon aus, daß der Flipwinkel nicht $\pi/2$ sein muß, bei dem das mit $\sin \alpha$ gehende NMR-Signal gesättigt ist (Abb. 2.28). Stattdessen kann bereits bei kleinerem α ($\sim 12°\text{-}20°$) ein Großteil der Information aus dem Relaxationssignal abgerufen werden, wodurch sich die Aufnahmezeit um Faktoren 50-100 verkürzen läßt. Das NMR-Signal ist zwar schwächer, aber bei Aufnahmen, die durch periodische Vorgänge (z.B. Herzschlag oder Atem) getriggert werden, wird durch die Überlagerung der Wiederholungssequenzen die verlorene Bildqualität weitgehend wiedergewonnen [Haa89].

Technische Anwendungen: Eine der wichtigsten NMR-Anwendungen in der physikalischen Meßtechnik ist die Messung und Stabilisierung von Magnetfeldern. Sie nutzt aus, daß in Gl.(2.26') bei Durchfahren eines ω_R-Bereichs (*Frequenzsweep*) an der NMR-Resonanz festgestellt werden kann, ob B einen gewünschten Wert hat bzw. beibehält. Hohe B-Felder sind ständigen Schwankungen in den technischen Einzelkomponenten ihres Erzeugungssystems unterworfen und müssen nachgeregelt werden, um diesen Komponentenschwankungen entgegenzuwirken und B insgesamt konstant zu halten. Die höchsten Stabilitäten ($\Delta B/B = 10^{-6}$ und besser) sind heute mit *NMR-Sonden* zu erreichen, die im Magnetfeld angebracht sind und Korrektursignale liefern, mit deren Hilfe der Magnet stabilisiert wird. Sie verwenden normalerweise die Protonenresonanz und ihre Stabilitätsgrenzen sind durch die stochastischen Einflüsse der Umgebung auf die NMR-Probe gegeben. Daher könnte die Verwendung einer ^{1}H-Probe, bei der jedes Atom im Inneren eines C_{60}-*Fullerenmoleküls* (Bucky Ball) eingeschlossen ist, eine optimale Lösung darstellen, da das Innere des Bucky Balls ein perfektes Vakuum darstellt und daher ein NMR-Signal geringster Breite liefern sollte. Mit ^{15}N und ^{31}P als NMR-Proben ist dieses Verfahren bereits realisiert [Wei98].

Medizinische Diagnostik: Unter dem Begriff des *Magnetic Resonance Imaging* (MRI) hat die NMR-Tomographie (*Kernspintomografie*) seit ihrer Konzeption 1973 die medizinische Diagnostik revolutioniert und ist inzwischen in vielen Bereichen an die Stelle der *Computertomographie* (CT) getreten. Der Grund liegt einmal in der Vermeidung der Strahlenbelastung des Patienten durch die Röntgenstrahlung, während schädliche Wirkungen der HF-Strahlung und des Magnetfeldes für die in der MRI benötigten Stärken und Zeitdauern bisher nicht nachweisbar sind. Zum anderen werden gerade die biologischen Gewebe mit hohem Fett- und H_2O-Anteil durch die zahlreich vertretenen Wasserstoffatome im NMR-„Licht" der Protonen ohne Kontrastmittel sichtbar, die im CT-Verfahren kaum sichtbar sind. Es hat sich außerdem gezeigt, daß die Abhängigkeit der Relaxationszeiten von der chemischen Umgebung gerade im Tumorgewebe zu einer starken Verlängerung der NMR-Relaxationszeiten führt (im biologischen Gewebe beobachtet man $\tau_1 \approx$ 0.1-3 s und $\tau_2 \approx$ 50-500 ms). Dadurch haben sich neue diagnostische Möglichkeiten eröffnet [Ell96]. Indem man die NMR-Signale mit den entsprechenden Relaxationszeiten unterschiedlich gewichtet, lassen sich Bilder erzeugen, in denen spezielle Eigenschaften der Probe verstärkt hervorgehoben werden, so daß etwa ein detaillierter Einblick in die unterschiedlichen Funktionsebenen der Hirnsubstanz entsteht. Ein Beispiel für diese Technik zeigt Abb. 2.29.

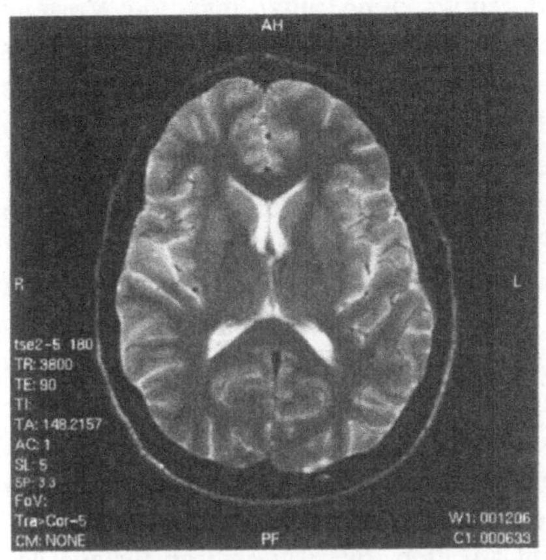 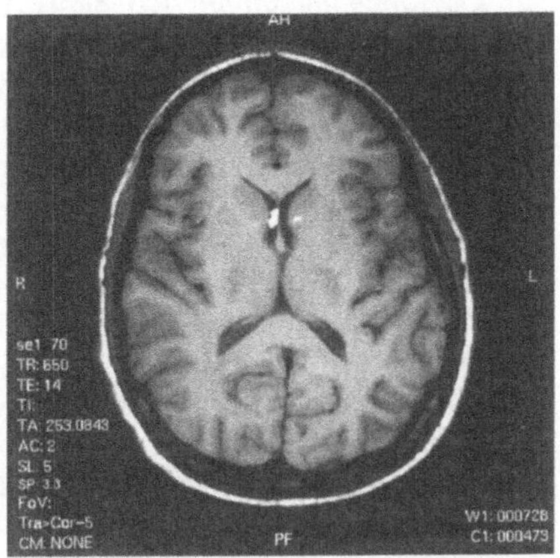

Abb. 2.29: NMR-Schnitt durch ein Gehirn mit unterschiedlicher Gewichtung der Relaxationszeiten. Links: Durch Hervorhebung der mit τ_2 relaxierenden Regionen werden die H_2O-haltigen Bestandteile hell sichtbar gemacht. Rechts: Durch Hervorhebung von τ_1 werden die Fett enthaltenden Regionen sichtbar, während die flüssigen Regionen dunkel bleiben. (Mit Erlaubnis des Inst.f. Radiologische Diagnostik, Univ. München)

Auf diese Weise ist der modernen Hirnforschung ein neues Feld erschlossen worden, das sich neben die PET gesellt hat. Dabei nutzt man als „Kontrastmittel" biochemisch wirksame paramagnetische Substanzen aus, die in ihrer Umgebung Feldstörungen verbreiten und damit die Dekohärenz der Magnetisierung **M** stark beschleunigen. Damit verändern sie die Relaxationszeit τ_2 auf typische Weise und die Bewegung dieser Substanzen in den verschiedenen Hirnregionen läßt sich zeitaufgelöst verfolgen [Ell96]. Diese Untersuchungen bilden einen Hauptgegenstand der FLASH-NMR-Tomografie in sehr starken B-Feldern, das sich ständig weiter entwickelt.

1. NMR-Angiografie: Eine wichtige Anwendung der NMR-Technik ist in der *Angiografie* entstanden (worunter allgemein die Sichtbarmachung des Gefäßsystems im Körperinneren verstanden wird). Man wiederholt dazu in einer Probenschicht ΔS das Flipsignal in Abständen $t_S < \tau_1$, wodurch sich schnell ein Gleichgewicht der Magnetisierung M einstellt, das vom Flipwinkel α, t_S und τ_1 abhängt und dazu führt, daß die Probe kein NMR-Signal mehr abgibt, weil **M** stationär ist. Befinden sich in ΔS aber Gefäße, durch die neues Probenmaterial (Blut etc.) einfließt, dessen Kernspins noch nicht im Gleichgewicht sind, so entnehmen sie HF-Energie und werden dadurch sichtbar. Durch Abtasten (*Scannen*) der Probe, d.h. Ändern des Gradientenfeldes, sodaß ΔS über die Probe hinwegbewegt wird, läßt sich das durchströmte Gefäßsystem sichtbar machen, während die NMR-Signale des umgebenden Gewebes fast völlig unterdrückt sind.

2. *Kernspinpolarisation:* Bei dieser Weiterentwicklung nutzt man die Vorteile eines Edelgases als Tracernuklid aus, ohne eine hohe Strahlenbelastung des Probanden in Kauf nehmen zu müssen. Das gelingt, indem man ^{3}He verwendet, das sich nach Tab. 2.5 ebenfalls prinzipiell als NMR-Kern eignet. Wie sich aus Gl. 2.28 ergibt, bewirkt die Boltzmannverteilung bei T = 300 K ein so geringes Δn, daß bei den bisher besprochenen Anwendungen ein meßbares NMR-Signal nur durch die übergroße Zahl z.B. von Protonen in der Probe zustande kommt. Die Verwendung von ^{3}He mit 2500-fach geringerer Dichte als die der Protonen ist daher abhängig davon, daß Δn erhöht werden kann. Die geradlinige „Gewaltmethode" der B-Erhöhung und T-Erniedrigung ist in den angestrebten medizinischen Anwendungsbereichen nicht gangbar. Der Ausweg wurde in der *Hyperpolarisation* des ^{3}He gefunden [Hel97]. Dabei wird ^{3}He im bereits kernspinpolarisierten Zustand in den Tomografen gebracht, was einer starken Erhöhung von g_N äquivalent ist. Das NMR-Signal wird also auch bei der geringen ^{3}He-Dichte beobachtbar.

Das Verfahren der Hyperpolarisation beruht auf dem Polarisationstransfer aus der Elektronenhülle auf den Kern. Da $\mu_B \approx 2000\ \mu_K$, läßt sich ein Hüllenspin **J** durch ein gegebenes Feld **B** viel leichter polarisieren als der Kernspin **I**. Andererseits überträgt sich die Hüllenpolarisation über die Hyperfeinwechselwirkung auf den Kernspin, da das von der ausgerichteten Elektronenhülle am Kernort verursachte Magnetfeld die erzeugbaren äußeren B-Felder um viele Größenordnungen übertrifft. Im Grundzustand des ^{3}He ist allerdings J = 0^+ (^{1}S-Zustand [MK97]), sodaß sich die Elektronenhülle nicht polarisieren läßt. Der polarisierbare J = 1^+ (^{3}S)-Zustand liegt bei E = 19.83 eV und hat eine extrem lange Lebensdauer von $8\cdot10^3$s da es sich um einen $\Delta S = 1^+$ Übergang handelt, bei dem das Photon Bahndrehimpuls mitnehmen muß (vgl. Fußnote 2 in Kap. 1).

Aufgabe 2.6: Schätzen Sie ab , wie weit ein Elektron vom Zentrum des ^{3}He-Atoms entfernt sein muß, um ein Photon von 20 eV mit L = 1 $\hbar$ emittieren zu können.

Wenn sich ^{3}He-Atome in diesem ^{3}S-Zustand in einem Polarisationsfeld B befinden, so bildet sich die Hyperfeinstruktur (HFS)-Orientierung der Atomkerne aus. Falls auf diese Weise orientierte ^{3}S-Atome mit solchen im ^{1}S-Grundzustand zusammenstoßen, besteht die Möglichkeit, daß in 10^{-12}–10^{-13}s die Anregungsenergie des ^{3}S-Zustandes ohne Photoemission in kinetische Energie der Stoßpartner übergeht, während wegen der wesentlich langsameren HFS-Reaktionszeit von einigen µs der Kernspin nicht reagiert, sondern die Orientierung aus dem F = ½ Unterzustand der HFS beibehält. Durch solche metastabile Austauschstöße entsteht ein kernspinpolarisiertes ^{3}He-Atom, dessen Hüllenspin J = 0 ist, das aber einen orientierbaren

Kernspin hat. Diesen behält es, bis äußere Störfelder den Zustand zerstören, was aber wegen der abschirmenden $J = 0$ Elektronenhülle sehr lange dauert. Wenn man verhindert, daß Wandstöße mit magnetischen Oberflächenbereichen auftreten (z.B. durch Verwendung von Behältern aus eisenfreiem Glas) so läßt sich die Kernspinpolarisierung mit Lebensdauern von über 100 h erhalten[13].

In der diagnostischen Anwendung der Methode atmet der Patient im Tomographen etwa 1 bar·Liter ^{3}He ein, wobei in der ca. 25s dauernden Phase des Luftanhaltens 256 Aufnahmen mit Flipwinkel von jeweils nur $\alpha = 3°$ gemacht werden. Wegen der großen ^{3}He-Polarisation sind die NMR-Signale aber immer noch 10-fach stärker als bei der Protonen-NMR! Nach Durchmischen mit dem paramagnetischen O_2 der Luft hat die Polarisation aber nur noch eine Lebensdauer von 12-14 s. Die Abb. 2.30 zeigt ein ^{3}He-Tomogramm im Vergleich mit einem ^{99}Tc Szintigramm.

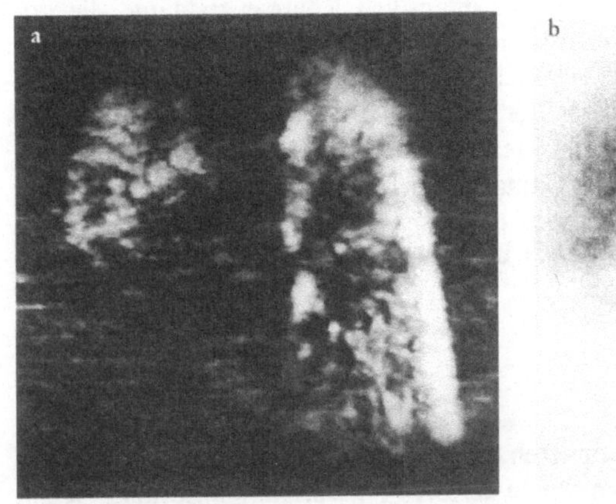
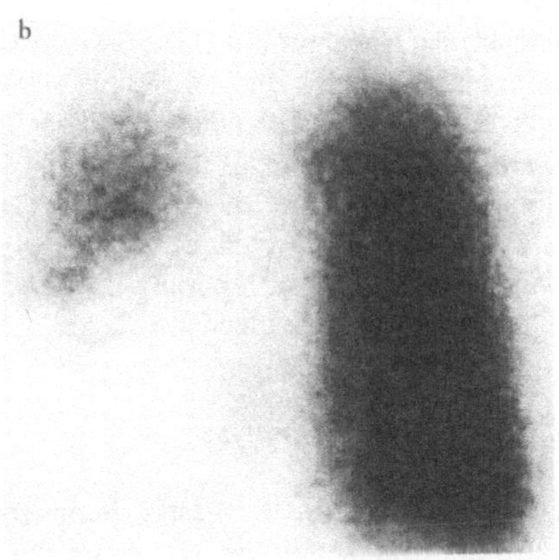

Abb. 2.30: Aufnahmen einer Lunge mit einem tuberkulösen Flügel. Links: NMR-Bild mit polarisiertem ^{3}He. Rechts: Konventionelles Szintigramm nach Einatmen von ^{99m}Tc markierten Aerosolen. (Mit frdl. Genehmigung der Autoren von Ref. [Hel97]).

[13]Die Erzeugung des polarisierbaren ^{3}S-Zustandes ist wegen der großen Anregungsenergie nicht optisch möglich. Deshalb wird eine Niederdruckgasentladung von 1 mb gezündet. Ein sehr kleiner Teil der ^{3}He-Atome hat im hochenergetischen Ausläufer der Boltzmannverteilung die für eine Stoßanregung ausreichende Energie, sodaß etwa ein 10^{-6}-Anteil in den ^{3}S-Zustand übergeht. Dieser lebt lange genug, um durch Pumpen mit zirkularpolarisiertem Laserlicht das auf die HFS-Übergänge im polarisierenden Magnetfeld abgestimmt ist, die ^{3}S-Atome innerhalb von einigen ms alle in den $F = \frac{1}{2}$ HFS-Zustand bringen zu können. Durch wiederholtes Durchlaufen dieses Zyklus und Aufsammeln des Gases werden in 10^4 s ca. 10^{23} ^{3}He-Atome mit etwa 70% Kernspinpolarisation erzeugt [Hel97].

2.6   Nukleare Festkörperphysik

Die nukleare Festkörperphysik ist eines der Hauptanwendungsgebiete der nuklearen Sondentechnik. Daher gibt es auch viele Spezialdarstellungen, die dieses umfangreiche Gebiet behandeln, z.B. [SW97]. Aus diesem Grund beschänkt sich unsere Behandlung auf einen kursorischen Überblick der wichtigsten Methoden und ihrer physikalischen Grundlagen. Die Erwähnung der erzielten Ergebnisse wird daher besonders unvollständig sein, ein Mangel den der Leser notfalls durch ein Studium der Spezialliteratur beheben kann.

In der Festkörperphysik, die im heutigen umfassenden Verständnis Struktur und Aufbau der kondensierten Materie als Gegenstand hat, wurden schon von Anfang an die verfügbaren kernphysikalischen Methoden angewendet. Es begann mit der Nutzung der ersten Reaktoren als Neutronenquellen für die klassische Streuung zur Strukturanalyse und der Verwendung der intensiven Röntgenstrahlung, die zunächst als Nebenprodukt der Synchrotronstrahlung in den Elektronenbeschleunigern abfiel, deren Nützlichkeit aber sogleich von den Festkörperphysikern entdeckt wurde. Sie erkannten, daß darin der bereits seit 1914 bekannten Methode der *Laue-Diagramme* ungeahnte Möglichkeiten eröffnet wurden. Außerdem erschloß die Entdeckung der rückstoßfreien Gammaemission in Festkörpergittern durch R.L. Mößbauer ein völliges Neuland der Präzisionsmessung subtiler Effekte, und wirkte aus der Festkörperphysik heraus in Nachbargebiete aus denen sie heute nicht mehr wegzudenken ist.

2.6.1   Strukturanalyse

Die Strukturanalyse des Festkörperinneren (*bulk analysis*) bedient sich der Wellennatur der Sondenteilchen, so wie sie sich in der *Bragg-Bedingung* ausdrückt: Wenn die auslaufenden Wellenzüge der von benachbarten Ebenen einer regelmäßigen Struktur unter dem Winkel α gestreuten Projektile den Phasenunterschied $\Phi = n\lambda$ (n ganze Zahl) haben, so interferieren sie konstruktiv und generieren einen Streureflex unter dem Winkel α. Es gilt dann

$$\Phi = 2d \cos\alpha = n\lambda = 2\Delta \tag{2.31}$$

wie in Abb. 2.31 dargestellt ist.

Generell folgen Röntgenstrahlen und Neutronen den gleichen Grundgesetzen der Quantenmechanik, da der wesentliche Unterschied zwischen beiden nur in den Massen m ihrer Korpuskularstrukturen liegt. Im Falle der Röntgenstrahlen ist die Photonenmasse $m_\gamma = 0$, weshalb sie sich nur mit $v = c$ fortbewegen können und dabei einen Impuls $p_\gamma = mc = E_\gamma/c$ mitführen. Alle Quantenobjekte sind durch Wellenpakete mit der Wellenlänge $\lambda = h/p$ charakterisiert und sowohl Photonen als

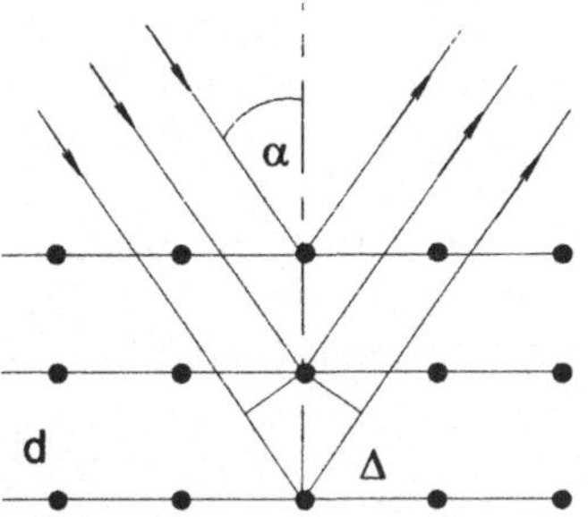

Abb. 2.31:
Schema der Bragg-Bedingung für kohärente Wellenstreuung. Die von den verschiedenen Gitterebenen ausgehenden Streuwellen unterscheiden sich um ganzzahlige Vielfache der Phasendifferenz $\Phi = 2\Delta$.

auch massive Teilchen können innerhalb der *Kohärenzlänge* $\Lambda \approx \hbar/\Delta p$ mit der Wahrscheinlichkeit $(1-e^{-2}) = 0.86$ lokalisiert werden. Dabei ist Δp die Impulsunschärfe, mit der der Projektilstrahl präpariert wurde. Die Wellenpakete eines Strahls mit genau bestimmtem Impuls (d.h. scharfer Energie) sind also unendlich ausgedehnt, sodaß der Aufenthaltsort der Projektile völlig unbestimmt ist. (Dies ist die physikalische Aussage der *Unschärfebeziehung* von Heisenberg). Die Wellenlänge λ innerhalb des Wellenpakets ist dagegen durch $\lambda_\gamma = hc/E_\gamma$ und $\lambda_n = hc/\sqrt{2mc^2 E_n}$ gegeben. Röntgenstrahl und Neutronenstrahl haben also gleiches λ für $E_\gamma = \sqrt{2mc^2 E_n}$. Daraus ergeben sich die λ-Äquivalenzen

$$E_\gamma(eV) \Leftrightarrow 4.5\cdot10^4 \sqrt{E_n(eV)} \quad ; \quad E_n(eV) \Leftrightarrow 500\, E_\gamma^2 \,(MeV) \tag{2.32}$$

Die gleiche Wellenlänge $\lambda = 10^{-10}$ m hat man also z.B. für $E_\gamma = 12$ keV und $E_n = 70$ meV. Für spezielle Strukturprobleme muß man somit einen Sondenstrahl mit der geeigneten Energie auswählen. Wir werden in Abschn. 2.7 und 2.8 auf die hierfür heute zur Verfügung stehenden Geräte zurückkommen.

Während die Impulse im Streuprozeß für Photonen und massive Teilchen bei gleicher Wellenlänge gleich sind, liegen die wesentlichen Unterschiede in der Wechselwirkungsstärke, die für beide sehr verschieden ist. Die Gammas unterliegen der elektromagnetischen Wechselwirkung mit den Elektronen des Festkörpers, die um die Ruhelagen der Atome konzentriert sind. (Die Wechselwirkung mit den Atomkernen ist bei Energien < 100 MeV vernachlässigbar). Die Wechselwirkung der Neutronen greift dagegen an den Atomkernen selbst an (die spinlose Wechselwirkung mit den Elektronen ist vernachlässigbar), wobei zum einen die starke Wechselwirkung mit den Nukleonen im Targetkern durch *Streulängen* b gekennzeichnet ist, die im Gegensatz zur Photonenwechselwirkung gerade bei den leichten Kernen groß sind und zwischen benachbarten Nukliden starke Unterschiede zeigen (s.Abschn. 2.1.2). Zum anderen haben die Neutronen auch ein magnetisches

Dipolmoment μ, mit dem sie an den magnetischen Zentren im Festkörper streuen können und so zu deren Studium verwendet werden. Allerdings ist die Beschreibung der Spin-Spin-Streuung der magnetischen Momente aneinander zu kompliziert, um sie hier zu behandeln. Die starke Neutronenstreuung an den spinlosen Kernen einer Probe aus nur einem Element entspricht aber völlig der Streuung von Röntgenstrahlen und liefert auch (bis auf die Kerne anstelle der Elektronen als Streuzentren) im wesentlichen die gleichen Informationen, wie ein Laue-Diffraktogramm: Die Verteilung der Streuzentren ergibt sich aus der *kohärenten Streuung*.

$$(d\sigma/d\Omega)_{coh} \propto N\overline{b}^2 \, \delta(\hat{q} - \hat{q}_B) \tag{2.33}$$

wo $\hat{q}$ der Richtungsvektor der gestreuten Neutronen und $\hat{q}_B$ der Richtungsvektor der Bragg-Streuung der Gl. (2.31), verallgemeinert auf ein Raumgitter ist[14].

Dabei ist $\overline{b}^2$ das über alle Streuzentren gemittelte Streulängenquadrat, dessen Elementabhängigkeit sich in dem in Abb. 2.11 gezeigten Verlauf des Neutronenwirkungsquerschnitts widerspiegelt. Bei einem aus identischen und ruhenden Streuzentren bestehenden Gitter sind alle Streulängen gleich, also $\overline{b} = b_i = b$ und die gesamte Streuung ist durch Gl.(2.33) mit $\overline{b}^2 = b^2$ beschrieben. Wenn das Gitter aus Elementarzellen mit unterschiedlichen Nukliden als Streuzentren aufgebaut ist, deren Spins zudem verschieden orientiert sein können, so ist $\overline{b} \neq b$, wo $\overline{b}$ die Streulänge des mittleren Potentials nach Mittelung über alle verschiedenen Streuzentren und Spinstellungen ist. Dann bewirken die gemittelten Abweichungen der individuellen Streulängen vom Mittelwert einen statistisch verteilten Beitrag, der nicht der Bragg-Bedingung unterliegt. Mit $\overline{(b - \overline{b})^2} = \overline{b}^2 + (\overline{b})^2 - 2\overline{b\overline{b}} = \overline{b}^2 - (\overline{b})^2$, erhalten wir so die *inkohärente Streuung*

$$\sigma_{inc} = N\left[\overline{b}^2 - (\overline{b})^2\right] \tag{2.34}$$

worin $\overline{b}^2 - (\overline{b})^2 = N^{-2}[\Sigma \, b_i^2 - (\Sigma b_i)^2]$. Dieser Beitrag ist isotrop verteilt und enthält somit keine Information über die Gitterstruktur, sondern nur über die an der Streuung beteiligten Atomsorten und gemittelten Spinstellungen. Er ist der zwischen den Bragg-Maxima auftretenden elastischen Streuintensität zu entnehmen.

Wenn das Streuzentrum sich während des elastischen Streuvorgangs bewegt, wird das Wellenpaket des gestreuten Projektils gestört, was der Streuenergie eine Unschärfe ω gibt. Das führt zur *quasielastischen Streuung*, die eine Energieverbreiterung der inkohärenten Streuung (2.34) bewirkt und gemäß

---

[14] Die δ-Funktionen sind so definiert, daß nur $\delta(0) = 1$ und sonst $\delta = 0$ ist.

$$(d\sigma/d\Omega)_{inc} \propto \sigma_{inc} S(E_n,\omega) \tag{2.35}$$

berücksichtigt wird. Hierin ist $S(E_n,\omega)$ die *Autokorrelationsfunktion*, die für $T = 0$ K den Wert 1 hat. Dann sind die Details der Streuzentrenverteilung zwar räumlich statistisch verteilt, aber zeitlich „eingefroren", d.h. bewegungslos. Die Autokorrelationsfunktion gibt deshalb das gemittelte Zeitverhalten der Streuzentren in der Probe wieder. Aus diesem Grunde werden mit der quasielastischen Streuung Diffusionsvorgänge im Festkörper und die Dynamik von Flüssigkeiten untersucht.

In der *inelastischen Streuung* werden die quantenhaften, also mit festen Energieverlusten E_x der gestreuten Sonden verbundenen kollektiven Anregungen des Gitterverbandes sichtbar. Sowohl mit Photonen als auch mit Neutronen wird auf diese Weise das Spektrum der *Phononen* im Target gemessen. Dies sind die Schallquanten, mit denen sich in den inelastischen Prozessen die Stoßenergie in diskreten Stufen auf das quantenmechanische System des Streuzentrenverbandes übertragen läßt. Wenn man die Abhängigkeit der Phononen-Anregungsstärken von der Einschußenergie mißt, erhält man deren *Dispersionskurven*, in denen sich die Dynamik des ganzen Streuzentrenverbandes widerspiegelt. Auf analoge Weise läßt sich über die spinabhängige Streuung die Anregung von *Magnonen* untersuchen, die man als magnetische Schallwellen betrachten kann. Sie geben Einblick in die kollektive Struktur der miteinander wechselwirkenden magnetischen Momente der Streuzentren im Target.

Damit ist das weite Gebiet der Strukturanalyse mit nuklearen Sonden umrissen. Besonders durch die enormen Intensitäten der neuen Strahlungsquellen (s. Abschn. 2.7) sind heute Laue-Diagramme der kohärenten Streuung in Zeiten von 10^{-9} s erzielbar, wodurch die Gitterstruktur auf der Zeitskala der elementaren Anregungen im Probeninneren studiert werden kann! Außerdem sind damit Prozesse höherer Ordnung (*Selbstwechselwirkungen* und *Nichtlinearitäten*) in der Gitterdynamik dem Studium zugänglich geworden.

2.6.2 Mößbauerspektroskopie

Im Mößbauer-Effekt wurde ein normaler und lange bekannter Kernzerfall durch die Verbindung mit den physikalischen Eigenschaften eines Kristallgitters zu einem überraschenden Forschungsinstrument, das ungeahnte Möglichkeiten eröffnete. Die Entdeckung des Effekts wurde von *R.L. Mößbauer* 1958 mitgeteilt. Die dadurch ausgelöste Entwicklung war so rasant, daß er bereits 1961 dafür mit dem Nobelpreis ausgezeichnet wurde. Wir werden zunächst die physikalischen Prinzipien des Effektes kurz darlegen.

Grundlage ist der Gammazerfall eines Radionuklids. Wenn Δm die Massendifferenz zwischen Anfangs- und Endzustand des Zerfalls und τ die mittlere Lebensdauer des Anfangszustands ist, so hat die Zerfallsenergie $c^2 \Delta m = E^*$ eine Unschärfe $\Delta E =$

$\hbar / \tau$, die als *natürliche Linienbreite* bezeichnet wird. Im Falle des wichtigsten Mößbauer-Nuklids ^{57}Fe ist $\tau = 1.41 \cdot 10^{-7}$ s, woraus $\Delta E = 4 \cdot 10^{-9}$ eV folgt. In der Näherung (s. unten), daß $E_\gamma \approx E^* = 14.4$ keV bedeutet das eine relative Unsicherheit der Zerfallsenergie von $\delta E_\gamma = \Delta E/E = 4 \cdot 10^{-13}$. Dies ist eine extrem geringe Energieunschärfe, die durch die ungewöhnlich lange Lebensdauer (isomerer Übergang, s. Abschn. 1.3.3) bedingt ist. Im Zerfallsprozeß eines ruhenden Nuklids ist das beobachtete E_γ aber um die *Rückstoßenergie* E_R des Endkerns der Masse M verringert, die aus der freiwerdenden Energie des Übergangs bestritten werden muß. Wir haben daher aus der Erhaltung des Gesamtimpulses (der vor dem Zerfall verschwindet),

$$p_\gamma = M v_R = \sqrt{2ME_R} \, , \, p_\gamma = E_\gamma/c, \text{ also}$$
$$E_R = E_\gamma^2/2Mc^2 \tag{2.36}$$

Mit $E^* = E_R + E_\gamma$ und $E^*/Mc^2 \ll 1$ gibt das $E^* = E_\gamma$, also

$$E_R = E^{*2}/2Mc^2 \qquad E_\gamma = E^*[1-(E^*/2Mc^2)] \tag{2.36'}$$

Damit erhalten wir eine Rückstoßkorrektur für das emittierte Gammaquant von $\Delta E_\gamma = - E^{*2}/2Mc^2$, die für den ^{57}Fe-Zerfall $1.9 \cdot 10^{-3}$ eV ausmacht, also die natürliche Linienbreite um den Faktor 10^6 übertrifft. Wenn das zerfallende Nuklid in thermischer Bewegung ist, müssen die Energien in Anfangs- (E_1) und Endzustand (E_2) um die kinetische Energie des Atoms erweitert werden.

$$E_1 = E^* + p^2/2M \, , \, E_2 = (p-p_\gamma)^2/2M$$
$$E_\gamma = E_1-E_2 = E^* + p \cdot p_\gamma/M - p_\gamma^2/2M \tag{2.37}$$

Nach Gl.(2.36') stellt $E^* - (p_\gamma^2/2M) = E^*-E_R$ die von einem ruhenden Kern emittierte Gammaenergie dar. Der Term $p \cdot p_\gamma/M = v p_\gamma$ ist die Energieänderung aufgrund der *Dopplerverschiebung* mit dem Maximalbetrag $E_D = E_\gamma \sqrt{2E_{th}/Mc^2}$. Dieser überdeckt also, wegen $E_D/E_R = \sqrt{2Mc^2 E_{th}}/E_\gamma \approx 3$ für $T \approx 300$ K, bei weitem den Bereich des Rückstoßimpulses, wie Abb. 2.32 zeigt.

Um die Eigenschaften eines angeregten Zustands zu studieren, versucht man häufig, ihn durch Einstrahlung von Photonen resonant anzuregen. Um hierzu die von einem anderen Kern im gleichen Zustand zuvor emittierte Strahlung verwenden zu können, muß man diesem die Energieverschiebung $E^* - E_\gamma$ der emittierten Photonen vorher mitgeben, damit nach dem Rückstoßverlust das Maximum der Photonenenergie gerade bei $E_\gamma = E^*$ liegt. Man kann dazu die Quelle bewegen, sodaß die resultierende Dopplerverschiebung

$$vp_\gamma = E_R = E^2_\gamma/2Mc^2 \tag{2.38}$$

ist. Für ^{57}Fe folgt daraus $(v/c) = E_\gamma/2Mc^2 = 1.4\cdot10^{-7}$ und $v = 41\ ms^{-1}$.

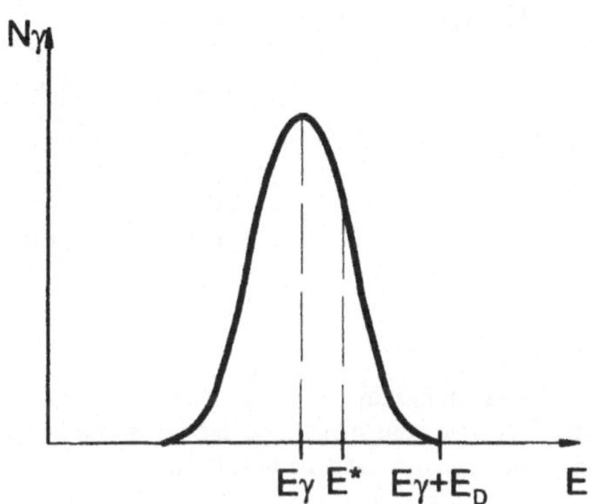

Abb. 2.32: Gammaspektrum eines Kernzerfalls. Die Zerfallsenergie E* wird durch die Rückstoßenergie E$_R$ auf E$_\gamma$ verringert und durch die Dopplerenergie so verbreitert, daß ein Teil
der Gammas wieder mit E* emittiert wird.

Dieses Verfahren ist realisiert worden, indem man die Quelle bzw. den Absorber
auf einen rotierenden Halter gesetzt und die Zunahme der Resonanzstreuung mit
der Rotationsgeschwindigkeit beobachtet hat. Mößbauer wollte dagegen ursprünglich die Abnahme der Resonanzabsorption durch Kühlen der Quelle beobachten.
Dabei wird, wie Abb. 2.32 zeigt, die thermische Dopplerverbreitung schmaler und
die Zahl der emittierten Photonen mit Energie E* nimmt ab. Zu seiner Überraschung entdeckte er, daß die Resonanzabsorptionsrate stattdessen mit sinkender
Temperatur zunahm! Den Grund fand er in einer Emissionslinie der Quelle, die bei
$E = E^*$ lag, also keine Rückstoßverschiebung zeigte und mit sinkendem T immer
stärker wurde. Der Nachweis wurde geführt durch die Zerstörung der Resonanzfluoreszenz mittels Dopplereffekt nach Gl. (2.38), wobei $2vp_\gamma = \Delta E$ der natürlichen
Linienbreite des Zustands sei. Wenn die emittierte Frequenz soweit „verstimmt"
wird, nimmt die Resonanzabsorption auf einen Bruchteil ab, wie in Abb. 2.33
schematisch dargestellt ist.
Die hierfür erforderlichen Geschwindigkeiten ergeben sich dann nach Gl.(2.38)
beim ^{57}Fe zu $(v/c)_r = \Delta E/E_\gamma = 3\cdot10^{-13}$ und $v_r \approx 0.1$ mm/s. Das Problem ist also
nicht mehr, die Apparatur bei großen Geschwindigkeiten zu stabilisieren, sondern
vielmehr kleine Geschwindigkeiten genau zu regeln!

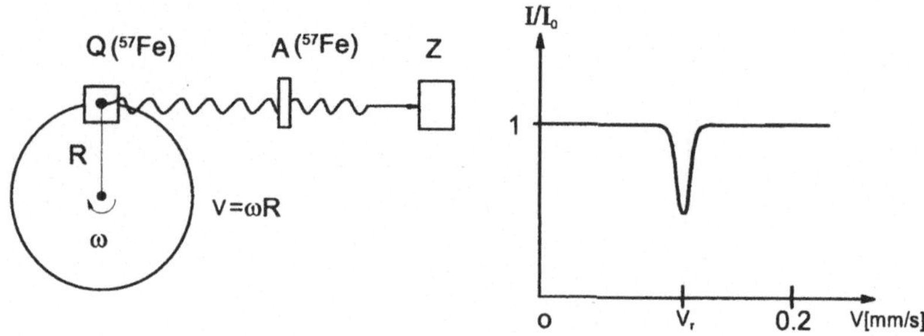

Abb. 2.33: Messung des Mößbauereffektes. Durch die Bewegung der Quelle Q wird der Rückstoßverlust der Emission kompensiert, so daß bei v_r die Strahlung im Absorber A resonant gestreut wird und die Zählrate in Z sinkt.

Fragen wir uns nun, woher diese *rückstoßfreie Emission* in Kristallen kommt (in Gasen und Flüssigkeiten tritt sie nicht auf). Im Festkörper bilden die an ihre Nachbarn chemisch gebundenen Kristallatome Oszillatoren, die nach der Quantenmechanik gemäß der Kopplungsstärken an die Nachbarn diskrete Energiezustände haben und ein Vibrationsspektrum mit Anregungsenergien ε_v aufweisen. Für T > 0 sind die Zustände dieses Spektrums gemäß der Boltzmannverteilung proportional zu $\exp[-\varepsilon_v/kT]$ besetzt. Im einfachsten Fall wird die beim Gammazerfall eines solchen Gitteratoms auftretende Rückstoßenergie E_R aufgenommen, indem das Gitteratom in einen um E_R höher angeregten Vibrationszustand wechselt. Die in einem Ensemble von Mößbauernukliden zerfallenden Kerne finden sich dann wieder in einer neuen Boltzmannverteilung, die um die Energie E_R verschoben ist. Alle diese Übergänge haben aber ebenfalls eine Zerfallsamplitude, bei der *kein* Wechsel des Vibrationszustands stattfindet, sondern der Rückstoßimpuls vom Festkörperverband aufgenommen wird, sodaß nach Gl. (2.38) $E_R = E_\gamma^2/2M_0c^2$ resultiert. Dabei ist M_0 die Masse des den Rückstoßkern aufnehmenden Kristallvolumens. Das ist jedoch nicht die gesamte Masse des Kristalls, sondern nur die innerhalb eines Volumens mit Radius $r = c_S\Delta t$, wo Δt die seit Bildung des zerfallsbereiten Kerns verflossene Zeit und c_S die Schallgeschwindigkeit im Kristall ist. Bis zu diesem Abstand kann der aktive Kern durch Ausbreitung der Wellenfunktion seine Zerfallsbereitschaft den umgebenden Kristallatomen „signalisieren". Man setzt $\Delta t = \tau$, der Lebensdauer des Zustands, obwohl die genaue Rückstoßmasse offensichtlich vom Zeitpunkt des Zerfalls abhängt [Fra63]. Als Beispiel sei $c_S = 5$ km s^{-1} und die Lebensdauer $\tau = 10^{-7}$ s sowie die mittlere Nachbardistanz im Kristall $\langle d \rangle = 0.5$ nm mit Bausteinen der Masse M = 50. Dann ergibt sich daraus $E_R = 2 \cdot 10^{-22}$ eV, sodaß man mit Recht von „rückstoßfreier" Emission sprechen kann.

Aufgabe 2.7: Rechnen Sie dieses Beispiel nach.

Der Anteil der rückstoßfreien Übergänge nimmt mit abnehmender Temperatur zu und ist durch den *Debye-Waller-Faktor* [Weg65] gegeben.

$$f_{DW}(T) = \exp[-c<x^2(T)>] \tag{2.39}$$

wobei $<x^2>$ das gemittelte Quadrat der atomaren Schwingungsamplituden um ihre Ruhelage im Gitter ist, das von T und der Wechselwirkung mit den Nachbaratomen abhängt. Es wächst mit T, weil die mittlere Schwingungsenergie proportional $<x^2>$ ist und mit T zunimmt[15].

Der physikalische Grund für das Abnehmen von f_{DW} mit wachsendem T liegt darin, daß in der Boltzmannverteilung immer mehr Vibrationsniveaus den Rückstoß aufnehmen können, sodaß das statistische Gewicht des einen rückstoßfreien Übergangs in der wachsenden Gesamtzahl der Übergangsamplituden immer geringer wird. Bei abnehmender Temperatur tritt dann der umgekehrte Effekt auf.

Für den Mößbauereffekt geeignete Radionuklide weisen angeregte Zustände auf, die nicht zu kleine Übergangsenergie bei möglichst langen Lebensdauern haben, also isomere Übergänge sind. Sie werden in Kernreaktionen produziert oder entstehen im voraufgehenden Zerfall eines Mutternuklids, dessen lange HWZ die nützliche Zeitspanne garantiert, in der die Mößbauerquelle genutzt werden kann. Das am weitesten verbreitete Mößbauerpräparat enthält ^{57}Co, das mit 270 d HWZ in ^{57}Fe übergeht, bei dessen Zerfall zum Grundzustand das 14.4 keV Niveau durchlaufen wird (s. Abb. 2.34). Dabei wird das ^{57}Co aus (d,n) Kernreaktionen an dem häufigsten Eisenisotop ^{56}Fe gewonnen. Die Reaktionskette lautet also (GS· Stabiler Grundzustand)

$$^{56}\text{Fe}(d,n)^{57}\text{Co}(270\ d)\text{EC} \rightarrow {}^{57}\text{Fe}(14{,}4\ \text{keV},\ 98\ \text{ns}) \rightarrow {}^{57}\text{Fe}(\text{GS}) + \gamma$$

Ein weiteres wichtiges Mößbauerisotop ist ^{67}Zn

$$^{66}\text{Zn}(d,n)^{67}\text{Ga}(78.3\ h)\text{EC} \rightarrow {}^{67}\text{Zn}(93.3\ \text{keV},\ 9.3\ \mu s) \rightarrow {}^{67}\text{Zn}(\text{GS}) + \gamma$$

---

[15] Klassisch würde $f_{DW}(0) = 1$ sein, aber die quantenmechanische Nullpunktsbewegung bewirkt, daß für T = 0 noch immer $<x^2(0)> \neq 0$ und daher $f_{DW}(0) < 1$ ist.

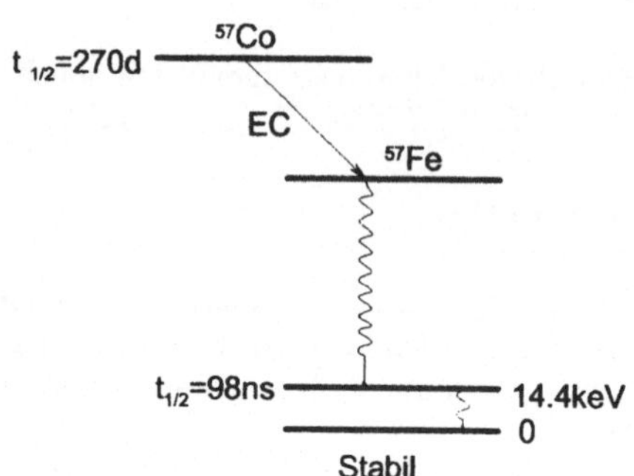

Abb. 2.34: Zerfallsschema des ^{57}Co.

Dieser Mößbauerübergang hat die höchste relative Linienschärfe von $\delta E_\gamma = \Delta E/E_\gamma = 7 \cdot 10^{-16}$.

Ein weiterer,wegen der langen Lebensdauer der Quelle häufig verwendeter Übergang mit $\delta E_\gamma = 3 \cdot 10^{-12}$ ist

$$^{150}\text{Sm}(n,\gamma)\ ^{151}\text{Sm}(90\ a) \rightarrow e\bar{\nu} + {}^{151}\text{Eu}(21.5\ \text{keV},\ 9.7\ \text{ns}) \rightarrow {}^{151}\text{Eu}(\text{GS}) + \gamma$$

Durch die rückstoßfreie Gammaemission ist es also gelungen, Energiezustände mit der Präzision ihrer natürlichen Linienbreite zu messen, was einer plötzlichen Verbesserung der Energieauflösung um etwa 5 Größenordnungen entsprach! Damit wurde es möglich, physikalische Effekte zu untersuchen, bei denen so kleine Energiedifferenzen auftreten, daß sie zuvor als praktisch unmeßbar galten. Dementsprechend wurde die Methode in der Physik und den Nachbargebieten der Chemie in kürzester Zeit verbreitet und ist heute nicht mehr wegzudenken.

Von der Vielzahl dieser Anwendungen kann nur ein kleiner Eindruck vermittelt werden. Beginnen wir mit einem Experiment aus der Relativitätstheorie.

1. *Messung des Photonengewichts im Erdfeld*. Wenn eine Quelle der Gammaenergie E^* um die Höhe H im Erdfeld gehoben wird, so wird ein Zähler bei H = 0 gemäß dem Äquivalenzprinzip von träger und schwerer Masse für diese Strahlung die Energie $E_0 = E^* + mgH$ nachweisen, wobei $m = E^*/c^2$ das Photonengewicht ist. Gleichermaßen sollte dann beim Vertauschen von Quelle und Detektor die Energie $E_H = E^* - mgH$ gemessen werden. Durch Bestimmung der Differenz $\Delta E = E_0 - E_H = 2\,mgH = 2(E^*/c^2)gH$ konnte das Äquivalenzprinzip an Photonen im Erdfeld bei einer Höhendifferenz von H = 22.5 m bestätigt werden [Pou60]. (Die interessanten

Details dieses wegen der Kleinheit des Effektes ziemlich raffinierten Experiments können bei [Weg65, S.200 ff] nachgelesen werden[16].

2. *Festkörperphysik:* Wegen der Verknüpfung des Mößbauereffekts mit der Struktur der Quellenumgebung hat ihn die Festkörperphysik naturgemäß am umfangreichsten genutzt. Ein Beispiel hierfür ist die Bestimmung des Einflusses der Kerngestalt auf die Elektronenbindung. Da E^* beim Zerfall des Radionuklids den Energieunterschied zwischen Anfang und Endzustand des gesamten, über die elektromagnetische Wechselwirkung mit den Nachbaratomen verbundenen Systems wegführt, spiegeln sich darin auch die Modifikationen der Elektronenbindungsenergie für Zustände, die in Kernnähe eine Aufenthaltswahrscheinlichkeit $|\Psi(0)|^2 \neq 0$ haben. Wenn daher der mittlere Radius $<r>$ der Ladungsverteilung ρ des Kerns sich beim Mößbauerübergang vergrößert, wird das Coulombpotential in Kernnähe abgeschwächt und die Bindungsenergie für kernnahe Elektronen verringert sich, bei einer Verkleinerung von $<r>$ vergrößert sie sich entsprechend. Dies wird als *Isomerieverschiebung* gemessen (da der Anfangszustand des Nuklids in der Regel ein Isomer ist). Auf die gleiche Weise machen sich unterschiedliche Wertigkeiten der verschiedenen Ionenzustände im Festkörper in $|\Psi(0)|^2$ bemerkbar und sind deshalb über die Isomerieverschiebung meßbar. Dasselbe gilt für die Zustände, in denen das Elektron seinen Bindungszustand nur zeitweise besetzt, das Ion also zwischen verschiedenen Valenzzuständen fluktuiert. Aus der Isomerieverschiebung ist das relative Gewicht der einzelnen Zustände, also das Zeitverhalten dieser Valenzfluktationen bestimmbar.

Wenn die Ladungsverteilung des Kerns nicht sphärisch sondern längs einer Symmetrieachse deformiert ist, so besitzt er ein Quadrupolmoment $Q[\text{Asm}^2]$. Ist der Kernspin $I \geq 1$, so läßt sich der Kern in einem externen elektrischen Feldgradienten χ_{zz} $[\text{Vm}^{-2}]$ ausrichten, wobei das Radionuklid die Energieänderung $\Delta E_Q = Q\chi_{zz}$ erfährt, die sich in einer Verschiebung der Zerfallsenergie E^* widerspiegelt. Die Messung dieser *Quadrupolaufspaltung* der Mößbauerlinien erlaubt es, bei bekanntem Q die inneren elektrischen Feldgradienten am Kernort zu messen oder bei bekanntem χ_{zz} das Q des Kerns zu bestimmen. Für Details siehe [SW97, Weg65].

Auf ganz analoge Weise läßt sich auch das mit dem Kernspin I verbundene magnetische Moment μ in einem Magnetfeld B ausrichten, wie wir bereits in Abschn. 2.5.2 dargestellt haben. Die resultierenden Energieunterschiede der $2I+1$ verschiedenen M-Unterzustände (Projektionen von I auf die Magnetfeldrichtung) die gemäß der Boltzmannverteilung besetzt sind, zeigen sich in der Aufspaltung der Emissions- bzw. Absorptionsenergie des angeregten Kernzustands in ein Multiplett, so wie es in Abb. 2.35 für die Resonanzabsorption an ^{57}Fe gezeigt ist.

[16]Wie in diesem Anwendungsbeispiel, so sind auch in anderen Fällen Methoden der Kernphysik zur Beantwortung fundamentaler physikalischer Fragestellungen herangezogen worden. Ein sehr aktuelles Beispiel ist die Verwendung von ultrakalten Neutronenstrahlen bei der Realisierung früher als unmachbar geltender Gedankenexperimente der Quantenmechanik, (s. z.B. [Rau98]).

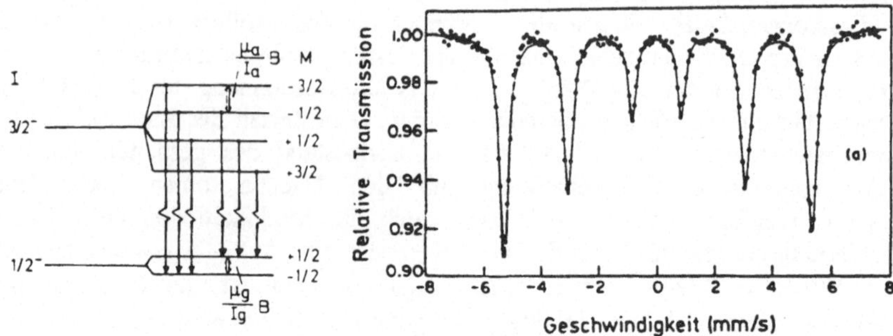

Abb. 2.35: ^{57}Fe-Mößbauerspektrum für eine magnetisierte Quelle und Resonanzabsorption in unmagnetisiertem Eisen (d.h. die Emitterkerne sind im externen B-Feld ausgerichtet, die Absorberkerne dagegen nicht). Links: Aufspaltung des Emissionsspektrums im Magnetfeld B in 6 den Auswahlregeln gehorchende Übergänge (a = angeregter Zustand, g = Grundzustand). Rechts: Messung dieser Aufspaltung durch Variation der Absorbergeschwindigkeit. Die unterschiedlichen Linienstärken spiegeln die statistischen Gewichte der Zustandsspins wider (nach [SW97]).

(Die normalerweise auftretende gegenseitige Kopplung von Kernspin I und Hüllenspin J zum Hyperfeinspin F entfällt im Metallgitter, da die den Spin bildenden Elektronen der 3d-Schale an das Leitungsband abgegeben sind, sodaß der verbleibende Ionenrumpf im Mittel keinen Elektronenspin hat). Jede der sechs Emissionslinien wird bei entsprechender Quellengeschwindigkeit so Doppler-verschoben, daß ihre Energie dem Abstand des nichtaufgespaltenen Übergangs entspricht und im Target resonant absorbiert wird In der Abb. 2.35 wurde der Wert des Feldes am Ort der Emitterkerne bei T = 4 K zu 33.3 Tesla bestimmt. Damit besitzt die Festkörperphysik im Mößbauereffekt ein wichtiges Verfahren zur Bestimmung von magnetischen Gitterstrukturen.

2.6.3   Gestörte Winkelkorrelationen (PAC)

Die Wechselwirkung der Kernmomente mit den elektrischen und magnetischen Gitterfeldern kann man noch weiter ausnutzen. Das basiert darauf, daß die Spinsysteme in einem äußeren Feld präzedieren, wie wir schon in Abschn. 2.5.2 dargestellt haben. Gehen wir aus von einem konsekutiven Zweistufenzerfall $N_2 \rightarrow N_1 \rightarrow N_0$ eines angeregten Kerns, z.B. einem Betazerfall, der von einem Gammazerfall gefolgt wird. Wenn man nur eine von beiden Strahlungen nachweist, so sind diese isotrop (d.h. in allen Richtungen gleich verteilt). Mißt man aber die Gammastrahlung nur für die Ereignisse, bei denen das Elektron in eine vom Betazähler vorgegebene Richtung emittiert wurde, so ist die Gammastrahlung im allgemeinen nicht mehr isotrop verteilt, weil mit dem Emissionswinkel des Elektrons eine bestimmte

Ausrichtung des Kernspins im Zwischenzustand bevorzugt wurde und die Winkel-verteilung der Gammaemission ausgerichteter Kerne nicht mehr isotrop ist [MK94]. Einen solchen in einer Koinzidenzmessung bestimmten Zusammenhang zwischen der Elektronenrichtung und der nachfolgenden Gammastrahlung nennt man eine *Winkelkorrelation*. Hat der Zustand N_1 eine Lebensdauer τ_1, so präzediert sein magnetisches Moment μ_1 in einem Feld B, solange der Zerfall zu N_0 noch nicht eingetreten ist. Die für B = 0 erwartete Winkelkorrelation wird also durch die Drehung im B-Feld gestört und deshalb *gestörte Winkelkorrelation PAC* (perturbed angular correlation) genannt. Für die Drehung des Quadrupolmoments in einem χ_{zz} gilt das Analoge. Diese Drehungen können gemessen und wiederum zur Bestimmung der inneren B- bzw. χ-Felder genutzt werden. Auf solche Weise lassen sich die Magnetstrukturen am Kernort bestimmen und die mit der Ladungsverteilung fluktuierenden Zufallsfelder χ nachweisen. (Sie liegen in der Größenordnung von 10^{21} V/m^2). Besonders für die Messung der Gitterstörung infolge Strahlenschädigungen ist die Messung der Quadrupoldrehung geeignet, weil im perfekten (kubischen) Gitter $\chi_{zz} = 0$ ist, seine Größe also ein Maß der Gitterstörung darstellt. Andererseits kann das Verschwinden der PAC mit steigender Gittertemperatur benutzt werden, um die Dynamik der Ausheilprozesse an den Gitterschäden zu studieren. Weitere Einzelheiten zu diesen aktiven Forschungsgebieten kann man den Spezialdarstellungen entnehmen [SW97].

2.6.4 Kernresonanzmethoden in der Festkörperphysik

Die in Abschn. 2.5.2 besprochenen Methoden der Kernspinresonanz sind auch in der Festkörperphysik weitverbreitet. Wir geben hierfür einige Beispiele.

1. *Metallelektronen:* In Metallen bilden sich Leitungsbänder, in denen die Elektronen nicht mehr an einen Ionenrumpf gebunden, sondern im ganzen Festkörper frei beweglich sind. Der Grund hierfür liegt darin, daß die äußersten, d.h. am schwächsten gebundenen Elektronen sich auch am weitesten vom Atomkern entfernen können. Ihre ausgedehnten Wellenfunktionen um das Gitteratom reichen im Metallgitter bis in die äußeren Bereiche der entsprechenden Hüllenzustände des Nachbaratoms, so daß die Elektronen in diesen Zuständen von einem Gitterplatz zum nächsten ungehindert wechseln können. (Wenn ein solcher Zustand im Atom mit n Elektronen besetzt werden kann und N-Atome ein Leitungsband ausbilden, so haben im Leitungsband im ganzen nN-Elektronen Platz. Im Festkörper ist $N \approx 10^{23}$-10^{24}). In einem externen Feld B_e richten sich die Elektronenspins aus und bilden, soweit entsprechende Plätze im Leitungsband frei sind, einen Besetzungsüberschuß im energetisch günstigeren Zustand gemäß der Gl.(2.28). Damit entsteht bei Metallen im B_e-Feld ein Magnetisierungsvektor **M**, der die Ursache des *Paramagnetismus der Metalle* ist. Die Elektronen reagieren auf das von dem **M** erzeugte innere B-Feld mit einer Änderung ihrer Wellenfunktion, also auch der Aufenthaltswahrscheinlichkeit $|\psi(0)|^2$ in Kernnähe. Dadurch wird wiederum das Magnetfeld

am Kernort verändert, sodaß eine Verschiebung der NMR-Energien die Folge ist. Diese wird als *Knight-Shift* bezeichnet und ihre Messung dient zur Bestimmung von $|\psi(0)|^2$.

2. *NMR mit Radionukliden:* In der üblichen NMR ist Δn so klein, daß für ein brauchbares NMR-Signal $\approx 10^{14}$ Nuklide nötig sind. Wenn man stattdessen die oft sehr großen Spins ausrichten kann, die in den Endzuständen von Kernreaktionen oder radioaktiven Zerfällen auftreten, so reichen bereits 10^6 Sondennuklide aus. Gibt man daher mit einem externen Feld B_e diesen Kernspins einer Orientierungsrichtung vor, so zeigen die nachfolgenden Zerfälle eine Anisotropie, wie wir bereits oben erwähnt haben. Durch Einstrahlung eines HF-Feldes mit ω_R nach Gl. (2.26'), kann man dann eine Gleichverteilung der Kernspins induzieren. Das Verschwinden der Anisotropie der Reaktionsprodukte aus den Folgezerfällen gibt damit den unbekannten g-Faktor des Zwischenzustandes, bzw. die Präzessionsrotation der Winkelverteilung bei bekanntem B-Feld erlaubt es, die Lebensdauer τ des Zwischenzustandes zu messen.

3. *Müonen-Spinresonanz in Festkörpern (μSR):* Diese kernphysikalische Methode in der Festkörperphysik ist den Tracerverfahren verwandt. Anstelle eines zerfallsbereiten Atomkerns tritt hierbei ein *Müon*, das ist ein schweres Elektron mit $m_\mu = 200\ m_e$ und einer Lebensdauer $\tau = 2.2\ \mu s$ für den Zerfall $\mu^- \to e\,\bar{\nu}_e\nu_\mu$ bzw. $\mu^+ \to \bar{e}\nu_e\bar{\nu}_\mu$, wobei die Elektronen eine mittlere kinetische Energie von 36 MeV erhalten, während die Neutrinos im Mittel die restlichen 68 MeV der Zerfallsenergie forttragen. Die Erzeugung der Müonen geschieht in großen Teilchenbeschleunigern bei $E_p \geq 600$ MeV über die Reaktionen

$$p + p \to p + n + \pi^+(26\ \text{ns}) \to \nu_\mu + \mu^+(2.2\ \mu s) \to \bar{e}\nu_e\bar{\nu}_\mu$$

$$p + n \to p + p + \pi^-(26\ \text{ns}) \to \bar{\nu}_\mu + \mu^-(2.2\ \mu s) \to e\bar{\nu}_e\nu_\mu$$

Da die *Pionen* $\pi^-(\pi^+)$ keinen Spin besitzen, aber die im Zerfall entstehenden *Neutrinos* $\bar{\nu}_\mu(\nu_\mu)$ die Polarisation[17] $P_\nu = +1(-1)$ haben, also theoretisch vollständig rechts (links)-händig polarisiert sind, sind auch die Müonen μ^- (μ^+) praktisch vollständig polarisiert, dh. $P_\mu = -1(+1)$ und der Müonenzerfall ist maximal anisotrop

$$N(t) = N(0)\exp[-t/\tau_\mu](1 + p(t)\cos\phi) \tag{2.40}$$

[19]Die Polarisation P bestimmt sich über die relative Orientierung von Impuls p und Spin s des Teilchens, der parallel oder antiparallel zu p stehen kann: $P = \hat{p}\cdot\hat{s}$. Also definiert P = +1 eine rechtshändige Schraubenbewegung (im Uhrzeigersinn), für P = −1 ist der Drehsinn entgegengesetzt, also linkshändig.

wo N(t) die zur Zeit t nach der Produktion im Winkel ϕ zur Polarisationsachse (d.i. Impulsrichtung) emittierten Zerfallselektronen sind und P(t) $\leq$ 1 der zeitabhängige Polarisationszustand der Quelle ist. Da der Spin s_μ = ½ und m_μ = 200m_e = (1/9)m_p ist, kann offensichtlich μ^+ als *leichtes Proton* und μ^- als *schweres Elektron* in seiner Umgebung betrachtet werden. Wenn der Spin eines gestoppten Müons in einem B-Feld präzediert, überträgt sich diese Präzession auf die anisotrope Winkelverteilung des μ-Zerfalls und wir bekommen für einen gestoppten Müonenstrahl als zeitabhängige Modulation der Zerfallselektronenintensität

$$N(t) \propto (1 + p(t)\cos[\phi - \omega_R t])$$

wobei $\omega_R = \gamma_\mu B$ mit $\gamma_\mu = 0.85$ GHz/T die NMR-Frequenz ist.
Die dann von einem Elektronenzähler unter festem Winkel aufgenommene Zerfallskurve zeigt die Abb. 2.36.

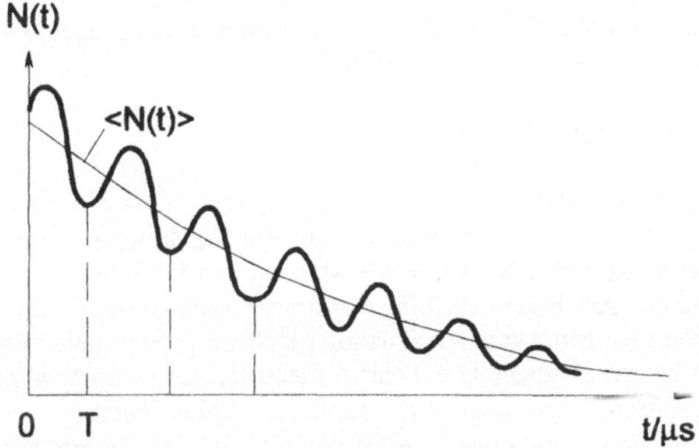

Abb. 2.36: Intensitätsabnahme der Zerfallselektronen von Müonen, die in einem Kristallgitter gestoppt wurden, unter festem Zerfallswinkel ϕ beobachtet. Die Abnahme folgt Gl. (2.40'), wobei T = 2π/<ω_R> und <N(t)> = exp[$-t/\tau$] ist.

Wenn die Myonen aus einem im Festkörper gestoppten Strahl an verschiedenen Orten i mit unterschiedlichen lokalen Feldern B_i zur Ruhe kommen, überlagern sich die Zerfallskurven zu einer Summe

$$N(t) \propto \exp[-t/\tau] \, \Sigma a_i(1 + \cos[\phi - (\omega_R)_i t]) = \exp[-t/\tau]\cos[\phi - \langle\omega_R\rangle t] \qquad (2.40')$$

aus der durch Fourieranalyse die Anteile a_i mit ihren Frequenzen $(\omega_R)_i$ ermittelt werden müssen. Als Beispiel hierfür sei die Bestimmung lokaler Magnetfelder

$B(x_i) = \omega_R(x_i)/\gamma$ genannt, wo x_i der Platz ist, an dem das Müon vor dem Zerfall zur Ruhe kam. Die Gitterdynamik sagt, daß dies vornehmlich Gitterzwischenplätze sind, wo also regulär kein Gitteratom Platz findet, das Müon wegen seiner Kleinheit aber leicht hinein passt. An diesen Stellen kann also das lokale B-Feld gemessen werden. Auch die Diffusion der Müonen im Festkörper kann auf diese Weise verfolgt werden: Da die lokalen B-Felder je nach Gitterplatz verschieden sind, ändert sich das ω_R während der Platzwechsel des Müons im Diffusionsvorgang. Im Spektrum der Abb. 2.36 macht sich das dann durch eine Verschiebung des ω_R nach der Zeit τ_D bemerkbar, wodurch die Diffusionsdauer des Müons vom Eintritt in die Probe bis zur Umgebung mit dem neuen lokalen B-Feld bestimmt ist. So lassen sich Diffusionskonstanten bestimmen und der Diffusionsmechanismus der Müonen im Festkörper untersuchen.

Auf die gleiche Weise gelingt auch das Studium des *Müoniums*. Darunter versteht man den (μ^+e^-)-Komplex, der sich im Festkörper bildet und einem leichten H-Atom entspricht. Seine Struktur ist durch die analoge quantenmechanische Bewegungsgleichung bestimmt und sein Verhalten unter dem Einfluß der lokalen B-Felder kann untersucht werden. Eine ausführliche Behandlung des Fragenkomplexes der Müonen in Festkörpern findet sich in [SW97].

2.6.5   Positronenvernichtung in Festkörpern

Wenn Positronen in eine Probe implantiert (d.h. „eingeschossen") werden, so sind sie nach ungefähr 10^{-12} s und einigen 100 μm Eindringtiefe auf thermische Energien abgebremst und diffundieren wie Müonen und Protonen in das Innere des Festkörpers hinein. Am Ende der Diffusionsstrecke annihilieren sie durch Kontakt mit einem freien Elektron. Diese Annihilation geschieht prompt unter Emission von zwei Gammas bei der Begegnung mit einem Elektron, dessen Spin antiparallel zum Positronenspin steht. Für den Fall paralleler Spins beträgt die Annihilationswahrscheinlichkeit nur etwa (1/400) davon, weil das System wegen seines Gesamtspins $S = 1$ in drei Gammaquanten zerfallen muß. Das Elektron kann aber auch das dem Müonium entsprechende *Positronium* ($\bar{e}e$) bilden und zwar wiederum im spinparallelen $S = 1$ (Ortho)-Zustand oder im antiparallelen $S = 0$ (Para)-Zustand, die den analogen Hyperfeinzuständen des H-Atoms ähneln, wegen der gleichen Masse von Elektron und Positron aber einen doppelt so großen Durchmesser wie das H-Atom besitzen. (In Metallen bildet sich kein Positronium, da die freien Leitungselektronen das Coulombpotential des $\bar{e}$ so stark abschirmen, daß kein gebundener Zustand entstehen kann). Das Positronium zerstrahlt auch spontan bei Abwesenheit freier Elektronen in der Umgebung, allerdings mit wesentlich größerer Lebensdauer als die prompte Positronenvernichtung: der Parazustand zerfällt in 125 ps, der Orthozustand lebt 142 ns. Wie schon bei der PET-Technik beschrieben, haben die beiden Gammas aus der $\bar{e}e$ Annihilation in Ruhe eine 180° Winkelkorrelation und eine feste Energie von 511 keV, was zur

Identifizierung des Positronenzerfalls dient. Da das thermalisierte Positron eine Energie von ~ 10 meV hat, ist die Bedingung der Ruhe in der PET hinreichend erfüllt. In der Festkörperphysik werden dagegen die Abweichungen des Positroniumzerfalls von Kollinearität und fester Zerfallsenergie zum Studium der Impulsverteilung der Elektronen im Festkörper genutzt, denn deren Energien (≤ 10 eV) übertragen sich auf die Schwerpunktbewegung des Positrons vor der Annihilation und die Impulse p_1 und p_2 der beiden Zerfallsphotonen. Zerlegen wir den Schwerpunktimpuls p_S in die Komponenten p_L (entlang der Richtung von p_1) und p_V (senkrecht dazu), so erhalten wir folgendes Bild

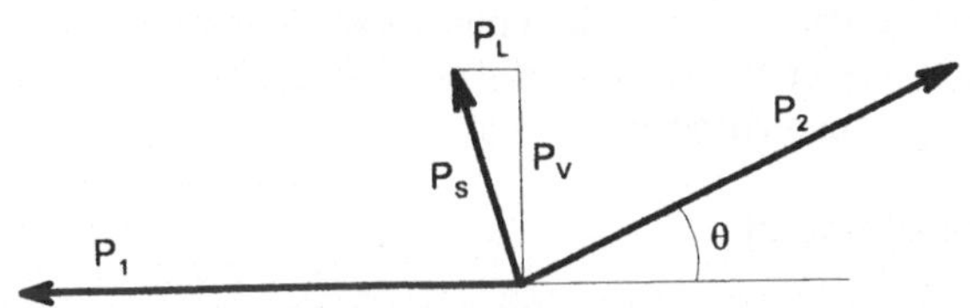

Abb. 2.37: Kinematik des Positronium (Ps)-Zerfalls. Wenn das Ps vor dem Zerfall nicht ruht, bewirkt der Schwerpunktsimpuls p_S, daß p_1 und p_2 nicht mehr kollinear sind.

Da für einen kleinen Korrelationswinkel $p_2 \approx mc$, dem Wert für den Zerfall in Ruhe ist, haben wir $\sin\theta \approx \theta = p_V/mc$. Da Außerdem die longitudinale Schwerpunktsbewegung $v_L = p_L/2m$ für die Photonen mit $E = mc^2$ zu einer Dopplerverschiebung $(\Delta v/v)_{1,2} = \pm v_L/c = \Delta E_{1,2}/E$ führt, haben wir $\Delta E_{1,2} = \pm cp_L/2$ und die Energiedifferenz der Vernichtungsquanten gibt die Beziehung

$$\Delta E = \Delta E_1 - \Delta E_2 = cp_L. \tag{2.41}$$

Damit ist der Impuls des $\bar{e}e$-Systems bei der Annihilation rekonstruierbar und daraus die Impulsverteilung der Elektronen im Festkörper.
Die Lebensdauer des Positrons im Festkörper ist durch seine Annihilationswahrscheinlichkeit bestimmt. Sind keine freien Elektronen vorhanden, kann es nicht prompt zerfallen. Eine Verkürzung seiner oben angegebenen spontanen Lebensdauer ist (nichtrelativistisch) nur durch die Elektronendichte in seiner Umgebung verursacht. Aus der Messung der mittleren Zeitdauer zwischen Bildung des Positrons und seinem Zerfall läßt sich also diese Elektronendichte genau bestimmen.

Positronenquellen: Aus der Zahl der in der Festkörperphysik verwendeten Positronenquellen sei abschließend als wichtigste das ^{22}Na genannt. Es hat die sehr günstige HWZ von 2.6 a und zerfällt zu 90% über Positronenemission zum ersten angeregten Zustand des ^{22}Ne, der unter Gammaemission von 1.275 MeV in den Grundzustand übergeht. Dieses Gamma ist ein ideales Startsignal für die Bildung des Positrons, von dem an seine Lebensdauer gemessen werden kann. Die ^{22}Na-Nuklide werden über Kernreaktionen in einem Beschleuniger erzeugt (z.B. ^{23}Na (p,d) oder ^{24}Mg(d,α)) mit typischen Quellstärken von $4\cdot10^8$ Bq ($\approx$ 10 mCi).

Eine neue Methode zur Erzeugung sehr starker $\bar{e}$-Quellen bietet sich bei den Hochflußreaktoren. Wenn ein thermischer n-Strahl in einem Cd-Absorber gestoppt wird, erzeugt jedes eingefangene n mehrere γ's im Energiebereich einiger MeV. Diese γ's kann man in einer W-Folie zur Paarbildung (s. Abschn. 2.1.3) ausnutzen. Im Fall einer völligen γ-Absorption im W erreicht man eine Ausbeute von 0.66 $\bar{e}$/(n,γ)-Reaktion, die im Mittel mit 800 keV erzeugt werden. Die $\bar{e}$ werden in der W-Folie thermalisiert und verlassen die Folie mit $\sim$ 3 eV (negative Austrittsarbeit für $\bar{e}$ an der W-Oberfläche), wenn die Foliendicke < Annhiliationslänge in W ist (100 nm). Deshalb müssen die Konverterfolien dünn sein und die $\bar{e}$-Ausbeute liegt wesentlich unter dem theoretischen Maximalwert.

2.6.6   Coulombexplosion

Dieser Prozeß ist uns schon bei der Diskussion der Funktionsweise elektrostatischer Tandembeschleuniger begegnet: Am Ende der ersten Beschleunigungsstrecke beim Durchgang des negativen Ions durch den Stripper verliert es einige Elektronen. Wenn es sich um ein Molekül handelt, wird dieses in seine Einzelatome aufgelöst. Der Grund hierfür liegt darin, daß der Molekülzusammenhalt durch ein delikates Gleichgewicht zwischen der Elektronenbindung im Molekül und der gegenseitigen Abstoßung der Atomkerne gegeben ist. Wenn durch die Entfernung der Elektronen diese Gleichgewichtsgeometrie gestört ist und nicht in der sehr kurzen Zeit des Foliendurchgangs wieder hergestellt werden kann, fliegt das Molekül auseinander. Im Falle der AMS ist dieser Effekt sehr nützlich, weil er die zahlreichen Moleküle aus dem Strahl entfernt, die gleiche Masse und Ladungszustand wie das gesuchte Isotop haben, also ionenoptisch nicht von diesem zu trennen sind.

Man kann den Effekt aber auch dazu verwenden, die ursprüngliche Geometrie des Moleküls zu rekonstruieren, wenn es sich z.B. um ein Radikal handelt, dessen begrenzte Lebensdauer eine normale Strukturanalyse unmöglich macht, oder das seine Struktur in zu kurzer Zeit verändert. Dazu muß man die Trajektorien der Einzelatome nach der Coulombexplosion kinematisch rekonstruieren und die Energien der Bruchstücke messen. Daraus läßt sich der ursprüngliche Molekülaufbau vollständig ermitteln. Der Ablauf eines Coulombexplosionsexperiments umfasst also die folgenden Schritte:

1. Erzeugung der Einzelmoleküle durch Sputtern an einer Oberfläche (s. Abschn. 3.1.3) und Beschleunigung in einer HV-Strecke.

2. Foliendurchgang ($\sim 10^{-17}$s) mit Elektronenverlust und Disintegration des Moleküls.

3. Nachweis der Parameter (M, Q, Z, E, **r**) in einem ortsauflösenden Großflächendetektor. Die besten Detektoren dieser Art können heute gleichzeitig bis zu zehn

Bruchstücke mit einer Auflösung von $\Delta x = 0.1$ mm zur Bestimmung des Auftreff-
ortes und der Zeitauflösung $\Delta t \sim 100$ ps bei der Bestimmung der Auftreffzeit im
Zähler nachweisen [Wer97]

4. Rückrechnung der Bahnen und Rekonstruktion der ursprünglichen Molekül-
geometrie [Vag89].Das Schema für eine solche Analyse zeigt die Abb. 2.38.

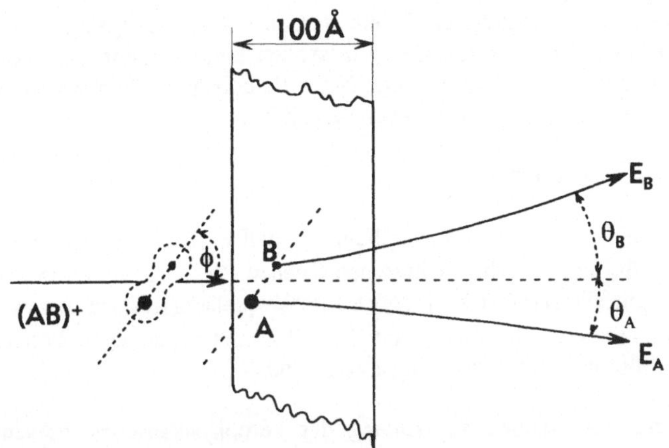

Abb. 2.38: Schema einer Coulombexplosion des Ions (AB)⁺. Die Energie E der Bruchstücke und
ihre Winkel θ zur Strahlachse werden koinzident gemessen.

Damit sind auch in komplexen Molekülen die einzelnen Atompositionen direkt
meßbar geworden, was für die Überprüfung von Strukturrechnungen sehr wichtig
ist. In Verbindung mit der *Feldionenmikroskopie*, bei der auf Elektronenspitzen
mit sehr starker Oberflächenkrümmung einzelne Atomlagen kontrolliert losgelöst
und isoliert beschleunigt werden können, sind einzelne Molekülionen im
Festkörperverband atomar auflösbar und können einer Analyse mit der
Coulombexplosion unterworfen werden. Dies kann man als *atomare Tomographie*
bezeichnen [Wer97].

2.7 Strahlungsquellen für Sondenteilchen

Wir wollen diesen Teil des Buches mit einer Übersicht des gegenwärtigen Standes
beim Bau leistungsfähiger Quellen für Sondenteilchen abschließen[18].

---

[18]Bei der Ausdehnung dieser Übersicht auf Strahlungsquellen für Materialveränderung in Kap. 3
werden wir auf wesentliche Teile dieses Abschnitts zurückgreifen.

Die Entwicklung der technischen Komponenten geht so schnell voran, daß wiederum nur die Prinzipien dargestellt werden und die hier (1998) beispielhaft angeführten Leistungen schon bald überholt sein können.

Generell lassen sich zwei komplementäre Trends feststellen und zwar hin zu

1. großen Hochleistungseinrichtungen, in denen vielfach bereits existierende Anlagen weiter ausgebaut und für eine Vielzahl unterschiedlicher Benutzeransprüche eingerichtet werden, sowie

2. Dezentrale Einrichtungen, die für ein spezielles Anwendungsziel optimiert sind (*Dedicated Facilities*). Sie finden sich in großen Industrielabors und vor allem in Kliniken, wo sie der Produktion kurzlebiger Radioisotope dienen und so Aktivitätsverluste durch lange Transportwege vermeiden.

2.7.1   Neutronenquellen

Wir unterscheiden in dieser Beschreibung speziell nach der erreichbaren Neutronenausbeute $\Phi_n[n/s]$ zwischen schwachen Quellen ($\Phi_n \leq 10^6$ n/s), die flexibel einsetzbar und gut abschirmbar sind, sowie Intensivquellen (Reaktoren bzw. Spallationsquellen), die Neutronenflüsse von $\Phi_n > 10^{18}$ n/s produzieren können und in wenigen Großforschungszentren angesiedelt sind.

Kleinquellen: Sie standen am Anfang der kernphysikalischen Forschung und dienten als Standardinstrumente bei der Untersuchung der noch unbekannten Phänomene (z.B. bei der Entdeckung des Neutrons durch *R. Chadwick* 1932).

1. *(α,n)-Quellen.* Als *RaBe-Quellen* sind sie der älteste Typ und produzieren Neutronen aus der Reaktion

$$^{9}\text{Be} + \alpha \rightarrow {}^{13}\text{C}^{*} \rightarrow \begin{cases} {}^{12}\text{C}(4.4\,\text{MeV}) + n \\[6pt] {}^{8}\text{Be} + \alpha + n \\[6pt] 3\alpha + n \end{cases}$$

wobei die Alphateilchen aus dem Zerfall des ^{226}Ra (1600 a) stammen: Ein Radiumsalz ist mit Be-Pulver vermischt und in ein luftdicht abgeschlossenes Quellengehäuse eingelötet. Es liefert $5\cdot10^{-4}$ n/α Diese Quellen dienen vorwiegend für Demonstrationszwecke. Ein alternativ genutzter Alphastrahler ist ^{241}Am (432 a). Das Neutronenspektrum hängt vom Alphaspektrum der Quellen ab und gibt z.B. für Am/Be pro Am-Zerfall $6\cdot10^{-5}$ Neutronen (4-8 MeV) sowie $4\cdot10^{-5}$ γ (4.43 MeV). Eine Am-Quelle von 1 mCi = $4\cdot10^7$ Bq Aktivität liefert demnach $2\cdot10^3$ n/s. Die Quelle mit der höchsten n-Ausbeute hat ^{210}Po(138 d) als α-Strahler und liefert $7\cdot10^{-4}$ n/α.

2. *Spaltquellen*: Sie nutzen aus, daß bei der Spontanspaltung (s. Abschn. 1.3.2) mehrere Neutronen emittiert werden, die eine Energieverteilung $dn/dE = \sqrt{E_n} \exp[-E_n/kT]$ haben. Die wichtigste dieser Quellen ist das ^{252}Cf (2.64 a), das zu 3% über Spontanspaltung zerfällt, wobei die mittlere Neutronenzahl $<n> = 4$ ist, mit $<E_n> = 2.14$ MeV emittiert werden. Gleichzeitig werden von den Zerfallsprodukten bei jeder Spaltung etwa 20 Gammas ausgesendet, die zu 80% eine Energie < 1 MeV haben und abgeschirmt werden müssen.

3. *Neutronengeneratoren*: Sie produzieren Neutronen aufgrund von Kernreaktionen, die von Projektilen aus kleinen Beschleunigern ausgelöst werden. Es sind dies

$$T(d,n)\alpha + 17.6\,\text{MeV} \quad \text{und} \quad D(d,n)^3He + 3.27\,\text{MeV}$$

Die Neutronen haben also eine relativ hohe Energie, die Quellen können aber leicht abgeschaltet werden und sind daher gut zu handhaben. Die Parallelität der beiden Reaktionen erlaubt außerdem die Nutzung von *Selbsttargets*, bei denen eine Ta-Folie mit D bzw. T beladen wird. (Wie früher erwähnt, haben Schwermetallgitter eine große Aufnahmefähigkeit für H-Atome und deren Isotope). Die im Target ohne Reaktion abgebremsten und im Gitter zur Ruhe gekommenen d-Projektile dienen später ankommenden Projektilen ihrerseits als Targetkerne. Damit vergrößert sich deren Konzentration allmählich immer weiter, da nur ein Anteil von $< 10^{-6}$ der Projektile eine Reaktion auslöst. Da die t + d Reaktion bedeutend mehr Neutronen produziert, verwendet man häufig ein D + T Gemisch als Quellengas, dem in einer geschlossenen Anordnung das aus dem Target austretende Gas wieder zugeführt wird. Solche Neutronenquellen sind in Industrielabors anzutreffen. Sie werden in der Regel mit kleinen elektrostatischen Bandgeneratoren betrieben (s. Abschn. 1.4.5).

Forschungsreaktoren: Durch die Schaffung der Spaltreaktoren (E. Fermi 1941) wurde die Neutronenphysik revolutioniert. Die weitere Entwicklung ging einmal in Richtung der Leistungsreaktoren als Energiequellen, die uns in Kap. 4 beschäftigen werden. Dort werden wir auch die Physik des Spaltprozesses und der Reaktordynamik behandeln, auf die wir deshalb hier nicht eingehen. Des weiteren werden wir die Anwendungen der Reaktoren in der Medizin und bei der Erzeugung neuer Materialeigenschaften im folgenden Kapitel 3 besprechen. An dieser Stelle steht unser Interesse an den Forschungsreaktoren als Neutronenquellen für Strukturuntersuchungen und Isotopenproduktion im Vordergrund, die von Anfang an eines der Hauptinteressen der Physiker an der Reaktorentwicklung war.

Heute existieren weltweit 280 Forschungsreaktoren aller Größenordnungen und technischer Entwicklungsgrade. Ihr Merkmal ist, daß die freigesetzte Energie nur als unvermeidliche Folge der Neutronenproduktion in Kauf genommen wird, weil man eine möglichst große Flussdichte $\phi_n[\text{n/cm}^2\text{s}]$ generieren will. Das Prinzip des stationären Reaktorbetriebs besagt, daß von der mittleren Spaltneutronenzahl

$\langle n_f \rangle > 1$ durch Thermalisierungsverluste und Regeleinrichtungen so viele aus dem Spaltkreislauf entfernt werden, daß am Ende gerade $\langle n \rangle = 1$ übrigbleiben, die wieder zur Spaltung führen. Damit erhält der Prozess sich selbst am Leben, d.h. der Reaktorbetrieb ist *stationär*. Bei dem typischen Kernbrennstoff ^{235}U werden in jedem Spaltvorgang $\langle n_f \rangle = 2.5$ Spaltneutronen frei, von denen 1.5 durch die Aufrechterhaltung der Kettenreaktion und die Verluste Im Reaktorkern verloren gehen. Damit steht prinzipiell im Mittel ein Neutron pro Spaltvorgang zur Extraktion aus dem Reaktorkern zur Verfügung. Andererseits werden bei jeder Spaltung 200 MeV frei, so daß für eine möglichst hohe Flussdichte ϕ_n zwangsläufig die Leistungsdichte L(MW/Liter) im Reaktor maximal gesteigert werden muß[19]. Die dadurch gegebene gegenwärtige Grenze liegt bei $\phi_n = 10^{15}$ n/cm^{2}s und kann mit den bekannten technologischen Möglichkeiten vermutlich nicht mehr wesentlich gesteigert werden. Da wegen des sehr kleinen Corevolumens die Gesamtleistung des Reaktors gering ist, sind die Folgen einer Havarie beim Ausfall der Kühlung vergleichsweise gering. Die Reaktivitätskoeffizienten (s. Kap.4) sind alle stark negativ, d.h. jede Temperaturerhöhung im Core führt zur Drosselung der Spaltrate. Der Reaktor schaltet sich also selbst ab. Auch die Folgen der Nachwärme, einschließlich einer möglichen Coreschmelze, sind wegen der großen Wärmekapazität des Moderatorvolumens innerhalb der Reaktoreinhüllung (*Containment*) von der Außenwelt abgeschlossen. Die extreme Leistungsdichte läßt sich nur mit Kernbrennstoff aus sehr hoch (95%) angereicherten Spaltisotopen erreichen, die außerdem in Brennelementen aus speziellen Legierungen (U-Silizid) mit hochverdichtetem U-Gehalt (~ 3 g/cm^3) eingebracht sind. Die Elemente müssen daher auch relativ häufig gewechselt werden. Einige der wichtigsten gegenwärtig betriebenen oder im Bau befindlichen Forschungsreaktoren mit ihren relevanten Parametern (für 2.5 n/Spaltung) sind in der Tabelle 2.6 aufgeführt.

Name	MW	MW/l	n/s	n/cm^{2}s	Brennstoff (%)	Inventar (Brenndauer)
Graphite (USA 1943)	4	$2 \cdot 10^{-5}$	$3 \cdot 10^{17}$			
FRM I (Garching 1957)	4	$4 \cdot 10^{-2}$	$3 \cdot 10^{17}$	10^{13}	^{235}U(45)	4 kg
HFR (Grenoble 1971)	57	1	$5 \cdot 10^{18}$	10^{15}	^{235}U(94)	9 kg (2 mon)
BER II (Berlin 1989)	10	0.1	$8 \cdot 10^{17}$	10^{14}	^{235}U(90)	
FRM II (Garching 2001)	20	3	$2 \cdot 10^{18}$	$8 \cdot 10^{14}$	^{235}U(93)	8.1 kg (50 d)

Tab. 2.6.: Übersicht einiger wichtiger Forschungsreaktoren. (Der BER II wird augenblicklich auf niedrigangereicherte (20%) LEU-Brennelemente umgerüstet). Spalte 5 gibt die in den Strahlrohren nutzbare thermische Flussdichte an der Oberfläche des Reaktorkerns.

[19]Während die elektrische Energie von Reaktoren möglichst großer *Leistung* bereitgestellt wird, wird ein hoher Neutronenfluss in Reaktoren optimierter *Leistungsdichte* erzeugt.

Reaktoraufbau: Weil das Ziel ist, ein maximales ϕ_n zu gewährleisten, muß der Neutronenfluss möglichst nahe am Reaktorkern über Strahlrohre nach außen geleitet werden. Dieser Aufbau ist typisch für das Innere eines Forschungsreaktors und ist am Beispiel des FRM II in Abb. 2.39 gezeigt. Da der Neutronenfluss im D_2O-

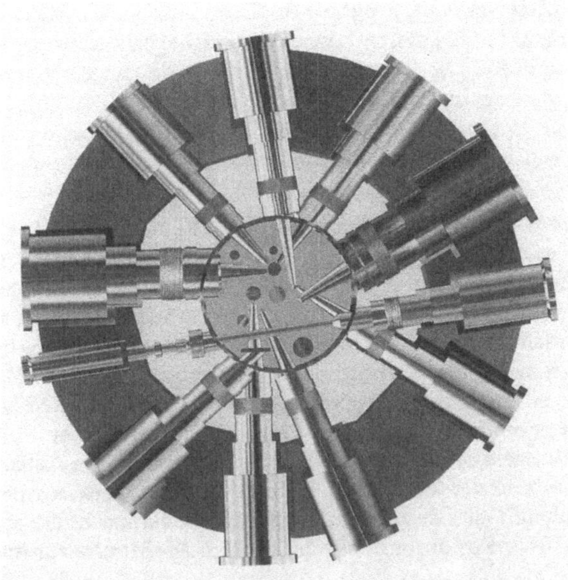

Abb. 2.39: Schnitt durch das H_2O gefüllte Reaktorbecken des FRM II mit den Neutronenleitern, die in den D_2O gefüllten Moderatortank reichen. Das Brennelement befindet sich im Zentrum. (Mit frdl. Genehmigung der Pressestelle des FRM II).

Moderator, der den Reaktorkern umgibt, maximal und isotrop ist (s. Abschn. 4.3.4), versucht man die größtmögliche Anzahl von Strahlrohren einzubringen, die mit den konstruktiven Gegebenheiten der Experimentiereinrichtungen vereinbar sind. Wir werden bei der Besprechung der Experimentiereinrichtungen am Ende dieses Abschnittes auf Einzelheiten zurückkommen.

Spallationsquellen: Wie wir gesehen haben, werden im Reaktor mit der Produktion jedes für Experimente nutzbaren Neutrons 200 MeV Spaltenergie frei, die abgeführt werden müssen. Außerdem ist die nutzbare Neutronenenergie durch das Spektrum der Spaltneutronen auf $E_n \leq 5$ MeV beschränkt. Das hat zur Entwicklung der *Spallationsquellen* als Alternative geführt, die in dieser Hinsicht günstigere Eigenschaften besitzt, als eine *Fissionsquelle*, die im Reaktor realisiert ist. Der zu Grunde liegende Spallationsmechanismus tritt auf, wenn ein Projektil mit hoher Einschußenergie im Inneren eines Atomkerns gebremst wird. Dann entwickelt sich innerhalb 10^{-22} s eine *intranukleare Kaskade*, in der im ersten Projektilstoß Sekundärteilchen mit ebenfalls hoher Energie produziert werden. Von diesen verlassen einige den Kern, wobei sie noch einen Teil ihrer Energie durch Stöße an andere Nukleonen weitergeben, aber der Kern bleibt am Ende mit hoher Anregungsenergie zurück. Diese verteilt sich auf die restlichen Nukleonen, wodurch der Kern sehr stark aufgeheizt wird. Danach können zahlreiche Nukleonen (ganz überwiegend Neutronen) den Kern verlassen, wodurch dieser die eingebrachte Energie wieder abgibt. Der Prozess ist also physikalisch ganz ähnlich dem Vorgang, in dem eine siedende Flüssigkeit sich durch Verdampfung abkühlt. Daher nennt man diese austretenden Teilchen auch *Verdampfungsneutronen*. Als Beispiel diene ein Proton mit $E_p \sim 1$ GeV, das auf einen Pb-Kern trifft: Über die Reichweite von $D \sim 50$ cm laufen bei einer Wechselwirkungslänge (s. Gl. 1.21) von 10-20 cm etwa 2-3 Kaskadenprozesse der Form $p + p \rightarrow p + p + n$ oder $p + n \rightarrow p + n + n$ ab. Man sieht, daß vor allem schwere Kerne mit hohem Neutronenüberschuß und großer atomarer Dichte (Schwermetalle) für diese Reaktion besonders geeignet sind. In unserem Beispiel werden im Mittel 20 Neutronen pro Spallationsprozess freigesetzt. Etwa die Hälfte der vom Projektil eingebrachten Energie wird von der Bindungsenergie der Neutronen aufgezehrt (Verdampfungswärme). Wegen der hohen Einschußenergie sind aber die Ionisierungsverluste des Projektilstrahls im Target minimal. Daher fallen insgesamt pro verfügbarem Neutron nur 25 MeV abzuführende Energie an, die sich in der kinetischen Energie der Neutronen sowie der emittierten Gammastrahlung und den geladenen Teilchen wiederfinden, die abgeschirmt werden müssen. Das Spektrum der abgedampften Spallationsneutronen ist dem der Spaltneutronen sehr ähnlich und hat ebenfalls die Form $dn/dE = \sqrt{E} \exp[-E/kT]$. Das kann nicht verwundern, da in beiden Prozessen die Emissionsquellen hoch aufgeheizte schwere Atomkerne sind. Allerdings hat das Spallationsspektrum einen langsameren Abfall, da mit wachsendem E die Kerntemperatur kT höher ist als bei der Spaltung. Das als Spallationstarget ebenfalls verwendete ^{235}U erzeugt zwar mit $<n> = 35$ wesentlich mehr Neutronen pro Spallation, von denen stammt aber ein erheblicher Teil aus gleichzeitig induzierten Spaltprozessen. Daher ist die abzuführende Wärme mit 60 MeV/n deutlich höher als beim Pb.

Wegen des großen Energieeintrags durch den gestoppten Projektilstrahl entstehen im Spallationstarget enorme thermische Belastungen, die ein flüssiges Target wesentlich besser aufnehmen kann als ein festes. Außerdem wird die Bildung von problematischen Strahlenschäden im Spallationstarget vermieden. Deshalb soll in der geplanten Spallationsquelle ESS (s.Tab. 2.5) ein Target aus flüssigem Hg verwendet werden.

Das Spallationstarget ist von einem mit H_2O bzw. D_2O gefüllten Moderatorvolumen umgeben, in dem die Neutronen völlig analog zum Moderatorbecken um einen

Spaltreaktor thermalisiert werden und in die Strahlrohre diffundieren, durch die der Neutronenfluss zu den Experimentiereinrichtungen geleitet wird. Ab dieser Stelle sind die Installationen für beide Typen von Neutronenquellen gleich. Da aber die hochenergetischen Protonen in einem Linearbeschleuniger erzeugt werden, dessen Strahl gepulst ist, hat das ϕ_n eine besondere Zeitstruktur: Sei t_p die Pulsdauer des p-Strahls und τ die Lebensdauer der n im Moderator. Typischerweise ist $\tau \approx 150$-200 μs und hängt von Geometrie und Material des Moderators ab. Es gibt die mittlere Lebensdauer der Neutronen bis zur Absorption im Moderator an, nachdem sie innerhalb ~ 10 μs in etwa 20 Stößen im Moderatormedium auf thermische Energien gebremst wurden. Dann haben wir für das Zeitverhalten des thermischen Neutronenflusses für $0 \le t \le t_p$.

$$\Phi(t) = \Phi(\infty)(1-\exp[-t/\tau]) \tag{2.42}$$

wobei wir die Neutronenabsorption im Moderator analog einem Zerfallsprozess behandelt und Gl. (1.17) angewendet haben. $\Phi(\infty)$ entspricht der Sättigungsaktivität. Zwischen den p-Pulsen thermalisieren die produzierten n gemäß der Zerfallsgleichung (1.1) mit $\Phi(t) = \hat{\Phi}\exp[-(t-t_p)/\tau]$ für $t_p \le t \le t_R$ wobei t_R die Repetitionszeit der p-Impulse und $\hat{\Phi}$ der am Ende des p-Impulses erzeugte Spitzenfluss an Spallationsneutronen ist. Definieren wir den mittleren Fluss $<\Phi>$ gemäß Gl.(1.10) als $\Phi(\infty) = (t_R/t_p) <\Phi>$, so erhalten wir für die Verknüpfung von mittlerem Fluss und Spitzenfluss in einem Spallationsreaktor

$$\hat{\Phi} = \Phi(t_p) = (t_R/t_p) <\Phi> (1-\exp[-t_p/\tau]) \tag{2.43}$$

Nehmen wir z.B. $\tau = 150$ μs, $t_p = 1$ μs und $t_R = 20$ ms, so finden wir $\hat{\Phi} = 133$ $<\Phi>$. Bei mit einem Spaltreaktor vergleichbarem $<\Phi>$ hat eine Spallationsquelle also typischerweise einen 10^2-fach höheren Spitzenstrom. Die thermische ϕ_n-Verteilung im Moderatorvolumen einer Spallationsquelle ist sehr ähnlich der in einem Spaltreaktor, sodaß bei vergleichbarem $<\Phi>$ auch entsprechende ϕ_n erreichbar sind. [Con98]. Für die geplante ESS-Quelle (s. Tab. 2.7) ergibt sich mit $I = 3.8$ mA und $<n> = 20$ ein $<\Phi> = 4.8 \cdot 10^{17}$n/s, ähnlich den Hochflussreaktoren in der Tab. 2.6. Wegen des härteren n-Spektrums ist aber ein vielfach größeres ϕ_n für heiße Neutronen (s. unten) erreichbar. Außerdem läßt sich die Pulsstruktur der schnellen Neutronen, die man nahe dem Spallationstarget aus dem Moderator herausführen kann und deren Intensität einige Prozent der Verdampfungsneutronen beträgt, für zeitaufgelöste Spektroskopie mit Flugzeitspektrometern ausnutzen. Wegen dieser günstigen Eigenschaften und der Tatsache, daß man die physikalischen und politischen Folgeprobleme der Verwendung hochangereicherten, also waffenfähigen

Urans vermeiden kann, werden Spallationsquellen intensiv diskutiert.
Eine Übersicht der Eigenschaften einiger existierender Einrichtungen sowie der geplanten großen europäischen Spallationsquelle ESS [Con98], zeigt Tab. 2.7.

Name	E_p(MeV)	I(mA)	T_R(Hz)	t_p(µs)	<n/s>	n/cm^{2}s
ISIS (England,1985)	800	0.2	50	45		
SINQ (Zürich, 1997)	590	2	$\approx 10^6$	0.1	$1.2 \cdot 10^{17}$	$2 \cdot 10^{14}$
ESS ($\geq$ 2009)	1330	3.8	50	1	$5 \cdot 10^{17}$	$8 \cdot 10^{14}$

Tab. 2.7: Übersicht wichtiger Spallations-Neutronenquellen. (Wegen des hohen T_R ist SINQ keine gepulste Quelle).

Reaktorinstrumentierung: Die im folgenden dargestellte Instrumentierung trifft man sowohl bei Forschungsreaktoren als auch bei Spallationsquellen an, da in den Moderatoren beider Quellen die physikalischen Verhältnisse sehr ähnlich sind. Das in einer Maxwellverteilung vorliegende n-Spektrum entspricht dem Licht einer weissen Quelle, das ein breites Band von Wellenlängen enthält. Zur spektroskopischen Nutzung müssen die Neutronen also monochromatischer gemacht werden. Dazu dient die folgende *Klassifizierung der Neutronenenergien* (E_n in eV):

schnelle Neutronen: $> 5 \cdot 10^4$, *intermediäre* Neutronen: $> 5 \cdot 10^2$, *epithermische* oder *heiße* Neutronen: > 0.5, *thermische* Neutronen: $> 10^{-2}$, *kalte* Neutronen: $> 10^{-4}$, *sehr kalte* Neutronen: $> 10^{-6}$, *ultrakalte* Neutronen: $< 10^{-6}$.

Je nach der gewünschten Energieklasse muß das entsprechende Instrumentarium zur Strahlpräparation verwendet werden. Dies geschieht mittels spezieller Moderatorelemente, die eine vorgegebene Neutronentemperatur begünstigen, und anschließende Verbesserung des Neutronenstrahls durch geeignete Monochromatoren.

1. *Konverteranlagen:* Die heißesten Neutronen stammen von einer Konverterplatte aus ^{235}U, die im thermischen n-Fluss des Moderators plaziert ist. Dadurch werden Spaltprozesse induziert, die etwa $2 \cdot 10^9$ n/cm^{2}s mit $E_n > 0.2$ MeV liefern. Diese haben das primäre Energiespektrum der Spaltneutronen mit $\langle E_n \rangle = 1\text{-}2$ MeV und werden insbesondere für medizinische Therapiezwecke verwendet (s. Kap. 3).

2. *Heiße Quelle:* Sie besteht aus einem Graphitblock, der eine Masse von ca. 15 kg hat. Er wird durch Absorption der intensiven Gammastrahlung im Reaktor auf 2600°C aufgeheizt, wobei die Gammastrahlung hauptsächlich aus dem Reaktorcore und der Reaktion ^{12}C(n,γ)^{13}C stammt. Im hochenergetischen Teil der Maxwellverteilung, die der heißen Quellentemperatur entspricht, ist die Zahl epithermischer Neutronen im Energiebereich (0.1-1) eV stark angereichert.

3. *Kalte Quelle:* Sie besteht aus einem speziellen Moderator aus einigen kg flüssigem D_2 von 25 K Temperatur. Damit wird z.B. im FRM II bei $E_n = 5$ meV ein $\phi_n = 5 \cdot 10^{13}$ n/cm^{2}s erzeugt. Das bei dieser Kühlung verdampfende D_2 wird in einem Wärmetauscher mit flüssigem He abgekühlt und wieder zurückgeführt. Die Verwendung des D_2 ist erforderlich, da bei H_2 der n-Verlust durch die Reaktion n+p $\rightarrow$ d+γ zu groß wäre. Andererseits führt die Reaktion n + d $\rightarrow$ t + γ zu einer Tritiumanreicherung, die einen geschlossenen Deuteriumkreislauf erforderlich macht. Die kalten Neutronen werden mit speziellen Neutronenleitern, die wir weiter unten besprechen, aus dem Reaktorbecken herausgeführt.

4. *Ultrakalte Quelle:* Die Produktion ultrakalter Neutronen ($\lambda_n \approx 100$ Å) ist nicht so sehr für die bisher besprochenen Anwendungen interessant, sondern für die Grundlagenphysik. Gerade die Gedankenexperimente der Quantenmechanik sind sowohl durch die extreme Photonendichte und variable Kohärenzlänge der modernen Laser, als auch durch die vergleichsweise hohe Intensität an ultrakalten Neutronen in den modernen Forschungsreaktoren möglich geworden [Gol96, Rau98]. Sie haben bisher die Quantenmechanik in allen Tests vollständig bestätigt.

Die ultrakalten Neutronen werden aus der kalten Quelle gewonnen, indem sie zunächst vertikal extrahiert werden, um die (geringe) Bremsung im Gravitationsfeld der Erde auszunutzen. Danach laufen sie in eine *Neutronenzentrifuge* [Ste89], die aus mehreren 100 Schaufeln besteht, deren Oberflächen mit Ni (^{58}Ni angereichert) überzogen sind und sich mit 25 ms^{-1} in Flugrichtung der Neutronen drehen. Diese treffen unterhalb des Totalreflexionswinkels γ_t (s. unten) auf. Dabei werden sie vollständig reflektiert (90% bei $\lambda_n = 80$ Å) und verlieren an die vorauslaufenden Schaufeln soviel Energie, daß nach 10 Stößen ein Neutronenstrom mit $v_n \leq 5$ ms^{-1} resultiert, der noch etwa 24% der Intensität enthält. (Neutronen dieser Geschwindigkeit können gegen das Erdfeld maximal 1.8 m steigen, wie man leicht ausrechnet. Darauf beruht eine ganze Reihe raffinierter Anwendungen). Mit Kristallmonochromatoren kann die Energieverteilung noch weiter eingeengt werden, wodurch die Kohärenzlänge ihrer Wellenpakete zusätzlich vergrößert wird, sodaß sie in *Neutroneninterferometern* verwendet werden können. Das sind perfekte Si-Einkristalle, deren Kristallebenenabstand auf 10^{-10} konstant ist, wodurch bei einer Länge von 10 cm der Abstand der Stirnflächen des Interferometers nur um einen Atomabstand unsicher ist!

5. *Neutronenleiter:* Kalte Neutronen lassen sich in n-Leitern über lange Distanzen führen, ohne daß sie verloren gehen. Da gleichzeitig die schnellen Neutronen und auch die Gammas aus dem Reaktorbereich $\propto R^{-2}$ abnehmen, wird die Untergrundfreiheit des kalten Strahls mit wachsender Transportstrecke R immer besser. Diese hervorragende Eigenschaft kalter Neutronen wird dadurch bewirkt, daß der Brechungsindex n, mit dem die Fortpflanzung eines Neutronenstrahls ganz in Analogie zur elektromagnetischen Wellenoptik beschrieben werden kann, für bestimmte Materialien < 1, also geringer als im Vakuum ist. In Analogie zur Clausius-Mosotti-Formel der Optik haben wir

$$1-n^2 = b\rho(4\pi\lambda_n^2) \approx 2(n-1) \tag{2.44}$$

wobei b die Neutronenstreulänge (s. S. 146) und ρ die Kerndichte des Leitermaterials ist. Außerdem wird $n \approx 1$ angenommen. Damit ergibt sich mit $\lambda = \hbar/p$

$$n = 1 + b\rho(2\pi\lambda_n^2) = 1 + b\rho\pi\hbar^2/m_nE_n \tag{2.44'}$$

Die Streulänge gibt die Phasenverschiebung der an den Kernen einer Targetatomebene gestreuten Neutronenwelle gegenüber der einfallenden Welle an. Ohne Wechselwirkung ist $b = 0$ und $n = 1$. Normalerweise ist $b > 0$, da die Absorption und Reemission der Neutronen in der Welle eine gewisse Zeit braucht, während der die ungestörte Welle vorausgelaufen ist. Für $b < 0$ entspricht der Übergang vom Vakuum zur Wand einem Übergang vom neutronenoptisch dichteren in ein dünneres Medium und es existiert gemäß $n = \sin\alpha/\sin\beta$ ein Totalreflexionswinkel $\gamma_t = \pi-\alpha_t$, bei dem für den Ausfallswinkel $\sin\beta = 1$ ist. Wir haben dann mit Gl. (2.44')

$$\sin\alpha_t = \cos\gamma_t = n = 1-\gamma_t^2/2 + \ldots \quad ; \quad \gamma_t^2 = -2b\rho\pi\hbar^2/m_nE_n \tag{2.45}$$

Daraus folgt z.B. für Ni mit $b = -10.3$ fm und $\rho = 3 \cdot 10^{22}$ cm^{-3} sowie $E_n = 20$ µeV ein $\gamma_t = 3.5°$. Alle Neutronen die unter einem kleineren Winkel als γ_t streifend auf die Nickeloberfläche treffen, werden total reflektiert.

Die analoge Überlegung zeigt auch, daß für $E_n = 76$ neV gerade $\gamma_t = \pi/2$ wird. Deshalb werden alle ultrakalten Neutronen unterhalb dieser Energie unter jedem Auftreffwinkel von der Wand reflektiert und lassen sich in einer *Neutronenflasche* einsperren, ohne daß sie entkommen können. In solchen Anordnungen wurde die bisher genaueste Bestimmung der Lebensdauer des freien Neutrons durchgeführt, die $\tau_n = (887.0 \pm 2.0)$s ergab.

6. *Diffraktometer:* Sie bestehen aus Einkristallplatten, an denen die Neutronen Braggstreuung machen (s. Abb. 2.31). Durch geeignetes Biegen der Einkristalle erreicht man, daß ein extrem schmales Energieband, das durch Gitterkonstante und Krümmungsradius des Kristalls festgelegt ist, aus der Energieverteilung der einfallenden n herausgefiltert wird. Diffraktometer sind die leistungsfähigsten Monochromatoren und in Neutronenlabors weit verbreitet.

7. *Neutronenlinsen:* Nach dem Prinzip der Totalreflexion lassen sich auch Neutronenlinsen bauen. Die *Kumachow-Linse* [Kum92] besteht aus einem Bündel von 720 Glasfasern aus Pb-Silikat, von denen jede 1000 Kapillaren von 6 µm Durchmesser enthält. Dieses Bündel ist 20 cm lang und verjüngt sich von 3 cm Durchmesser am Anfang auf 1.5 cm am Ausgang.

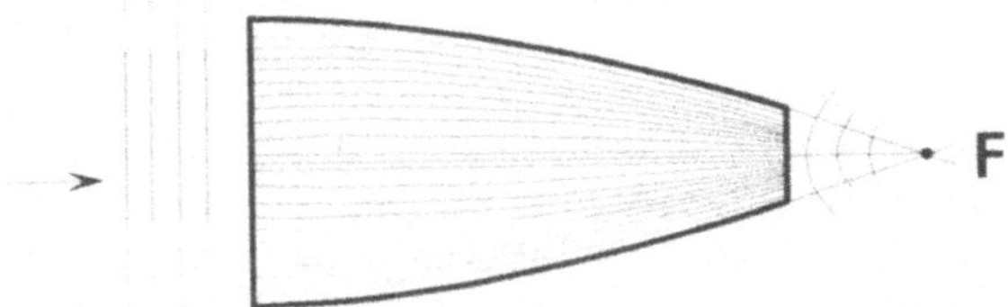

Abb. 2.40: Neutronenlinse nach Kumachow. Die eintretenden n werden durch Totalreflexion mit sehr hoher Transmission auf F fokussiert.

Wegen $\alpha < \gamma_t$ im Inneren der Kapillaren konvergiert der Neutronenstrahl mit sehr hoher Transmission und läuft für $E_n \sim$ meV auf einen Fokus in 10 cm Entfernung zu, wodurch die Strahlintensität um den Faktor 20-50 erhöht wird. Das Ziel ist, bei einem Brennfleck von 30 µm Durchmesser eine Intensitätserhöhung von 10^3 zu erreichen, womit eine *Mikrosonde für Neutronen* realisiert wäre.

8. *Neutronenfilter:* Sie entsprechen in ihrer Funktion den Flugzeitspektrometern für geladene Teilchen (s. S. 36). Die Geschwindigkeitsselektion geschieht in der einfachsten Version durch eine Reihe versetzter Schlitzscheiben auf einer rotierenden Achse, die den Neutronen nur den Weg freigeben, wenn ihr v innerhalb der von der Schlitzbreite vorgesehenen Auflösung $\Delta v/v$ den richtigen Wert hat.

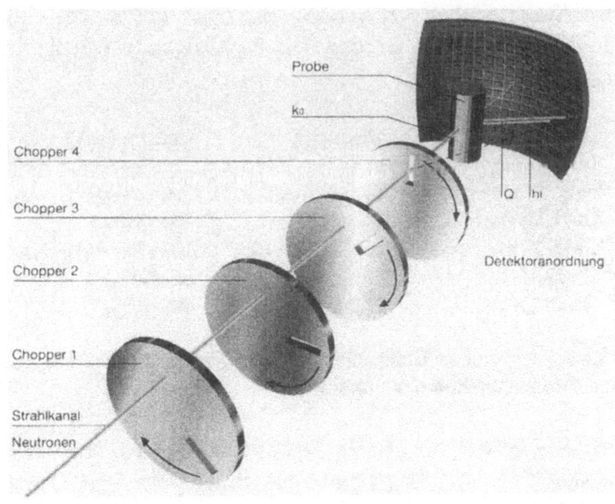

Abb. 2.41: Neutronen-Flugzeitspektrometer. Für Neutronen mit einer für die Chopper-Drehzahl passenden Geschwindigkeit geben die Schlitze rechtzeitig den Weg frei.
(Mit frdl. Genehmigung der Pressestelle des FRM II).

Die Transmission dieser Strahlzerhacker (*chopper*) ist nicht hoch, da die Anzahl der Schlitze beschränkt ist, wenn Mehrdeutigkeiten im akzeptierten v-Bereich vermieden werden sollen. Daher verwenden die Weiterentwicklungen rotierende Zylinder mit gewundenen Längsnuten, die wie kontinuierliche Folgen von Durchtrittspalten wirken. Sie geben den mit einer der Umdrehungszahl v angepassten Geschwindigkeit durchfliegenden Neutronen gerade die vollständige Passage frei, die anderen werden an dem ^{10}B-Überzug der Schaufeln absorbiert. Auf diese Weise können viele parallele Schlitze wirksam werden, wodurch die Transmission sehr erhöht wird. Bei einem Durchmesser von 29 cm und v = 430 Hz werden Neutronen mit v_n = 900 m/s^{-1}(E_n = 50 µeV) bei $\Delta v/v$ = 0.1 zu 80% durchgelassen [Fri95].

2.7.2   Photonenquellen

Sie bieten konkurrierende und komplementäre Möglichkeiten zu den Neutronenquellen im Wellenlängenbereich atomarer und molekularer Dimensionen von Festkörpern und Fluiden, sind aber auch wegen ihrer scharfen und unter allen experimentellen Bedingungen konstanten Energie als kernphysikalische *Eichstandards* unverzichtbar.

Kleinquellen: Sie sind weitverbreitet als Quellen mit geringer Intensität zur Detektoreichung und ebenfalls als starke Quellen z.B. für die Defektoskopie (s. Abschn. 2.1.1). Aber sie werden z.B. auch in der industriellen Abgasreinigung als Ionisierungsquellen für Staubteilchen verwendet, die dann mit einem elektrostatischen Feld aus dem Luftstrom entfernt werden. Die nachfolgende Tabelle listet einige der wichtigsten Gammaquellen auf.

Nuklid (HWZ)	Zerfallsmodus	Energie (keV)
^{55}Fe (2.73 a)	EC	5.89(25%)
^{57}Co (0.74 a)	EC	122(86%)
^{60}Co (5.27 a)	β^-	(1.17 + 1.33) MeV (100%)
^{137}Cs (30.2 a)	β^-	662(85%)
^{207}Bi (31.8 a)	EC	569(98%)

Tab. 2.8: Einige häufig verwendete Eichquellen mit ihren Energien und deren Anteil an der gesamten Gammaaktivität des Nuklids.

Röntgenröhren: Sie geben ein breites Bremsstrahlungsspektrum und werden seit langem medizinisch (U = 20-100 kV) und industriell (U $\geq$ 1 MV) zur Durchleuchtung verwendet. Sie haben bis heute große Verbesserungen in Bezug auf Abschirmung der Streustrahlung und Betriebssicherheit erfahren [Mor95]. Die prinzipiell geringe Effizienz (< 1% der Elektronenenergie geht in Röntgenstrahlung, der Rest in Wärme) ist aber nicht zu umgehen.

Synchrotronstrahlungsquellen: Wenn beschleunigte Ladungen nicht stochastisch abgelenkt werden, wie beim Auftreffen auf die Anode einer Röntgenröhre, sondern periodisch im Strahlrohr eines Kreisringbeschleunigers, führt der gleiche Bremsstrahlungsmechanismus zur Synchrotronstrahlung (s. Abschn. 2.1.5). Dieser ursprüngliche Störeffekt, der an den Beschleunigern große Abschirmungsmaßnahmen erforderlich machte, wandelte sich mittlerweile zu einer eigenen Strahlungsquelle von überragender Bedeutung. Die von einem Teilchen der Masse m und der Ladung qe sowie der Energie E_0 auf der Kreisbahn mit dem Radius R pro Umlauf abgestrahlte Synchrotronenergie ist [SS92, S.531]

$$P_S = (2/3)q^2(k_C/R)(E_0/mc^2)^4 \text{ J/Umlauf} \qquad (2.46)$$

wo $k_C = e^2/4\pi\varepsilon_0$ die Coulombkonstante ist[20]. Für Elektronen ist dann $P_S(\text{Elektronen}) = 88.5[\,E_0^4\,(\text{GeV})/R(m)]$ keV. Da das Elektron $c/2\pi R$ Umläufe/s macht, beträgt seine gesamte Synchrotronstrahlungsleistung

$$P_S = 88.5(c/R^2)(E_0/mc^2)^4 \text{ W} = 4.2 \cdot 10^3 [\,E_0^4\,(\text{GeV})/R^2(m)]\text{GeV/s} \qquad (2.46')$$

und für einen umlaufenden Strom I

$$P_I = 88.5 \; I(A)[\,E_0^4\,(\text{GeV})/R^2(m)]\text{kW} \qquad (2.46'')$$

Einige der gegenwärtig betriebenen oder geplanten europäischen Synchrotronstrahlungsquellen mit ihren relevanten Parametern sind in Tab. 2.7 aufgeführt. (Die mit kleineren Elektronen-Linearbeschleuingern betriebenen Strahlungsquellen (z.B. S-DANILAC und ELBE) werden in Abschn. 3.6.2 behandelt).

Name	E(GeV)	R(m)	I(mA)	Lebensdauer(h)	Strahlrohre	Brillianz (keV)
ESRF (1994)	6	135	100	30	30	$10^{20}(10)$
DORIS	4.5	60	100	12	21	$10^{15}(3)$
PETRA	12	360	50	5	1	$10^{18}(50)$
TESLA-FEL	20	19 km Länge				$10^{25}(8)$

Tab. 2.9: Übersicht wichtiger Europäischer Speicherring-Synchrotronstrahlungsquellen für die Grundlagenforschung. Die Lebensdauer ist die Zeit zwischen Speicherringfüllungen. Jedes Strahlrohr versorgt eine größere Zahl unabhängiger Experimente. TESLA ist ein Projekt, dessen Realisierung bis etwa 2010 geplant ist.

---

[20]Man erkennt aus (2.46), daß für die großen Protonenringbeschleuniger der Hochenergiephysik die Synchrotronstrahlung um den Faktor $(m_e/m_p)^4 \approx 10^{-15}$ geringer ist, also vermutlich niemals ein Problem darstellen wird.

Die Synchrotronstrahlungsintensität läßt sich durch mehrere Verfahren noch wesentlich über die normale Krümmungsstrahlung (*Bending Radiation*) der Speicherring-Kreisbeschleunigung hinaus steigern:

1. *Wiggler:* Sie resultieren aus der einfachen Überlegung, daß man in den Kreisbeschleuniger gerade Strecken einführen kann, auf denen die Elektronen eine lineare Kette von Dipolmagneten wechselnder Polung durchlaufen, deren jeder einzelne beim Strahl eine Ablenkung mit dem Radius R_W aus der Sollbahnrichtung bewirkt, die der folgende Dipolmagnet wieder umkehrt. Für die verwendeten Magnetfelder gilt $R_W \ll R$, so daß nach Gl. (2.46') ein wesentlich gesteigertes P_S erreicht wird, das proportional N, der Zahl der Dipole in einer Wigglerstrecke, zunimmt.

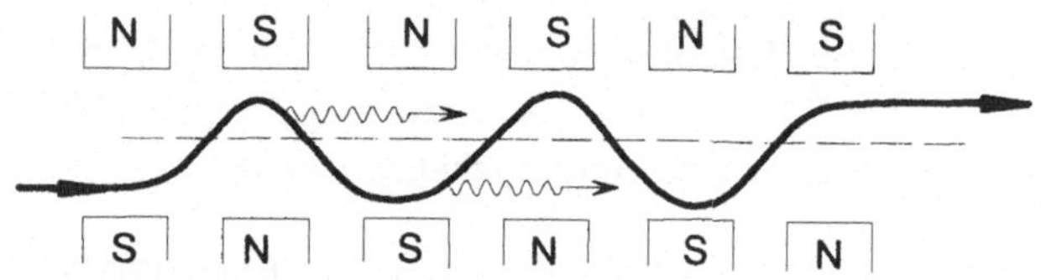

Abb. 2.42: Prinzip der Wiggler-Magnete. Im Bereich des verkleinerten Bahnradius im Wiggler steigt die Bremsstrahlungsemission nach Gl. (2.46') stark an.

2. *Undulatoren* [Bra96]: Wenn der Wiggler so ausgelegt ist, daß das Wellenpaket eines in einem Magneten ausgesendeten Bremsstrahlphotons über die Position des vor ihm liegenden nächsten Magneten hinausreicht, so werden die dort vorwegfliegenden Elektronen ebenfalls zur Bremsstrahlungsemission angeregt[21]. Dies führt bei N-Wigglermagneten zu einer Intensitätssteigerung $I \propto N^2$. Die gewaltigen Brillianzsteigerungen der Synchrotronstrahlenquellen, die diese Instrumente bewirkt haben, sind in der folgenden Abb. 2.43 wiedergegeben.

3. *Freie Elektronenlaser (FEL):* Wenn die Photonen aus der stimulierten Emission mit geeigneten Spiegeln reflektiert werden können, so läßt sich in einer Resonanzkavität die Emission bis über die Laserschwelle weiter verstärken. Für den Infrarot-

---

[21] Bei Abwesenheit eines externen Photonenfeldes ist die Emission eines Bremsstrahlungsgammas ein statistischer Vorgang, der als *spontane Emission* bezeichnet wird. Ein einzelnes Elektron sendet bei einer Ablenkung also nicht zwangsläufig ein Bremsstrahlungsphoton aus, aber für ein Ensemble von sehr vielen Elektronen ist die Gesamtwahrscheinlichkeit durch die Gl. (2.46') der elektromagnetischen Strahlungstheorie gegeben. Bei Anwesenheit eines externen Photonfeldes mit einer Wellenlänge aus dem Bremsstrahlungsspektrum wird ein Elektron jedoch zusätzlich zur Emission eines Photons mit der Wellenlänge des externen Feldes angeregt. Dieser Vorgang heißt *stimulierte Emission* und ist nur aus der Quantennatur der *Bosonenfelder*, d.h. der Teilchen, die wie das Photon einen ganzzahligen Spin haben, zu verstehen.

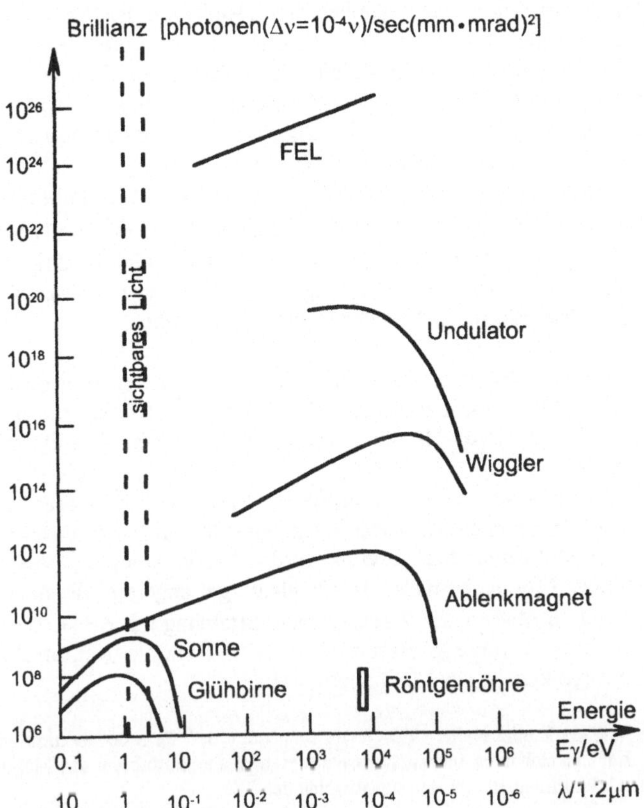

Abb. 2.43: Energieverteilungen der Brillianz unterschiedlicher Synchrotronstrahlungsquellen, FEL: freier Elektronenlaser. Die *Emittanz* (mm.mrd)^2 ist das Maß für Querschnitt und Divergenz des Lichtstrahls im Brennpunkt.

bereich werden solche FEL bereits gebaut [Ric98,Gro98]. Für hohe Photonenenergien existieren keine Spiegel, aber die Abb. 2.43 führt als leistungsfähigste Lichtquelle ein FEL-Projekt auf, das am geplanten Linearbeschleuniger TESLA bei DESY eingerichtet werden soll [Sch98] und dessen Prinzip sich aus der Wirkungsweise der Undulatoren ergibt: Wenn das Feld der emittierten Bremsstrahlungsphotonen stark genug geworden ist, bewirken die damit verbundenen enormen elektrischen Feldgradienten, daß die Dichte der Elektronenpakete im Beschleunigerstrahl selbst wieder im Abstand der Bremsstrahlungswellenlänge moduliert wird. Das führt zu einer weiteren lawinenhaften Steigerung der Bremsstrahlungsemission auf der Undulatorwellenlänge, ein Prinzip, das SASE

(*Self Amplified Spontaneous Emission*) genannt wird. Was bei einem optischen Laser die Spiegel machen müssen, nämlich durch Reflexion der Photonen das Feld im Inneren aufzubauen, um die stimulierte Emission über die Laserschwelle zu bringen, macht hier der Strahl allein durch seine Selbstmodulation. Die Natur hilft den Physikern so aus der Klemme, daß es für Gammastrahlen keine wirkungsvollen Spiegel gibt. (Das gleiche *single pass* Prinzip wird in modernen optischen Lasern mit Pulsdauern $< 10^{-15}$s und Leistungen $> 10^{12}$ W ausgenutzt).

Mit den FEL-Brillianzen erwartet man Strahlen von 10^{12}-10^{13} Photonen/100 fs. Damit werden sich Laue-Strukturdiagramme in $\Delta t \leq 50$ ps erstellen lassen, womit es möglich würde, „Laue-Filme" von schnell ($\sim$ ps) ablaufenden Reaktionen zu machen und damit deren Dynamik vollständig zu erfassen. Voraussetzung ist allerdings, daß die Proben die starke Strahlenbelastung überstehen.

Strahlverbesserungsverfahren: Die enorme Intensität der Synchrotronstrahlungsquellen haben die Möglichkeit eröffnet, unter Verzicht auf Intensität die Qualität des verfügbaren Photonenstrahls noch weiter zu optimieren. Hierfür seien zwei Beispiele gegeben:

1. *Mößbauer-Monochromatoren.* Die große Brillianz der Undulatoren erlaubt die Präparation von extrem energiescharfen Gammaquellen großer Intensität. Die Basis hierfür ist der Mößbauereffekt. Hierbei werden mit der Undulatorenergieschärfe von $\Delta E = 10$ meV Mößbauerniveaus im Quellentarget angeregt, die dann spontan zerfallen und, wie in Abschn. 2.6.2 beschrieben, Strahlung mit $\Delta E \approx 10$ neV abgeben. Die Synchrotronstrahlung ersetzt also die radioaktive Muttersubstanz als Quelle für die Bevölkerung des Mößbauerniveaus.

Aufgabe 2.8: Wie stark müßte eine ^{57}Co-Quelle sein, um eine ^{57}Fe Mößbauerlinie mit der im FEL (s. Abb. 2.43) erreichbaren Intensität zu emittieren? Dabei absorbiere das Mößbauertarget 1% der FEL-Undulatorintensität im Resonanzbereich des ^{57}Fe.

2. *Vakuumlinsen.* Die Fokussierung von Synchrotronstrahlung im keV-Bereich ist durch die Kleinheit des optischen Brechungsindex behindert (n $-1 \approx \delta = -2.8\cdot10^{-6}$ für Al bei $E_\gamma = 14$ keV)[22].

---

[22] Wenn die Frequenz der einfallenden Strahlung oberhalb aller Eigenfrequenzen der Ionen- und Elektronenbewegungen im streuenden Medium liegt, reagieren die Hüllenelektronen mit Phasenverschiebung $\phi = -\pi$. Mit ihrer um $\phi' = -\pi/2$ zeitverzögert abgestrahlte Welle, die sich mit den Sekundärwellen der Nachbaratome als gesamte Sekundärwelle mit $\phi + \phi' = -3\pi/2$ zu der einfallenden Wellenfront addiert, ergibt sich für die durchgelassene Welle eine Phasenverschiebung von $(2\pi-\delta)$ gegenüber der unverschobenen Primärwelle, wo δ von der Sekundärwellenamplitude abhängt und für $v \rightarrow \infty$ verschwindet [Poh76,S.167]. Für eine einfallende ebene Welle läuft die verzögert durchgelassene Welle der Primärwelle also um $\Delta\phi = -\delta$ voraus und hat eine größere

Diesen Umstand kann man aber auch zur Fokussierung ausnutzen, indem man eine Bohrung mit Radius r in ein Material mit n = 1–δ einbringt. Diese produziert eine *Vakuumlinse* mit n = 1, die gegenüber dem umgebenden Material optisch dichter ist und einen Fokus im Abstand f_1 = r/2δ produziert. Für r = 300 μm und δ = $3 \cdot 10^{-6}$ beträgt f_1 = 50m. Um diesen Wert zu verkleinern, kombiniert man N-Bohrungen in einer Reihe, wodurch f_N = f_1/N erreicht wird. Durch eine Reihe von 30 zueinander parallelen Bohrungen mit 0.3 mm Durchmesser in einem Al-Block wurde bei E_γ = 14 keV ein f_{30} = 1.8 m erreicht und dadurch der Durchmesser des Synchrotronstrahls um einen Faktor 20 verkleinert [Sui97].

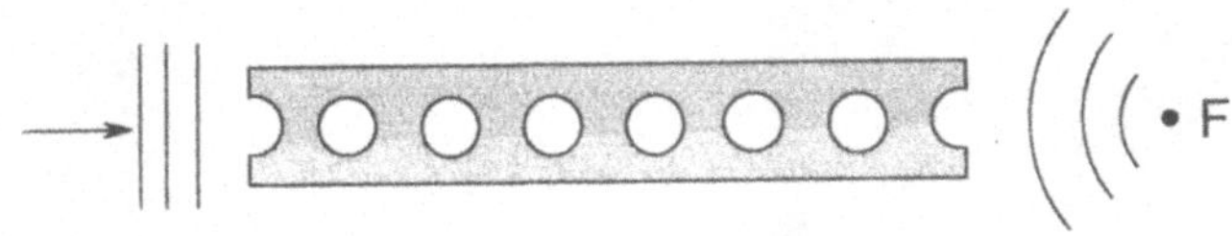

Abb. 2.44: Vakuumlinse für Synchrotronstrahlung. Die Aussparungen mit n = 1 wirken in dem umgebenden Material mit n < 1 wie Sammellinsen.

Diese Anordnung entspricht einer Zylinderlinse mit linearem Fokus. Um einen Punktfokus zu erreichen, wird in den gleichen Block eine weitere Reihe von Vakuumlinsen angebracht, die gegenüber der ersten um 90° gedreht ist .

2.7.3 Ionenbeschleuniger

Zu den in Abschn. 1.4.5 besprochenen Prinzipien der Ionenbeschleuniger seien hier nur einige relevante Ergänzungen hinzugefügt.

Kompaktzyklotrons: Da zahlreiche Anwendungen der Ionenstrahlen (Erzeugung kurzlebiger radioaktiver Präparate, n-Radiografie) einen Beschleuniger in unmittelbarer Labornähe erfordern, haben viele Firmen (z.B. AEG, Philips, Siemens) *Kompaktzyklotrons* gebaut, die hohen Strom (~ 10 μA) mit spezialisierten Ionenquellen für leichte Ionen sowie supraleitende Magnete für reduzierte Betriebskosten und Aufbauminimierung verwenden. Meist sind sie mit automatischen Targetstationen und integrierten Manipulationsboxen für die Radiochemie ausgestattet, womit sie z.B. die Gewinnung von β^+-Präparaten für PET in medizinischen Diagnosekliniken ermöglichen. Diese Einrichtungen stehen in der Regel unter der Leitung eines Phy-

Phasengeschwindigkeit, als die einfallende Welle (d.h. n < 1). Der Effekt ist den rückwärts laufenden Speichen eines Kutschenrades im Westernfilm analog, wo im Zeitabstand des Bildwechsels das Wagenrad gerade einen Umdrehungswinkel (2nπ–δ) beschreibt.

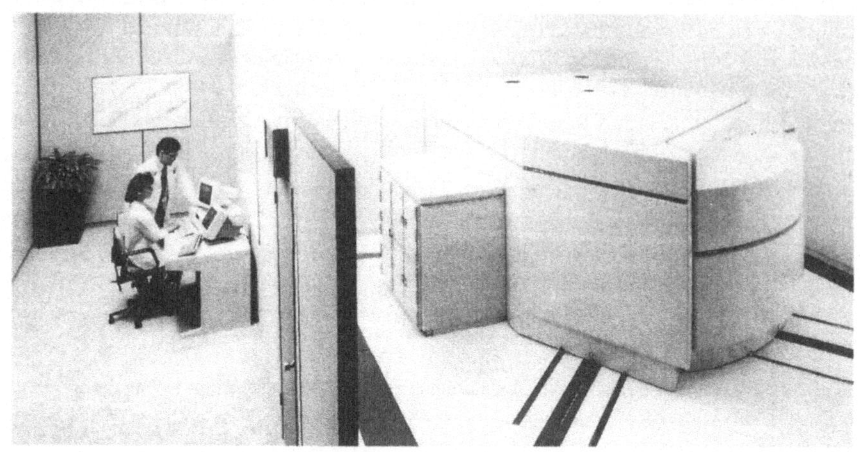

Abb. 2.45 Photo eines Kompaktzyklotrons. (Mit frdl. Genehmigung der Fa. Siemens, Erlangen)

sikers. Die Abb. 2.45 zeigt ein Beispiel solcher Anlagen.

RFQ-Linearbeschleuniger: Diese neuentwickelten Beschleunigerstrukturen für sehr hohe Ströme bestehen aus einer linearen Anordnung elektrostatischer Quadrupole, die mit Hochfrequenz betrieben werden (RFQ: Radio Frequency Quadrupole), um den Ionenstrahl mit starker Fokussierung [Hib97,Wil96] gegen die bei hohen Strömen wachsenden Instabilitäten zu bündeln. Dabei entstehen zwischen den wechselnd gepolten Quadrupolen starke elektrische Felder, die zur Beschleunigung des Teilchenstrahls genutzt werden. Dadurch ergeben sich hohe Ströme bei mäßig großem Energiegewinn. Diese Anlagen erzeugen geringe Umgebungsstrahlung und sind leicht zu automatisieren, deshalb werden sie in steigendem Maß verwendet. (Wir werden auf diese Beschleuniger sowie die für hohe Ionenströme entwickelten ECR-Quellen im nächsten Kapitel zurückkommen).

Dedicated Facilities: Kleine elektrostatische Anlagen für Materialanalysen und andere, nur auf einen Anwendungszweck hin optimierte Einrichtungen stützen sich auf Beschleuniger, die von mehreren Firmen (HVEC, NEC, Dynamitron) angeboten werden. Auch die hochtechnisierten elektrostatischen Beschleunigeranlagen für die Grundlagenforschung an den Universitäten sind weltweit in großem Maße dazu übergegangen, Resourcen an Geld und Nutzerzeit ihren anwendungsorientierten Arbeitsgruppen zur Verfügung zu stellen. Dabei nehmen sie insofern eine führende Rolle ein, als sie viele Verfahren und technische Lösungen entwickeln können, die später für die industrielle Nutzung zur Verfügung stehen, zu deren Eigenentwicklung die Industrie sich aber wegen ihres inhärenten Wirtschaftlichkeitszwangs nicht in der Lage sieht.

2.7.4 Mikrosonden

Für die Ionenstrahlanalysen (RBS, ERD, PIXE etc.) ist in vielen Fällen die mit der Sonden erreichbare Ortsauflösung auf der Probe von zentraler Bedeutung. Deren natürliche Grenze ist aber die Ausdehnung des Sondenstrahls bei Eintritt in die Probe. Deshalb wird seit langem versucht, diese Ausdehnung zu minimieren, indem besondere Strahlführungssysteme entwickelt wurden, die nach der angestrebten Strahlfleckausdehnung im Bereich von µm als *Mikrosonden* (in der Weiterentwicklung neuerdings in analoger Weise als *Nanosonden*) bezeichnet werden [Bre92,WG87]. Sie bestehen aus einem Kettensystem von *Regelschlitzen* (die den Strahlmittelpunkt auf einer vorgegeben Position halten), *Kollimatoren* (die den Strahldurchmesser durch Absorption des umgebenden Strahlhalos beschneiden) und *Linsen* (die den Strahl fokussieren). Den Abschluß bildet eine Quadrupollinse kurzer Brennweite, die wegen des benötigten hohen Magnetfeldes oft supraleitende Spulen hat. Dadurch wird ein Brennfleck minimaler Ausdehnung erzeugt. An die Eigenschaften der Linse und ihrer Justierung, sowie die Stabilität der Stromversorgung werden dabei höchste Ansprüche gestellt, um optimale Ergebnisse zu erzielen. Die kleinsten Abmessungen des Strahlflecks liegen heute bei Werten $\leq$ (0.2 µm $\times$ 0.2 µm) [Hin97]. Vor dem Target befindet sich ein System von *Ablenkspulen*, mit denen die Strahlposition auf der Probenoberfläche kontrolliert verschoben werden kann, um so die Probe mit dem Mikrostrahl abzutasten. Ein Beispiel für die Leistungsfähigkeit moderner Mikroanalysen zeigt Abb. 2.46:
Eine Halbleiterschicht wird zunächst im STIM (*Scanning Transmission Ion Microscopy*)-Verfahren bei verschiedenen Vergrößerungen analysiert. Bei dieser, der p-Radiografie verwandten Methode, wird die Probe mit einem Mikrostrahl leichter Ionen mit MeV-Energien durchleuchtet und der Energieverlust mit HL-Zählern gemessen. So wird die Probe nach Dichte und Z des Targetmaterials ortsauflösend analysiert. Die PIXE-Analyse auf W bzw. Ti zeigt dann einen Kurzschluß der Schaltung in der aufgedampften Ti-Schicht.
Um Raumladungsprobleme wegen der gegenseitigen Abstoßung der Projektile im Strahl zu reduzieren, arbeiten Mikrosonden mit dem minimal erforderlichen Strom bei der maximal verträglichen Energie der Projektile. (Eine Übersicht über die zahlreichen modernen Anwendungen der Mikrosondentechnik in Biologie, Medizin, Materialforschung, Mineralogie, Altersbestimmung und Kunsthistorie bietet z.B. der Konferenzband, in dem [Hin97] enthalten ist).

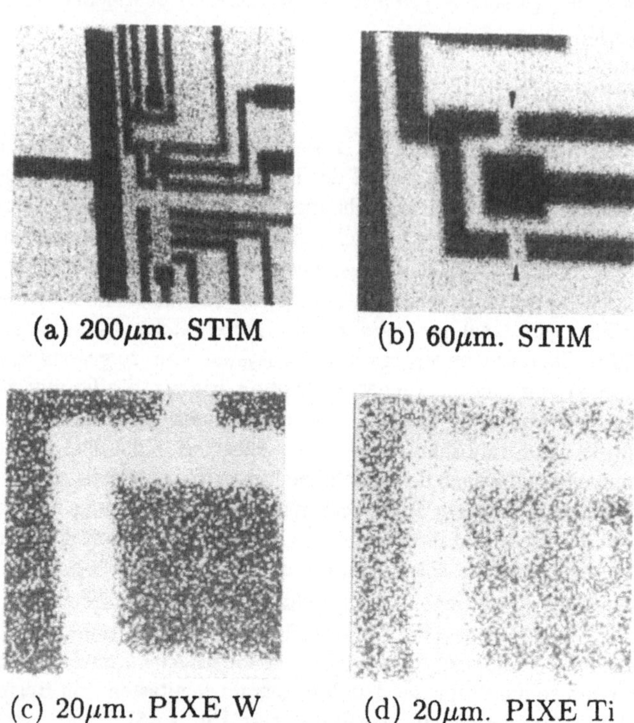

(a) 200μm. STIM   (b) 60μm. STIM

(c) 20μm. PIXE W   (d) 20μm. PIXE Ti

Abb. 2.46: Mikrosondenanalyse einer HL-Schaltung. (a,b) STIM-Analysen (Seitenlänge des Bild-ausschnitts angegeben). (c,d) PIXE-Analysen die einen Kurzschluss in der Ti-Schicht zeigen. (Aus Ref. [Bre92] übernommen mit frdl. Genehmigung der Autoren).

2.8   Spezielle Nachweisgeräte

Die Spezialisierung der Strahlungsquellen hat auch eine entsprechende Entwicklung bei den Strahlungsdetektoren im Gefolge. Ihre Empfindlichkeit und Schnelligkeit wurde gesteigert (was z.B. in der Medizin zu einer großen Reduktion in der erforderlichen Strahlenbelastung für den Patienten führt), ihre Speicherfähigkeit entwickelt (was später eine schnelle Aktivierung der aufgenommenen Daten erlaubt, ohne die Bestrahlung wiederholen zu müssen) und weitgehende Automatisierung angestrebt, um die Detektoren an unzugänglichen Orten verwenden zu können (*remote sensing*). Im folgenden sollen einige dieser Entwicklungen umrissen werden.

2.8.1 Großflächenzähler

Hier ist das Ziel, den Raumwinkel Ω (s. Abb. 1.6) eines Zählers zu maximieren, um für den Nachweis keine Strahlung zu verlieren. Da mit großen Detektorflächen automatisch eine zunehmende Unsicherheit in der Einfallsrichtung der Strahlung einhergeht, werden solche Zähler heute in der Regel orts- und zeitauflösend gebaut.

Ganzkörperzähler: Sie umschließen den ganzen Körper oder können über alle Partien der Probe bewegt werden und bestehen aus Vielfachanordnungen (*arrays*) von NaJ- oder BGO-Zählern, mit denen die Verteilung einer spezifischen Strahlungsaktivität granular ausgemessen werden kann. Besonders in der Medizin und im Strahlenschutz sind diese Zähler, mit angeschlossener computerisierter Datenauswertung, weitverbreitet [Mur95] (s. auch Abb. 2.21) .

Ladungsgekoppelte Großflächenzähler (CCD): Die Entwicklung dieser sogenannten *PIXEL*-*Zähler* auf CCD (*Charged Coupled Device*) Basis ist außerordentlich erfolgreich verlaufen [Lut95,Str98] Sie bestehen aus Halbleiterschichten, in denen durch eine aufgebrachte Elektrodenstruktur im Inneren regelmäßig angeordnete Potentialtöpfe erzeugt werden, die die durch Strahlung freigesetzten Elektronen einfangen und mit langer Lebensdauer speichern. Daher können sie auch extrem schwache Strahlung über große Zeiträume aufsammeln und schwache Photonenströme integrieren. Dadurch haben sie in der Astronomie (z.B. Weltraumteleskope) revolutionierend gewirkt. Die Auslese erfolgt entweder seriell (durch taktweises Verschieben der Ladungspakete zum benachbarten Potentialtopf in Richtung der Ausleselektronik) oder durch angelegte Sammelpotentiale, bei denen die ursprüngliche Position eines Ladungspakets aus der benötigten Driftzeit bis zum Erreichen der Ausleseelektronik bestimmt wird. Die Auslesevorgänge können innerhalb etwa 10 ns ausgeführt werden. Auf diese Weise sind Großflächigkeit, hohe Ortsauflösung und gute Zeitauflösung erreichbar.

Vieldraht-Proportionalkammern (MWPC): Sie stellen die moderne Weiterentwicklung der Proportionalzähler dar (s. Abschn. 1.4.2). Im Prinzip enthalten sie eine Drahtebene (ca. 1 mm Drahtabstand, 10 µm Durchmesser), die eine mit Gasverstärkung 10^6-10^7 verdichtete Elektronenwolke aus dem Ionenschlauch eines Teilchendurchgangs nachweisen. Da die influenzierte Spiegelladung auf den Drähten mit dem Abstand der Elektronenwolke zu den verschiedenen Drähten abnimmt, läßt sich durch Signalhöhenvergleich der Ort der Teilchenspur auf etwa 10^{-3} des Drahtabstandes festlegen, was einer Ortsauflösung von ca. 1 µm entspricht. Durch mehrere parallele Zählerebenen, deren Drahtrichtungen zueinander einen Winkel bilden, lassen sich alle Bahnkoordinaten mit der oben angegebenen Genauigkeit bestimmen. Da die Signale sehr schnell ansteigen und die Zähler nur in der Nähe des Ortes der Teilchenspur eine geringe Totzeit haben, sind sie ideal für schnellen (koinzidenten) Ereignisnachweis mit hohen Gesamtzählraten geeignet. Die Auslese erfolgt wieder über die ortsabhängige Aufteilung von Signallaufzeit und Signalhöhe zu den beiden Enden eines Zähldrahtes. Durch Abdecken des Zählers mit einer Konverterfolie, in der die einfallenden Gammas Photoelektronen auslösen, lassen sich diese Großflächenzähler auch zur Aufzeichnung von Röntgenbildern verwenden. Mit digitalisierter Auslese des Bildinhalts werden sie als DRD (*Digital Radiographic Device*) in der Röntgendiagnostik und Synchrotronangiographie (s. Abschn. 2.2.1) verwendet. Die Verwendung von Festkörperionisationskammern (s. Abschn. 1.4.2) hat auch zur Weiterentwicklung der MWPC zu *Streifendetektoren* geführt [Lut95]. Mit Hilfe von lithographischen Techniken (s. Kap. 3) sind die erreichbaren Dimensionen der Drahtebenenelektroden so verkleinert worden, daß man *Mikrostreifendetektoren* [Oed97] entwickelt hat, die sowohl für moderne Gas- als auch Festkörperproportionalkammern verwendet werden. Sie haben Zeitauflösungen unter 10 ns und die enorme Zählratentoleranz von $5 \cdot 10^6$ Ereignissen/mm^{2}s, was einer Verbesserung gegenüber den MWPC-Werten um 10^2-10^3 bedeutet. Alle diese Weiterentwicklungen werden von den Nachbargebieten, in denen kernphysikalische Meßmethoden Anwendung finden, schnell aufgegriffen.

2.8.2   Neutronenzähler

Wie Photonen, so müssen auch Neutronen zunächst in geladene Reaktionsprodukte umgewandelt werden, bevor sie nachweisbar sind. Seit Beginn der Neutronenphysik sind daher speziell die Neutronenzähler immer weiter entwickelt worden

Standardzähler: Sie fallen im wesentlichen in zwei Klassen je nach der Art wie die Neutronen mit dem Zählermedium reagieren.

1. *Absorptionszähler* Hierzu gehören die ältesten Neutronenzähler, die die hohe Einfangwahrscheinlichkeit von ^{10}B für thermische Neutronen ausnutzen:

$$^{10}\text{B} + \text{n} \rightarrow {}^{11}\text{B}^* \rightarrow {}^{7}\text{Li} + \alpha + 2.78 \text{ MeV}.$$

Die Produkte ^{7}Li und α teilen die Reaktionsenergie gemäß ihrem Massenverhältnis auf und sind in einem einfachen Gaszähler, der mit Bortrifluorid (BF$_3$) gefüllt ist, leicht nachzuweisen. Im natürlichen Bor ist ^{10}Bor nur zu 20% enthalten, deshalb kann durch Anreicherung des ^{10}B die Nachweisempfindlichkeit entsprechend gesteigert werden. Eine weitere Klasse stellen die (n,γ)-Zähler dar, die aus Metallfolien (Gd, Cd) bestehen und durch den großen Einfangsquerschnitt eine spezifische Aktivität aufbauen, die anschließend gemessen werden kann. Da die HWZ der Aktivitäten lang ist, dienen diese Folien auch als Integratoren für den Neutronenfluß, also als *Fluenzmesser* (s. Kap.4).

2. *Rückstoßzähler*. Sie sind besonders für schnelle Neutronen geeignet, da sie den geladenen Rückstoßkern aus der elastischen Streuung nachweisen. Sie sind Vorläufer der ERD-Methode und können nur mit leichten Kernen als Zählersubstanz funktionieren: H_2 und ^3He, in Grenzfällen hoher Energie auch ^4He. Durch Messung der Recoilrichtung erlauben diese Zähler auch Neutronenenergie und Einfallsrichtung zu bestimmen.

Ortsauflösende Neutronenzähler: Bei ihnen wird (analog der Adaptation der MWPC für Gammanachweis) die Oberfläche eines ortsauflösenden Zählers mit einer Gd-Schicht bedeckt, aus der die (n,γ)-Photonen im Zähler nachgewiesen werden. Damit ist die Ortsinformation des Neutroneneinfalls gegeben. Als neue Entwicklung wird die MWPC durch eine Schicht aus amorphem SiH ersetzt, das Gammas mit einer Wahrscheinlichkeit von 25% in Elektronen konvertiert, die nachgewiesen werden können[25]. Da sie großflächig, resistent gegen Strahlenschäden und vergleichsweise billig in der Herstellung sind, finden sie besonders bei medizinischen Anwendern großes Interesse.

2.8.3 Raumsondenzähler

Die Strahlungsdetektoren an Bord der Raumsonden müssen speziellen Anforderungen genügen: Sie sollen hohe Beschleunigungen aushalten, im Vakuum arbeiten und kompakt sein. Anfangs war auch ein geringes Gewicht sehr wesentlich, was heute als Forderung nicht mehr vorrangig ist. Die Raumsonden haben aber nachgewiesen, daß die ursprünglich als Zwang empfundene Automatisierungserfordernis ein großer messtechnischer Vorteil ist, da die fehlenden Kosmonauten eine größere Störungsfreiheit (keine abrupten Bewegungen und Temperaturschwankungen) der Meßanordnung garantieren. Daher ist vom wissenschaflichen Standpunkt aus der Aufwand für die bemannte Raumfahrt nicht gerechtfertigt. Sie hat offenkundig allgemeinpolitische Ziele und ihre Kosten sollten deshalb auch nicht zu den Wissenschaftsausgaben gerechnet werden. Die Berufsverbände der Physiker (DPG, APS) haben in Memoranden diese Haltung eindeutig vertreten.

[25] Der physikalische Mechanismus dieses Verfahrens beruht darauf, daß sich in amorphen Kristallen an den im Idealkristall völlig scharfen Bandgrenzen durch die fehlende langreichweitige Gitterordnung Zustände in den verbotenen Bereich (*gap*) der Bandlücken hinein bilden (*tail states*) und das Innere des Gap statistisch mit lokalisierten Zuständen durchsetzen (*deep states*). Darin sammeln sich die Elektronen der Gammakonversion. Dort haben sie eine lange Lebensdauer und werden durch einen Auslesepuls in die unter der amorphen Schicht liegende Ausleseebene überführt. Da die Deep States sehr viel dichter liegen als jede Elektrodenanordnung in einer MWPC, ist die potentielle Ortsauflösung dieser Schichten noch wesentlich besser als die der Gaszähler.

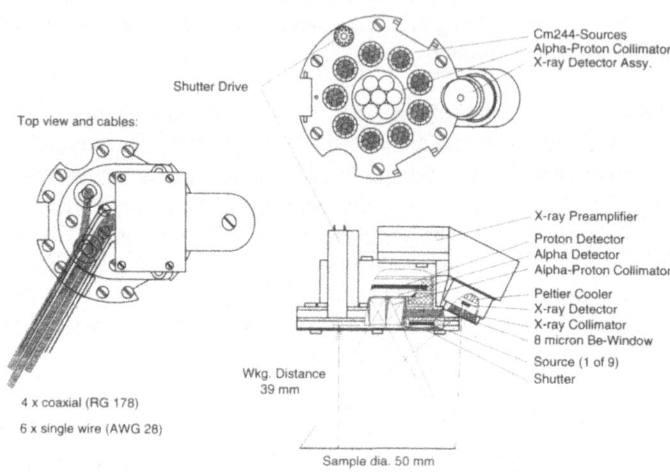

Abb. 2.47: APX-Spektrometer des Marsmobils ROVER. Oben: Sensorkopf mit 9 Strahlenquellen und p/α-Detektoren für RBS sowie ein γ-Detektor für PIXE-Analyse des Marsgesteins. Unten: Ansicht des Marsmobils. Der Abstandshalter des Spektrometers berührt den Fels, der Sensorkopf befindet sich 4 cm dahinter. (Aus Ref. [Rie97] übernommen mit frdl. Genehmigung von H. Wänke, MPI f. Chemie, Mainz)

Planetensonden: Die ersten im Zuge des Apolloprogramms 1967 auf dem Mond abgesetzten Surveyor V-Sonden enthielt Alphaquellen, mit denen es gelang, RBS-Spektren aus den obersten 25 µm des Mondgesteins aufzunehmen. Den Strom zu ihrem Betrieb erhielten sie aus Generatoren, die die Zerfallsenergie spontan spaltender Transurane nutzten (s. Abschn. 4.5.2). Die sonnenfernen Missionen verwenden diese Methode noch heute, die sonnennahen Satelliten benutzen dagegen photoelektrische Sonnenpaddel, die für eine optimale Lichtnutzung zur Sonne hin ausgerichtet werden). Das fortgeschrittenste Exemplar dieser Detektoren ist das bewegliche Spektrometer, das mit dem *Marsmobil* (Rover) der *Pathfinder-Sonde* im Juli 1997 auf der Marsoberfläche abgesetzt wurde [Ree97].

Dieses *APX* (Alpha-, Proton-, X-Ray)-*Spektrometer* arbeitet mit Alphastrahlern aus ^{244}Cm (18.1a), die neben den scharfen Alphalinien von 5.76 MeV (24%) und 5.80 MeV (76%) praktisch keine weitere Strahlung emittieren. Die an Bord befindlichen neun Quellen haben eine Gesamtaktivität von 1.7 GBq (= 45 mCi). Mit diesen Alphastrahlen werden für (C,O)-Elemente RBS-Analysen gemacht, für Na, Mg, Al ,Si, S werden (α,p)-Reaktionen gemessen und für (Ca bis Fe und schwerere) werden über (α,X)-Reaktionen HIXE-Spektren bestimmt. Die Nachweisschwelle liegt bei einer Konzentration von ca. 1 at%. Die gemessenen Daten werden in je einem 56 Kanalanalysator aufgenommen und zur Erde telemetriert. Der große wissenschaftliche Erfolg dieses Spektrometers unterstreicht die eingangs gemachten Anmerkungen zur Überlegenheit unbemannter Missionen.

Hochenergie-Gammazähler: Die Gammaastronomie ist durch die Gammazähler auf dem 1991 in eine 450 km hohe Umlaufbahn gebrachten *Compton-Observatorium* revolutioniert worden, da die Gammastrahlung aus dem Weltraum durch die Wechselwirkung in der Atmosphäre weitgehend absorbiert wird bzw. den größten Teil der Information verloren hat, wenn sie auf der Erdoberfläche ankommt. Das Observatorium [Schö98] war die bis dahin schwerste wissenschaftliche Nutzlast, die mit einem Space Shuttle in Umlauf gebracht wurde. Es enthält vier komplementäre Gammaspektrometer [Geh98].

1. OSSE (50 keV bis 1 MeV) das den Photoeffekt ausnutzt und aus Ge-Dioden bzw. Szintillationszählern besteht. Es hat Kollimatoren aus massiven Absorbern mit entsprechenden Aperturen. Daher ist das Gesichtsfeld klein, was aber wegen der großen Intensität am Röntgenhimmel in diesem Energiefenster nicht wesentlich ist.

2. COMPTEL (1-30 MeV), das den Comptoneffekt ausnutzt. Dabei wird das Spektrum jeweils mit zwei Zählern (Ge/Szintillatonszähler) aufgenommen, wobei im ersten Zähler der Comptonstoß geschieht und im zweiten das gestreute Gamma absorbiert wird. Damit sind Energie und Einfallsrichtung des primären Gammaquants rekonstruierbar.

3. EGRET (30 MeV - 30 GeV), das über die in Schwermetallfolien ausgelöste Paarbildung und deren Nachweis in Streifenzählern funktioniert. Wegen der gemessenen Winkelkorrelation des e$\bar{\text{e}}$-Paares (s. Abschn. 2.6.5) ist die Einfallsrich-

tung des primären Gammas ohne Kollimatoren bis auf 1° genau rekonstruierbar. Der Zähler kann wegen der fehlenden Kollimatoren einen sehr großen Raumwinkel von 0.5 Sr ausnutzen.

4. BATSE. Dies ist ein 4π NaJ-Monitor der ungewöhnliche Ereignisse (sogenannte Gammabursts) registrieren soll, um die anderen Detektoren zu genaueren Beobachtung dort hinzulenken. Die vom Compton-Observatorium bisher gewonnenen Daten für einige der schwierigsten Probleme der gegenwärtigen Astrophysik (*Blasare, Gammabursts*) haben entscheidende neue experimentelle Erkenntnisse gebracht, die die Hoffnung auf ein einheitliches Bild für diese rätselhaften Phänomene sehr stützen [Schö98].

Wolter-Teleskop: Dieses Instrument besteht aus zwei Sektoren, die jeder aus mehreren konzentrischen Schalen aufgebaut ist. Die Schalen im ersten Sektor sind um einen Winkel $\alpha < \gamma_t$ (Totalreflexionswinkel) und die des zweiten Sektors um einen ähnlichen Winkel gegenüber dem ersten Sektor geneigt. So wird die ankommende Gammastrahlung auf einen Brennpunkt geleitet, in dem sich die vom ersten Sektor aufgefangene Gammastrahlung sammelt. Dort steht der Detektor. Im Falle des geplanten Nachfolgers für den Röntgensatelliten ROSAT [Trü90] bestehen die Sektoren aus 58 Schalen und haben eine Öffnung von fast 4 m. Sie bilden einen Fokus in 7.5 m Entfernung. Dort soll dann ein Bild des Röntgenhimmels von 10×10 Bogenminuten Größe mit CCD-Kameras aufgenommen werden.

3.   Nukleare Radiotomie

In diesem Kapitel werden wir eine Übersicht über die Möglichkeiten und Realisierungen geben, wie Strahlung aus Teilchenbeschleunigern verwendet werden kann, um Proben dauerhaft zu verändern. Das kann die Abtragung von Teilen eines Werkstücks sein oder aber die Veränderung der Proben, bis zum Auftreten völlig neuer physikalischer Eigenschaften, d.h. die Erzeugung neuer Materialien. Wir müssen also zunächst verstehen, unter welchen Umständen permanente Änderungen beim Teilchendurchgang geschehen. (Die bisherigen Änderungen waren alle temporär oder permanent auf so kleinem lokalem Maßstab, daß die integralen Probeneigenschaften unverändert blieben).

3.1   Permanente Strahlenschäden

Wir gehen aus von der Bethe-Bloch-Gleichung (2.1), mit der die Ionisationsdichte dE/dx beim Teilchendurchgang angegeben werden kann. Wegen der Z^2-Abhängigkeit haben leichte Projektile und in analoger Weise auch Elektronen eine niedrige Ionisationsdichte, die zu einer relativ großen Reichweite R(E) führt, an deren Ende die Ionisationsdichte und damit die Strahlenschädigung der Probenstruktur maximal wird. Damit erzeugen die leichten Projektile vornehmlich Volumeneffekte, während schwere Ionen als Projektile nur sehr geringe Reichweite haben und dominant Strahlenschäden auf oder dicht unter der Oberfläche erzeugen. Wenn schwere Ionen auf hohe Energien ($\geq$ 20 MeV/u) beschleunigt werden[1], nimmt ihre Reichweite deutlich zu, sodaß auch tiefere Schichten erreicht werden können. Dies wird in der Strahlentherapie (Abschn. 3.4) noch wesentlich werden.

Wie zu Beginn des letzten Kapitels dargestellt, zerfällt der Mechanismus des Energieübertrags auf die Targetatome in drei Bereiche, die schematisch in Abb. 2.1 wiedergegeben sind.

Der *elektronische Bremsanteil* $S_e(v)$ stammt von den anregenden und ionisierenden Stößen des Projektils mit den Hüllenelektronen der Targetatome, wobei jeder Stoßvorgang innerhalb $(10^{-17}–10^{-16})$s etwa ein Drittel der übertragenen Projektilenergie zur Überwindung der Elektronenbindungsenergie braucht und zwei Drittel des Energieverlustes in die kinetische Energie der freigesetzten Elektronen gehen. Dabei wird ein großer Teil von den δ-Elektronen (s. Abschn. 2.1.1) weggetragen und es entsteht innerhalb $(10^{-15}–10^{-14})$ s ein breites Kontinuum von Elektronen-

---

[1] Als Maß für die kinetische Energie E schwerer Ionen wird in der Regel ε/u, der Energieanteil pro atomare Masseneinheit u angegeben. Dabei entspricht u ungefähr der Ruhemasse eines Nukleons und es gilt ε/u $\approx$ E/A. Um die gesamte Energie zu kennen, muß dieser Wert mit der Massenzahl A des Ions multipliziert werden.

energien, denen die Augerlinien[2] aus den Elektronenhüllen von Target und Projektil überlagert sind [Kra93].

Generell hat S_e sein Maximum bei $E_p \sim 1$ MeV/u, da bei dieser Energie $v_p \approx v_e$ der äußeren Hüllenelektronen ist und von hier an die Umladungsprozesse überwiegen, durch die der mittlere Ladungszustand des Projektils immer weiter verringert wird. Der Anteil S_N der *nuklearen Bremsung* hat dagegen sein Maximum bei $E_p \approx 1$ keV/u und entsteht durch inelastische und elastische Stöße des ladungsneutralen Projektils mit den gesamten Targetatomen, wodurch es schließlich zur Ruhe kommt und die Temperaturbewegung des Gitters annimmt. Dieser Prozess ist quantitativ schwierig zu behandeln, da dies die dynamische Verfolgung der gegenseitigen Druchdringung der Hüllen von Projektil- und Targetatom verlangt. Stattdessen sind phänomenologische Modelle entwickelt worden, die die Elektronenhülle der Atome als in dem Atomvolumen eingeschlossenes entartetes Fermigas behandeln (*Thomas-Fermi Modell*), d.h. als Gas von Elektronen nahe $T = 0$, also ohne statistischen Bewegungsanteil. Dann läßt sich die gegenseitige Abschirmung der Kernpotentiale durch die Elektronenhüllen in Form einer *Abschirmfunktion* $\phi \leq 1$ berücksichtigen, indem man als Wechselwirkungspotential $V(r) = V_C \phi(r)/a$ ansetzt, wo V_C das Coulombpotential ist und a der Minimalabstand der Ionen. Außerdem müssen die Randbedingungen $\phi(r \to 0) = 1$ und $\phi(r \to \infty) = 0$ erfüllt sein. Auf dieser Basis sind universelle *Abbremsfunktionen* berechnet worden [ZBL85], die weit verbreitete Verwendung finden. Betrachten wir nun, auf welche Weise diese Prozesse zu permanenten Gitterschäden führen.

3.1.1   Latente Spurenbildung

Bei hoher Ionisierungsdichte läßt sich die Teilchenspur im Target einfacher beschreiben. Die Details der Spurbildung gewinnt man aus *Monte Carlo* (MC) Rechnungen[3].

---

[2]Augerlinien entstehen dadurch, daß die Übergangsenergie beim Auffüllen eines Lochs in der Elektronenhülle durch ein Elektron aus einem höheren Zustand nicht als Röntgenquant abgegeben wird (wie z.B. bei den charakteristischen Linien im Röntgenspektrum), sondern auf ein anderes Elektron in der Hülle übertragen und dieses dadurch aus der Hülle geworfen wird. Da die Übergangsenergie festgelegt ist, haben auch die Augerelektronen eine scharfe Energie.

[3]MC-Rechnungen beruhen auf der Verwendung von Zufallszahlen, was ihren Namen erklärt. Sie nehmen für die in den dynamischen Grundgleichungen eines Prozesses an jedem Wechselwirkungspunkt auftretenden Wahrscheinlichkeitsverteilungen „ausgewürfelte" Werte an und erhalten so einen Ergebnispunkt. Durch oftmaliges (10^5–10^7) Wiederholen dieses Prozesses erhält man eine Verteilung der Ergebnispunkte, die der analytischen Lösung des Problems beliebig nahe kommt (In diesem Sinne gibt die analytische Lösung das Resultat unendlich vieler Einzelversuche). MC-Methoden sind heute außerordentlich weit verbreitet, da sie von der Schnelligkeit

Dabei wird der Energieverlust als *Volumendosis* (Energie/Volumen, s. Abschn. 3.1.4) angegeben, wobei sich zeigt, daß diese proportional R^{-2} abnimmt (R = Radius um die Projektiltrajektorie) und zwar über R = (0.1-10)nm von 10^3 auf 10^{-5} [eV/(nm)^3][Krä95]. (In den Strahleneinheiten des Abschnitts 3.1.4 entspricht dies Werten zwischen 10^8 Gy und 1 Gy).

Längs dem Trajektorienradius R beobachtet man zunächst den *Kernbereich* (Durchmesser $\sim$ 10 nm) hoher primärer Ionisierungsdichte. Er entsteht bei den binären Ionenhüllenstößen, deren Volumendosis durch die lawinenartige Verbreitung von elektronischen und atomaren Folgestößen mit wachsendem R rasch abnimmt. Es folgt der den Kernbereich umgebende *Halobereich*, in dem sich Fehlstellen (*vacancies*) und Zwischengitterbesetzungen (*interstitials*) ansammeln, solange die mittlere Teilchenenergie $\geq$ 25 eV, der typischen Platzwechselenergie ist. Bei diesem Prozess der thermischen Umordnung geht der größte Teil der Dosis in Wärmebewegungen über wodurch große Bereiche des Gitters in Spurennähe *umgeordnet* werden. (Darunter versteht man die Produktion von Gitterschäden, die in spontanen Relaxationsprozessen wieder ausheilen). Ein relativ kleiner Teil der deponierten Energie geht in metastabile Endzustände, die in harten Kristallen länger als 10^6 Jahre gespeichert werden können. Die räumliche Verteilung dieser metastabilen Zustände bildet eine *latente Spur*, in der die Gitterbausteine gegenüber dem unversehrten Gitter erniedrigte elektrostatische Bindungspotentiale haben und daher vorzugsweise von Chemikalien gelöst werden. Darauf beruht sowohl die Altersbestimmungsmethode mit Spaltspuren, als auch die wesentliche Methode der *Mikromechanik* (s. Abschn. 3.2.3).

Der Mechanismus der Energieübertragung aus dem Core- in den Halobereich hängt vom Sondenmaterial ab. In Isolatoren und Materialien ohne nennenswerte Dichte an freien Elektronen sind vermutlich (durch MC-Rechnungen gestützt) in Zeiten τ_C = (10^{-15}–10^{-13})s *Coulombexplosionsvorgänge* prädominant (s. Abschn. 2.6.6). Die durch die Ionisation freiwerdende Bindungsenergie des Gitteratoms setzt sich in dieser Zeit in die kinetische Energie der Bruchstücke um, die auseinander fahren und die Corezone freimachen, wie in Abb. 3.1 dargestellt ist.

In Metallen ist dagegen die Elektronendichte so groß, daß die verlorengegangenen Bindungselektronen ersetzt werden, bevor die trägen Ionenrümpfe reagieren können und die Coulombexplosion bleibt aus. Stattdessen wird hier vermutlich der Prozess der *Thermal Spike Bildung* dominant: Innerhalb (10^{-14}–10^{-15})s wird durch die Thermalisierung der hochenergetischen δ-Elektronen in Stößen mit den zahlrei-

moderner Rechenanlagen profitieren, die in kurzer Zeit eine große Zahl von MC-Durchgängen absolvieren. Auf diese Weise werden Probleme lösbar, für die analytische Lösungen nur sehr schwer, wenn überhaupt gewonnen werden können. Zum anderen ist das Verfahren der MC-Analyse dem Charakter nach sehr quantenphysikalisch, da sich auch das reale Meßergebnis aus der Überlagerung einer großen Zahl von einzelnen natürlichen „Auswürfelungen" aufbaut.

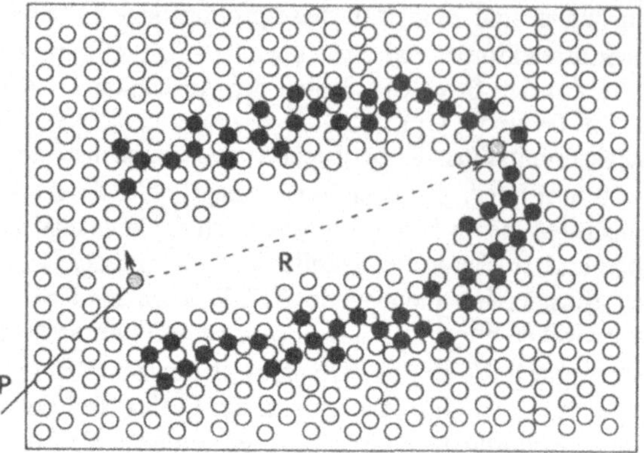

Abb. 3.1: Schadenspur eines Rückstoßkerns R der vom Projektil P aus seinem Gitterplatz gegeworfen wurde. Die dabei von ihren Plätzen verdrängten Gitteratome (O) hinterlassen in der Kernzone einen Kristallschaden (nach J.M. Poate in [Bro85] Vol.6).

chen Leitungselektronen ein heißes Elektronengas im Corebereich der Spur erzeugt, wodurch das Gitter in dieser Region weit über seine Schmelztemperatur aufgeheizt wird. Allerdings folgt in Metallen dann eine sehr rasche Abkühlung durch die umgebenden Atome, sodaß die Probe längs der Teilchenspur durch Abschreckung in eine andere Festkörperphase übergehen kann, die als latente Spur sichtbar wird, wie Abb. 3.2 zeigt.

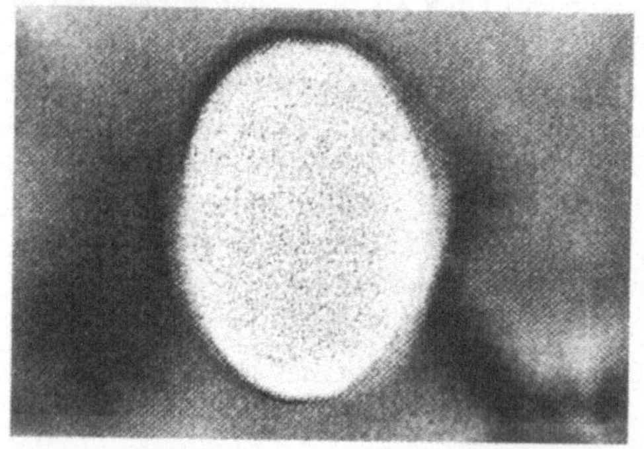
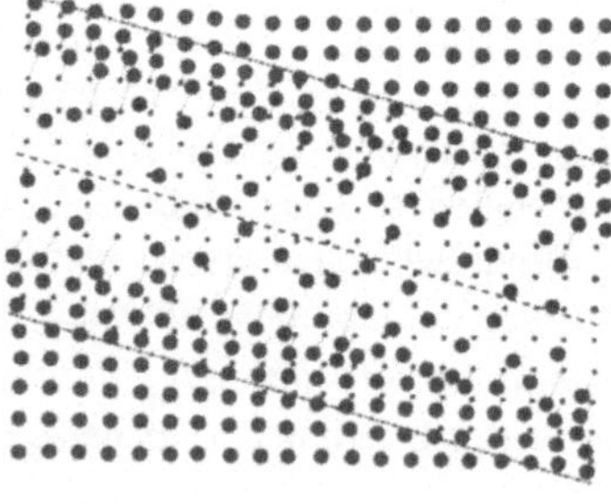

Abb. 3.2: Links: Querschnitt einer U-Spur (Durchmesser 15 nm, schräger Projektileinfall) in Ge-Sulfid-Kristall, aufgenommen mit einem Elektronenmikroskop. Die Kernzone ist völlig amorphisiert. Im Außenbereich sind als Wellen sichtbare Verspannungen des Kristallgitters entstanden. (Mit frdl. Genehmigung entnommen aus GSI-Nachrichten 6/96). Rechts: Schematischer Schnitt durch eine latente Spur mit den Versetzungen der Gitteratome (durch Betrachtung unter schrägem Winkel deutlich zu sehen).

Der komplexe Übergang von der primären Ionisierung in eine latente Spur ist in der Abb. 3.3 schematisch dargestellt.

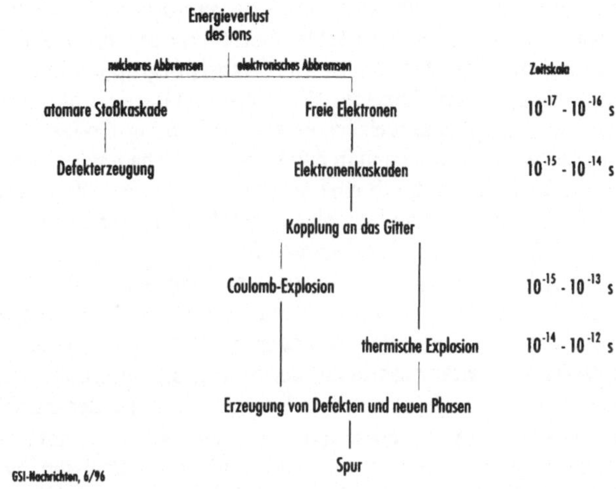

Abb. 3.3: Schema der wichtigsten Primär- und Folgeprozesse bei der Entstehung einer Ionenspur im Kristallgitter. (Mit frdl. Genehmigung entnommen aus GSI-Nachrichten 6/96).

3.1.2 Technische Strahlendefekte

Die in Gittern verursachten Strahlenschäden können einleuchtenderweise (vor allem in mikrominiaturisierten Bauelementen) zu Fehlfunktionen aller Schweregrade führen. Tatsächlich ist dieses Problem zunächst unter dem Acronym SEU (*Single Event Upset*) bei den in großer Zahl gestarteten Militärsatelliten beobachtet und als Folge der kosmischen Strahlung erkannt worden, die in der oberen Atmosphärengrenze noch um ein vielfaches intensiver ist als auf der Erdoberfläche[4].
Mit der Weiterentwicklung der Miniaturisierung wurde das Problem auch auf der Erde akut und der Vorgang genauer untersucht. Man unterscheidet *soft errors*, die aufgrund der Produktion freier Ladungen als Folge eines die Halbleiterschaltung

[4]Als Abhilfe wurde die beeindruckend pragmatische Lösung gefunden, alle kritischen Schaltkreise vielfach-parallel auszulegen und die ungestört arbeitenden Schaltungen per Mehrheitsentscheid zu ermitteln.

durchfliegenden Teilchens auftreten. So erzeugt ein schweres Ion mit 4 MeV/u für 10^{-10}s einen Strom von 1mA, was dem 10^6-fachen Ruhestrom der Schaltung entspricht. Dadurch können die Schaltzustände der Transistoren in Nähe der Trajektorie in stochastischer Weise abgeändert werden. Die Soft Errors verursachen keine dauerhafte Schädigung des Schaltkreises, sondern zerstören nur den Rechenvorgang. Deshalb hat man auch Software-Methoden ersonnen, ihnen beizukommen. Mit der Überprüfung des Schaltzustandes von Transistorgruppen durch *Paritätsbits* läßt sich feststellen, ob ein einzelnes Element der Gruppe unkontrolliert den Schaltzustand gewechselt hat und welches es war (*Hamming Codes*). Durch Korrigieren des Schaltfehlers läßt sich dann in der Regel der Schaden beheben.

Hat das durchgehende Teilchen durch eine latente Spur die Funktion des Schaltelements lahmgelegt, so spricht man von einem *hard error*, der in der Regel zum permanenten Ausfall des gesamten Schaltkreises führt.

Die Häufigkeit dieser Fehler hängt vom Niveau der kosmischen Strahlung ab, das nicht nur langfristig variabel ist, wie wir bei der Eichung der ^{14}C-Methode gesehen haben, sondern auch auf der Zeitskala von Tagen bis Monaten. Solange dauern im Mittel die *solar flares* (Aktivitätsausbrüche) der Sonne, die unsere Hauptquelle der kosmischen Strahlung auf der Erde ist. Das Energiemaximum der Strahlungsausbrüche liegt bei 10^2–10^3 MeV/Teilchen und bringt zu Zeiten geringer Sonnenaktivität eine Fluenzdichte von maximal 10^6 Teilchen/cm^2 in Erdnähe, wo sie das Erdmagnetfeld umverteilt und, wie die Elektronen, in einem *van Allen-Belt* speichert. Von dort werden sie periodisch in den Nord- bzw. Südlichtern auf die Erdoberfläche entlassen. Zu Zeiten der sich alle 11 Jahre wiederholenden Perioden großer Sonnenaktivität[5] erreicht diese Fluenzdichte aber 10^{10} Teilchen/cm^2.

Neben der kosmischen Strahlung ist die *intrinsische Radioaktivität* der Halbleitermaterialien bei immer kleiner werdenden, d.h. mit der Verschiebung immer geringerer Ladungsmengen operierenden Schaltelementen von wachsender Bedeutung. Sie verursacht in der Nähe des Zerfalls ebenfalls Wolken freier Ladungen, die Schaltfehler der Transistorelemente bewirken. Die natürlichen Aktivitäten werden mit großem Aufwand zur Beseitigung von Verunreinigungen im Ausgangsmaterial bekämpft, die vor allem durch die Kernreaktionen der Neutronen aus der kosmischen Höhenstrahlung induzierten Aktivitäten sind dagegen weitgehend unvermeidlich.

Bei neuentwickelten miniaturisierten Schaltkreisen ist es oft schwierig, die Schwachstellen für eine solche Strahlenschädigung herauszufinden. Mit einer HI-Mikrosonde (Ar-Ionen, 3.6 MeV/A) wurde deshalb ein so schwacher Strom auf ein

---

[5] Für die erdnahen Satelliten bedeutet das wegen der Erhöhung des Ruhestroms der Halbleitergrenzschichten in der Elektronik z.B. einen Anstieg des elektrischen Leistungsbedarfs um weitere (25-70)% auf den die eingebaute Stromversorgung vorbereitet sein muß!

Schaltelement-Array gebracht, daß das Eintreffen der einzelnen Ionen verfolgt werden kann. Die beim Aufprall von der Oberfläche emittierten Sekundärelektronen bewirken eine Strahlblockade, sodaß keine weiteren Ionen ankommen und lösen dann einen Testkreis aus, der die Funktion des Arrays überprüft [Fis97]. Auf diese Weise läßt sich kontrolliert untersuchen, wo die Schaltkreiskonstruktion so störanfällig ist, daß sie verbessert werden muß. Die Hard Errors sind insbesondere für die Elektronik der Detektoren in den modernen Hochenergieexperimenten von großer Bedeutung. Deshalb wird die Strahlenresistenz (*radiation hardness*) durch ständige Weiterentwicklungen verbessert [Brä89], aber vor allem bei den geplanten neuen Beschleunigern (z.B. dem *Large Hadron Collider* (LHC), der um 2005 am CERN in Genf in Betrieb gehen soll) mit ihren großen Strömen, die zu gewaltigen Ereignisraten führen und daher auch extreme Untergrundstrahlung verursachen, stellt die Strahlungsresistenz der Detektoren eine schwierige Hürde dar.

Ein abschließendes interessantes Beispiel sind anfängliche Betriebsstörungen der ICE-Züge, deren Hochstromgleichrichter häufig defekt wurden und den Zug zum Stehen brachten. Eine Untersuchung der Vorfälle zeigte, daß diese Störungen immer auf freier Strecke eintraten und niemals während der Zug sich in einem der zahlreichen Tunnels befand. Dies war der Schlüssel zur Auflösung des Problems, der am Hahn-Meitner-Institut (HMI) in Berlin gefunden wurde. Dort zeigte man, daß schon ein einzelnes schnelles Teilchen aus dem Schwerionenbeschleuniger ausreichte, die Diodenschicht des Gleichrichters durchschlagen zu lassen. Der gleiche Vorgang konnte leicht durch ein Teilchen aus der kosmischen Strahlung ausgelöst werden, sodaß der Gleichrichter umkonstruiert wurde [Hom96].

3.1.3 Sputtering

Wenn sich die mit dem Teilchendurchgang verbundenen atomaren Stoßvorgänge in der Nähe der Probenoberfläche abspielen, haben die aus ihren Positionen gestoßenen Targetatome in der Regel genug Bewegungsenergie, um die Austrittsarbeit ε_A an der Oberfläche zu erbringen und das Target zu verlassen. Dieser Prozess wird *Sputtern* (engl. Verspritzen) genannt und ist uns im Prinzip in der Sekundärionenemission bereits begegnet. (Er tritt auch bei Elektronen auf und wegen der leichteren Beweglichkeit und geringeren Austrittsarbeit liegt die Zahl der emittierten Sekundärelektronen in der Regel um Größenordnungen über der der Sekundärionen). Aber auch die von den Stoßprozessen in größerer Probentiefe ausgelösten Versetzungskaskaden können über ihre Ausbreitung in Oberflächennähe gelangen und zum austretenden neutralen Teil des Stroms beitragen, wie Abb. 3.4 zeigt.

MC-Simulationsrechnungen haben gezeigt, daß dessen Atome im wesentlichen aus den drei obersten Atomlagen einer Festkörperoberfläche stammen und diese mit einer Intensitätsverteilung $\propto \cos\theta$ (θ = Austrittswinkel bezüglich der Flächennormale) verlassen. Die Effizienz des Sputterprozesses wird durch den *sputter yield* y [Atome/Ion] gemessen. Da Austrittsarbeit und Austrittswinkel des gesputterten

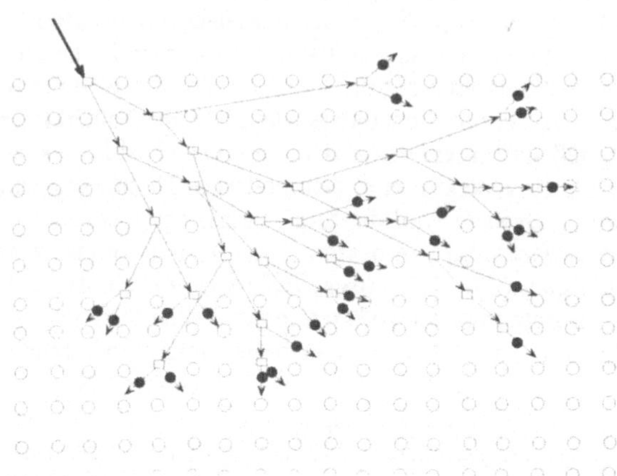

Abb. 3.4: Schema eines Sputterprozesses. Das Projektil löst in Oberflächennähe eine Stoßkaskade aus, deren Beteiligte mit nicht geringer Wahrscheinlichkeit wieder die Oberfläche erreichen und den Festkörper gegen die Projektilrichtung verlassen können. Die Rechtecke sollen durch Stöße freigewordene Gitterplätze andeuten. (Nach C.A. English und M.L. Jenkins in [Bro85] Vol. 6).

Teilchens wesentlich sind, ist y sehr stark von der Oberflächenbelegung mit Fremdatomen und der Oberflächenrauhigkeit des Sputtertargets abhängig. Um den sputter yield zu bestimmen, muß die Probenoberfläche also hochpoliert sein und von allen Gasbelegungen befreit werden. Letzteres geschieht am besten wieder durch einen Sputterprozess mit langsamen Ionen (z.B. Ar mit $\sim$ 100 KeV). Dadurch läßt sich mit y = 1-10 und dem Primärionenstrom $\phi = 10^{16}/cm^2 s$ und einer Restgasadsorption von 10^{15} Atomen/cm^2s (bei p = 10^{-6} mbar) ein dynamisches Gleichgewicht in der Oberflächenreinheit herstellen. Bei Ultrahochvakua von etwa $(10^{-7}-10^{-8})$mbar kann die Oberfläche im wesentlichen ganz gereinigt und über Stunden belegungsfrei gehalten werden.

Sputteryields: Bei Projektilenergien E $\ll 10^2$ MeV findet man y $\propto$ (dE/dx)/ε_A (wo ε_A = Austrittsarbeit der Ionen) mit Werten von 2-10. Bei E $\geq 10^2$ MeV muß wegen der Temperaturschäden im Inneren $\phi < 10^{11}$ Ionen/cm^2s gehalten werden und y sinkt gegen 1. Daher ist das dynamische Gleichgewicht der Oberflächenreinigung nur mit langsamen Projektilionen (E $\approx$ keV) erreichbar. Die Yieldmessung geschieht in der Regel durch Bestimmung des Gewichtsschwundes oder der Dickenabnahme der Probe mit empfindlichen Mikrowaagen und Mikrometern.

Miskroskopischer Materialabtrag: Die zuletzt genannte Meßmethode für y deutet schon an, daß die Materialverluste durch den Sputterprozess sehr groß sein können. Dies zeigt sich z.B. bei den Gefäßwänden der Plasmareaktoren, die für eine zukünftige Fusionsenergiegewinnung benutzt werden sollen. Der Abtrag kann dort einige cm/Monat betragen und stellt, zusammen mit der Gitterspannung (*Wigner-Energie*) und den Schwellungen der Gitterschäden durch die schnellen Neutronen, die Konstruktion der Reaktorwandungen vor ernste Probleme. Dies vor allem deshalb, weil die Gefäßwände zum einen als Potentialflächen für die Feldverteilung im Plasmainneren und die Divertoren am Rand dienen (s. Kap.4), also genaue Toleranzen einhalten müssen. Zum anderen ist der Plasmastrom auf die Wände, und damit der Materialabtrag, im Inneren des Plasmagefäßes sehr ungleich verteilt.

Aufgabe 3.1: Die Wände des Plasmagefäßes eines Fusionsreaktors sind aus Graphit ($\rho = 2.6$) und werden von von 2 mA/cm^2 Plasmastrom getroffen. Der Sputteryield sei y = 5. Prüfen Sie die Behauptung, daß für eine ungeschützte Graphitwand der Abtrag 10 cm in 32 Tagen beträgt.

Eine weitere wichtige Anwendung der Sputtertechnik stellt die Erzeugung der Materialströme für die Produktion der Halbleiterschichten mit *Ionenstrahlmixing* dar, wobei stöchiometrisch genau festgelegte Elementgemische durch Sputterquellen erzeugt und in einem Atomstrahl auf der Probenoberfläche sukzessive niedergeschlagen werden. Wir kommen darauf in Abschn. 3.2.2 zurück.

3.1.4   Strahlenwirkungseinheiten

Für die quantitative Erfassung der Wirkungen radioaktiver Strahlungen hat man eine Reihe von Einheiten definiert, die wir im Folgenden zusammenfassen.

Aktivität: Für die mittlere Zählrate *statistisch verteilter* Ereignisse wird das *Becquerel* als Einheit verwendet (zu Ehren des Entdeckers der Radioaktivität).

$$1 \text{ Bq} = 1 \text{ cps } (\textit{counts per second}) = 1 \text{ Ereignis/s} \qquad (3.1)$$

Dagegen wird die Einheit *Hertz* 1 Hz = 1 Zyklus/s für *periodische* Vorgänge verwendet. Dies sind die Einheiten des international verbindlichen SI-Systems. Die ältere Einheit benutzte die Aktivität von 1 g Radium, die (zu Ehren der polnischen Mitentdeckerin der Radioaktivität) den Namen *Curie* trägt.

$$1 \text{ Ci} = 3.7 \cdot 10^{10} \text{ Bq} = 37 \text{ GBq}, \ 1 \text{ Bq} = 27 \text{ pCi}. \qquad (3.1')$$

Als abgeleitete Einheit haben wir die die *spezifische Aktivität*. Aus der Definition der Aktivität P nach Gl.(1.9) folgt dann für die spezifische Aktivität einer Masse M von Nukliden der Masse m: a = P/M = λ/m = $4.16 \cdot 10^{26}/t_{1/2}A$. Für die spezifischen Aktivitäten einer Reihe von wichtigen Radioisotopen erhält man so

Isotop	T	^{60}Co	^{90}Sr	^{137}Cs	^{222}Rn	^{226}Ra	^{238}U	^{239}Pu
a[Bq/kg]	$3.6 \cdot 10^7$	$4.2 \cdot 10^{16}$	$5.1 \cdot 10^{15}$	$3.2 \cdot 10^{15}$	$5.6 \cdot 10^{18}$	$3.7 \cdot 10^{13}$	$1.2 \cdot 10^7$	$2.3 \cdot 10^{12}$

Teilchenströme: Die Grundgrößen sind hier
1. *Teilchenfluss* Φ[Teilchen/s],
2. *Flussdichte* ϕ[Teilchen/cm^{2}s], auch als gerichteter Teilchenstrom $\mathbf{j} = \mathrm{nv}$, wo ρ[Teilchen/cm^3] die *Teilchendichte* und $\mathbf{v}$ die mittlere *Flussgeschwindigkeit* ist.
3. *Fluenz* F[Teilchen] = $\int \Phi \mathrm{dt}$ [Teilchen] als Flußintegral.

Absorbierte Dosis D: Für die Messung der Energieabgabe einer Strahlung beim Materiedurchgang dient die Dosiseinheit *Gray*, wobei

$$1 \text{ Gy} = 1 \text{ Ws/kg} = 10^2 \text{ erg/g} = 10^2 \text{ rad} \tag{3.3}$$

Die Einheit rad (*röntgen absorbed dose*) ist allerdings nicht mehr üblich. Sie stützt sich auf die ältere Einheit *Röntgen* (r), womit die Menge an Strahlungsenergie bezeichnet ist, die in Luft unter Normalbedingungen (NTP) $1.8 \cdot 10^9$ Ionenpaare/cm^3 erzeugt. Die entsprechende SI-Einheit ist die *Ionendosis*

$$1 \text{C/kg} = 3.9 \cdot 10^4 \text{ r}; \quad 1\text{r} = 2.6 \cdot 10^{-4} \text{ C/kg} \tag{3.3'}$$

Nützliche abgeleitete Größen sind die *Volumendosis* [D/Volumen] sowie die *Dosisleistung* $\dot{\mathrm{D}} = 1(\text{Gy/s}) = 1 \text{ W/kg}$.

Linearer Energietransfer (LET): Als Maß dafür, wie sich die absorbierte Energie im Target verteilt, dient die aus dem spezifischen Energieverlust dE/dx abgeleitete Größe des *linearen Energietransfers*. Er gibt an, wie sich die Dosis D um die Projektiltrajektorie herum in das Probenvolumen hinein verteilt. Man definiert

$$\text{LET}_x = (\text{dE/ds})_{x(\mu m)} \tag{3.4}$$

als den Energieverlust pro Trajektorienlänge ds, der innerhalb eines Zylinders mit Radius x (μm) um die Trajektorie herum deponiert wird. Je höher der LET-Wert, desto größer ist die Volumendosis und die entsprechende Wirkung auf das Gefüge des Probenmaterials, das die Ionisierungsdichte „verdauen" muß. LET$_{10}$ ist also die in einem Schlauch von 10 μm Radius deponierte Projektilenergie und LET$_\infty$ ist durch den spezifischen Energieverlust dE/ds der Gl. (2.1) gegeben. Sie ist die einzige LET-Größe, die direkt gemessen werden kann: LET$_\infty$ = dE/ds.

Biologische Dosis B: Die Angabe von D ist für biologische Proben noch nicht ausreichend, da die funktionelle Schädigung von der Strahlenempfindlichkeit des Gewebes abhängt. Diese wird als (*Radiobiologische Wirksamkeit* = RBE)-Faktor empirisch bestimmt und ist stark mit dem LET-Wert korreliert. Die biologische Dosis wird in *Sievert* gemessen:

$$\text{Sv} = (\text{RBE})\,\text{Gy} \quad ; \quad 1\,\text{Sv} = 10^2\,\text{rem} \tag{3.5}$$

wobei analog rem = (RBE)rad ist. Die Bestimmung des RBE-Wertes wird uns in Abschn. 3.3.2 beschäftigen.

3.2   Strahleninduzierte Materialveränderungen

In diesem Abschnitt werden wir einen Überblick geben, wie die in Abschnitt 3.1 besprochenen Strahlenwirkungen als Werkzeuge zur Schaffung neuer Materialstrukturen genutzt werden können. Dabei wird die von den Beschleunigern gelieferte flexible Strahlenergie die Schnittiefe des Werkzeugs bestimmen und die Teilchenmasse die Art und Stärke der gebildeten „Späne". Wir wählen eine Unterteilung nach der Wirkungstiefe der Eingriffe, und behandeln zunächst die Änderung der physikalischen Probeneigenschaften durch massives Eindringen von Frem datomen in die Oberfläche und das Innere einer Probe, dann das Aufbringen neugeformter Schichten und schließlich das makroskopische Bearbeiten (entsprechend dem Abhobeln, Fräsen, Aufrauhen, Bohren) bestimmter Probenbereiche.

3.2.1   Implantierungen

Sie stellen die bei weitem verbreitetste industrielle Anwendung der Ionenstrahlentechnologie dar. Ihr Hauptvorteil liegt darin, daß das Probenmaterial (*Substrat*) bei der Implantierung keine Dimensionsveränderungen erfährt, da die Probentemperatur praktisch unverändert bleibt. Außerdem lassen sich in der Oberflächenschicht Legierungen einbringen, die außerhalb ihrer normalen Löslichkeitsbereiche gebildet werden und somit nur mit der Implantierungstechnik aufzubringen sind.

Halbleiterimplantierungen: Bei diesem Prozess werden Fremdatomschichten von einigen 100 nm Dicke ($\sim 10^{17}$ Ionen/cm^2 oder 10% der Substratdichte) in Tiefen wbis zu 1 µm gebracht. Während bei den konventionellen Diffusionsverfahren die aufgebrachte Implantiersubstanz durch Wärmebewegung bei einer Temperatur T mit der Diffusionsgeschwindigkeit v(T) in die Probe eindringt und daher eine mit der Tiefe abfallende Konzentration zur Folge hat, die durch

$$n(x,t) \propto \exp[-x/\langle\lambda\rangle] \quad ; \quad \langle\lambda\rangle = v(T)t \qquad (3.6)$$

gegeben ist, kann man durch sequentielles Implantieren in mehreren Schritten mit angepasster Ionenenergie und Bestrahlungsdauer die praktisch gleichmäßige Konzentration über eine vorgegebene Tiefe erreichen. Die Abb. 3.5 zeigt das Schema:

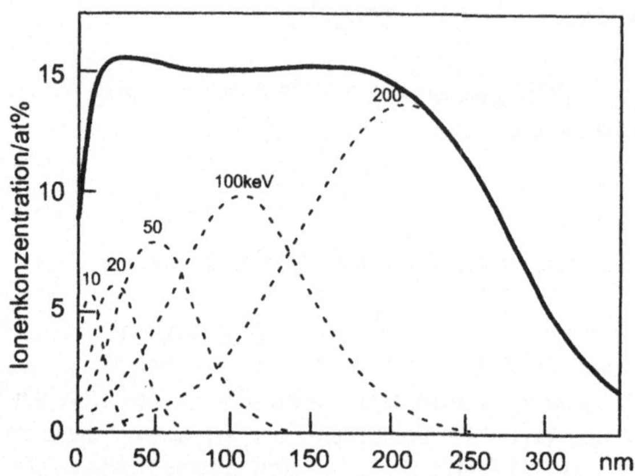

Abb. 3.5: Implantationsprofil, das aus Einzelimplantierungen mit abgestufter Energie und Fluenz zusammengesetzt wurde.

Nachteilig sind die unvermeidlichen Gitterzerstörungen aufgrund der Strahlenschäden, da z.B. ein Donator-/Akzeptor-Ion in einem dotierten Halbleiter auf Zwischengitterplätzen nicht wirken kann, sondern auf einem regulären Gitterplatz sitzen muß. Die gebildeten *Störstellencluster* und *Versetzungsringe* (d.h. ebene Defektanhäufungen, die eine praktisch geschlossene Atomlage bilden und zu Versetzungsnetzen zusammenwachsen) machen eine Temperung bei hohen Temperaturen erforderlich. Dabei wandern diese Fehlstellengruppen zur Oberfläche der Probe und verschwinden. Die Implantierungsstruktur wird durch Abdeckmasken auf der Oberfläche vorgegeben, die nur die gewünschten Muster dem Ionenstrahl freigeben, z.B. multiple Schaltkreise bei VLSI (*Very Large Scale Integration*) Technik. Die Masken werden durch Photolithographie ($\lambda \approx 0.2$ µm) bzw. Synchrotronstrahlung (*X-Ray Lithographie*, $\lambda \approx 0.2$ nm) strukturiert, wobei durch λ die ungefähre theoretische Grenze für die erreichbare Auflösung der Strukturen gegeben ist[6].

[6] Die im Prinzip noch viel größere Auflösung von hochenergetischen Elektronenstrahlen ($\lambda \approx 10^{-3}$ nm/E(MeV)) ist wegen der Bildfehler der Elektronenlinsen und Stabilitätsgrenzen der Stromversorgungen gegenwärtig noch verschlossen, könnte sich jedoch neuerdings öffnen [Ros98].

Mit Schwerionen ist im Prinzip auch die direkte Implantierung mit Nanosonden ($\Delta x \approx 10$ nm) möglich [Fis91], zumal eine angestrebte elektrische Funktion bereits mit ca. 10^2 Fremdatomen erzielbar wäre. Für die wirtschaftlich entscheidende Fliessbandproduktion sind diese Verfahren aber gegenwärtig noch ungeeignet.

Metalle und Kunststoffe: Während bei Halbleitern die elektrischen Eigenschaften der Probe verändert werden, sind bei Metallen die mechanisch/chemischen Eigenschaften das Ziel. Dabei genügen Implantationsdichten, die bei 10^{-4} at% der Substratatomdichte liegen. Ziel ist die Optimierung kritischer Materialparameter, deren angestrebte Werte sich aus der späteren Funktion der Probenteile ergeben.

1. *Verschleißfestigkeit:* (Wellenlager, Ventile, Motorzylinder). Das übliche Verfahren besteht in der Nitrierung der Oberfläche durch Eindiffundieren aus einer NH_3-Atmosphäre bei 500°C. Mit Ionenimplantation werden aber bei Stahl 10-fach höhere, bei Titanoberflächen sogar 10^3-fach höhere Verschleißfestigkeiten erzielt. (Über die Meßmethoden der Verschleißfestigkeit mit Hilfe von Radiotracern s. Abschn. 2.4.1). Zugleich wird der Reibungskoeffizient μ auf ca. $1.5 \cdot 10^{-2}$ herabgesetzt. Der materialphysikalische Grund für dieses Verhalten liegt vermutlich darin, daß die Implantationen das Ineinandergleiten von Kristallebenen in der Probenoberfläche, das für den Abrieb entscheidend ist, behindern. Außerdem bildet sich auf der Oberfläche ein Oxidfilm, der wie eine permanente Schmierung wirkt. Beide Effekte werden z.B. bei der Herstellung moderner Hüftgelenksprothesen benutzt, die aus einer implantierten Ti-Gelenkkugel in einer Polyethylengelenkkapsel bestehen. Besondere Bedeutung hat hierbei das *Hydroxylapatit* (HA) mit der Zusammensetzung $Ca_{10}(PO_4)_x(OH)_2$, da es besondere Neigung hat, sich mit der Knochensubstanz dauerhaft zu verbinden. Durch Aufsputtern einer HA-Schicht (≈ 100 Atomlagen) und anschließenden Beschuß mit Ar,N,O-Ionen wird eine durchmischte Grenzschicht erzeugt, die fest haftet und biologisch aktiv mit der Knochensubstanz verwächst.

2. *Säurebeständigkeit:* Edelstähle die 10^{-5} at% Platin implantiert bekommen, werden säurebeständig und halten 80 Tage lang ein Bad von 20-prozentiger Schwefelsäure aus.

3. *Polymerhärtung:* Fast alle Kunststoffe lassen sich durch Implantation härten. Polyimide und Fluorethylen werden durch Implantationen von B,M,C,Si- oder Fe-Ionen zur 5-facher Stahlhärte gebracht, wodurch sie im Fahrzeugbau bisher verwendete sehr viel schwerere Bestandteile aus Metall ersetzen können.

4. *Polymerleiter:* Durch Implantation werden die CH-Bindungen zertrümmert, woraus sich C-Brücken bilden, sodaß sich σ auf $\sigma \approx 10^{14} \sigma_0$, der elektrischen Leitfähigkeit des unbehandelten Kunststoffs erhöht. Dies entspricht der Leitfähigkeit von Graphit, wobei aber die mechanischen Kunststoffeigenschaften erhalten bleiben.

3.2.2   Ionenstrahlinduzierte Schichtenbildung

Ionenstrahllegieren (Ion Beam Mixing): Dieses weitverbreitete Verfahren dient zur Verbesserung konventionell aufgedampfter Atomschichten. Das anschließende Ionenbombardement (z.B. mit N-Ionen) liefert die Energie, um die aufgedampften Atome im Gefolge der atomaren Kaskaden, die die eingeschossenen Ionen verursacht haben, mit dem Probensubstrat zu durchmischen, wobei bereits geringe Fluenzen des Ionenstrahls genügen. Aus der ursprünglichen Aufdampfschicht wird so eine *Legierungsschicht* von der mehrfachen Dicke, in der Substrat und Aufdampfatome physikalisch homogen verteilt sind. Dadurch verändern sich die ursprünglichen Schichteigenschaften völlig. Eine Abwandlung des Verfahrens ist die

Ionenstrahlsynthese (Ion Beam Synthesis): Hier liefert der Ionenstrahl die Energie zur Bildung einer *chemischen Verbindung* zwischen aufgedampften und Substratatomen. Beispiele hierfür sind

1. *Silizidschichten.* Sie lösen das Problem, daß auf Halbleitern *epitaktische* (d.h. mit der Substratkristallstruktur konforme) Metallschichten praktisch nicht aufgedampft werden können. Sie bilden amorphe Filme, wodurch die elektrische Leitfähigkeit des Metalls verloren geht. Durch Implantieren eines Strahls aus Co- und O-Ionen in die gewünschte Tiefe eines Si-Kristalls und anschließendes Tempern bildet sich eine klar begrenzte SiO_2CoSi_2-Schicht, die völlig in das Gitter des Si-Kristalls hinein passt und metallische Leitfähigkeit hat.

2. *Isolierschichten.* Das technologische Problem, eine elektrisch isolierende SiO_2-Schicht in vorgegebener Tiefe des Halbleiterkristalls zu erzeugen, wird analog durch Implantieren eines O-Strahls vorgegebener Reichweite gelöst. Dieses sehr bekannte Verfahren trägt den Namen *SIMOX* (Separation by Implanted Oxygen). Dadurch läßt sich die Schaltkreisebene an der Oberfläche eines Bauelements von der vielfach dickeren mechanischen Si-Basis elektrisch trennen, wodurch die Schaltgeschwindigkeit um ein mehrfaches zunimmt. Zum anderen lassen sich prinzipiell auf diese Weise verschiedene getrennte Schaltebenen räumlich übereinander aufbauen, was für die Zukunft der weiteren Mikrominiaturisierung von Bedeutung sein kann. Die Tiefen- und Dickenkontrolle der mit den Implantationsverfahren erzeugten Schichten erfolgt im allgemeinen wieder durch RBS (s. Abschn. 2.2.2), wobei geeignete Markerisotope dem Ionenstrahl beigemischt werden können, die sich besonders untergrundfrei nachweisen lassen.

Ionenstrahlumstrukturierung: Sie stellt den Gegensatz zur Ionenstrahlsynthese dar. Durch die Strahlenschäden im Braggpeak wird die chemische Struktur des Substrats zersetzt, wobei sich in der Probe Zonen mit veränderten physikalischen Eigenschaften bilden. So werden z.B. durch He-Ionen in einem Acrylglassubstrat in vorgegebener Tiefe *Lichtleiterbahnen* gelegt, indem die durch den Ionenstrahl entstandenen niedermolekularen Bruchstücke der Polymerverbindung anschließend ausgegast werden und so das Substrat verdichtet wird. Dabei nimmt der optische

Brechungsindex des Materials zu, wodurch sich das Licht über Totalreflektion in vorgegebenen Bahnen (oder Ebenen) leiten läßt.

3.2.3 Dotierungen

Die Dotierungen sind von den Implantierungen durch die relativ großvolumige Veränderung der Probe unterschieden. Daher werden sie fast ausschließlich durch Neutronen bewirkt, deren Fluß auch über große Probenvolumina konstant gehalten werden kann. Die an den Reaktoren durchgeführte und NTD genannte *Neutronen-Transmutationsdotierung* (n-Transmutationsdoping) ist mit einer weltweiten Produktion von ca. 150 t/a eine der wichtigsten industriellen Anwendungen der Kernphysik. Das Hauptgewicht der NTD-Produktion liegt in der Herstellung von Halbleiterdotierungen für festkörperelektronische Bauelemente. Deren Funktion beruht auf der Anwesenheit von Donatoren bzw. Akzeptoren im Halbleitergitter, dessen Ordnungszahl Z sei. Dann haben *Donatoren* $Z + 1$, also ein Elektron mehr, als die Atome des Wirtsgitters. Für die Gitterbindung in einem regulären Gitterplatz ist dies ein Elektron zuviel, das daher nur sehr schwach unterhalb des Leitungsbandes in einem H-ähnlichen Zustand mit sehr großer räumlicher Ausdehnung an das Donatoratom gebunden ist. Dieses ist deshalb bei Zimmertemperatur bereits ionisiert und das freigewordene Elektron vagabundiert im Leitungsband. Dort ist seine Anwesenheit sehr wirkungsvoll, da das Band im Halbleiter praktisch voll besetzt ist, also nur eine sehr geringe intrinsische Leitfähigkeit hat. Die Donator-Elektronen bewirken mit ihrer Ladung eine zusätzlich *n-Leitfähigkeit* des Bandes. Analog dazu sind *Akzeptoren* Elemente mit $Z - 1$, die aus dem Leitungsband ein Elektron festhalten, um an ihrem Gitterplatz den vollwertigen Bindungsbeitrag zu leisten. Damit entsteht ein zusätzliches Elektronenloch im Leitungsband, das sich wie ein normaler Ladungsträger bewegen kann und mit seiner fehlenden elektrischen Ladung auf dem Hintergrund des gefüllten Leitungsbandes wie ein positiv geladenes Elektron wirkt. Dies erzeugt eine *p-Leitfähigkeit* des Bandes. Die Aufgabe ist also, in ein Gitter von Atomen mit Ordnungszahl Z großvolumig Atome mit $Z + 1$ bzw. $Z - 1$ einzupflanzen. Dies geschieht durch Induzierung von (n,γ)-Reaktionen, die bei den schwersten Isotopen der Gitterbausteine zu β^--Zerfällen führt. Dabei erhöht sich Z auf $Z + 1$. Im Falle des Si ($Z=14$) ist es das ^{30}Si (3.1% Häufigkeit), das über ^{30}Si$(n,\gamma)^{31}$Si(2.6 h) $\to$ e$\bar{\nu}$ + ^{31}P den gewünschten Donator erzeugt. Im Falle des Halbleiters Germanium ($Z = 32$) ist es ^{74}Ge(36.5%), das auf die gleiche Weise zum Donator ^{75}As führt. Aber ^{70}Ge(20.5%), das gleichfalls in dem aus natürlichem Ge aufgebauten Kristall enthalten ist, steht am neutronenarmen Ende der Ge-Isotopenreihe. Dort verursacht das zugefügte Neutron die Reaktion ^{70}Ge$(n,\gamma)^{71}$Ge(11.8 d) EC $\to \nu$ + ^{71}Ga. Das so entstandene Gallium hat $Z = 31$ und wirkt im Ge-Gitter als Akzeptor. In einer Bestrahlung mit thermischen Neutronen entsteht wegen der unterschiedlichen Wirkungsquerschnitte das ^{75}As zu 81% und das ^{71}Ga zu 19%, sodaß insgesamt eine n-Leitung des Kristalls resultiert.

Nach der Dotierung sind die entstandenen Nuklide nicht mehr an ihren Gitterplätzen, da sie vom Rückstoß der Einfangreaktion und des Betazerfalls hinausgeworfen wurden. Aber es stellt sich heraus, daß über 90% der Gitterschäden im dotierten Kristall durch elastische Stöße der schnellen Neutronen im Reaktorbecken entstanden sind und nur 10% durch die Dotierungsreaktion. Deshalb muß der dotierte Kristall bei mehreren 100°C getempert werden, um diese Strahlenschäden auszuheizen und die Dotierungsatome auf reguläre Gitterplätze wandern zu lassen. Die zur Bestrahlung verwendeten Kristalle sind etwa 0.5 m lang und haben 15-20 cm Durchmesser. Von diesen dotierten Rohlingen werden dann die Scheiben abgesägt, die bei der Chip-Produktion implantiert werden. Der größte Teil des dotierten Halbleitermaterials wird heute immer noch durch Ziehen aus der Schmelze produziert, indem man die gewünschten p- oder n-Leiteratome der Schmelze zugibt. Aber die qualitätsentscheidende elektrische Widerstandshomogenität $\Delta R/R$ beträgt in diesen Fällen $\pm$ 30% über 1 m Stablänge, während die NTD-Kristalle < 3% aufweisen. Bei einer ganze Reihe von Hochleistungselementen (Gleichrichter, Thyristoren) ist diese Homogenität für die Funktionsfähigkeit entscheidend, damit lokale Stromkonzentrationen im Inneren des Halbleiters vermieden werden, durch deren Wärmentwicklung das Bauelement in der Regel zerstört wird. Deshalb müssen sie aus reaktorbestrahltem Material hergestellt werden. Nach der Bestrahlung haben die Rohlinge eine hohe Aktivität von $\sim 10^9$ Bq/g. Sie muß erst in ca. 100 h bis auf ca. 10 Bq/g abklingen, bevor das Material weiter verarbeitet werden kann [Kuc98].

3.2.4   Ionenstrahlepitaxie

Bei diesen Verfahren ist das Ziel auf einem Substrat selektiv Schichten aufzubauen, wobei extrem niederenergetische Schwerionen von keV-Energien verwendet werden. Höhere Ionenenergien würden Strahlenschäden verursachen, die den Schichtaufbau verhindern bzw. durch Sputtern die aufgebauten Schichten umgehend wieder abdampfen.

Ionenstrahlgestütztes Aufdampfen (IBAD): Mit dem IBAD- (Ion Beam Assisted Deposition) Verfahren werden Bedingungen geschaffen, die alle Merkmale des Aufdampfprozesses bei hoher Temperatur tragen, obwohl die Substrattemperatur niedrig ist. Es stellt damit eine Prozesskombination dar, bei der ein in üblicher Technik erzeugter Aufdampfstrahl auf der Substanzoberfläche mit einem niederenergetischen Ionenstrahl zusammentrifft, der mit den obersten Atomlagen des Aufdampffilms während des Wachsens wechselwirkt. Dadurch lassen sich Wachstumsprozess und Schichteigenschaften (Mikrostruktur, Dichte, Zusammensetzung etc.) beeinflussen. Die nützliche Ionenenergie liegt unterhalb 1 keV und kann durch eine an den Targethalter gelegte Spannung, die die langsam ankommenden Ionen bremst oder beschleunigt, sehr genau geregelt werden. Da sich die Strahlintensität sehr genau regeln läßt und die Stromverteilung auf dem Target sehr homogen und kollinear ist, lassen sich die optimalen Bedingungen sehr gut reproduzieren. Durch die Energie der Ionen wird einerseits der deponierte Atomfilm aufgeheizt, was den Verhältnissen einer hohen Substrattemperatur entspricht, und zugleich kann sie zur chemischen Aktivierung, also zur Bildung neuer Verbindungen führen (s. IBAD). Ein besonderer Vorteil der Ion/Atomstöße während des Filmaufbaus ist außerdem die Relaxation der inneren Filmspannungen, wodurch Reißen und Abpellen des enstandenen Films vermieden wird.

Der entscheidende Parameter des IBAD-Prozesses ist das *Ankunftsratenverhältnis* von Ionen und Atomen auf der Probe, $R = r_i/r_a$, wobei $r_i = I/eF$ mit I = Ionenstrom, und F = Substratfläche, und $r_a = \rho_a <v>$ mit ρ_a = Atomstrahldichte und $<v> = p(2\pi mkT)^{-1/2}$ die mittlere Atomgeschwindigkeit ist, die von Dampfdruck p, Molekulargewicht m und Temperatur T des Dampfstrahls abhängt. (Typische Werte sind $r_i = 6 \cdot 10^{14}$ Ionen/cm^{2}s für $I = 0.1$ mA und $r_a = 5 \cdot 10^{14}$ Atome/cm^{2}s für $p = 2 \cdot 10^{-3}$ mbar und $T = 300$ K. Damit ergibt sich ein Schichtenwachstum von 2 Å/s). Ein Beispiel für einen modifizierten IBAD-Prozess ist das *epitaktische Züchten* von Diamantfilmen aus reiner CH$_4$-Atmosphäre. Das Substrat (Ni,Cu) wird durch einen 100 keV-Ionenstrahl aufgeheizt, sodaß sich ein Diamantmonokristall auf der Substratoberfläche niederschlägt. Aus der CH$_4$-Atmosphäre wird dann das weitere Diamantwachstum versorgt und vom Ionenstrahl gesteuert. Auf diese Weise können dicke Schichten aufwachsen und durch genaues Einhalten einer (H$_2$/O$_2$)-Beimischung die Bildung von Graphit oder anderen C-Kristallmischformen verhindert werden.

Ionenstrahlsputtern (IBD): Bei der IBD (Ion Beam Deposition)-Methode wird die konventionelle Verdampfungsprozedur zur Erzeugung des Atomstrahls durch einen Sputterprozess ersetzt. Dabei wird die Stöchiometrie eines zusammengesetzten Films durch genau dosiertes Sputtern von einer Materialpalette aus geregelt. Durch Programmieren der Stöchiometrie können in einem Vorgang unterschiedliche Filmschichten vorgegebener Dicke deponiert werden. Die großen Vorteile sind, neben der Versatilität, die Plasmafreiheit (es wird keine Gasentladung gezündet) und damit extreme UHV- (Ultrahochvakuum) Atmosphäre beim Aufdampfen, mit entsprechend gut reproduzierbaren Produktionsbedingungen. Für die Erzeugung des Atomstrahls selbst werden neben Ionenstrahlen auch Laserkanonen benutzt.

Durch die Kombination von IBAD und IBD zur *reaktiven IBD* läßt sich erreichen, daß die Aufdampfatome auf dem Substrat aktiviert werden und eine Verbindung eingehen. Dies ist eine neue Möglichkeit zur Herstellung sonst kaum zugänglicher Filmzusammensetzungen. Da das für die Stöchiometrie sehr wichtige Ankunftsratenverhältnis R genau eingestellt werden kann, ist die Erzeugung von Hochdichtfilmen für extrem harte Überzüge möglich. Der goldglänzende TiN-Überzug der Qualitätsspanwerkzeuge, ebenso wie AlN-Schichten (die beide sehr genau $R = 1$ erfordern) und die Produktion von BN$_3$ und Diamantfilmen sind auf diese Weise in Serienfertigung möglich [Ens97].

3.2.5   Mikromechanik

Hierunter versteht man die Herstellung von mikrominiaturisierten Objekten mit mechanisch-physikalischen Funktionen. Die Komponenten dieser Objekte werden direkt hergestellt oder durch Abformung von einer Negativform gewonnen, die aus einer Ausgangsform durch Ätzung entstanden ist. Die gezielte Strahlenschädigung der Ausgangsform oder des Ausgangsmaterials bietet die Angriffsfläche für die Ätzmaterialien. Für die Mikrodimensionen und die zum Teil tiefen Ätzwirkungen, die erzielt werden sollen, sind die kernphysikalischen Bestrahlungsverfahren ideal geeignet.

Röntgenlithographie (LIGA): Dieses Verfahren [Tol98], das im FZ Karlsruhe entwickelt wurde, hat seinen Namen aus der Abkürzung „Lithographie- Galvanik-Abformung", womit der Produktionsvorgang umrissen ist. Mit LIGA lassen sich Strukturen bis zu Lateralabmessungen ≤ 0.1 µm und ≥ 1 mm Tiefe herstellen. Die wesentlichen Schritte des LIGA-Prinzips sind

1. *Röntgenmasken.* Auf dünner Metallfolie (Ti oder Be) die röntgendurchlässig ist, wird photolithographisch das Muster für die Tiefenlithographie aufgebracht und durch Bedampfen der unbelichteten Stellen mit Au (10 µm, d.h. Schwächung der Röntgenstrahlintensität auf 10^{-3}) eine Röntgenmaske hergestellt.

2. *Tiefenlithographie.* Der *Resist*, das ist eine bis zu 1 mm dicke Schicht aus Polymersubstanz (z.B. Plexiglas), wird auf eine leitende Grundplatte montiert und durch die Röntgenmaske bestrahlt. Die hohe Parallelität ($< 0.06°$ Abweichung) der Synchrotronstrahlung ist Voraussetzung für die Formgenauigkeit bei hohen ($\geq 10^2$) Aspektverhältnissen (d.h. Tiefe zu minimaler Lateralöffnung). Der bestrahlte Resist wird herausgelöst, sodaß eine dreidimensionale Mikrostruktur entsteht, die ein Positiv des Endprodukts ist.

3. *Mikrogalvanik.* Die Mikrostruktur wird über die leitende Grundplatte galvanisch mit (Cu,Ni,Au) aufgefüllt. Nach Ablösung von der Grundplatte entsteht eine Sekundärstruktur, die als Abformwerkzeug für das Endprodukt dient.

4. *Abformung.* Aus der Sekundärstruktur ist durch Standardverfahren (Spritzguss oder ähnliches) die Serienfertigung des Endprodukts möglich. Mit dieser Methode sind z.B. optische Mikrospektrometer mit Reflektionsgittern von 0.6 µm Stufenhöhe gebaut worden. Besondere Anerkennung findet jedoch der Bau von beweglichen Mikrostrukturelementen, etwa Sensoren für mechanische und biologische Hochtechnologie. Letztere bieten zusammen mit den Mikromotoren (250 µm Rotordurchmesser oder Linearmotoren) zum Betrieb von biologischen Pumpen neue Möglichkeiten für minimalinvasive Methoden der Medizin. Dabei werden kleinste Einschnitte oder natürliche Körperöffnungen benutzt, um das Instrumentarium einzuführen [Ble93]. Ein frappierendes Beispiel zeigt die Abbildung 3.6 einer Mikroturbine.

Abb. 3.6: Mikroturbine aus Ni mit 130 μm Durchmesser und 150 μm Höhe
(Mit frdl. Genehmigung des FZ Karlsruhe aus [Ble93]).

Ionenspur-Mikrotechnologie: Hierbei wird die Strahlenschädigung des Ausgangsmaterials durch die latente Teilchenspur eines durchgehenden Ions verursacht. Als Target dienen neben den üblichen Photoresists (wie sie bei LIGA verwendet werden) vor allem strahlenresistente Polymere (z.B. Kapton), aber auch viele Dielektrika (Silikatgläser) eignen sich, sofern sie latente Spuren bilden. (s. Abschn. 3.1.1). Diese Spuren werden mit Ätzmitteln (HF,NaOH,KOH,CH$_3$COOH) ausgelöst und die entstehenden Kanäle bis zum gewünschten Durchmesser aufgeweitet. Dabei ist der Unterschied zwischen den Ätzgeschwindigkeiten v_L in Richtung der latenten Spur und v_K in Richtung des intakten Kristallgitters für die Form der Kanalbildung entscheidend. Dies zeigt Abb. 3.7.

Für den Ätzwinkel α gilt $(v_K/v_L) = \sin\alpha$, für $v_K = v_L$ entsteht eine kugelförmige Ätzung. Dabei nimmt v_L mit der Strukturschädigung in der latenten Spur zu, hängt also von Energie und Ladung des durchgegangenen Ions ab. Wird der Ätzprozess nicht abgebrochen, so laufen die aufgeweiteten Kanäle schließlich ineinander und

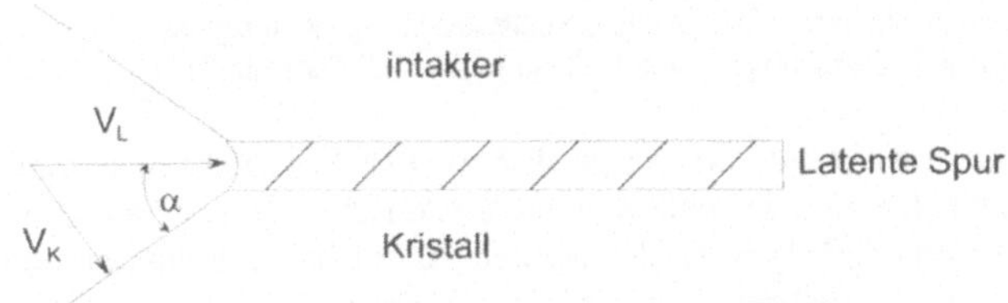

Abb. 3.7: Ätzung eines Kanals entlang der latenten Spur in einem Kristall. Durch die vergrößerte Ätzgeschwindigkeit v_L in der latenten Spur relativ zu v_K im intakten Kristall bildet sich ein *Mach-Kegel* aus.

lösen die ganze bestrahlte Fläche auf. Durch Schichttargets mit unterschiedlichen v_L lassen sich auch räumliche und verdeckte Strukturen herstellen. Die geätzten Targets können dann als Negativformen für mikrogalvanische Replika-Strukturen dienen.

1. *Ionenlithographie.* Durch galvanische Abformung des geätzten Targets lassen sich Mikronadeln (Durchmesser ≥ 1 μm, Länge ≤ 0.15 mm) und Mikroröhren (6 μm Durchmesser und 30 μm Länge) erzeugen. Durch Verwendung hochenergetischer Ionen von ≥ 100 MeV/A können Nadelstrukturen bis 0.5 mm Länge hergestellt werden und durch entsprechend große Spurendichte lassen sich bis zu $10^6/\text{cm}^2$ solcher Objekte produzieren. Durch entsprechende Wahl der Einfallsrichtung der Ionen kann man auch von der Unterlage aus schräg verlaufende Strukturen erzeugen [Vet93]. Die Abb. 3.8 zeigt hierfür ein Beispiel.

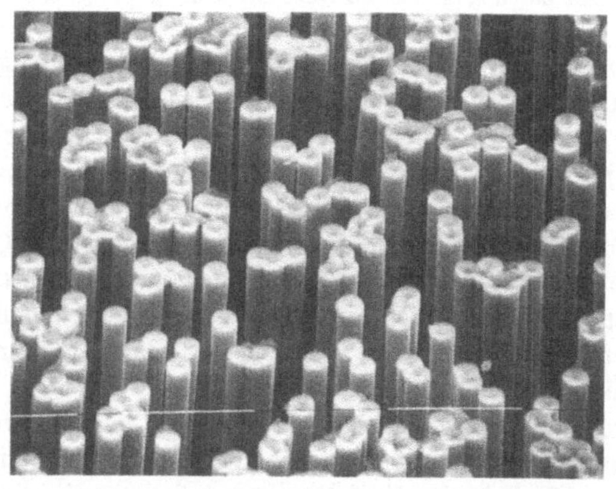

Abb. 3.8: Kupfernadeln, hergestellt durch galvanische Abformung von aufgeätzten Ionenspuren in einer Membran. Der gezeigte Maßstabsteilung ist 10 μm lang. (Mit frdl. Genehmigung von C. Trautmann, GSI Darmstadt).

2. *Membrantechnologie.* Hierbei produziert man Mikrofiltermembranen mit wählbarer Porendichte und Porendurchmesser. Am ISL (Ionenstrahllabor) des Hahn-Meitner-Instituts (HMI) in Berlin werden 30 cm breite Folien an einem Bestrahlungsfenster vorbeigeführt, über das der Ionenstrahl mit einem Strahlwedler hinweggeführt wird. Durch die Foliengeschwindigkeit ($v \leq 2$ ms^{-1}) und die Strahlintensität läßt sich die Spurendichte zwischen $(0.15\text{-}3.2) \cdot 10^8/\text{cm}^2$ regeln. Diese Folien werden industriell weiter verarbeitet und in Medizin und Technik verwendet.

Durch Benutzung quellbarer Gelschichten können Strukturen erzeugt werden, die auf Temperaturunterschiede oder Wechsel einer Fluidzusammensetzung mit Änderung des Durchmessers und damit des Durchströmungswiderstandes reagieren [Reb95]. Für die medizinische Technik wurden Eichkapillaren hergestellt, mit denen die Verformbarkeit roter Blutkörperchen gemessen werden kann, die ein wichtiges diagnostisches Mittel bei Erkrankungen ist. Wegen der engen Kapillaren des Gefäßsystems im Körper müssen sich die scheibenförmigen Blutplättchen (8 μm Durchmesser, 1 μm Dicke) in ihrer Form sehr stark anpassen können. Um diese Fähigkeit zu prüfen, wurde eine Leitwertzelle gebaut, in die einzelne Blutkörperchen gelangen und während ihres Durchtritts durch die Eichpore den normalen Fluiddurchsatz blockieren. Die Zeit, die sie für das Durchschlüpfen brauchen, ist diagnostisch wichtig und kann genau gemessen werden.

Eine interessante Anwendungsmöglichkeit bieten die Mikroporen auch für die fundamentale Quantenphysik. In der Superfluidphase des ^{3}He bilden sich *Cooperpaare*, das sind ^{3}He-Atompaare, die sich korreliert bewegen und deren gemeinsame Wellenfunktion eine Kohärenzlänge von $\chi_0 \approx 10^2$ nm hat. Für die entsprechenden Elektronenpaare in der Supraleitung ($\chi_{SL} \approx 1$ μm) kennt man den *Josephsoneffekt*, bei dem die Cooperpaare eine schmale Potentialbarriere zwischen zwei Leiterbereichen in wechselnder Richtung durchtunneln, weshalb bei einer Spannungsdifferenz zwischen den beiden Leitern ein Hochfrequenzstrom durch die Barriere fließt.

Wenn eine Mikropore, die zwei supraleitende ^{3}He-Flüssigkeiten verbindet, einen kleineren Durchmesser als $< \chi_0$ hat, stellt sie für die Cooperpaare eine Durchströmbarriere analog der Josephsonbarriere dar. Baut man auf beiden Seiten einen Drukunterschied Δp auf, so sollte ein dem Josephsoneffekt analoger Wechselstrom von korrelierten ^{3}He$_2$-Molekülen von der Größe kHz/μbar auftreten [Spo90]. Es scheint aussichtsreich, mit Poren von 50 nm Durchmesser und Länge dies beobachten zu können und so einen schönen Test sowohl für die Beschreibung des superfluiden ^{3}He als auch die Quantenmechanik zu realisieren.

3. *Oberflächenvergütung.* Durch zufallsverteilte kegelförmige Teilchenspuren auf dielektrischen Oberflächen lassen sich optische und elektrische Parameter gezielt verändern. So ist durch einen mittleren Spurenabstand, d $<< \lambda$ der elektromagnetischen Wellenlänge, eine Reduktion des Reflektionsvermögens für diese Wellenlänge um mehrere Größenordnungen zu erreichen. Für sichtbares Licht entspricht das einer sehr effizienten *Entspiegelung*. Ist $\lambda <<$ den Ätzkegeldurchmesser r, so lassen sich *Streuplatten* herstellen, die durchgehendes Licht um einen vorgegebenen Anteil schwächen. Wird auf eine solche korrugierte Oberfläche ein Metallfilm aufgedampft, so ist dieser so wenig zusammenhängend, daß der elektrische Oberflächenwiderstand um 10 Größenordnung anwachsen kann [FS88]. Eine weitere interessante Anwendung ist die kontrollierte Erzeugung von lokalen Strahlendefekten in Hochtemperatursupraleitern, wodurch die vom durchfließenden Strom verursachte Wanderung von Flusslinien innerhalb des Supraleiters verhindert wird. Der mit dieser Wanderung verbundene Energieverlust führt zur Erwärmung und

zum Zusammenbruch des supraleitenden Zustandes. Die Immobilisierung der Flusslinien bewirkt also eine wesentliche Erhöhung der *kritischen Stromstärke*, die der Supraleiter tolerieren kann [Ger92].

Durch die Verbindung mit einer Mikrosonde ergeben sich weitere überraschende Möglichkeiten. Mit einem reduzierten Strom ($\sim 10^3$ Ionen/s) kann die Sonde für den individuellen Zielort jedes ankommenden Ions programmiert werden. Die anschließende Ätzung der Targetfolie macht das Bestrahlungsmuster sichtbar. Die Abb. 3.9 zeigt eine hübsche Demonstration, die in 30s mit Ni (3.6 MeV/n) auf eine 40 µm dicke Polykarbonatfolie gezeichnet wurde.

Abb. 3.9: Bild des jungen Hermann Helmholtz, mit Ni-Ionen in eine Plastikfolie geschrieben und durch Ätzen sichtbar gemacht. Die Bildbreite beträgt 400 µm. (Mit frdl. Genehmigung entnommen aus GSI-Nachrichten 1/98).

3.2.6   Großtechnische Strahlennutzung

Strahlengestützte chemische Produktion: Die Verwendung ionisierender Strahlung bei der industriellen Großproduktion ist im wesentlichen auf die chemische Industrie beschränkt. Sie verwendet Gammaquellen und Elektronenbeschleuniger, um durch die Strahlenwirkung chemische Reaktionen bei hohen und tiefen Temperaturen mit gleichbleibender Effizienz in Gang zu setzen und (ohne zusätzliche Katalysatoren) zeitlich zu regeln. Ein Problem liegt in der strahleninduzierten Bildung *freier Radikale*, die schädlich sein können. Die verwendeten Dosisleistungen sind extrem hoch (kGy/s) und werden mit Elektronenbeschleunigern (Energie 1-3 MeV) und Gammaquellen (^{60}Co, ^{137}Cs) von 10^{18} Bq Stärke erzeugt! Solche Quellen müssen natürlich sehr gut geschützt sein und befinden sich deshalb in unterirdisch gebauten chemischen Reaktoren mit starker Abschirmung. Die chemischen Komponenten werden dort hineingeleitet und die Reaktionsprodukte zur Nachverarbeitung herausgeführt [Sta71]. (Eine zwischen 1960 und 1970 propagierte Idee bestand darin, den hohen Strahlungsuntergrund im Corebereich der Kernreaktoren für die Produktion der wichtigen chemischen Grundsubstanzen NO und O_3 auszunutzen, die in einem luftgefüllten Bestrahlungskanal als Nebenprodukt entstehen und nach außen geführt werden sollten. Diese Pläne wurden aber nicht weiter verfolgt).

Lebensmittelbestrahlung: Sie wird heute in großem Umfang praktiziert, um Lebensmittel gegen Verderbnis zu schützen. Das Gut wird auf einem Fließband an einem Elektronenstrahl oder den Gammaquellen vorbeigeführt und bis zum erlaubten Grenzwert von 10^4Gy bestrahlt. Bekämpft werden damit hauptsächlich Salmonellenkeime (was einer Fleischpasteurisierung entspricht), Schimmelpilze, Insekteneier (in Gewürzen und Trockenfrüchten) und Fäulnisbakterien (in Knollengewächsen wie Zwiebeln und Kartoffeln, bei denen auf diese Weise auch das Auskeimen verhindert wird). Im Prinzip wird damit ein wichtiges Problem angegangen, denn die weltweite Lebensmittelverderbnis vernichtet einen erheblichen Teil der Produktion und durch ihre Vermeidung könnten große Mengen an Energie, Dünger und Agrarfläche gespart werden.

Die Schwierigkeiten bestehen einmal darin, daß die Stoffwechselprodukte der Verderbnisprozesse toxisch sind und diese Toxine durch die Bestrahlung nicht beseitigt werden. Deshalb ist insbesondere eine Wiederveredelung von Lebensmitteln, bei denen die Verderbnis bereits eingesetzt hat, prinzipiell nicht möglich. Zum anderen sind die bei der Bestrahlung aus den organischen Molekülen entstehenden freien Radikale sehr schädlich und in Trockensubstanzen sehr lange haltbar. (Bei einer Dosis von 10^4 Gy entstehen etwa $3 \cdot 10^2$ ppm Radiolyseprodukte). Darüberhinaus produzieren die an den in der natürlichen Isotopenverteilung enthaltenen Nuklide ^{13}C(1%), ^{17}O(0.04%) und ^{15}N(0.4%) durch (γ,n)-Prozesse erzeugten Neutronen ihrerseits die Radioisotope ^{38}Cl, ^{24}Na, ^{32}P und ^{55}Fe, die in den bestrahlten Lebensmitteln verbleiben. Obwohl die Wirkungsquerschnitte für die einzelnen Prozesse nicht sehr groß sind, werden durch die enorme Zahl von Targetkernen bei starken Bestrahlungen beträchtliche Aktivitäten erzeugt. Die deshalb erlassenen strengen Vorschriften für die Lebensmittelsterilisierung laufen natürlich Gefahr, umgangen zu werden, was entsprechende Kontrollmöglichkeiten verlangt. Die Thermolumineszenz (s. Abschn. 1.8.3) erweist sich als brauchbare Methode für Trockensubstanzen, in wasserhaltigen Proben können Spinresonanz und der direkte chemische Nachweis der Radiolyseprodukte eingesetzt werden [Mei91].

Aus all diesen Gründen sollte eine Vermeidung der Verderbnisvorgänge durch Hygiene (Hitzekonservierung, Konservenverpackung) das primäre Ziel sein. Einige generell gehandelte strahlensterilisierte Produkte und ihre typischen Bestrahlungsdosen (in Gy/kg) sind: Knollengewächse (0.1), Früchte (1-3), Salmonellenbekämpfung (3-4), Krankenhausgeräte (20) und Vireninaktivierung (50).

3.3   Strahlenbiologie

Die Wirkung ionisierender Strahlung auf biologisches Gewebe verlangt eine eigene Darstellung, weil einmal die Folgen der elementaren Projektil-Targetatomwechselwirkungen sehr viel komplexer und schwerwiegender sind, als in anorganischer Materie, zum anderen bilden diese Strahlenwirkungen aber auch die Basis für das stark wachsende Gebiet der nuklearmedizinischen Therapie, das uns in dem anschließenden Unterkapitel beschäftigen wird. Dabei ist die radiobiologische Wirksamkeit der Strahlung stark verknüpft mit ihrer Wirkung auf den Zellkern. Beginnen wir daher mit einer summarischen Darstellung des heutigen Bildes von der Struktur des Kerns der menschlichen Zelle.

3.3.1   Zellkernstruktur

Für das Leben einer Zelle ist der intakte Kern unerläßlich, da alle Lebensvorgänge von Enzymen gesteuert werden, deren Bauanleitung im Zellkern enthalten ist. Ein irreparabler Kerndefekt führt daher mit hoher Wahrscheinlichkeit zu Funktionsausfall eines Enzyms und ist daher in der Regel *letal*, hat also den Tod der Zelle zur Folge. Von der außerordentlich komplexen Struktur des Zellkerns seien die folgenden Bausteine erwähnt:

1. *Nukleotidhelix*: Sie besteht aus gegeneinander gedrehten Ebenen, die jeweils eines der beiden stereochemisch ineinander passenden, und daher durch H-Brücken gebundenen Nukleinsäurepaare Cytosin-Guanin [C-G] bzw. Adenin-Thymin (A-T) enthalten. Auf 1 nm Helixlänge findet man drei Ebenen, deren Abstand also ungefähr 0.3 nm beträgt. Der Durchmesser der Helix liegt bei 2 nm, was wir als planares *Packungsverhältnis* $P = 1$ bezeichen wollen.

2. *Chromatin-Strukturen*: Durch eine Reihe von ineinander geschachtelten Aufwickelungen vergrößert sich die planare Nukleotiddichte bis auf $P = 140$. Dies ist die Packungsdichte des Zellkerns in der *Interphase*, womit der Ruhezustand zwischen den Teilungen bezeichnet wird. Die Verdoppelung des Zellkerns bei der Zellteilung geht mit einer weiteren dramatischen Vergrößerung von P einher.

3. *Teilungsphasen-Chromatin*: In der Phase der Zellteilung hat sich der DNA-Knäuel des Zellkerns in 2×23 Chomosomen entfaltet, deren jedes bei ca. 0.3 µm Durchmesser etwa 6 µm lang ist und durch Enzyme zusätzlich auf $1.5 \cdot 10^4$ Nukleotide/nm oder $P = 5000$ verdichtet wird. Entrollt ist das Chromatin des Chromosoms 4.5 cm lang und enthält 10^5 Gene, sodaß ein Erbmerkmal in etwa 10^3 Basenpaaren ausgedrückt ist. Für die DNA des menschlichen Zellkerns ergibt sich daraus eine Gesamtzahl von $6 \cdot 10^9$ Nukleotiden, die bei einer Auswicklung des Kerns eine

Länge von ca. 1.8 m ergeben würde.

Die stereochemische Struktur dieses Zellkernmoleküls hängt entscheidend von den *H-Brückenbindungen* ab, bei denen das Proton eines H-Atoms den Elektronenhüllen der Atome an zwei einander gegenüberliegenden Stellen der gefalteten DNA ein zusätzliches homöopolares Bindungspotential verschafft. Dabei ist die Energie dieser Bindung nicht größer als die normale Wärmeenergie bei T = 300 K, also kT $\sim 3 \cdot 10^{-2}$ eV. Daher sind die Brückenbindungen sehr leicht zu lösen, wodurch Zellschäden entstehen. Außerdem schleichen sich bei jeder Replikation des Zellkerns „Schreibfehler" ein. Die Folgen dieser ständig aktiven Fehlerquellen müssen im Zellkern fortlaufend behoben werden, um die Zelle am Leben zu erhalten[7]. Deshalb haben die Zellen von Anfang an ein Arsenal von Reparaturmechanismen entwickelt, die in jeder Zelle etwa 800 Reparaturen/min ausführen. (Den weitaus größten Teil davon erledigen wiederum Enzyme, die die Zellen von den Stoffwechselprodukten entgiften, der Rest fällt auf Reparaturen an der DNA selbst).

Die zu behebenden Replikationsfehler können *Einzelstrangfehler*, also Buchstabenverwechselungen sein, bei denen eine Nukleinsäure falsch eingebaut wurde, das komplementäre Gegenüber aber richtig ist. Solche Fehler werden innerhalb weniger Minuten repariert. Gravierendere Fehler können als Folge der Chromosomenduplikation bei der Zellteilung vorkommen, wenn größere Stücke in einem Strang der DNA fehlen. Sie werden ebenfalls ausgemerzt, was aber mehrere Stunden dauert. Insgesamt wird so die enorme Replikationsgenauigkeit von 10^{-8}-10^{-9} Fehlern/Basispaar erreicht. Bei *Doppelstrangbrüchen* fehlt der DNA ein ganzes Basenpaar. Ein solcher Genschaden wird zunächst orientierungslos behoben, stellt also eine Mutation dar, die aber in der Regel nicht funktionsfähig ist. Wenn das im doppelten Chromosomensatz enthaltene rezidive (d.h. in der intakten Zelle in seiner Wirkung unterdrückte) Gen die ausgefallene Funktion übernehmen kann, ist die Zelle gerettet. Gibt es kein funktionsfähiges rezidives Gen, so stirbt die Zelle.

3.3.2   Zellschädigung durch ionisierende Strahlung

Indirekte Strahlenwirkung: Der Kern nimmt im Inneren der Zelle etwa 10% des Volumens ein, der Rest ist mit Zellflüssigkeit gefüllt, die zum größten Teil aus Wasser besteht. Dieses macht also über 80% der Zellsubstanz aus. Die Wechselwirkung der durchgehenden Strahlung mit dem Wasser verursacht die indirekte Strahlenwirkung [Sch90, KP92]. Sie beruht im wesentlichen auf der etwa 10^{-12} s nach der Wechselwirkung mit dem H_2O-Molekül einsetzenden *Radiolyse* $H_2O + \gamma$

---

[7]Die Evolution ist aber auf diese relativ leichte Veränderbarkeit der DNA angewiesen, weshalb eine Entwicklung höheren Lebens nur in dem engen Temperaturbereich unserer irdischen Biosphäre vorstellbar erscheint. Schon bei etwas höheren Temperaturen könnten die H-Brücken keine ausreichende Stabilität mehr geben, und bei etwas tieferen wäre die Evolution eingefroren.

$\rightarrow H^+ + (OH)^-$ mit den Folgereaktionen:

1. $(OH)^- + H^+ \rightarrow H_2O$, wobei das Proton meistens aus einer der zahlreichen H-Brücken des DNA-Moleküls im Zellkern genommen wird. Dessen Stereostruktur wird damit angegriffen und in der Regel schwer gestört.

2. $H^+ + O_2 \rightarrow (OH)O + (OH)O \rightarrow H_2O_2 + O_2$, wobei das Superoxyd H_2O_2 ein starkes Zellgift darstellt. Dieser Schädigungsweg beruht also auf dem normalerweise mit 50-100 mbar Partialdruck in der Zelle vorhandenen O_2 und wird bei dessen Vermehrung verstärkt. Dieser Effekt (der das DNA-Molekül nicht immer zerstört) wird durch den *Sauerstoffverstärkungsfaktor* OER (Oxygen Enhancement Ratio) gemessen, der das Dosisverhältnis D(ohne O_2)/ D(mit O_2) für das Eintreten der gleichen Zellschädigung angibt. Für Strahlung mit niedrigen LET-Werten (s. unten) hat man OER = 2-4, für LET > 100 keV/μm wird OER = 1. Aber infolge der sehr effektiven δ-Elektronen ist im letzteren Fall der Durchmesser der Schädigungsspur sehr viel größer als in anorganischen Materialien.

Direkte Strahlenwirkung: Dies sind die Effekte der direkten Strahlenwechselwirkung mit dem Zellkern. Zu den Ionisierungsschäden treten die besonders katastrophalen Auswirkungen der direkten Atomstöße im S_n-Regime der Energieverlustkurve auf, die ein Biomolekül mit hoher Wahrscheinlichkeit zerstören. In Verbindung mit der großen DNA-Verdichtung im Zellkern führt das zu 3000 mal größerer Anfälligkeit für den reproduktiven Strahlentod der Zelle (d.h. den Verlust der Teilungsfähigkeit) bei direkten Strahlenschäden im Kern, im Vergleich zur gleichen Schädigung in der Zellmembran oder Zellflüssigkeit [Kie89].

Radiobiologische Wirksamkeit (RBE): Unter der radiobiologischen Wirksamkeit einer Strahlenart versteht man das Verhältnis der für das Auftreten eines biologischen Effektes erforderlichen Dosis D zur Dosis D_0 einer schwach ionisierenden Strahlung (z.B. Gammas oder Elektronen), die zur Beobachtung des gleichen Effektes erforderlich ist. Wir haben also

$$RBE = D_0/D \tag{3.7}$$

und als Maß für die deponierte Dosis

$$D[J/kg] = 1.6 \cdot 10^{-9} \, (dE/ds)[keV/\mu m] \phi [Teilchen/cm^2]/\rho[g/cm^3] \tag{3.8}$$

Eine ausgefeilte Methode zur Messung strahleninduzierter Schädigungen und zum Studium der Zellreparaturmechanismen benutzt Schwerionenstrahlen und beobachtet die bewirkten Zerstörungen anschließend unter dem Tunnelmikroskop (Radiobiologische Abteilung der GSI Darmstadt). Für die RBE-Bestimmung liegt jedoch eine Schwierigkeit darin, daß in der Trackregion dicht ionisierender Projektile disintegrative Chromosomenschäden beobachtet werden, die für Teilchen mit niedrigem LET nicht auftreten. Daher enthält der Dosisvergleich in Gl.(3.7) die Trackregion nicht, ist also nicht vollständig. Aber es gibt bisher noch keine Theorie, die biologische Strahlenwirkungen vollständig beschreiben kann.

Die generellen Beobachtungen lassen sich folgendermaßen zusammenfassen:

1. *Lockerionisierende Strahlung* (γ, hochenergetische e):

LET $\leq$ 10 keV/μm = 100 MeV/cm: RBE = 1

Sie produzieren im wesentlichen subletale Einzelstrangbrüche, die weitgehend reparabel sind.

2. *Mittelionisierende Strahlung* (p, sowie Rückstoß-p bei Neutronenstrahlung):

LET $\approx$ 50 keV/μm = 500 MeV/cm: RBE = 5

Die Doppelbrüche nehmen merklich zu. Die subletalen Einzelstrangbrüche wachsen an und führen in steigendem Maße zu fehlerhaften Rekombinationen, die letal sind.

3. *Dichtionisierende Strahlung* (α, Schwerionen):

LET $\approx$ 200 keV/μm = 2 GeV/cm: RBE = 15-20

Korrelierte Doppelstrangbrüche und letale Rekombinationen im Core und Halo der Teilchenspur sind maximal.

4. *Extreme Ionisationsdichte* (Nähe des Reichweitenendpunkts):

LET > 500 keV/μm

Der RBE-Wert nimmt stark ab und verläuft für jede Ionensorte individuell verschieden. Ursache hierfür ist vermutlich ein „Overkill"-Effekt, da sich viele freigesetzte Ladungen wieder rekombinieren, ohne zusätzlichen Schaden angerichtet zu haben. Die Wirkung unterschiedlicher LET-Werte läßt sich in MC-Rechnungen sehr deutlich machen, wie Abb. 3.10 zeigt.

3.3.3 Dosiswirkungen

Die Wirkung der molekularbiologischen Strahlenschäden zeigt sich direkt an der Zellentwicklung. Sie wird hauptsächlich an schnellteilenden Hefezellen (4 μm Durchmesser) beobachtet, die eine *Zellzykluszeit* zwischen zwei Teilungen von $t_c \sim$ 1 h haben und deren Zellkern $\sim 10^6$ Nukleotide besitzt. Man nimmt an, daß die Ergebnisse weitgehend auf Säugetierzellen mit 10 μm Durchmesser und $t_c \sim$ 12 h sowie 10^9 Nukleotiden übertragbar sind.

Letaldosis: Der Zelltod wird gemessen durch Beobachtung der Vermehrung von Zellkulturen, die im Normalzustand durch $N(t) = N(0)\exp[(t/t_c)\ln2]$ gegeben ist. Die Überlebensrate ist dann durch

$$S = N(t,D(\varepsilon,p))/N(t,0) \tag{3.10}$$

bestimmt, wo $D(\varepsilon,p)$ die Dosis der Teilchensorte p mit der spezifischen Projektil-

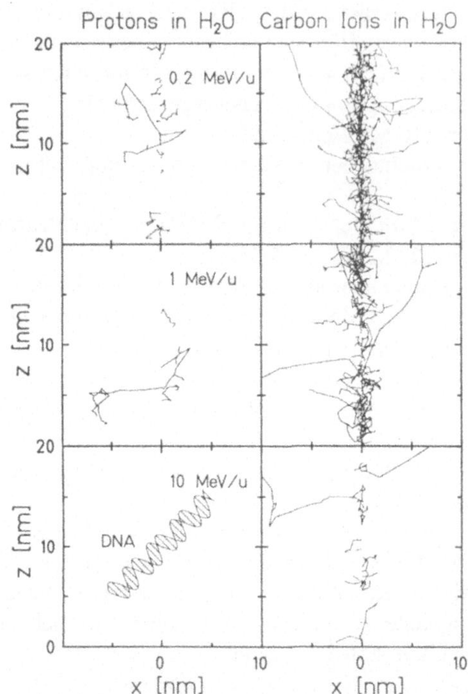

Abb. 3.10: Berechnete Wechselwirkungsspuren (Rückstoßprotonen und δ-Elektronen), verfolgt über 20 nm für p und ^{12}C mit Energien zwischen 0.2 und 10 MeV/u. Man erkennt, daß der LET-Wert mit abnehmender Energie stark zunimmt, wie es der Bethe-Bloch Gl. (3.1) entspricht.(Ich danke G. Kraft (GSI Darmstadt) für die Überlassung des Bildes).

energie ε = E/u ist. So läßt sich eine mehr oder weniger deutlich ausgeprägte Überlebenskurve erstellen (Abb. 3.11). Sie ist durch eine Dosisschwelle ℓ_0 gekennzeichnet, unterhalb der keine Änderungen im Zellzyklus feststellbar sind, weil die entstandenen Schäden für eine Beobachtung zu geringfügig sind. Über das anschließende Plateau hinweg entwickeln die Zellreparaturmechanismen ihre volle Aktivität. Sie können die Kultur am Leben erhalten, obwohl ihre Funktionen im wesentlichen nicht an der Reparatur von Strahlenschäden entwickelt wurden. Dieser Umstand ist heute für uns sehr segensreich. Schließlich ist das System aber überfordert und bricht zusammen, was zunächst zum Auftreten der halben Letaldosis ℓ_{50} und schließlich zur Letaldosis ℓ_{90} führt, bei der auch die widerstandsfähigsten Zellen fast alle den reproduktiven Strahlentod erlitten haben.

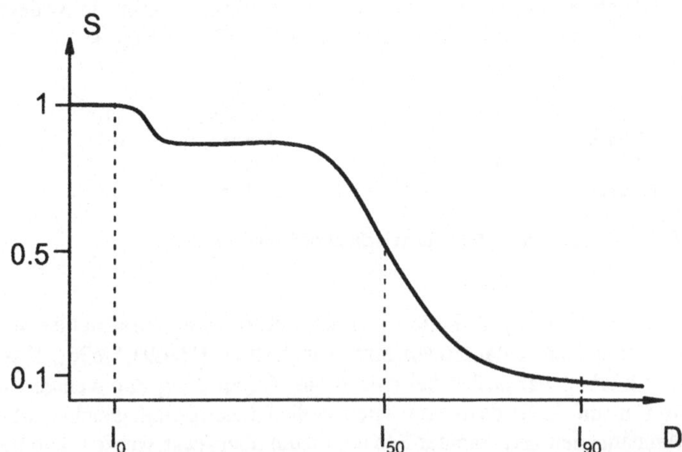

Abb. 3.11: Idealisierte Überlebenskurve S (= Wahrscheinlichkeit, die einmalige Ganzkörperdosis D zu überleben) mit den Schwellen l_0: Nachweisgrenze für Strahlenwirkungen, $l_{50,90}$: 50% bzw. 10% Überlebenschance. Die Schwellenwerte sind Mittelwerte der individuellen Schwellenverteilungen. Sie sind für verschiedene Tierarten z.T. extrem unter-schiedlich (s. Tab. 3.2).

Für den menschlichen Körper wurden die Dosiswerte aus den Beobachtungen abgeschätzt, die bei den Atombombenabwürfen auf Japan und verschiedenen Strahlenunfällen (hauptsächlich im Verlauf der Bombenentwicklung des Manhattan-Projekts) gemacht wurden. Sie sind in der Tabelle 3.1 zusammengestellt.

Dosis (Gy)	Auswirkungen
$< 0.25 = l_0$	Keine beobachtbaren Änderungen im Blutbild Keine Beschwerden.
≥ 1	Nach 3 Wochen treten Beschwerden einer Allgemeinerkrankung auf. Erholung wahrscheinlich.
$\approx 4.5 = l_{50}$	(1-2 h) nach Bestrahlung treten erste Symptome einer Strahlenkrankheit auf. Nach 2 Wochen 50% Überlebende.
$\approx 7 = l_{90}$	Wie bei l_{50}, aber mit verkürztem Verlauf. Überlebenschance nach 2 Wochen $< 10\%$.

Tab. 3.1 Prompte Wirkung einer Ganzkörperbestrahlung beim Menschen.

Man beachte, daß die tatsächlich im Körper absorbierten Energien sehr gering sind, denn für eine Person von 70 kg Gewicht entspricht l_{50} nur einer absorbierten Energie von 280 J! Dies ist ein eindrucksvoller Hinweis auf das delikate dynamische Gleichgewicht, in dem sich die Organismen hochentwickelter Lebewesen befinden. Tatsächlich sind einfacher gebaute Lebewesen z.T. sehr viel widerstandsfähiger gegenüber ionisierender Strahlung, wie in Tab. 3.2 gezeigt ist.

Ziege	3.5	Schnecke	$2 \cdot 10^2$
Mensch	4.5	Wespe	10^3
Affe	5.5	Viren	$2 \cdot 10^3$
Hamster	10	Protozoen	$3 \cdot 10^3$

Tab. 3.2. Bestrahlungsdosen l_{50} [Gy] für verschiedene Lebewesen.

Minimaldosen: Eine vieldiskutierte Frage betrifft die Wirksamkeit einer sehr schwachen, aber lang andauernden Strahlenbelastung [Hag91,Sie96]. Das Grundproblem ist hierbei, daß selbst bei eindeutiger Gefährdung nur wenige Schadensfälle auftreten, die noch dazu von einem hohen Untergrund gleicher, aber durch andere Mechanismen verursachter Schädigungen überdeckt werden. Die herkömmlichen und wohlgesteten statistischen Methoden sind daher nicht ohne weiteres anwendbar. Hinzu kommt, daß die tatsächlichen Strahlenexpositionen oft nicht genau bestimmbar und die Latenzzeiten bis zu Sichtbarwerdung einer Schädigung (z.B. Krebs) sehr lang sein können. Daher sind nur Extrapolationen angemessen, bei denen die Prognosen verschiedener Annahmen mit der beobachteten Entwicklung verglichen werden. Die resultierenden Dosiswirkungskurven lassen sich folgendermaßen klassifizieren: (E: Zahl der Schädigungen/Anzahl der exponierten Personen).

1. *Lineare Beziehung:* $E = aD$. Sie sollte gelten, wenn die Schädigung monokausal ist und das körpereigene Immunsystem keine Reparaturmöglichkeiten hat.

2. *Quadratische Beziehung:* $E = bD^2$. Sie sollte gelten, wenn für eine Schädigung zwei auslösende Strahlenwirkungen zusammenkommen müssen. Auch Überlagerungen der Typen 1 und 2 sind vorstellbar. Berücksichtigt man die Existenz eines Reparatureffektes, so wäre eine

3. *Schwellenbeziehung:* $E = a(D - D_0)$ angemessen. Nach den Darstellungen der vorherigen Abschnitte vermutet man zunächst, daß letztere Annahme am besten gerechtfertigt ist. Allerdings muß man bedenken, daß irreparable Schädigungen das Ergebnis von Einzelwechselwirkungen sind, und daher auch bei Strahlung beliebig geringer Intensität auftreten können.

Aus den Beobachtungen vor allem nach den großflächigen Kontaminationen als Folge des Reaktorunfalls in Tschernobyl ermittelte man als Faustformel für das Lebenszeitrisiko R von einer strahleninduzierten Krebserkrankung heimgesucht zu werden die Beziehung $R = (7 \pm 4)10^{-2}/\mathrm{Sv}$ [Par89]. Das bedeutet, daß bei 100 Personen, die einer Belastung von 1 Sv ausgesetzt werden, 7 ± 4 Erkrankungen zu erwarten wären.

Relatives und absolutes Risiko: Die Beobachtungen vor allem an den Überlebenden der japanischen A-Bomben haben gezeigt, daß eine empfangene Strahlendosis das *relative Entstehungsrisiko* für solide Tumore (d.h. alle, außer Leukämie) erkennbar erhöht. Das heißt, daß die (mit dem Lebensalter stark ansteigende) spontane Entstehungsneigung zunimmt, so daß für die beobachtete Erkrankungsrate B und die erwartete spontane Erkrankungsrate S die Beziehung $B/S = k_r$ gilt. Dabei hängt k_r vom Alter bei der Bestrahlung, dem Geschlecht und der empfangenen Dosis D ab. Eine Erklärungsmöglichkeit hierfür ist, daß durch D die Zahl der krebsbereiten Zellen im Organismus zusätzlich erhöht wird und sich damit das Risiko vergrößert, daß das Immunsystem eine der Krebszellen nicht mehr im frühen Stadium eliminiert und die Krankheit ausbricht. Im Gegensatz dazu haben die Leukämieerkrankungen eine zusätzliche Erhöhung des *absoluten Entstehungsrisikos* gezeigt, d.h. $B{-}S = k_a$. Dabei steigt die Zahl der zusätzlichen Leukämieerkrankungen zwischen 2 und 8 Jahren nach der Strahlenexposition an und nimmt danach wieder ab. Nach 20-25 a ist dann das Niveau der spontanen Leukämieerkrankungen erreicht [Bre90]. Die experimentelle Evidenz für diesen Effekt ist gesichert, eine Erklärung dagegen nicht.

3.3.4 Strahlenabschirmung

Sie stellt ein immer wieder auftretendes Problem in den Forschungsinstituten, sowie bei medizinischen und industriellen Anwendungen radioaktiver Strahlen dar.

Schutz durch Abstand: Für isotrop von der Quelle ausgehende Strahlung der Aktivität P haben wir im Abstand r als Dosisleistung [Gy/s]

$$\dot{D} = aP(F/r^2) \tag{3.11}$$

wo F die Fläche des Empfängers und a = const. ist. Dasselbe gilt auch für die von einer Blendenöffnung ausgehende Strahlung, sofern sie nur aus der isotropen Strahlungskugel einen Raumwinkel herausschneidet. Sie gilt aber nicht, wenn *Transportprozesse* für die Strahlung eine Rolle spielen, z.B. bei der atmosphärischen Verteilung der radioaktiven Emission einer Quelle, da diese unter Umständen von Luftströmungen mitgenommen und keineswegs gleich verteilt wird.(Die völlig ungleichmäßige Verteilung des radioaktiven Niederschlags in Europa nach dem Tschernobyl-Unfall ist hierfür ein recht gutes Beispiel). Für isotrope Strahlung gilt generell, daß Abstand der bei weitem kostengünstigste und wirkungsvollste Strahlenschutz ist.

Einmaldosis: Für Grenzwerte D_{max}, die nicht überschritten werden dürfen, definiert sich aus Gl. (3.11) die maximale Aufenthaltsdauer T_{max} im Strahlenbereich

$$D_{max} = \dot{D}\, T_{max}\ [Gy] \tag{3.11'}$$

Diese erlaubten Einmaldosen sind für viele Fälle vorgegeben. Wir werden sie im nächsten Abschnitt zusammenstellen.

Abschirmwände: Sie werden aus strahlenabsorbierendem Material gefertigt und zwar für

1. *Gammastrahlung und schnelle Elektronen:* Hier dient Schwerbeton (Beton mit Schwermetallen, z.B. Ba, versetzt) und Blei als Schutz. Beim Aufbau von Abschirmmauern ist es wichtig, keine unbemerkten gradlinigen Strahlenwege offen zu lassen. Daher werden die Bausteine für solche Abschirmungen entweder gegeneinander versetzt, oder mit typischen Passformen gefertigt, wie z.B. Abb. 3.12 zeigt

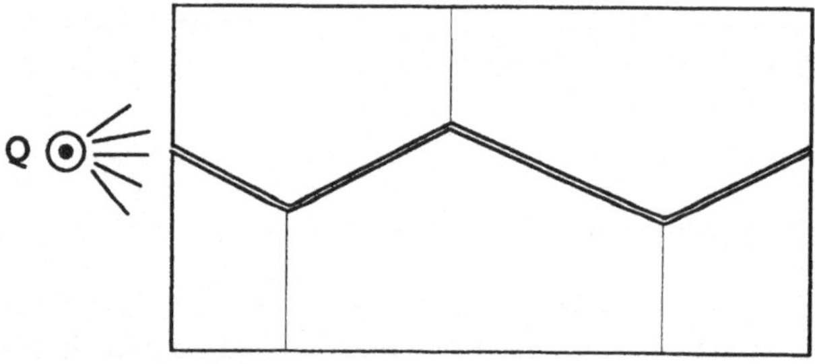

Abb. 3.12: Schnitt durch eine Abschirmmauer. Das verzahnte Bausteinprofil garantiert, daß die Strahlung von Q keine direkten Wege ins Freie findet.

2. *Neutronen:* Hier verwendet man zunächst Paraffin oder Wasser, um die schnellen Neutronen zu bremsen, wozu bei $E_n \sim 1$ MeV etwa 10 cm Abschirmdicke erforderlich sind. Die entstandenen langsamen Neutronen werden dann von Materialien mit sehr hohem Einfangquerschnitt für (n,γ) Reaktionen (z.B. Cd oder B) absorbiert.

3. *Geladene Teilchen:* Für Protonen bis einige MeV genügen dünne Metallwände, α-Teilchen und Schwerionen (bis ~ 10 MeV/u) werden bereits von dünnen Folien festgehalten. Für die Abschirmung sehr hochenergetischer Strahlung sind wegen der primär erzeugten ausgedehnten Schauer von Sekundärstrahlung massive Abschirmwände nötig. (Sie können bei den Installationen der Beschleuniger leicht 10-20% der gesamten Erstellungskosten verschlingen).

Für eine maximale Wirksamkeit werden Abschirmungen so nah wie möglich entweder um die Quelle oder das zu schützende Objekt aufgebaut, da damit offensichtlich der größte Abschirmeffekt bei geringstem Aufwand zu erzielen ist.

Heiße Zellen: Für die Chemie mit radioaktiven Isotopen werden mit Bleiglas abgeschirmte *Gloveboxes* gebaut, in die Handschuhe zum Manipulieren eingelassen sind. In diese kann der Radiochemiker von außen hineinschlüpfen. In Zellen mit sehr hohen Aktivitäten werden auch mechanische Manipulatoren verwendet, die von außen bedienbar sind und durch Servomotoren gesteuerte Greifwerkzeuge besitzen. Der Zugang zu heißen Zellen ist nur durch Schleusen möglich, in denen die von den Personen mitgeführte Strahlung kontrolliert wird und der in den Zellen normalerweise aufrecht erhaltene Unterdruck vom Außenraum getrennt wird. Dieser Unterdruck soll verhindern, daß in die Zellenluft gelangte Aktivitäten nach außen dringen können. Schließlich wird das in der Zelle verbrauchte Wasser in Vorhaltebecken gesammelt und auf Aktivität geprüft. Alle in der Zelle benutzten Gegenstände werden gesammelt und als schwach radioaktiver (d.h. keine nennenswerte Wärme erzeugender) Abfall entsorgt (s. Abschn. 4.6.3).

3.4 Strahlenschutznormen

In den Anfängen der Radioaktivitätsnutzung war man sehr optimistisch bezüglich der möglichen Schädigungen und warb z.B. mit radioaktiver Zahnpasta! Aber bald zeigten sich vor allem bei den Röntgenärzten schlecht heilende Geschwulste, die in vielen Fällen die Amputation von Gliedmaßen, vor allem der Hände erforderlich machten. (Aber noch zwischen 1930 und 1940 war es ein Reklametrick großer Schuhgeschäfte, am Eingang eine Röntgenapparatur aufzustellen, mit der potentielle Kunden ihre Fußknochen betrachten konnten). Der technische Großeinsatz ionisierender Strahlung und die Freisetzung von Aktivitäten in großem Maßstab führte dann zur Festsetzung von Grenzwerten für erlaubte Strahlenexpositionen. Nach dem in Abschn. 3.3.3 zur Beurteilung niedrig ionisierender Strahlung Gesagten ist klar, daß die Grenzwerte sich nur auf Abschätzungen stützen können, da noch keine quantitative Basis für realistische Risikokalulationen existiert. Die anfangs vereinbarten Grenzwerte wurden allerdings in den folgenden Jahren mehrmals herabgesetzt, um der veränderten Beurteilungsbasis Rechnung zu tragen.
Die erlaubten Strahlenbelastungen müssen zunächst vor dem Hintergrund der natürlich vorhandenen Strahlenbelastung gesehen werden, der jeder Mensch ausgesetzt ist [Sie96].

Natürliche Strahlenbelastung: Die Hauptquellen der natürlichen Strahlenbelastung sind (HWZ in Klammern)
1. *Kosmogene Strahlenquellen:* Das sind hauptsächlich Tritium T(12.3 a) mit einem gesamten Inventar in der Atmosphäre von $1.3 \cdot 10^{18}$ Bq, von denen 27% in der Biosphäre verweilen und ^{14}C(5.7 ka) mit $8.5 \cdot 10^{18}$ Bq Gesamtinventar, von dem in der Biosphäre 3% gespeichert sind. Zu diesen kommen die

2. *Terrestrischen Strahlungsquellen*: Hierzu zählen einmal die kurzlebigen Zerfallsprodukte mit hoher Zerfallsenergie des ^{238}U (4.5 Ga) und ^{232}Th (14 Ga) im Erdgestein, das sind ^{222}Rn (3.8 d, 5.5 MeV α); ^{218}Po (3.1 m, 6 MeV α) und ^{214}Po (10^{-4} s, 7.4 MeV α). Hinzu kommt noch als wichtige Quelle das ^{40}K (1.3 Ga) wegen seines ungeheuren Inventars von $7{\cdot}10^{-4}$ Anteil an der Masse der Erdkruste.

3. *Gesamtstrahlenbelastungen:* Die sich für die alte BRD daraus ergebenden Belastungen liegen zwischen 1 und 5 mSv/a und betragen im Mittel 2.0 mSv. Sie sind sehr von der Bodenbeschaffenheit abhängig und schwanken weltweit je nach dem geologischen Untergrund des Wohnortes mit beachtlichen Maximalwerten (in mSv/a): Kerala (Südindien) $\leq$ 200, Brasilien (Atlantikküste) $\leq$ 260, Iran (stellenweise) $\leq$ 450, hauptsächlich wegen der Nähe Th/U-haltiger Monazitsande [Röm95]. Außerdem ändert sich die Belastung je nach Aufenthaltshöhe und geographischer Breite um das 5-10-fache infolge der veränderlichen Intensität der einfallenden Höhenstrahlung. Ein spezielles Problem stellt die Belastung durch die ^{222}*Rn-Folgeprodukte* dar, die in den nördlichen Breiten etwa 50% der gesamten natürlichen Strahlenbelastung ausmachen. Das Edelgas Rn kommt aus den Hauswänden und dringt auch über das Erdreich in die Kellerräume, wodurch eine Aktivität zwischen 1 und 10^5 Bq/m^3 im Inneren eines Hauses erzeugt werden kann. Die Gefährlichkeit liegt vor allem im Einatmen des Rn, wodurch dessen nicht mehr gasförmige Zerfallsprodukte in der Lunge festgehalten werden können[8].

Künstliche Strahlenbelastung: Zur natürlichen kommt die zivilisatorisch bedingte Strahlenbelastung hinzu, die in der BRD im Mittel 1.6 mSv/a beträgt [Sch93, Röm95]. Sie ist in der folgenden Tabelle abgeschätzt.

	Mittelwert	Individuell
Röntgendiagnostik	1.4	0.1 - 10
Nukleardiagnose	0.1	$\leq 10^3$
Nukleartherapie		$\leq 8{\cdot}10^5$
Fossile Kraftwerke	10^{-3}	≤ 0.7
Urlaubsflug (8 h)	0.3	

Tab. 3.3 Künstliche Strahlenbelastung für die Bewohner der BRD, in mSv/a.

Die Summe aller Strahlenquellen führt in der BRD zu einer mittleren Gesamtbelastung von 3.6 mSv/a. Im Gegensatz zur unvermeidlichen natürlichen Strahlenbelastung läßt sich die künstliche, hauptsächlich durch die fortschreitende Weiterentwicklung der medizinischen Diagnostik und Therapie, ständig verringern.

---

[8]Schon 1530 hat Agricola die „Schneeberger Krankheit" beschrieben, der die meisten Bergarbeiter im Erzgebirge erlagen. Sie wurde 1879 als Lungenkrebs erkannt und ist eine Rn-Folge.

Toleranzdosen: Als rechtliche Basis für den Umgang mit ionisierender Strahlung und deren maximale zulässige Wirkungen sind für die verschiedenen Bevölkerungsgruppen die folgenden Grenzwerte (mSv/a) festgesetzt worden:

Gruppierung	Gonaden etc	Hände etc.
Allgemeine Bevölkerung	0.3	1.5
Beruflich exponierte Personen	15	150
Personen in Kontrollbereichen	50	500

Tabelle 3.4 Gesetzliche Toleranzdosen für Gonaden/Körperbestrahlung

Für den Umgang mit (verschlossenen) radioaktiven Präparaten hat man noch die folgenden Freigrenzen festgesetzt, bis zu denen keine speziellen Genehmigungen für ihren Besitz eingeholt werden müssen.

Toxizität	Aktivität (Bq)
Sehr hoch (^{233}U, ^{239}Pu, ^{241}Am)	$5 \cdot 10^3$
hoch (^{233}Th, ^{90}Sr)	$5 \cdot 10^4$
mittel (^{22}Na, ^{60}Co, ^{137}Cs)	$5 \cdot 10^5$
schwach (T, ^{14}C, ^{7}Be, ^{nat}U)	$5 \cdot 10^6$

Tab. 3.5 Freigrenzen für den Umgang mit versiegelten radioaktiven Präparaten (zur Toxizitätsdefinition s. Tab. 4.7, S. 306).

3.5 Strahlentherapie

Die Verwendung ionisierender Strahlung in der medizinischen Therapie ist im wesentlichen beschränkt auf die Behandlung von Krebserkrankungen, von denen jedes Jahr 0.5% der Bevölkerung befallen werden, also 400000 Personen in Deutschland. Von diesen werden 45% konventionell behandelt, 35% sind unheilbar (also nur palliativ, d.h. schmerzlindernd behandelbar) und die restlichen 20% können mit Strahlen behandelt werden. Die Kosten einer solchen Behandlung liegen durchschnittlich bei 25 kDM/Patient. Dabei wird zwischen *Brachytherapie* (bei der die Radionuklide in das Körperinnere des Patienten verbracht werden) und *Teletherapie* (bei der die Strahlenquelle außerhalb des Körpers liegt) unterschieden. Die Brachytherapie hat traditionell mit Co- bzw. Cs-Quellen gearbeitet, die im Reaktor produziert werden und Aktivitäten im Bereich von kCi erreichen! Heute werden diese starken Quellen überwiegend durch harte Röntgenstrahlung ersetzt, die mit

Elektronenbeschleunigern erzeugt wird[9].

Das moderne Verständnis vom Zusammenhang zwischen LET und Strahlenschädigung hat zur Entwicklung zielgerichtet verbesserter Anordnungen geführt, die zwar teuer in der Anschaffung, aber durchaus preisgünstiger in der Gesamtbilanz sind: Mit einer NMR/PET-Diagnose (s. Kap. 2) von < 30 Minuten Dauer sind Ausdehnung, lokale und regionale Metastasierung und Durchblutung einer Krebsgeschwulst genau genug zu bestimmen, um eine Therapie zu planen, die mit minimal möglicher Bestrahlungsdauer auskommt. Dabei wird die Strahlenwirkung mit MC-Programmen genau simuliert, sodaß auch die bisher unsicheren Abschätzungen vermieden werden können. Die Kosten einer solchen modernen Strahlentherapie liegen unter denen für die sonst üblichen Chemotherapien. Prinzipiell ist zu unterscheiden, welche LET-Wertverteilung die verwendete Strahlung haben soll. Die Abb. 3.13 gibt eine Übersicht.

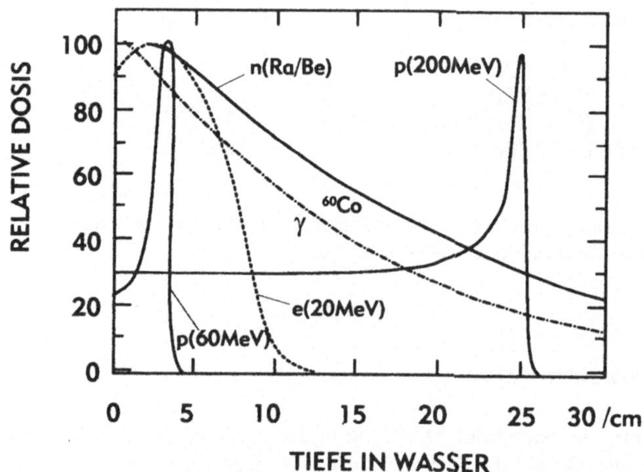

Abb. 3.13: Tiefenverteilung der Strahlendosis relativ zum Maximalwert für verschiedene medizinisch genutzte Strahlenarten. Neutrale Strahlung (γ oder n) hat eine exponentiell abfallende Dosisverteilung, für Protonen konzentriert sich die Dosis am Reichweitenende (Braggpeak), dessen Lage energieabhängig ist (s. Abschn. 2.1).

Speziell gilt, daß Krebszellen gegenüber gesunden Zellen sehr eingeschränkte Reparaturmöglichkeiten haben. Wegen ihres schnellen Wachstums teilen sie sich öfter

---

[9]Vor etwa 10 Jahren wurden von brasilianischen Kindern auf der Abfallhalde einer Klinik Cs-Präparate gefunden und als Spielzeug benutzt, weil sie „im Dunkeln so schön leuchteten". Dieses Leuchten ging auf die Ionisierung der umgebenden Luft durch die austretende Gammastrahlung zurück, woraus die Größe des angerichteten Gesundheitsschadens ermessen werden kann.

und befinden sich deshalb häufig im Stadium der ausgefalteten DNA mit hohem Packungsverhältnis, in dem sie einen Strahlenschaden in aller Regel nicht überleben.

Strahlung mit niedrigem LET (< 30-50 keV/μm) produziert, wie wir gesehen haben, ganz überwiegend $(OH)^-$ und H_2O_2-Radikale in der Zellflüssigkeit. Diese sind am effektivsten im Zellteilungsstadium und deshalb bei schnell wachsenden Tumoren besonders wirksam[10]. Strahlung mit hohem LET-Wert (> 100 keV/μm) produziert schwer zu reparierende Strangbrüche und wirkt besonders auf „hypotoxische" Krebszellen, die wegen mangelnder Blutversorgung nur langsam wachsen und unter O_2-Mangel leiden. Deshalb ist auch ihr OER reduziert, sodaß die Niedrig-LET-Strahlung an Wirkung verliert. Wegen der starken Zellschädigungen darf Hoch-LET-Strahlung aber nur genau dosiert auf das Tumorgewebe wirken und muß das gesunde Gewebe schonen. Dieses Ziel läßt sich mit Strahlen geladener Teilchen besonders gut erreichen.

3.5.1   Interne Strahlenquellen

Radioisotope: Als Strahlenquellen für die Brachytherapie eignen sich viele Radionuklide, die wir in ihrer Sondenfunktion bereits im vorigen Kapitel besprochen haben. Für therapeutische Zwecke werden sie in großen Dosen gegeben, wobei in der Regel ausgenutzt wird, daß die chemischen Eigenschaften des Elementes zu dessen Anreicherung in speziellen Organen führen. (So konzentrieren sich Jod-Dosen z.B. zu 25% in der Schilddrüse, bei Kropfbildung sogar zu 75%). Dabei spielt die Verweildauer im Körperinneren eine wichtige Rolle, die mit der biologischen HWZ t_b angegeben wird und für I 30 d, für (Cs, K) 120 d und für (Sr,Ca) 5a beträgt. Die tatsächliche Bestrahlungsdosis bestimmt sich dann mit der physikalischen Halbwertszeit t_p durch die effektive HWZ $t_{eff} = t_p t_b/(t_p+t_b)$ (s. Abschn. 2.4.1).

Implantierte Bomben: Sie werden in eine Geschwulst über radioaktive Nadeln, eingeführt, mit denen die Gesamtaktivität gezielt verteilt wird. Die Belastung des medizinischen Personals wird dabei durch das *Afterloading* verringert. Hierbei werden zunächst die leeren Quellenträger in den Patienten eingesetzt, in die die aktiven Präparate dann erst mit ferngesteuerten Transportsystemen aus dem Strahlentresor geladen werden. Dadurch kann auch die Bestrahlungsdauer genau dosiert werden, was bei Präparaten mit ca. 10 Ci-Stärke unerläßlich ist [Kri97]. Als Gammastrahler dienen hauptsächlich ^{60}Co und ^{137}Cs. Auch Alphastrahler werden verwendet, z.B.

---

[10] Sie sind darin den *Zytostatika* ähnlich, die ebenfalls in der Teilungsphase der Zellen angreifen. Da diese im Gegensatz zu ionisierender Strahlung den ganzen Körper überschwemmen, wirken sie auch auf andere schnellwachsende Zellen im Körper und führen z.B. zum Haarverlust.

^{211}At ($t_p = 2.7$ h), die wegen des hohen LET-Wertes eine mehr lokal begrenzte Wirkung haben. Bei unregelmäßiger Tumorgestaltung bleibt stets das Problem der *Isodosenverteilung* (d.h. der Festlegung von Bereichen gleicher Dosis), die man bei internen Quellen nicht genügend an die Geschwulstgestalt anpassen kann. Deshalb versucht man heute, wenn möglich externe Strahlenquellen einzusetzen.

3.5.2   Gamma/Elektronen-Therapie

Bei der Niedrig-LET-Teletherapie mit Elektronen verwendet man seit 1950 Betatrons [Kri97], die ihrerseits seit 20 Jahren mehr und mehr durch Linearbeschleuniger oder Zyklotrons ersetzt werden und heute in Kliniken die am häufigsten für diesen Zweck verwendeten Beschleuniger sind. Sie sind vollautomatisierte computergeregelte Instrumente, die 4-6 MeV Elektronen bei ca. 3 MW Leistung erzeugen. Für die Produktion ultraharter Röntgenstrahlung bildet ein Elektronenstrahl mit einem Fokus von 1mm Durchmesser auf einer W-Anode praktisch eine Punktquelle. Er kann auch über ein schnelles Strahlablenkungssystem bzw. *multileaf Kollimatoren* direkt verwendet werden. Bei letzterem Gerät werden zahlreiche Absorberzungen nach Programm automatisch vom Rand her in das Bestrahlungsfeld geschoben und auf diese Weise Histogramm-Profile der Elektronenintensität erzeugt. Bei einer *dynamischen* Bestrahlung wird der Tumor des Patienten in das *Isozentrum* plaziert, das von fast allen Seiten her beschossen werden kann. So wird das Maximum der Bestrahlung am Ort des Tumors ereicht, während das umgebende Gewebe nur vergleichsweise gering belastet wird. Die Unterschiede im Verhalten von Gammas und Elektronen sind an ihren Tiefendosisprofilen abzulesen, wie sie in Abb. 3.13 gezeigt sind.
Eine spezielle Anwendung finden wir noch in der *intraoperativen* Methode, bei der der innen liegende Tumor freigelegt und maximal möglich entfernt wird. Die verbleibenden Reste des Tumorgewebes und das umgebende Tumorbett werden dann mit speziellen Miniaturstrahlrohren, die aus dem Strahlerkopf der Elektronenanlage in das Operationsfeld führen, mit 20-40 Gy bestrahlt. Dabei wird der Beschleuniger in einem Hochleistungsmodus betrieben, der eine Dosisleistung von 10 Gy/min ermöglicht [Mad94].

3.5.3   Protonentherapie

Bei den *Hadronenstrahlen* (Hadronen bezeichnet alle stark wechselwirkenden Teilchen, hier die Atomkerne und Pionen), als Therapieinstrumente [PL94] sind die Eigenschaften der Bethe-Bloch-Formel und der Braggkurve wichtig. Da der dE/dx-Wert $\propto Z^2$ anwächst, unterscheiden sich die Tiefendosiskurven drastisch je nach der Projektilladung. Die Abb. 3.14 gibt einen Überblick.
Da Protonen den geringsten Energieverlust haben, ist ihre Reichweite bei gegebener Energie am größten, sodaß sie auch mit niedriger Einschußenergie weit in das Gewebe eindringen können. Protonen von (60-80) MeV aus den einfachsten Pro-

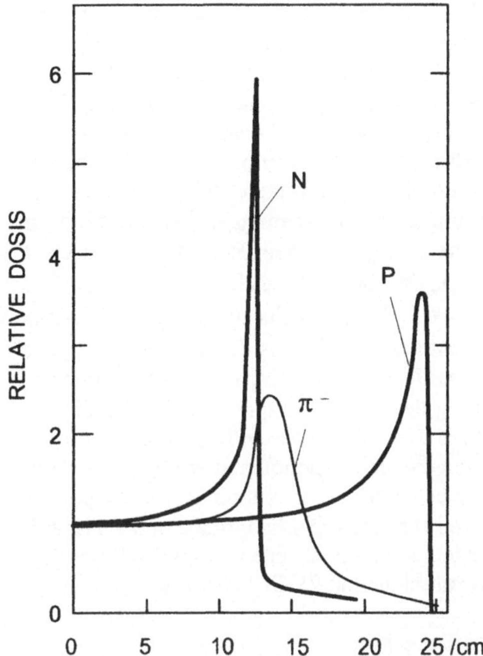

Abb. 3.14: Tiefenverteilung des LET-Wertes für Protonen, Pionen und ^{14}N-Kerne bei gleicher Oberflächenionisierung. Man erkennt den starken Energieverlust der Nuklide im Braggpeak, dessen Halbwertsbreite etwa 7% der Reichweite beträgt.

tonenbeschleunigern sind allerdings in ihrer Reichweite so beschränkt, daß nur dicht unter der Oberfläche liegende Geschwulste behandelt werden können. Das sind vor allem Tumore im Kopf- und Halsbereich, sowie hautnah liegender Organe, wie z.B. der Prostata. Aber die in vollem Gang befindliche Entwicklung von spezialisierten und daher mit vergleichsweise geringen Baukosten verbundenen Beschleunigern mit $E \approx (60\text{-}250)$ MeV, $I \approx$ nA ($= 6\cdot 10^9$ p/s) mit variabler Energie, die in kurzer Zeit ($\sim$ms) um (1-5) MeV verändert werden kann, bei gleichzeitiger Anpassung der Strahlenoptik, sollte die größere Verbreitung dieser Anlagen in Kliniken fördern. Damit wird dann an vielen Orten die isozentrische Tumorbehandlung möglich werden, bei der der Patient zur Behandlung in einer automatisch geführten Liegeschale, einem sog. *Gantry* fixiert wird. Bei diesen Gantries, die heute einen Durchmesser von ca. 10 m haben, befindet sich die Bestrahlungszone des Patienten im Isozentrum, auf das der Beschleunigerstrahl aus verschiedenen Richtung geführt bzw. um das der Patient in seiner Schale gedreht werden kann. Dabei muß, wie bei allen Strahlenbehandlungen sichergestellt sein, daß der Patient sich nicht bewegen kann, um die Koordinatenfixierung zu garantieren. (Es ist von daher verständlich, daß die Kosten für Gantries und Beschleuniger einer Bestrahlungseinrichtung durchaus vergleichbar sind). Wenn die Energie des Strahls nicht je nach dem Eintrittspunkt in den Körper der zu erreichenden Tiefe angepasst wird, kann die Strahlenergie durch *Phantome* aus H_2O-ähnlichem Material abgebremst werden, sodaß je nach Einfallsrichtung die verbleibende Energie gerade die gewünschte Reichweite des Strahls garantiert. Dazu muß das den aus NMR/CT-Messungen in Lage und Größe bestimmten Tumor umgebenden Gewebe in seiner Bremswirkung modelliert werden, um durch Aussparungen dem Strahl die im umgebenden Gewebe verlorengehende Energie vor dem Eintritt zu belassen. Dazu beachtet man, daß $dE/dx \propto n_T Z_T = \rho_e$, der Elektronendichte im Target ist. Das mittlere ρ_e ist dann $<\rho_e> = L^{-1} \int \rho_e(x) dx$, wo L die Länge der unter der Einfallsrichtung bis zum Tumor durchlaufenden Schichtdicke ist. Daraus definiert man $L<\rho_e>$ als *H_2O-äquivalente Länge*, die das in dieser Richtung auszusparende Phantommaterial angibt.

Eine Hauptanwendung der Protontherapie ist die Behandlung von *Augentumoren*, die in Deutschland bei 500-600 Patienten/Jahr auftreten und zu 30% behandelbar sind. Bei diesen liegen die Heilungsquoten über 90%. Sie werden in Sitzungen von 30s Dauer mit 15Gy behandelt. Ein weiterer Behandlungsschwerpunkt sind *Hirntumore*, vor allem weil sehr oft kritische Organe in der Nähe des Krankheitsherdes liegen, die andere Methoden ausschließen. Schließlich werden *Prostatakarzinome* häufig durch eine Bestrahlung mit 75 Gy behandelt.

3.5.4   Schwerionentherapie

Schwerionen hoher Energie (≥ 100 MeV/u) haben große Eindringtiefe und starke Braggpeaks am Ende ihrer Spur. Da ihre Bahnen nur geringe statistische Richtungsabweichungen (*Winkelstraggling*) erfahren, sind sie räumlich sehr gut zu dosieren. Allerdings erzeugen die Sekundärteilchen der von den Projektilen verursachten Kernreaktionen im Braggpeak sehr unscharfe Grenzen, so ist z.B. für ^{20}Ne-Strahlen von mehreren 100 MeV/u diese *taildose* 20% der Dosis im Braggpeak. Wegen ihres hohen LET-Wertes sind Schwerionen besonders gegen hypotoxische Tumore wirksam, schädigen aber auch andere langsam wachsende gesunde Zellen (z.B. Nerven). Ionen schwerer als Ne haben wegen der hohen RBE-Werte im Plateau vor dem Bragg-Peak (LET 2-3 für A, Ni, s. Abb. 3.14), sowie auch wegen des Overkill-Effekts ungünstigere Eigenschaften als die leichteren Schwerionen C und Ne, die vor dem Braggpeak LET = 1 haben und daher heute bevorzugt werden.

Medizinische Bestrahlungseinrichtungen: Diese fordern besondere Maßnahmen, da stets strengste Strahlenschutzbedingungen für den Patienten beachtet werden müssen. Die Anlage des medizinischen Strahls am SIS-Beschleuniger der GSI Darmstadt (s. Abschn. 3.6) ist hierfür typisch. Er benutzt einen ^{12}C-Strahl, der zwischen 80 und 430 MeV/u in 255 Stufen eingestellt werden kann und eine in 15 Stufen anwählbare Intensität von 10^6-10^8 Projektile/Spill liefert. (*Spill* ist die umlaufende Teilchenmenge im Synchrotron, die in einem Strahlzyklus beschleunigt und über 2s extrahiert wird. Danach wird der Ring neu geladen und ist nach 1s für den nächsten Spill bereit). Der Strahl am Isozentrum kann in Durchmessern zwischen 4 und 10 mm in 7 Stufen gewählt werden und wird mit schnellen Ablenkmagneten (1 cm/ms) [Hab93] über ein Feld von 20×20 cm^2 im *Rasterscanverfahren* in Sägezahnform geführt. Der Patient ist dabei 20 cm unterhalb der Strahlebene gelagert, damit bei eventuellen Störfällen in der Regelung der Projektilstrahl über ihn hinweg zielt. Energie und Intensität des Strahls wird für jeden Spill nach Programm eingestellt und damit eine Pixelebene im Bestrahlungsprogramm abgefahren. Insgesamt kann das Bestrahlungsvolumen in maximal 64 solcher Schichtebenen mit je 8k Strahlpositionen aufgeteilt werden. Die Intensitätsbzw. Positionskontrolle erfolgt durch eine Ionisationskammer und MWPC unmittelbar vor dem Patienten-Gantry, deren Signale zur automatischen Strahlkontrolle dienen. Die maximale Positionsunsicherheit beträgt 1 mm, deren Überschreitung innerhalb einer 0.5 ms zur Strahlabschaltung führt.

Das Verfahren ist ausführlich an einem Wasserphantom getestet worden, wie das in Abbildung 3.15 wiedergegebene Beispiel zeigt.

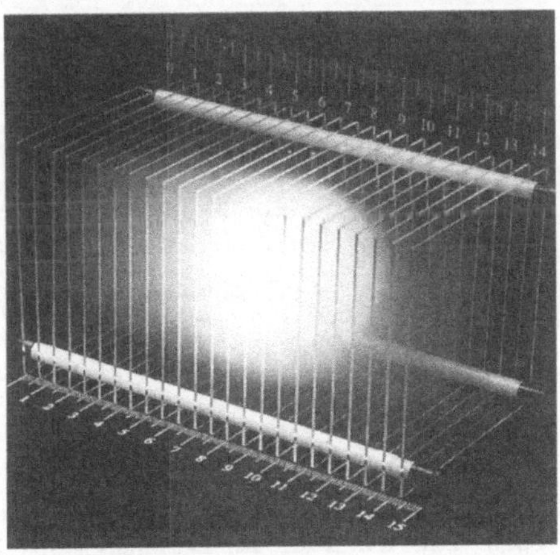

Abb. 3.15: Ein von links kommender Strahl, der in einem H$_2$O-Tank auf ein Kugelvolumen als Reichweitenziel programmiert wurde. Im Tank befindliche Plastikfolien konservierten die Ionenspuren, die nach Ätzung im seitlichen Licht sichtbar werden.
(Ich danke G. Kraft (GSI Darmstadt) für die Überlassung des Bildes).

Ein ^{12}C-Strahl von 275 MeV/u wurde nach vorausberechnetem Bestrahlungsmuster innerhalb eines H_2O-Kugelvolumens gestoppt. Im Inneren des Aquariums waren Plastikfolien in 5 mm Ebenenabstand aufgespannt, in denen die Bragg-Peaks der gestoppten Ionen Spuren hinterließen, die geätzt wurden und im reflektierten Licht die Gestalt des Bestrahlungsvolumens erkennen lassen. Dieses zeigt genau die einprogrammierte Gestalt.

PET-Kontrolle: Das Bestrahlungsergebnis läßt sich auch am Patienten selbst während der Behandlung kontrollieren. Die PET-Kontrolle beruht auf den ^{11}C (20 m) und ^{10}C (20 s) Positronenaktivitäten, die der Projektilstrahl längs seiner Bahn erzeugt. Nach den Methoden des Abschn. 2.4.4 kann mit einer PET-Kamera die Vernichtungsstrahlung, deren Intensität proportional zum LET-Wert ist, aus dem Körperinneren aufgenommen und so die Strahlenwirkung genau lokalisiert werden.

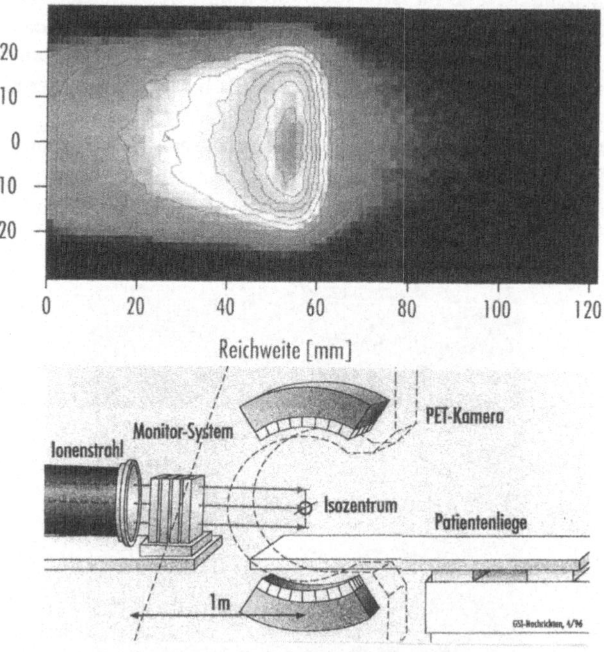

Abb. 3.16: Oben: PET-Aufnahme eines ^{12}C-Strahls, der in einem Kunststoffblock gestoppt wurde. Der Strahl kam von links, das Zielvolumen von 20 mm Kantenlänge (Ordinate) lag zwischen 25 und 60 mm Tiefe (Abszisse). Die Gamma-Kamera wird von 2 × 32 ortsempfindlichen Szintillationszählern gebildet. Die aufgenommene Aktivität zeigt deutlich das Bragg-Maximum, sowie die darüber hinausreichende tail dose. Die gesamte eingestrahlte Dosis betrug 3 Gy. Unten: Schema des Schwerionen-Tumortherapieplatzes bei der GSI Darmstadt mit Monitorsystem des Rasterscanstrahls und PET-Kamera zur Bestrahlungskontrolle. (Mit frdl. Genehmigung entnommen aus GSI Nachrichten 4/96).

Kostenfragen: Das Krebsbehandlungsprogramm bei der GSI hat kürzlich begonnen [Kra98,1]. Dabei werden die Kosten einer Bestrahlung mit 20 kDM angegeben. Hierzu muß man beachten, daß die Kosten einer konventionellen Strahlentherapie typischerweise 7 kDM, die einer Krebsoperation 15 kDM und die einer Chemotherapie 60 kDM betragen.

3.5.5　Pionentherapie

Pionen als Therapiestrahlen wurden lange Zeit als sehr vielversprechend angesehen, da ihr LET vor dem Braggpeak viel geringer ist als bei Nukleonen oder Schwerionen. Das liegt daran, daß $dE/dx \propto MZ^2$ ist und die Pionenmasse nur etwa 1/8 der Protonenmasse beträgt. Damit ist die Schädigung des Gewebes vor dem Braggpeak relativ gering. Außerdem tritt am Ende einer Pionenspur ein *Stern* auf, der aus der Vernichtung der Pionen: $\pi^-+A \to A^*(140\ MeV) \to (\alpha,p,n,\gamma,$ Fragmente) resultiert. Der hochangeregte Kern zerplatzt also und erzeugt einen Schauer von Bruchstücken, deren Spuren einen Stern machen. Der Projektilstrahl wird erzeugt, indem man Protonen mit $E > 400\ MeV$ auf Be- oder C-Targets schiesst, wodurch Pionen entstehen, von denen aber nur die π^- im Kern absorbiert werden. Die gravierenden Nachteile, die sich herausstellten, rühren von den Reaktionsprodukten im Stern her, die ihrerseits zum Teil beachtliche Reichweite haben, wodurch das Bestrahlungsvolumen seine definierte Oberfläche verliert. Weil der Pionenstrahl zudem auch langreichweitige Müonen enthält, die aus dem Zerfall der Pionen im Flug entstehen, ist es sehr schwierig, Standardprozeduren zu entwickeln, die als Basis für eine Routinebehandlung erforderlich sind. Die entsprechenden Entwicklungsaktivitäten in Europa (PSI, Zürich) und Nordamerika (LAMPF, USA sowie TRIUMF, Kanada) wurden daher zur Protonentherapie verlagert.

3.5.6　Neutronentherapie

Schnelle Neutronen: Sie waren die ersten medizinisch genutzten Hadronen, da sie 1936 als mächtiger Strahlungsuntergrund verfügbar waren, der aus dem ersten Zyklotron der Welt in Berkeley (USA) herauskam [Kra98/2] wobei man fand, daß sie Krebsgewebe deutlich stärker schädigen, als gesundes. Die systematische Krebstherapie mit schnellen n wurde aber erst in den letzten 30 Jahren entwickelt und ist heute eine wichtige Behandlungsmethode, die an vielen Forschungsreaktoren ausgeführt wird. Die Wirkung liegt in den hochenergetischen Rückstoßprotonen, die bei der Streuung produziert und im Gewebe gestoppt werden. Wegen seines kompakten Aufbaus ist das Tumorgewebe für die dadurch produzierten Schädigungen stärker anfällig, als gesundes Gewebe. Ein Beispiel für die Erfolge dieser Therapie gibt die Abb. 3.17.
Wegen des exponentiell abfallenden LET-Wertes (s. Abb. 3.13) sind die Schädigungen des umgebenden Gewebes aber keineswegs zu vernachlässigen. Außerdem

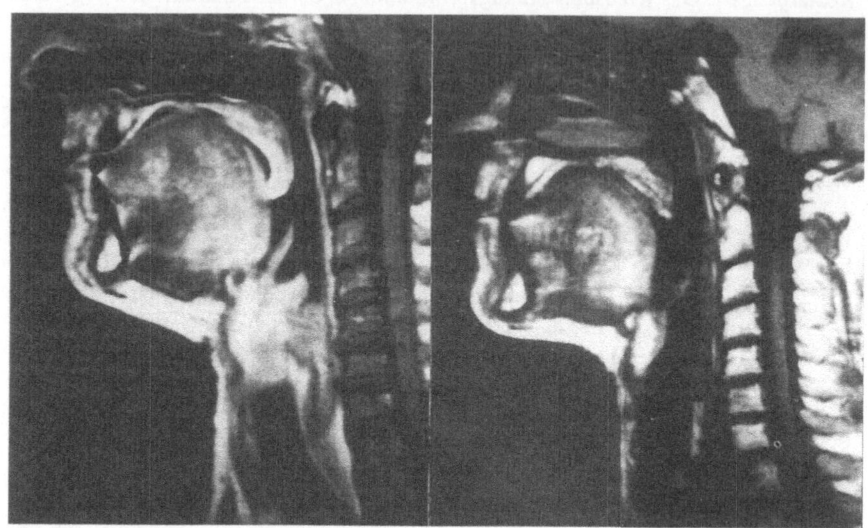

Abb. 3.17: Beispiel einer Neutronentherapie. Links: Ausgedehnter Kehlkopfkrebs vor der Behandlung. Rechts: Der Tumor ist drei Monate nach kombinierter Bestrahlung mit Neutronen und Gammas verschwunden. (Mit frdl. Genehmigung der Presseabteilung des FRM II, Garching).

sind bestimmte Krebsarten (Hautkrebs, Hirntumortypen) gegen Hadronentherapie resistent, da unsichtbare Krebszellengruppen in der Umgebung des Tumors verstreut sind, und der Tumor deshalb keine definierte Oberfläche hat. Hier verfolgt man die Idee, über die Reaktionsprodukte von Neutroneneinfangprozessen den Krankheitsherd zu bekämpfen, wenn es gelingt, die Krebszellen vorher durch Nuklide mit hohem Einfangquerschnitt zu sensibilisieren.

Bor-Neutroneneinfangtherapie (BNCT): Bei diesem Verfahren versucht man B-haltige Chemikalien in den Tumor zu bringen, die durch $^{10}B(n,\alpha)^7Li$ Teilchen mit hohem LET-Wert erzeugen. Die Sensibilisierung kann durch Einspritzen geschehen oder über ^{10}B-haltige Substanzen erreicht werden, die z.B. von Hirntumoren aufgenommen werden, weil bei ihnen die normalerweise verschlossene Blut / Hirnschranke nicht mehr funktioniert. Da thermische Neutronen schnell absorbiert werden, ist es günstiger, mit epithermischen (1-10 keV) zu bestrahlen, die erst auf dem Weg zum tieferliegenden Tumor thermalisiert und dabei von gesundem Gewebe nicht eingefangen werden. Die neuentwickelten Reaktorbestrahlungseinrichtungen sind speziell mit solchen epithermischen Strahlrohren für Neutronentherapie ausgerüstet (s. Abschn. 3.6).

Biochemische Verstärker: Auf ihnen ruht die Hoffnung, allgemein mit biochemischen Mitteln die Krebszellen für Strahlenwirkungen gezielt sensibilisieren zu können und damit die Neutronentherapie zu revolutionieren. Die starken Aktivitäten auf diesem Gebiet haben zur Zeit wohl noch keinen engültigen Durchbruch gebracht, sind aber Träger großer Hoffnungen. Die größte von ihnen betrifft den Einsatz von *Monoklonalen Antikörpern* (MKA). Zum Verständnis des Verfahrens fassen wir das Prinzip in eine Kurzform.

1. *Immunsystem:* Die Funktion der *Antikörper* beruht darauf, daß sie an ein *Antigen* an der Oberfläche feindlicher (körperfremder) Viren oder Zellen andocken, und so der körpereigenen Entsorgungstruppe das Signal zum Eingreifen geben. Das Verhältnis von Antikörper und Antigen gleicht dabei in gewisser Weise der von einem Schlüssel zum Schloß. Das Immunsystem hat viele Schlüsselrohlinge vorrätig, die an einem eingedrungenen Virus ausprobiert und miteinander kombiniert werden, bis der passende Antikörper „gefeilt" worden ist. Dabei werden viele breit gestreute Versuche unternommen, die bei für den Körper völlig unbekannten Viren 2-3 Wochen beanspruchen können, bis der passende Schlüssel gefunden ist. Dieser bleibt dann (mehr oder weniger) dauerhaft erhalten, wodurch die Immunität gegen diesen Krankheitserreger erzeugt wird.

2. *MKA-Produktion:* Durch Fusionieren eines Antikörpers mit einer Krebszelle entsteht ein *Hybridon,* womit die (krankhaft) unbegrenzte Teilungsfähigkeit der Krebszelle zur Produktion beliebiger Mengen identischer (d.h. monoklonaler) Antikörper ausgenutzt werden kann. Diese sind dann für den Angriff auf ein bestimmtes Virus oder eine Krebszelle spezialisiert. In dieser Funktion sind heute MKA's bereits weitverbreitet.

3. *Geladene MKA:* Gelingt es, an einen MKA ein Radioisotop oder einen Kern mit großem Neutroneneinfangquerschnitt zu binden, so wäre damit die zielgenaue Zerstörung der Zelle, die das zum MKA gehörende Antigen trägt, möglich ohne das gesunde Gewebe zu schädigen. Man versucht die Radioisotope z.B. in das Innere von Chelaten (das sind korbförmige Stereomoleküle) einzuschließen und an die MKA anzuhängen, die das Radioisotop dann zum Tumor tragen. Geeignete Isotope mit ihren Zerfallsprodukten sind z.B. ^{211}A(α), ^{212}Bi(α), ^{131}I (γ) oder ^{90}Y(γ). Die Halbwertszeiten müssen so sein, daß über die nach der Injektion folgende Zielsuche und Andockung der MKA die Aktivität nicht verloren geht. Im Sinne des BNCT-Verfahrens wäre es demnach besser, aus MKA's borierte Verbindungen herzustellen, die erst durch n-Einfang aktiviert werden. Dies ist bisher noch nicht gelungen.

Ein großes Problem besteht außerdem darin, daß die MKA durchaus auch an gesunden Zellen andocken, weshalb es für ein akzeptables Verfahren erforderlich wäre, daß die Krebszellen eine wenigstens 10-fach höhere Andockwahrscheinlichkeit aufweisen. Das ist noch nicht erreicht. Obwohl mit Hochdruck in den biochemischen Labors daran gearbeitet wird, ist der breite Durchbruch anscheinend noch nicht erfolgt [Boh93].

4. *Marker MKA:* Mit radioaktiven oder fluoreszierenden Markern versehene MKA werden bereits als tumorsuchende Sonden eingesetzt. Auf diese Weise läßt sich mit den in Abschnitt 2.4 besprochenen Methoden z.B. das Ausmaß von Metastasen in Körpern sichtbar machen.

3.6   Strahlenquellen für Radiotomie

In diesem abschließenden Abschnitt sollen einige der neuen Entwicklungen dargestellt werden, mit denen versucht wird, die Quellen für ionisierende Strahlung den Anwendungsprofilen anzupassen. Während die Forschunseinrichtungen, an denen viele der Anwendungsmöglichkeiten erstmals erprobt und dokumentiert wurden, extreme Leistungen in Energie und Variabilität der Projektiltypen, d.h. weite Anpassungsfähigkeit an neu entstehende wissenschaftliche Aufgabenstellungen in sich vereinen, verzichten die Spezialeinrichtungen (*Dedicated Facilities*) auf alle zusätzlichen Möglichkeiten. Sie streben hohe beschleunigte Ströme, Intensität der extrahierten Strahlen, Kompaktheit (um die Anlagen auf kleinem Raum unterzubringen), weitgehende Automatisierung der Bedienung sowie Sparsamkeit im Energieverbrauch an. Letzteres führt auch in steigendem Maße zur Verwendung von supraleitenden Techniken bei industriellen/medizinischen Anlagen. Alle diese Möglichkeiten wurden zunächst als Anwendung an den Grundlagenmaschinen erdacht und realisiert, eine Tatsache die heute oftmals unnötigerweise zur grundsätzlichen Rechtfertigung kernphysikalischer Forschung verwendet wird. Eine fachtechnische Übersicht über den gegenwärtigen Stand der Anwendungsorientierung im Beschleunigerbau geben die speziellen Konferenzberichte, z.B. [NIM96].

3.6.1   Ionenbeschleuniger

Medizinische Anlagen: Sie wurden im letzten Abschnitt bereits angeführt. Den gegenwärtigen Stand der in den Kliniken weitverbreiteten modernen medizinischen Zyklotrons und *Elektronenmikrotrons* (einer Spezialform des Zyklotronprinzips, bei der das Elektron in jedem Umlauf genau eine Ruhemasse an kinetischer Energie hinzu gewinnt) findet man z.B. in [Kri97] dargestellt. Gegenwärtig gehen an den Großforschungsanlagen einige medizinisch genutzte Strahlsysteme in Betrieb oder sie sind seit einigen Jahren bereits aktiv. Sie verwenden Schwerionenstrahlen hoher Energie, die besonders wirksam sind, wie wir dargestellt haben. Obwohl es bereits Entwürfe für Therapiebeschleuniger gibt, die kompakter und sehr viel billiger gebaut und in großen Kliniken angesiedelt sein sollen, bedarf es für die Erzeugung dieser Strahlen gegenwärtig noch großer Anlagen, die primär als Einrichtung für die Grundlagenforschung gebaut wurden. Wir nennen als Beispiel

1. *Gesellschaft für Schwerionenforschung (GSI), Darmstadt:* Der Medizininjektor des Schwerionensynchrotrons SIS liefert Ströme für die leichten Schwerionen (He,

Ne, C, O) von 300 µA, die durch Hochstromionenquellen nach dem *Elektron-Zyklotronresonanz*-Prinzip *(ECR)* erzeugt werden. Diese nutzen die Zyklotronresonanzfrequenz $\omega = eB/m$ aus, die ein Elektron der Masse m in einem Magnetfeld B hat (s. Abschn. 1.4.4). Durch starke Felder von B ($\geq$ 1T) und Bahndurchmesser $2\rho \approx .5$ m erreicht man mit $\omega = 15$ GHz die Elektronenenergie $E = \omega(\rho/c)mc^2$, die in einem Elektronengas Temperaturen erzeugen, die zur hochstufigen Ionisierung auch bei Atomen hoher Ordnungszahl führen. Die zu beschleunigenden Isotope werden als Betriebsgas in die ECR-Quelle eingelassen, wo sie nach ihrer Ionisierung im B-Feld in einer *magnetischen Flasche* gefangen sind. (Dieses Flaschenprinzip ist auch in den *Van Allen Belts* der Elektronengürtel um die Erde wirksam). Die Ionen im gewünschten Ionisierungszustand werden mit einer Extraktionsspannung aus der Flasche befreit und in die erste Beschleunigerstufe geführt. Das ist sehr oft ein *Radiofrequenz-Quadrupol* (RFQ), da diese Strukturen die großen Ionenströme am besten beschleunigen können. Sie vereinigen die stark fokussierende Wirkung der elektrischen Quadrupole, mit der sie die gegenseitige Abstoßung der hohen Ladungsdichten bändigen, mit der Beschleunigung durch die große Spannung zwischen den ständig die Polarität wechselnden Quadrupolen. Dadurch erzeugen sie gleiche Pulsstruktur wie ein normaler Linearbeschleuniger Diese vorbeschleunigten Ionenströme werden dann in den Hauptbeschleuniger eingefädelt.

Die meisten der großen medizinischen Anlagen arbeiten jedoch gegenwärtig mit Protonenstrahlen, wie wir im letzten Abschnitt begründet haben. Einige wichtige Installationen dieser Art seien hier aufgezählt.

2. *Loma Linda-Universität (Loma Linda, California):* Sie ist die älteste, bereits seit 1990 routinemäßig arbeitende Anlage, die allein für medizinische Therapie ausgelegt und gebaut wurde. Sie verfügt über einen Protonenstrahl von 250 MeV (was im biologischen Gewebe einer Reichweite von 27 cm entspricht) und benutzt drei Gantries (à 50 to Gewicht!), in denen bis zu 100 Patienten/Tag mit 7 Gy/Patient auf 40×40 cm^2 Bestrahlungsfläche behandelt werden können. Die Anlagen in den USA werden gegenwärtig vermehrt um das

3. *NE-p-Therapy Center* (Boston, Mass.): Diese Maschine wird Protonen von 235 MeV liefern und hat eine mit Loma Linda vergleichbare Ausstattung.

4. *Paul Scherrer Institut (PSI, Villigen/Schweiz):* Das PSI ist ein Institut für Grundlagenforschung, in dem eine starke medizinische Abteilung aufgebaut wurde. Ursprünglich ist dort die Piontherapie verfolgt worden, die aber schließlich zugunsten der Protonentherapie aufgegeben wurde. Das Zyklotron liefert einen Hochstromstrahl von 250 MeV, der in einem Gantry medizinisch genutzt wird.

5. In Frankreich existieren ähnliche Anlagen mit E = 200 MeV im *Therapiezentrum Orsay* bei Paris und eine 65 MeV Maschine für Augentumortherapie in Nizza, die den Namen *Medicye* trägt.

6. *Hahn-Meitner-Institut (HMI, Berlin-Wannsee):* Hier wurde ein Zyklotron von 72 MeV Protonenenergie für Augentumortherapie umgerüstet. Diese Energie ist optimal für Augenbestrahlungen, da die Protonenreichweite in der Augenflüssigkeit

gerade dem normalen Augendurchmesser entspricht.

7. *Heavy Ion Medical Accelerator* (*HIMAC, Toschiba/Japan*): Diese Anlage ist die bisher größte Installation mit rein medizinischer Widmung. Sie beschleunigt die leichten Schwerionen (He bis A) auf Energien zwischen 100 und 800 MeV/u, arbeitet mit drei Gantries und ist darauf angelegt, bis zu 1000 Patienten/Jahr zu behandeln.

In Zukunft rechnet man mit der wachsenden Verbreitung von supraleitenden Kompaktzyklotrons, die Protonen auf einige 100 MeV beschleunigen können, wenig Platz brauchen und energiesparend betrieben werden können. Damit sollte die Protonentherapie in den Kliniken stark zunehmen.

Prognosen über die weitere Entwicklung der Therapie mit Teilchenbeschleunigern sind ungewiss, da die hier vorgestellten physikalischen Kriterien nicht auch alle medizinisch relevant sind. So läßt sich z.B. das LET-Profil von γ-Strahlung durch dynamische Bestrahlungstechniken (s. S. 224) dem geladener Teilchen weitgehend anpassen und der scharfe Braggpeak schwerer Ionen zwingt zu genauester Einhaltung der Bestrahlungsgeometrie, was die Behandlung erschwert. So bekommen andere Faktoren (Befindlichkeitsbelastung für den Patienten, Integrierbarkeit neuer Verfahren in die Klinikstruktur) für die praktische Durchsetzung großes Gewicht.

3.6.2   Synchrotronstrahlungsquellen

Bei der Entwicklung von spezialisierten Beschleunigern für die Materialbearbeitung stehen andere Ziele im Vordergrund, als bei den medizinisch genutzten Maschinen. Hier geht der Trend zu hohen Strömen mit feinsten Strahldurchmessern, also höchster Strahlqualität. Insbesondere für die Hochstromanforderungen wurden Ionenquellenentwicklungen in Gang gesetzt, die z.B. das Ionen- bzw. Elektronenplasma in der Quelle durch Laserbeschuß erzeugen. Dabei können sehr hohe Ströme erzeugt werden, deren Pulsdauer zudem auf den Beschleunigungszyklus der Maschine abgestimmt ist. Die angestrebten großen Ströme erfordern in der Regel RFQ-Strukturen, mit denen man die Raumladungsprobleme des niederenergetischen (d.h. langsamen) Ionenstrahls zu Beginn der Beschleunigung am besten beherrschen kann. Da der Bedarf an speziellen Synchrotronlichtquellen für die Fertigung in der mikromechanischen und elektronischen Industrie sehr groß ist, wird die Entwicklung kleiner spezialisierter supraleitender Synchrotrons für die Mikrofertigung sehr gefördert.

Hier seien speziell die folgenden anwendungsorientierten großen Synchrotronmaschinen in Deutschland erwähnt.

1. BESSY II (Berlin-Adlershof): Diese im September 1998 in Betrieb genommene Maschine, die für ein breites Spektrum von Problemen der angewandten Forschung zur Verfügung stehen wird, hat einen e-Speicherring von 240 m Umfang und 1.9 GeV Strahlenergie, in dem ein Strom von 100 mA viele Stunden kreisen kann. Der Speicherring hat auf seinem Umfang 32 Ablenkmagnete, in denen Synchrotronstrahlung von wenigen eV bis einige 10 keV Photonenenergie emittiert wird. Außerdem sind in 14 geraden Strecken zwischen den Magneten Undulatoren und Wiggler eingebaut, wodurch die Brillianz in speziellen Energiefenstern enorm gesteigert werden kann. Der extrem geringe Strahlquerschnitt von wenigen μm erlaubt miskroskopische Spektroskopie mit energiereichen Photonen, wodurch z.B. in der Molekularbiologie neue Untersuchungsmethoden eröffnet werden. Außerdem ist ein Anwenderzentrum für Mikrotechnik und Mikrofertigung im Aufbau, das für Hersteller aus der Mikrosystemtechnik offen stehen wird.

2. ANKA (FZ Karlsruhe): Mit dieser großen im Bau befindlichen Anlage für Mikrofertigung und Analytik sollen die Lithografiemöglichkeiten des im FZ Karlsruhe beheimateten LIGA-Verfahrens weiter ausgebaut und thematisch verwandte Grundlagenforschung betrieben werden. Der Speicherring (Umfang 97 m) führt einen e-Strahl von 2.5 GeV und 200 mA, der in 16 Ablenkmagneten mit R = 5.50 m abgelenkt wird. (Der Leser kann die resultierende Strahlungsleistung aus Gl. (2.46'') berechnen).

Die Weiterentwicklung der Elektronenbeschleuniger insbesondere im Blick auf die Nutzung freier Elektronenlaser (s. Abschn. 2.7.2) wird speziell in zwei weiteren Installationen vorangetrieben.

3. S-DANILAC (TU Darmstadt): Dieser supraleitende (SL) Linearbeschleuniger liefert bei 30-50 MeV einen mittleren Strom $<I> = .6$ mA. Ein FEL produziert infrarote Laserstrahlung ($\lambda = 2.6 - 7.5$ μm), die neben der Grundlagenforschung vor allem auch der Chemie, Medizin und Materialwissenschaft zur Verfügung steht [Ric98]. Im Infrarotbereich existieren noch wirksame Spiegel, sodaß ein FEL mit einer optischen Laserkavität arbeiten kann und nicht auf das SASE-Prinzip angewiesen ist (s. S. 174). Ein weiterer Vorteil dieser SL-Maschinen ist, daß ihre Strahlen keine *Makrostruktur* haben, die bei normalleitenden Maschinen durch die Erholungsphasen für ihre kurzzeitig mit extremen Leistungen arbeitenden Beschleunigungsresonatoren erzwungen wird. Dagegen kann ein Beschleuniger mit SL-Resonatoren im Dauerstrich (CW: *Continuous Wave*) Betrieb laufen, da deren Verlustleistung um Größenordnungen geringer ist, als die normalleitender Resonatoren. Dann hat der Elektronenstrahl nur die für Linearbeschleuniger typische *Mikrostruktur* (~ Ghz), die seine Eigenschaften denen eines Strahls ohne Mikrostruktur praktisch gleichwertig macht. Der FEL-Strahl ist also ebenfalls nicht gepulst, was vor allem für Koinzidenzexperimente große Vorteile hat (vgl. Gl. (1.27)).

4. ELBE (FZ Rossendorf bei Dresden): Eine weitere Anlage ähnlicher Art mit E = 20 MeV (später 40 MeV) und $<I> = 1$mA wird im Jahre 2000 fertig sein. Sie wird zwei Infrarot-FEL mit $\lambda = (5-30)$ μm und (25-150) μm haben, die sowohl für Untersuchungen in der Festkörper- und Halbleiterphysik, als auch der Chemie und Biomedizin eingesetzt werden sollen und wegen ihrer hohen Leistungsdichte in der Mikrotomie neue Wege öffnen. Sie teilt viele Eigenschaften mit dem S-DANILAC, wird aber an Strahlenintensität und Qualität einen weiteren Fortschritt darstellen [Gro98].

3.6.3   Neutronenquellen

Wie wir gesehen haben, werden Hochfluß-Neutronenquellen in steigendem Maße
z. B. für die großvolumige Dotierung von Halbleitermaterialien sowie die Neutronentherapie verlangt. Da die hierfür in Frage kommenden Reaktoren und Spallationsquellen sehr aufwendige Anlagen sind, die auch nicht verkleinert werden können, wird die Entwicklung kleiner dezentralisierter und dedizierter Einheiten wohl
nicht möglich sein. Daher ist z.B. beim FRM II für die gesamte externe Nutzung
des Strahls ein Anteil von 30% der Betriebszeiten vorgesehen.

Höchstflußreaktoren: Das typische dieser Anwendungsinstallationen kann man am
Beispiel des FRM II behanden.
1. *Medizinisches Strahlrohr:* Die Anlage ist wegen des Patientenschutzes vergleichsweise aufwendig. Außerdem sollen die Neutronenenergien im thermischen
und epithermischen Bereich wählbar und, zur psychologischen Schonung des Patienten durch eine kurze Bestrahlungsdauer, ein möglichst großer Neutronenfluß
verfügbar sein. Daher muß der Bestrahlungsort möglichst nahe am Reaktorkern
liegen. Die folgende Abbildung 3.17 gibt einen Eindruck von der geplanten Einrichtung.

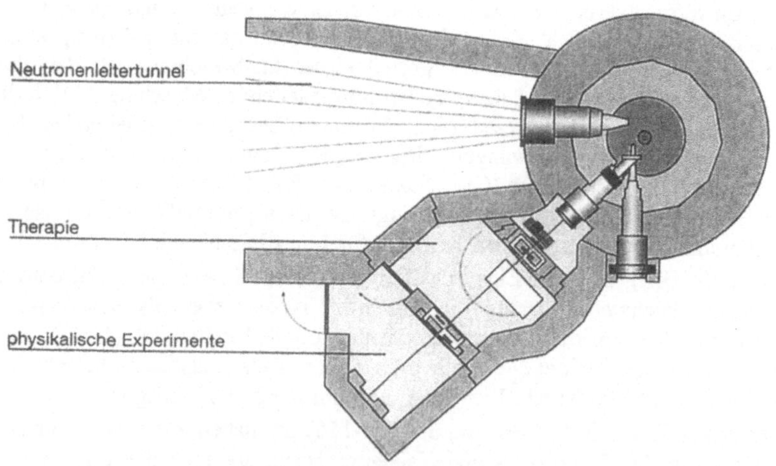

Abb. 3.18:   Bestrahlungsanlage für Medizin am FRM II. Der Therapieraum ist so nahe wie möglich am Reaktorcore eingerichtet (vgl. Abb. 2.39), um über den maximal möglichen
Fluß an schnellen Neutronen verfügen zu können. (Mit frdl. Genehmigung der Presseabteilung des FRM II, Garching).

2. *Aktivierungen:* Sie stellen eine wichtige Dienstleistung der Reaktoren dar. Dabei muß für die typischerweise nur 10 s dauernden Bestrahlungen im Bereich hoher ϕ_n ein schneller Probentransport möglich sein. Hierzu ist die Einrichtung von Hochgeschwindigkeitsverbindungen (*Rohrpost*) vorgesehen. Außerdem erlaubt der hohe Reaktorfluß auch unerwartete Anwendungen: So ist z.B. die Suche nach Gold in abgebautem Gestein (typisch einige g/t Abraum) unter Umständen sehr durch die feine Verteilung und unbekannte chemische Form erschwert, in der das Gold vorliegt, dessen Quantität aber durch n-Aktivierung (s. Abschn. 2.3.1) nachgewiesen ist. Dann können sehr starke, im Hochflußreaktor aus ^{196}Pt erzeugte Quellen von ^{197}Pt weiterhelfen. ^{197}Pt zerfällt zu ^{197}Au, das eine Mößbauerlinie von 77 keV emittiert. Durch Mößbauerspektren (s. Abschn. 2.6.2) aus der Durchstrahlung von Gesteinsproben mit der ^{197}Au-Linie läßt sich die Art der chemischen Verbindung und damit das geeignete Aufschlußverfahren für den Goldgehalt des Gesteins ermitteln.

3. *Dotierungen:* Für die in Abschn. 3.2.3 beschriebenen Dotierungstechniken sind Bestrahlungsareale mit hohem Neutronenfluß vorgesehen, die auch für voluminöse Proben zugänglich sind.

Spallationsquellen: Da wir bereits dargestellt haben, daß sich vom Moderatorbecken an die Reaktor- und Spallationsquellen kaum unterscheiden, gelten die oben gemachten Erläuterungen auch für eine Spallationsquelle. Der Unterschied liegt lediglich in dem Betriebsverhalten und dem gelieferten Neutronenspektrum der beiden Generatoren.

4.   Nukleare Energie

Die Kernspaltung als Quelle kontrollierter oder unkontrollierter Nuklearenergie in der Form von Reaktoren bzw. Bomben ist dem Bewußtsein der breiten Öffentlichkeit als einzige Anwendung der Kernphysik geläufig. Wir haben bereits in den bisherigen Kapiteln gesehen, wie falsch dies ist. Zudem ist die der Nuklearenergie zugrunde liegende Physik der Kernspaltung schon vergleichweise „alt", da sie sich seit etwa 1950 nicht mehr wesentlich verändert hat, obwohl die Technologie der Reaktoren in den folgenden Jahrzehnten ständig verbessert wurde und die Militärtechnologie der Bombenentwicklung sogar ein wesentlicher Grund für die umfangreiche Förderung war, die die Kernphysik in der Zeit des kalten Krieges erfahren hat. Im Gegensatz dazu hat die physikalische Grundlagenforschung die Atomkerne von Anbeginn als einzigartiges quantenmechanisches System endlich vieler Teilchen mit großer Dichte und starker Wechselwirkung untersucht und tut dies heute noch. Dabei hat sie eine reiche Ernte von fundamentalen Erkenntnissen erbracht, deren technologische Anwendungsmöglichkeit generell bisher nicht erkennbar ist, deren erkenntnistheoretischer Gewinn aber sehr schwer wiegt und weit über die Kernphysik hinausreicht. Insofern hat die kernphysikalische Grundlagenforschung auch gegenwärtig große „Anwendungsrelevanz", allerdings in einem Sinne, der in dieser Darstellung von sekundärer Bedeutung bleiben muß.

Die Basis der energietechnologischen Anwendungen bilden die Kernreaktionen, die Energie freisetzen, also *exothermisch* sind. Es lohnt sich zu bemerken, daß der überragende Schöpfer der Kernphysik, Ernest Rutherford, noch 1933 alle Vorstellungen zur puren Phantasie erklärte, die glaubten man könne jemals exotherme Kernreaktionen zur Erngiegewinnung nutzen [Rut33]. Erst die Entdeckung der *Kernspaltung* durch Hahn, Meitner, und Strassmann im Jahre 1938 [Woh79] zeigte die Möglichkeit der *Kettenreaktionen* und änderte dadurch die Situation so dramatisch, daß bereits vier Jahre später der erste Kernreaktor in Betrieb ging und nach weiteren drei Jahren die Atombombe Realität wurde.

4.1   Exotherme Kernreaktionen

Die Energiebilanz einer Kernreaktion ist über den *Q-Wert* definiert, der den Eingangskanal i mit dem Ausgangskanal a verbindet. Dann ist $Q = E_a - E_i$ mit $E = T + E_x$, wo T die kinetische Energie im Schwerpunktsystem und E_x die innere Anregungsenergie der Reaktionspartner ist. Man bezeichnet Übergänge mit $Q > 0$ als *exotherme* Reaktionen, mit $Q = 0$ als *elastische* Reaktionen und mit $Q < 0$ als *endotherme* Reaktionen.

Nach der Relativitätstheorie nehmen T und E_x die *Massendifferenz* der Reaktionspartner auf. Die Bestimmung der Kernmassendifferenzen war daher eines der wichtigsten Ziele der theoretischen Kernphysik von Anfang an.

4.1.1 Kernbindungsenergie

Die Bindungsenergie B eines wechselwirkenden Systems aus Konstituenten wird im *Massendefekt* ΔM ausgedrückt, der die Differenz der freien Konstituentenmassen $m_{n,p}$ des Neutrons bzw. Protons zur Gesamtmasse des wechselwirkenden Systems angibt. Für einen Kern $A(N,Z)$ haben wir also

$$c^2 \Delta M = B_A = c^2(N m_n + Z m_p) - M_A \tag{4.1}$$

Zur Berechnung des Hauptteils der Kernbindung legt man nach H. Bethe und C.F. v. Weizsäcker das *Tropfenmodell* des Atomkerns zugrunde. Es geht von der Kurzreichweitigkeit der Nukleon-Nukleon Kräfte aus, die in ihrer Wirkung den *van der Waals Kräften* zwischen den Molekülen ähnlich sind, (obwohl sie eine völlig andere dynamische Ursache haben) und eine Reichweite $<r_N> \approx 1.4$ fm besitzen.

Aufgabe 4.1: Der Leser prüfe dies nach, indem er in der quantenmechanischen Beziehung $\tau \Delta E \approx \hbar$ für ΔE die Ruheenergie der π-Mesonen einsetzt, deren Austausch den Nukleonen die Bindung im Kerninneren sichert. Dann ist τ die mittlere Lebensdauer eines *virtuellen* (d.h. ohne zugeführte Energie produzierten und daher den Energiesatz verletzenden) Pions, woraus dessen größtmögliche mittlere Reichweite $<r_N>$ der Nukleon-Nukleon-Kräfte folgt.

Damit ist das Kerninnere einem Flüssigkeitstropfen ähnlich, in dem die Bindung eines Konstituenten nur von seinen unmittelbaren Nachbarn bestimmt ist und Korrelationen über größere Abstände hierfür keine Rolle spielen. Dabei wird die experimentelle Tatsache benutzt, daß die Kräfte zwischen Neutronen und Protonen bis auf den Ladungsunterschied gleich sind (*Ladungsunabhängigkeit der Kernkräfte*).

Bindungsterme: Die *Gesamtbindungsenergie* E_B eines Kernflüssigkeitstropfens ergibt sich aus dem Wechselspiel verschiedener Beiträge [MK94].
1. *Volumenenergie* E_V: Sie bringt den größten Beitrag und hängt nur von der Gesamtzahl der Nukleonen im Kern ab, wobei a_V aus der experimentellen Anpassung von E_B an die gemessenen Kernmassen folgt.

$$E_V = a_V A \quad ; \quad a_V = 15.9 \text{ MeV} \tag{4.2}$$

Mit der experimentell aus Elektronen- und Nukleonenstreuung am Kern bestimmten *Nukleonendichte* $\rho = 0.17$ N/fm^3 erhält man dann für das *Kernvolumen*

$$A = \rho V = (4\pi/3) r_A^3 \quad ; \quad r_A = 1.12 \, A^{1/3} \text{ fm} \tag{4.2'}$$

Da z.B. der tiefste Zustand im Wasserstoffatom $r_H = 0.5$ Å hat, beträgt das Radienverhältnis von Atomhülle zu Atomkern etwa 10^5.

2. *Oberflächenenergie* E_S: Da die Nukleonen an der Oberfläche des Kerns nur die Hälfte der möglichen Bindungsnachbarn haben, entsteht genau wie beim Flüssigkeitstropfen eine Oberflächenspannung, die auf eine Verkleinerung der Oberfläche hinwirkt, also bei deren Zunahme negativ (d.h. bindungserniedrigend) zu zählen ist. Da sie proportional zur Oberfläche $S = 4\pi r_A^2$ ist, kann man schreiben

$$-E_S = a_S A^{2/3} \quad ; \quad a_S = 18.4 \text{ MeV} \tag{4.3}$$

3. *Coulombenergie* E_C: Die elektrische Abstoßung der Protonen ist durch $E_C = k_C Z(Z-1)/\langle r \rangle$ gegeben, wobei $k_C = e^2/4\pi\varepsilon_0$ und $\langle r \rangle$ der mittlere Protonenabstand im Kern ist. Nimmt man $\langle r \rangle \approx 2r_A$ und $Z \gg 1$, so erhält man

$$E_C = a_C Z^2 A^{-1/3} \approx (k_C/2r_A)Z^2 A^{-1/3} \quad ; \quad a_C = 0.7 \text{ MeV} \tag{4.4}$$

4. *Symmetrieenergie* E_T: Wegen der Ladungsunabhängigkeit der Kernkräfte (erkennbar daran, daß $a_V \gg a_C$) versucht der Nukleonenüberschuß $(N-Z)$ einen möglichst kleinen Wert anzunehmen, da sonst die überschüssigen Nukleonen schwächer gebunden sind. Dies ist eine Folge der Tatsache, daß der Kerntropfen eine *Fermionenflüssigkeit* ist, in der jeder der quantisierten Eigenzustände im Inneren nur von je einem Neutron und Proton besetzt sein kann. Diese nehmen naturgemäß die tiefstmöglichen (d.h. am stärksten gebundenen) Zustände im Kerninneren ein und weitere Nukleonen einer Sorte müssen dann in schwächer gebundene Zustände ausweichen, von wo sie schließlich durch Umwandlung in Nukleonen der anderen Sorte energetisch günstigere Zustände erreichen können. (Dies ist die zentrale Ursache für die Nukleonenumwandlung im Betazerfall, s. Abschn. 1.3.1). Mit anwachsendem $(N-Z)$ wird also die Kernbindung geringer. Da gleichzeitig der Energieabstand benachbarter Kernniveaus nach der Quantenmechanik bei größer werdendem Kernvolumen $\propto A^{-1}$ abnimmt, schreiben wir

$$E_T = a_T \Delta(N,Z)A^{-1} \quad ; \quad a_T = 23.2 \text{ MeV} \tag{4.5}$$

wo $\Delta(N,Z) = [(N-Z) - \langle N-Z \rangle]^2 = Z^2[(N/Z) - \langle N/Z \rangle]^2 = Z^2\delta(N/Z)$ das Abweichungsquadrat von der Gleichgewichtsdifferenz $\langle N-Z \rangle$ ist. Letztere verschwindet nicht, da in schweren Kernen die Coulombabstoßung der Protonen durch die bindende Wirkung zusätzlicher Neutronen kompensiert werden muß. Deshalb wächst das Verhältnis N/Z von 1 bei leichten Kernen auf 1.53 (Pb) und 1.58 (U) an.

Bindungsenergie pro Nukleon: Die mittlere Bindungsenergie $\varepsilon_B = B_A/A$ wird bis auf höhere Terme, die subtile Schaleneffekte und durch Nukleon-Nukleon-Stöße verursachte Korrelationen berücksichtigen, durch die *Bethe-Weizsäcker-Formel* gegeben

$$\varepsilon_B = a_V - a_S A^{-1/3} - (a_C/4)A^{2/3} - (a_T/4)\delta(N,Z) \tag{4.6}$$

Dabei wurde $Z = A/2$ gesetzt, was für die qualitative Darstellung der folgenden Abbildung genügt.

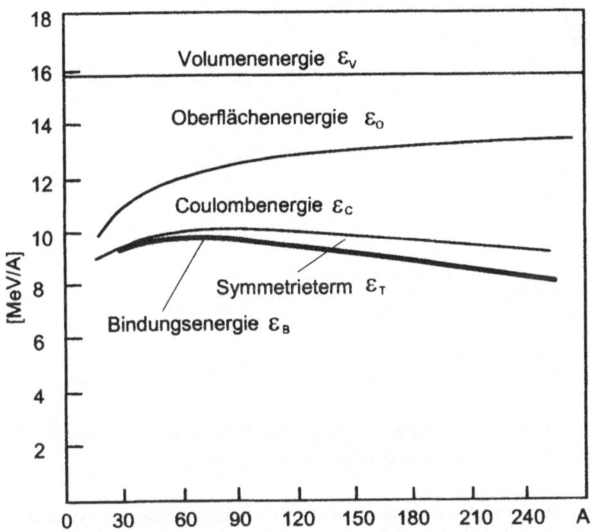

Abb. 4.1: Kern-Bindungsenergien nach Gl. (4.6)

Man erkennt, wie der Oberflächenterm mit wachsendem Kernvolumen stetig abnimmt und die mit A steigende Protonenzahl eine wachsende Coulombabstoßung erzeugt, die nur durch den mit r_A zunehmenden mittleren Protonenabstand etwas gemildert wird. Sie muß durch einen wachsenden Neutronenüberschuß $\langle N/Z\rangle$ kompensiert werden.

Die experimentell bestimmten ε_B werden im gemittelten Verhalten durch Gl. (4.6) richtig wiedergegeben, wie Abb. 4.2 zeigt. Die stärksten Abweichungen findet man bei niedrigen A, wo sich eine besonders starke Bindung bei der typischen Periodizität $A = 4n$ zeigt. Deren Ursache liegt in den im Tropfenmodell vernachlässigten Schaleneffekten der Kernstruktur, die kurz dargelegt werden sollen.

4.1.2   Schaleneffekte

Der aus Gl. (4.2') folgende *mittlere Nukleonenabstand* von 1.12 fm bedeutet, daß Stöße zwischen den Nukleonen im Kern sehr häufig sein müssen.

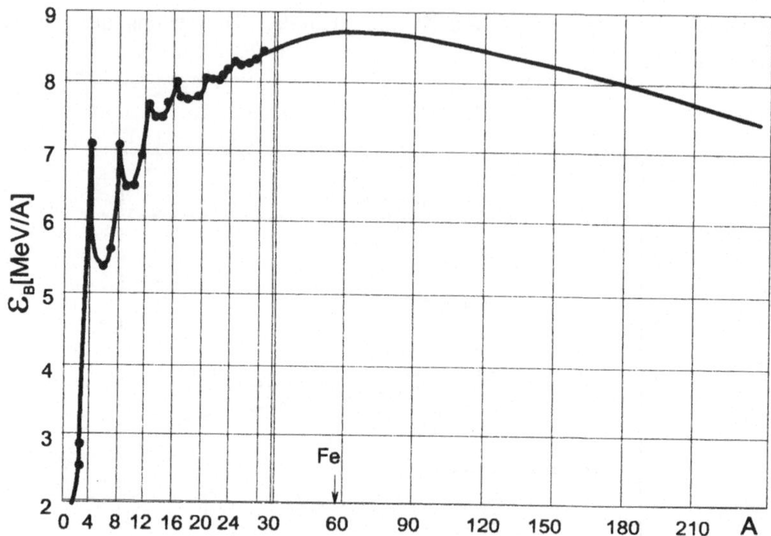

Abb. 4.2: Experimentelle Bindungsenergien. Ein Kern der Massenzahl A hat eine um $c^2 \varepsilon_A A$ geringere Masse als seine A-Nukleonen im ungebundenen Zustand.

Aufgabe 4.2: Der Wirkungsquerschnitt für Nukleon-Nukleonstöße bei typischen Energien im Kerninneren beträgt $\sigma \approx 6$ fm^2. Verifizieren Sie, daß daraus die mittlere freie Weglänge $\langle\lambda\rangle = (\rho\sigma)^{-1}$ zwischen zwei Stößen von etwa 1 fm folgt.

Trotzdem sind die Nukleonen *quasifrei*, denn die Zustände im Kern sind alle besetzt, sodaß zwei Stoßpartner wieder in ihre Ausgangszustände zurückkehren müssen, sich also über größere Distanzen so bewegen, als hätte kein Stoß stattgefunden. Damit verhalten sie sich ähnlich den Elektronen in der Hülle, deren Dichte so gering ist, daß Stöße sehr selten sind. Aber während die Elektronen sich praktisch frei im Zentralfeld des Kerns bewegen, schaffen sich die Nukleonen durch ihre wechselseitige Anziehung das Kernpotential selbst[1].
So wie im Schalenmodell der Atomhülle daraus die Edelgasabschlüsse Z = 2, 10, 18, 36... mit besonders hoher Bindungsenergie folgen, so ergeben sich analog im Kernverband die *magischen Nukleonenzahlen* (N,Z) = 2, 8, 20, 28, 50, 82, 126 ... die bei den Protonen den Elementen He, O, Ca, Ni, Sn, Pb entsprechen. Wenn die

---

[1]Infolgedessen sind die Kernzustände in der Regel nicht sphärisch wie die Atomhülle sondern deformiert. Im übrigen könnte man also Hülle und Kern als physikalische Realisierung von perfekten Diktaturen bzw. Demokratien ansehen.

Neutronenzahl N ebenfalls magisch ist, erhalten wir die am stärksten gebundenen *doppelt magischen* Nuklide um ^{4}He, ^{16}O, ^{40}Ca, und ^{208}Pb. In Abb. 4.2 geht die starke Bindung der leichten *α-Kerne* auf die Tatsache zurück, daß bei ihnen die Nukleonen weitgehend in α-ähnlichen doppelt magischen (2p2n) Unterstrukturen gebunden sind, die sich ihrerseits mit geringerer Energie aneinander binden.

Die größte Bindungsenergie wird in der Region der Elemente (Fe, Co, Ni) um A = 60 erreicht. Wenn sich also zwei leichte *Fusionspartner* $F_{1,2}$ zu einem *Fusionskern* mit $A_F < 60$ verbinden, so ist der Prozess exotherm. Allerdings kann der entsprechende Wirkungsquerschnitt sehr klein sein, wie wir sehen werden. Andererseits kann bei der Zerlegung eines *Spaltkerns* $A_S > 60$ in die *Spaltprodukte* $S_{1,2}$ ebenfalls Energie frei werden, die bei der Spaltung sehr schwerer Kerne besonders groß wird. Die *Fusion* hat also für *sehr leichte Kerne* die größten positiven Q-Werte, die *Spaltung* dagegen für *sehr schwere Kerne*.

4.1.3 Kernspaltung

Induzierte Spaltung: Um diesen Spaltprozess genauer betrachten zu können, schätzen wir ab, wie sich die Bindungsenergie B_A des Kerns verändert, wenn er

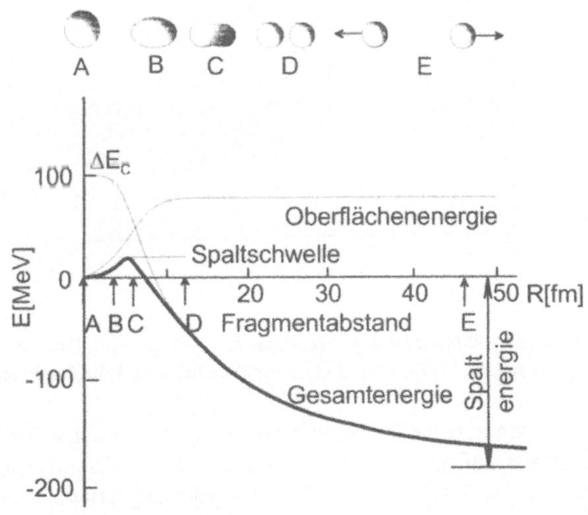

Abb. 4.3: Bindungsenergie im Spaltprozess. Die Deformation des runden Kerns (A) führt über Bindungsreduktion (B) bis zur Spaltschwelle (C). Bei der folgenden Coulombabstoßung wird die Spaltenergie in Bewegungsenergie der Spaltfragmente umgesetzt.

längs einer Symmetrieachse aus seiner Kugelgestalt deformiert wird. Dann nimmt seine Oberfläche zu, sodaß E_S ansteigt, während E_C wegen des zunehmenden Protonenabstandes abnimmt. Insgesamt ergibt sich so ein Verlauf, der in Abb. 4.3 für ^{235}U gezeigt ist: Bis zum *Sattelpunkt* C überwiegt die Zunahme von E_S, danach die Zunahme der Coulombabstoßung, die schließlich beide Fragmente ganz auseinander treibt. Dabei ist ΔE_C die Differenz der Energien E_C [MeV] ≈ 0.86 Z(Z–1)/R[fm] für geladene Kugeln zwischen Spaltkern und Spaltfragmenten. Die zur Überwindung der *Spaltbarriere* B_f bei C erforderliche Energie muß dem Kern von außen zugefügt werden. Das geschieht in der Regel durch Absorption eines Neutrons, wie in Abb. 4.4 gezeigt.

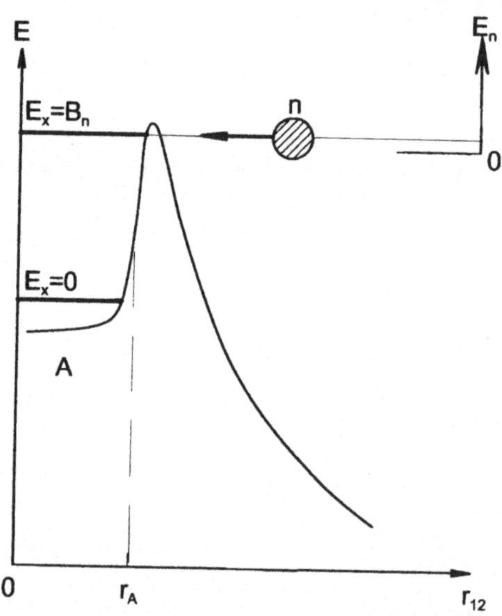

Abb. 4.4: Prinzip der induzierten Spaltung: Wenn das n absorbiert wird, kann der Kern mit der Bindungsenergie B_n als Deformationsenergie die Spaltschwelle B_f erreichen.

Die durch das Neutron in den *Compoundkern* (A+n) eingebrachte Bindungsenergie B_n verteilt sich sofort auf mehrere Nukleonen, so daß von den Neutronen keines mehr genügend Energie besitzt, um den Kern wieder zu verlassen. Der angeregte Compoundkern gerät mit gewisser Wahrscheinlichkeit in Deformationsschwingungen großer Amplitude, bei denen die innere Anregungsenergie in Deformationsenergie umgesetzt wird. Für $E_x \sim B_f$ ist der Kern bei Erreichen des Sattelpunktes fast „kalt" aber stark deformiert und spaltet. Die Wahrscheinlichkeit, mit der ein absorbiertes Neutron den Compoundkern bildet, bestimmt den totalen *Absorptionsquerschnitt* σ_C, die Wahrscheinlichkeit, daß der weitere Verlauf in einer Spaltung endet, den *Spaltquerschnitt* σ_f. Die *Spaltwahrscheinlichkeit* ist dann durch σ_f/σ_C gegeben. Wegen der viele Schritte umfassenden Umwandlung der eingebrachten Neutronenenergie in die Deformationsenergie des Compoundkerns benötigt der Spaltprozess $\sim 10^{-19}$s, ist also relativ langsam im Vergleich zu den anderen Reaktionskanälen, über die sich der Kern abregen kann. Daher haben die beiden Spaltprodukte in der Nähe des Sattelpunktes genügend Zeit, um die Nukleonen in der nach dem Schalenmodell energetisch günstigsten Weise untereinander aufzuteilen. So ergibt sich das Bild der *asymmetrischen Spaltung*, deren Massenverteilung für ^{235}U und ^{239}Po in der Abb. 4.5 gezeigt ist.

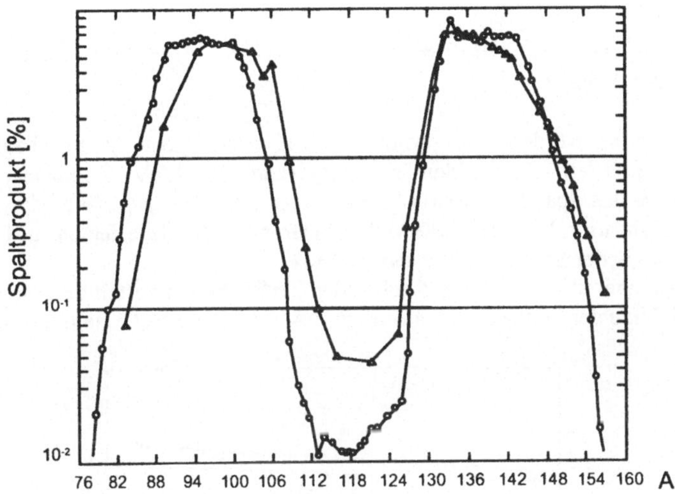

Abb. 4.5: Asymmetrische Spaltverteilung für thermische Neutronen an ^{235}U(o) und ^{239}Pu(Δ).
links: Verteilungsmaximum in der Nähe der magischen Zahl $N = 50$ mit $A \approx 100$.
rechts: Die Masse des komplementären Spaltprodukts.

Im primären Spaltvorgang muß für die Massen $A_S = S_1 + S_2$ gelten und die Abbildung zeigt, daß die Nukleonenzahlen der Fragmente sich möglichst in der Nähe der magischen Zahlen einfinden, da dort die Kernbindung am größten ist. Dieses Bild ist typisch für die Spaltung mit thermischen Neutronen (s. Abb. 4.4), die auch *thermische Spaltung* genannt wird. Wenn das einkommende Neutron viel Energie mitbringt, verläuft der Spaltprozess wesentlich schneller und die Fragmente haben keine Zeit mehr, ihre Nukleonen nach den magischen Zahlen aufzuteilen. Bei dieser *schnellen Spaltung* sind die Fragmentmassen um $A/2$ verteilt, weshalb dieser Vorgang auch *symmetrische Spaltung* genannt wird. Mit wachsender Neutronenenergie macht die asymmetrische Spaltung mehr und mehr der symmetrischen Platz.

Spaltprodukt-Aktivitäten: Die aus der Spaltung eines schweren Nuklids entstehenden Kerne können nicht stabil sein. Das folgt aus dem N/Z-Verhältnis, das für U den Wert 1.6, für die stabilen Spaltprodukte (vgl. Abb. 4.5) wie z.B. ^{95}Mo bzw. ^{138}Ba aber die Werte 1.26 bzw. 1.46 hat. Damit haben die primären Spaltprodukte ^{96}Y bzw. ^{139}I einen Überschuss von Neutronen, die sie loswerden müssen. Sehen wir uns die Zerfallsketten beider Zweige genauer an (*kennzeichnet angeregte Kerne, (HWZ), e$\bar{\nu}$ kennzeichnet Betazerfall).

$$^{235}U + n \rightarrow\ ^{236}U^* \rightarrow\ ^{96}Y^* +\ ^{139}I^* + n \rightarrow I. + II.$$

I. $^{96}Y^*(10^{-20}s) \rightarrow n +\ ^{95}Y(11\ m) \rightarrow e\bar{\nu} +\ ^{95}Zr(65d) \rightarrow e\bar{\nu} +\ ^{95}Nb(35d)$
$\rightarrow e\bar{\nu} +\ ^{95}Mo$

II. $^{139}I^*(10^{-20}s) \rightarrow n +\ ^{138}I(5.9\ s) \rightarrow e\bar{\nu} +\ ^{138}Xe(17.5\ m) \rightarrow e\bar{\nu} +\ ^{138}Cs(32\ m)$
$\rightarrow e\bar{\nu} +\ ^{138}Ba$

In der Summe werden also prompt 3n und nachfolgend 6e mit begleitenden Gammas emittiert. Sie bilden mit insgesamt 20 MeV Zerfallsenergie die *Nachwärme* des Spaltprozesses. Die 6$\bar{\nu}$ tragen ihrerseits insgesamt 10 MeV *Entweichenergie* fort. Von den 200 MeV primärer Spaltenergie fehlen in der kinetischen Energie der Spaltprodukte also 30 MeV.

Wenn man über alle aus Abb. 4.5 folgenden Zerfallsketten mittelt und die verschiedenen Nuklide der Urane und Transurane vergleicht, so erhält man die Abb. 4.6.

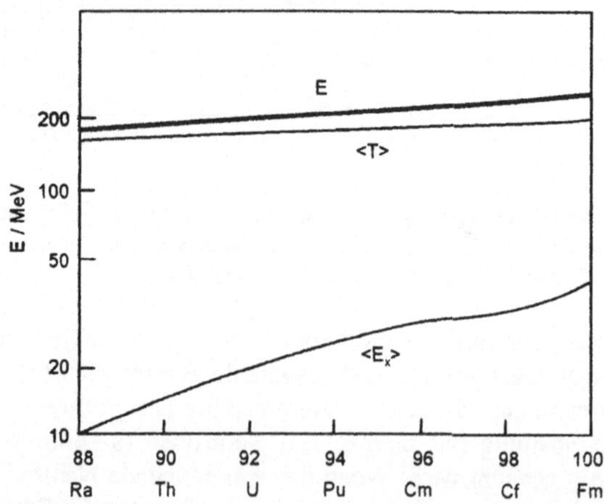

Abb. 4.6: Aufteilung der Spaltenergie E_f auf die kinetische Energie <T> der Spaltprodukte und deren mittlere Anregung <E$_x$>. Mit zunehmendem E$_x$ wächst die Zahl der im Spaltprozess emittierten Neutronen.

Es zeigt sich, daß die mittlere Anregungsenergie der primären Spaltprodukte mit Z stark ansteigt, was zu einer zunehmenden Anzahl prompt emittierter Neutronen führt. Es wird sich in Abschn. 4.3 zeigen, daß infolgedessen für die Aufrechterhaltung einer Kettenreaktion bei den schwersten Elementen die geringste Masse erforderlich ist. Andererseits ist bereits Ra für eine selbständige Kettenreaktion nicht mehr geeignet.

Spaltbarkeitsparameter: Bei sehr schweren Kernen wird die Spaltbarriere E_C so niedrig, daß die Nullpunktsschwankungen der Kerne im deformierten Grundzustand bereits ausreichen, um diese mit nennenswerter Wahrscheinlichkeit den Sattelpunkt erreichen und spontan zerfallen zu lassen. Um hierfür die Wahrscheinlichkeit abzuschätzen, geht man von der aus dem Wechselspiel zwischen E_S und E_C resultierenden Deformationsenergie E_D aus, wie sie in Abb. 4.3 bereits gezeigt wurde. Wenn der Kern längs einer Achse zum *prolaten* (d.h. zigarrenförmigen) Ellipsoid mit den Achsen a und b und dem Deformationsparameter $\varepsilon = (a-b)/a$ verformt wird, wobei das Kugelvolumen erhalten bleiben muß, erhält man [MK94] $(4\pi/3)ab^2 = (4\pi/3)R^3$, also $a = R(1+\varepsilon)$ und $b = R/\sqrt{1+\varepsilon}$ für $\varepsilon \ll 1$. In dieser Näherung ergibt sich für die Änderung der formabhängigen Bindungsenergien $\Delta E_S = (2/5)\varepsilon^2 E_S$ und $\Delta E_C = -(1/5)\varepsilon^2 E_C$, also mit den Parametern der Gln. (4.3) und (4.4)

$$E_D = \Delta E_S + \Delta E_C = \varepsilon^2(7.36\ A^{2/3} - 0.14\ Z^2 A^{-1/3})\ \text{MeV} \qquad (4.7)$$

Wenn $E_D = 0$ wird, ist der Kern bereits im undeformierten Grundzustand gegen jede Störung instabil. Das tritt ein, sobald die Klammer in Gl. (4.7) verschwindet, also $Z^2/A \approx 53$ ist. Tatsächlich wird aber mit Annäherung an $E_D = 0$ die Näherung $\varepsilon \ll 1$ ungültig, wodurch die Barriere absinkt und das kritische Z^2/A sich verkleinert. Berücksichtigt man dies, so ergibt sich der *Spaltbarkeitsparameter*

$$\chi_D = Z^2/51A \qquad (4.8)$$

Mit Annäherung an $\chi_D = 1$ wird also die Lebensdauer für Spontanspaltung immer kürzer. Sie beträgt für Fm mit $Z = 100$, $A = 244$ und $\chi_D = 0.80$ nur noch 5.3 ms. Infolge der Schaleneffekte schwankt sie bei schweren Kernen beträchtlich zwischen den einzelnen Isotopen, was in Abschn. 4.3 noch eine Rolle spielen wird.

4.1.4 Kernfusion

Der Spaltbarriere entspricht im zeitumgekehrten Reaktionsablauf die *Fusionsbarriere*. Das große E_C für hochgeladene Fusionspartner macht den *Fusionsquerschnitt* σ_F in der Regel sehr klein, wie die folgende Überlegung zeigt: Aus Abb. 4.4 sieht man, daß die Relativenergie E der Fusionspartner die Transmissionswahrscheinlichkeit durch die Barriere bestimmt, wobei die Barrierendicke d in etwa mit E^{-1} abnimmt. Aus Abschn. 1.3.2 kennen wir die *Tunnelwahrscheinlichkeit*

$$W \propto \exp[- <p>d/\hbar\,], \text{ mit } <p> = [2m_r(<U> - E)]^{1/2}$$

wo m_r die relative Masse der Fusionspartner und $<U> \propto Z_1Z_2$ ist. Also ist

$$W \propto \exp[- (Z_1Z_2)^{1/2}/E] \tag{4.9}$$

und W steigt mit E exponentiell an. Für niedrige Energien ist also der Fusionsquerschnitt σ_F extrem klein. Für leichte oder ungeladene Projektile ist Z_1Z_2 sehr klein und die Fusion kaum behindert, was auch die Reaktionen (n,γ) und (p,γ) mit ihren großen Wirkungsquerschnitten zeigen.

Die in Abschn. 4.2 erwähnten Schaleneffekte bedeuten einen großen Energiegewinn für Fusionsreaktionen mit Endkernen vom Typ A = 4n, was bei den Vorgängen des Sternbrennens im nächsten Abschnitt entscheidend ist.

Wenn bei der Energie E im Fusionskern ein angeregter Zustand liegt, dessen innere Struktur Ähnlichkeit mit einem System hat, das aus den Fragmenten F_1 und F_2 der Fusionspartner gebildet ist, so kann die Fusionswahrscheinlichkeit sehr stark anwachsen. Man schreibt diesem Zustand dann eine große *Fusionsbreite* Γ_F zu. Dies ist ein allgemeines Phänomen für alle Kernreaktionen und kann dazu führen, daß der Wirkungsquerschnitt für eine Reaktion die geometrische Fläche, die der Targetkern dem Projektil bietet, um viele Größenordnungen übersteigt. Man nennt das eine *Resonanzreaktion*.

4.1.5   Resonanzreaktionen

Der *geometrische Wirkungsquerschnitt* eines Kerns ist nach Gl. (4.2') durch

$$\sigma_g = \pi r_A^2 = 45\ A^{2/3}\text{mb} \tag{4.10}$$

gegeben, wo $1\ \text{mb} = 10^{-27}\ \text{cm}^2$ ist. (Die Einheit $1\text{b} = 10^{-24}\ \text{cm}^2$ trägt den Namen *Barn* (engl. Scheune) was andeuten soll, daß dies für Kernreaktionen ein Wirkungsquerschnitt von beachtlicher Größe ist). Wenn nun ein Projektilfluss ϕ[Teilchen/s] auf eine Ansammlung von Targetkernen der Flächendichte n_T [Kerne/cm^2] trifft, so ergibt das nach Gl. (1.16) eine *Reaktionsrate* von

$$\dot{N} = n_T\sigma\phi \text{ [Reaktionen/s]} \tag{4.11}$$

Der Kern ^{135}Xe hat nach (4.10) z.B. $\sigma_g = 1.18$ b. Der gemessene Reaktionsquerschnitt für ^{135}Xe (n,γ) ^{136}Xe beträgt für thermische Neutronen aber $\sigma_C = 2\cdot10^6$ b.

Das Radienverhältnis der geometrischen Reaktionsfläche ist also $r_c/r_g = 1302$! Wie ist zu verstehen, daß der Kern ^{135}Xe den ankommenden Neutronen die $2 \cdot 10^6$-fache Fläche seiner geometrischen Ausdehnung anbietet? Der Grund liegt in den Welleneigenschaften der Kernteilchen, die sich in der komplexen (d.h. durch Amplitude und Phase gekennzeichneten) Wellenfunktion Ψ ausdrückt[2].

Ein einfallender Projektilstrom ist durch die Primärwelle Ψ_0 gekennzeichnet, die im Target eine Streuwelle Ψ_s erzeugt. Die Überlagerung beider ergibt die Gesamtwellenfunktion $\Psi = \Psi_0 + \Psi_s$, durch die der Projektilstrom $j = \Psi^* \mathrm{grad}\Psi$ bestimmt wird. Hierbei ist grad Ψ ein Vektor, der senkrecht auf der Wellenfront von Ψ steht und somit die Fortpflanzungsrichtung des Projektilstroms festlegt. Im Resonanzfall haben Ψ_0 und Ψ_s relativ zueinander gerade eine solche Phasenlage, daß mit dem j des resultierenden Ψ die Projektile auch aus großen Abständen zum Targetkern hingelenkt werden. Die Abb. 4.7 stellt das schematisch dar.

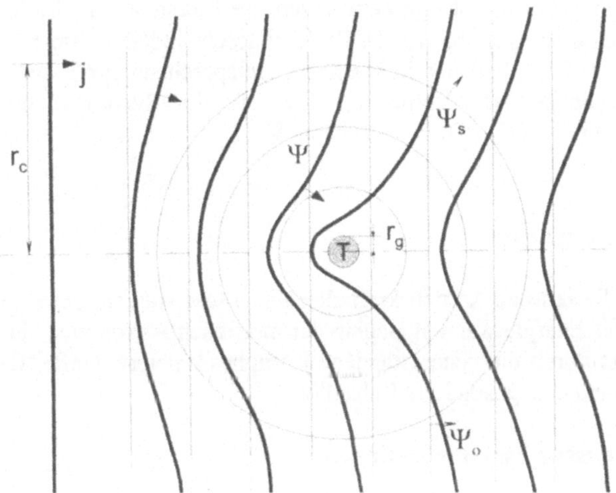

Abb. 4.7: Wellenfeld Ψ gebildet aus einfallender Welle Ψ_0 ausgehender Streuwelle Ψ_s. Im Resonanzfall werden die Projektile auch aus großen Abständen auf T hin gelenkt.

---

[2] Es ist wichtig sich klarzumachen, daß der Dualismus der Quantenmechanik *nicht* bedeutet, daß die Objekte je nach der experimentellen Situation *entweder* Teilchen- *oder* Welleneigenschaften haben, sondern sie haben stets *beides zugleich*. Die Teilchen (mit eigenem Radius und innerer Struktur) kann man sich als von ihrem Wellenfeld Ψ umgeben vorstellen, wobei die Wahrscheinlichkeit, sie darin an einem bestimmten Ort x anzutreffen, durch $\Psi(x)\Psi^*(x)$ gegeben ist, wenn Ψ normiert ist. Man versucht, durch das Kunstwort *Wellickel* (engl. *Wavicle*) für quantenmechanische Objekte dieser Merkwürdigkeit Rechnung zu tragen.

Insgesamt ergibt sich damit ein *Resonanzwirkungsquerschnitt* für den Übergang in einen Reaktionskanal i, wenn das Projektil am Rande des Targetkerns die Energie E hat, der durch die *Breit-Wigner-Formel* [MK94]

$$\sigma_{r,i}(E) = \pi \lambda^2 \, \Gamma_r \Gamma_i [(\Delta E)^2 + (\Gamma/2)^2]^{-1} \tag{4.12}$$

beschrieben wird. Dabei ist $\Gamma = \Sigma\Gamma_i$ die Summe der Partialbreiten aller ausgehenden Reaktionskanäle i, $\Delta E = (E-E_r)$ und E_r die Resonanzenergie. Für den Fall nur eines dominierenden Ausgangskanals i haben wir $\Gamma_r \approx \Gamma_i \approx \Gamma$ und erhalten damit für $\Delta E = 0$ den maximalen Resonanzquerschnitt

$$\sigma_{r,max} = 4\pi \lambda^2 = 4\pi \hbar^2 / 2mE_r \tag{4.12'}$$

sodaß Resonanzen mit sehr großem Wirkungsquerschnitt dicht an der Bindungsschwelle von Projektil und Targetkern liegen, weil dann λ für die Relativbewegung sehr groß wird. Dadurch ist die Projektilgeschwindigkeit am Kernrand sehr klein und die Aufenthaltsdauer in Kernnähe entsprechend groß, was die Reaktionswahrscheinlichkeit sehr vergrößert. Im Falle des Resonanzquerschnitts für ^{135}Xe folgt aus Gl. (4.12') z.B. $E_r = 0.125$ meV.

4.2. Sternbrennen

Die Sonne ist die zentrale Antriebskraft aller Lebensaktivität auf der Erde[3].
Die Quelle ihrer Energie war seit Beginn der modernen Astronomie ein ungelöstes Rätsel, das erst durch die neuentstandene Kernphysik gelöst wurde. Deshalb verdient das Problem eine gesonderte Behandlung.

4.2.1   Thermische Fusionsreaktionen

Die Basis für die Energiefreisetzung im „Naturreaktor" der Sonne wurde 1937 in der Fusion des Sonnenwasserstoffs zu Helium erkannt.

$$4p \rightarrow {}^4He + 2\bar{e}\,\nu + 26.7\,\text{MeV} \tag{4.13}$$

[3]Die Energie ihrer Strahlung von $T = 5600$ K wird in der Photosynthese zum Aufbau von energiespeichernden Kohlehydraten aus $CO_2 + H_2O$ unter O_2-Abgabe genutzt, womit eine starke Entropieverminderung verbunden ist. Die Kohlehydrate werden vom tierischen Leben zum Aufbau höherer Strukturen genutzt und unter O_2-Aufnahme bei $T = 300$ K wieder zu $H_2O + CO_2$ verbrannt, wobei die anfängliche Entropieerniedrigung durch die Entropie der Wärmestrahlung der Biosphäre bei $T = 300$ K überkompensiert wird. So ist die Temperaturdifferenz in eine temporäre Entropieverminderung verwandelt worden, die der Evolution als Antrieb dient.

Da der Wasserstoff in der Sonne ein heißes Gas ist und kein mit homogener Translationsgeschwindigkeit bewegter (d.h. kalter) Projektilstrahl, ist die Reaktionsenergie zweier Fusionspartner (1,2) nicht einheitlich. Die Reaktionsrate (4.11) ist in diesem Falle gegeben durch

$$R_{12} = dN(E)/dt = n_1n_2<\sigma(E)v> \; [cm^{-3}s^{-1}] \tag{4.14}$$

wobei n die Teilchendichte und v die Relativgeschwindigkeit ist. Weiterhin bedeutet $<\sigma v>$ den Mittelwert über die gesamte Energieverteilung der Teilchen. Für $\sigma(E)$ wählt man normalerweise die Form

$$\sigma(E) = S(E)exp[-2\pi\eta] \, / \, E \tag{4.15}$$

wo die Exponentialfunktion von der Tunnelwahrscheinlichkeit (4.9) herkommt, ausgedrückt mit dem Sommerfeldparameter $\eta = Z_1Z_2k_C/\hbar v$, der für langsame Stöße im Coulombfeld für die Penetrabilität der Barriere entscheidend ist [MK94]. Außerdem berücksichtigt der Faktor E^{-1} die aus Gl. (4.12) abzulesende Abhängigkeit des Wirkungsquerschnittes von λ^2. Die gesamte Abhängigkeit von der Kernstruktur (in Gl. (4.12) in den Γ's enthalten) ist dann in dem Faktor S(E) zusammengefaßt, der glatt verläuft, wenn keine Resonanzen vorliegen. Der resultierende *Gamow-Peak* für die Reaktionswahrscheinlichkeit dN/dt ist in der folgenden Abbildung gezeigt.

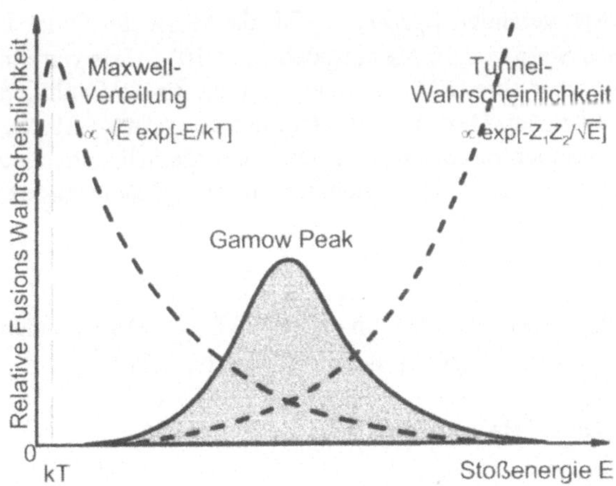

Abb. 4.8: Fusionswahrscheinlichkeit zweier Kerne im thermischen Gleichgewicht in Abhängigkeit von der relativen Stoßenergie E. Das Maximum bildet den Gamow-Peak.

Diese Formulierung bildet die Grundlage für das Verständnis der Fusionsvorgänge in den Sternen. Die Gl. (4.13) zeigt, daß eine Fusionsreaktion nur etwa 13% der Spaltenergie aus Abschn. 4.1.3 freisetzt. Aber die gewaltige Wasserstoffmasse der Sterne macht diesen Unterschied bedeutungslos.

4.2.2 Wassertoffbrennen

Proton-Proton-Zyklus: Der Energieprozess (4.13) vollzieht sich in Einzelschritten, die *H. Bethe* 1938 aufgezeigt hat. Der Startpunkt ist die Reaktion

$$p + p \rightarrow d + \bar{e}\,\nu \tag{4.16}$$

der in unserer Sonne die Zeitkonstante $\tau_{pp} = 1.4{\cdot}10^{10}$ a hat, nach deren Ablauf die Sonne zwei Drittel ihres Wasserstoffvorrats verbrannt haben wird. Diese Zeit ist bemerkenswert lang, was sich daraus erklärt, daß sie auf dem Betazerfall eines der beiden p basiert, während das andere p mit dem entstandenen n ein d bildet und dessen freiwerdende Bindungsenergie von 2.22 MeV zugleich die (n-p)-Massendifferenz von 0.78 MeV liefern muß. Um die Wahrscheinlichkeit hierfür abzuschätzen, benutzen wir, daß der umgekehrte Zerfall des freien n eine HWZ von 10.25 m hat. Unter der Annahme der gleichen HWZ für den inversen Zerfall ergibt sich während der kurzen Stoßdauer der Protonen von $\approx 10^{-22}$s eine Zerfallswahrscheinlichkeit von $\approx 10^{-25}$/Stoß. Aus Dichte und Temperatur im Sonneninneren ergibt sich andererseits eine Stoßfrequenz von $\approx 10^{7}$/s, also die Reaktionskonstante $\lambda = 10^{-18}$/s. Damit erklärt sich der kleine Wert für τ_{pp}, der sich bei massereichen Sternen $\propto (M_S/M)^2$ verändert [KZ97], wo M_S die Masse der Sonne ist. Daraus ergibt sich für einen Stern von 10 M_S nur noch $\tau_{pp} \propto 10^8$ a. Das wäre, nach dem was wir heute wissen, über eine Größenordnung zu kurz für die Evolution höheren Lebens auf einem Planeten. Dazu ist also nicht nur der richtige Abstand für eine lebensfreundliche Temperaturzone um die Sonne erforderlich, sondern auch eine hinreichend kleine Sonnenmasse. Die weiteren Schritte im Fusionszyklus sind

$$p + d \rightarrow {}^{3}\mathrm{He} + \bar{e}\,\nu \tag{4.16'}$$

Wegen der großen Protonendichte um das nach Gl. (4.16) entstandene d ist dieser Prozess mit $\tau_{pd} = 6$ s fast instantan. Es folgt als letzter Schritt

$$^{3}\mathrm{He} + {}^{3}\mathrm{He} \rightarrow {}^{4}\mathrm{He} + 2p \tag{4.16''}$$

der mit $\tau_{hh} = 10^6$ a wesentlich länger dauert, weil die gemäß Gl. (4.16') entstandenen ^{3}He-Kerne erst zueinander finden müssen. Damit ist die Reaktion (4.13) abgeschlossen. Dieser Prozess liefert 98% der Sonnenenergieproduktion von 1.6 kW/m^3 im Sonneninneren, für das eine Zentraltemperatur $T = 15.6\ 10^6$ K und die

Zentraldichte $\rho \approx 150$ g cm^3 angenommen wird. Von dieser freigesetzten Energie kann aber nur der Neutrinoanteil die Sonne ungehindert verlassen. Die Photonen werden in der dichten Sonnenmaterie so stark gestreut (d.h. absorbiert und reemittiert), daß sie $> 10^5$ a brauchen, um die Oberfläche der Sonne zu erreichen. Die folgende Abbildung zeigt dies.

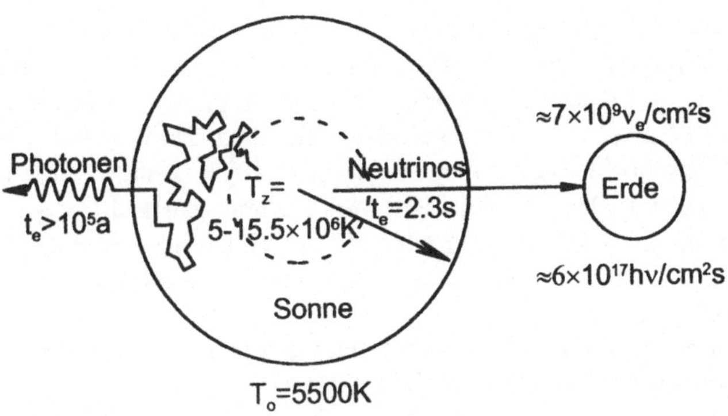

Abb. 4.9: Fusionszone im Inneren der Sonne mit den Entweichzeiten t_e bis zur Oberfläche für Photonen (hv) und Elektron-Neutrinos (v$_e$).

Wenn also die Energieproduktion der Sonne plötzlich versiegen würde, bliebe uns das für die nächsten 10^5 a noch verborgen. Nur die ausbleibenden Neutrinos würden es sofort verraten. Da die Sonneneutrinos gegenwärtig auf der Erde nachgewiesen werden (z.B. im europäischen Untergrundlabor am Gran Sasso bei L'Aquila in Italien) sind wir wenigstens für die nächsten 10^5 a vor einer solchen Überraschung sicher.

CNO-Zyklus: Die restlichen 2% der Sonnenenergie werden von einem konkurrierenden Zyklus bestritten, der von *C.F. von Weizsäcker* 1937 entdeckt wurde. Er verwendet das in Sternen wie unserer Sonne zu einem kleinen Prozentsatz enthaltene ^{12}C als Katalysator, in dem mit vier aufeinander folgenden Protoneneinfängen und zwei Betazerfällen wiederum die Bilanz der Gl. (4.13) erfüllt wird. Wegen der erforderlichen Protoneneinfänge an den C- bzw N-Kernen benötigt dieser Zyklus eine höhere Zentraltemperatur, verläuft aber mit $\tau = 3 \cdot 10^8$a deutlich schneller. Er sollte erst bei T $= 2 \cdot 10^7$ K die Energieproduktion des p-p-Prozesses erreicht haben, was bei unserer Sonne noch fast 100 Ma dauern wird. Daher wollen wir diesen Zyklus hier nicht weiter diskutieren.

Von ihrer gesamten H-Brenndauer von etwa 10 Ga hat unsere Sonne bisher über 6 Ga verbraucht (s. Abschn. 1.6.3) und somit etwas über die Hälfte ihres H-Lebens hinter sich. Da die folgenden Reaktionsschritte sehr viel rascher ablaufen, ist das auch praktisch die gesamte Lebensdauer unserer Sonne.

4.2.3　Heliumbrennen

Wenn die Energieproduktion im Zentrum den Wasserstoff verbraucht hat, läuft der p-p-Prozess in einer Schale vom Sonneninneren nach außen und hinterläßt das produzierte He, das sich komprimiert, dadurch weiter erwärmt und bei $T > 10^8$ K den nächsten Brennzyklus beginnt. Das ist aber nicht einfach, da das im ersten Schritt entstehende ^{8}Be gegen α-Zerfall instabil ist und nur eine Lebensdauer von $2 \cdot 10^{-16}$ s hat. Daher ist es ein weiteres mirakulöses Faktum, daß ^{12}C bei einer Projektilenergie $E_\alpha = 379$ keV eine Einfangresonanz mit großem Wirkungsquerschnitt hat. Ein im Stoß zweier He-Kerne gebildetes ^{8}Be fängt also während seines kurzen Lebens aus dem hochenergetischen Teil der $T = 10^8$ K Temperaturverteilung ein weiteres α ein und bildet ^{12}C $(0^+, 7.66$ MeV$)$. Dieser Zustand lebt nur $5 \cdot 10^{-17}$ s, zerfällt aber mit der Wahrscheinlichkeit $3 \cdot 10^{-4}$ in den Grundzustand des ^{12}C. Durch diese winzige Tür führt der Weg vom Helium zum Kohlenstoff und zu der Welt in der wir leben[4].

Danach geht die Synthese schnell voran, da alle weiteren Targetkerne stabil sind. Es folgt innerhalb $3 \cdot 10^4$ a der *Heliumblitz*

$$^{12}\text{C} + \alpha \rightarrow {}^{16}\text{O} + \alpha \rightarrow {}^{20}\text{Ne} + \alpha \rightarrow {}^{24}\text{Mg}$$

in dessen Verlauf der Stern sich aufbläht, weil die rasante Energieproduktion den Strahlungsdruck im Sternzentrum enorm ansteigen läßt. Die Synthese endet beim Magnesium, weil Normalsterne wie unsere Sonne keine höheren Zentraltemperaturen erreichen. Sie stoßen ihre Hülle ab (die bei unserer Sonne in diesem Stadium des *roten Riesen* bis über die Marsbahn reichen wird!) und brennen aus. Sie enden als *weiße Zwerge* mit $\rho \approx 10^3$ kg/cm^3. Massivere Sterne mit $M > 8$ M_S entwickeln noch höhere Temperaturen im Zentrum, da sie gravitativ zusammen gehalten werden. Bei $T > 5 \cdot 10^8$ bis $5 \cdot 10^9$ K setzt die Fusion der schwereren Kerne ein

$$^{12}\text{C} + {}^{12}\text{C} \rightarrow \text{Mg/Na}; \quad {}^{12}\text{C} + {}^{16}\text{O} \rightarrow \text{Si/Al}; \quad {}^{16}\text{O} + {}^{16}\text{O} \rightarrow \text{S/P}; \quad {}^{28}\text{Si} + {}^{28}\text{Si} \rightarrow \text{Ni/Fe}$$

Wie wir aus Abb. 4.2 wissen, ist damit das Ende der Fusionskette erreicht. Tatsächlich verlaufen diese letzten Stufen mit ungeheurer Schnelligkeit. In einem Stern mit $M = 25$ M_S ist die ^{16}O-Fusion in 180 d abgeschlossen und die letzte Stufe der

---

[4] *F. Hoyle* hatte 1954 genau eine solche Resonanz in ^{12}C theoretisch gefordert, da er sonst keinen Weg zur Bildung schwerer Elemente sah. Ihre spätere Entdeckung mit den vorhergesagten Eigenschaften war ein großer Triumph der theoretischen Astrophysik.

^{28}Si-Fusion bis zur Supernova-Explosion dauert nur noch einen Tag! Die gewaltige, dann auf einen Schlag freigesetzte Energie wird ganz überwiegend durch Neutrinoemission abtransportiert.

4.2.4 Elementsynthese

Beim Sternbrennen werden ständig neue schwere Elemente erzeugt. Um zu verstehen, wie auf diese Weise die gemessene universelle Elementhäufigkeit der folgenden Abbildung zustande kommt, wollen wir kurz den Ablauf der Elementsynthese nach den heutigen Vorstellungen präsentieren.

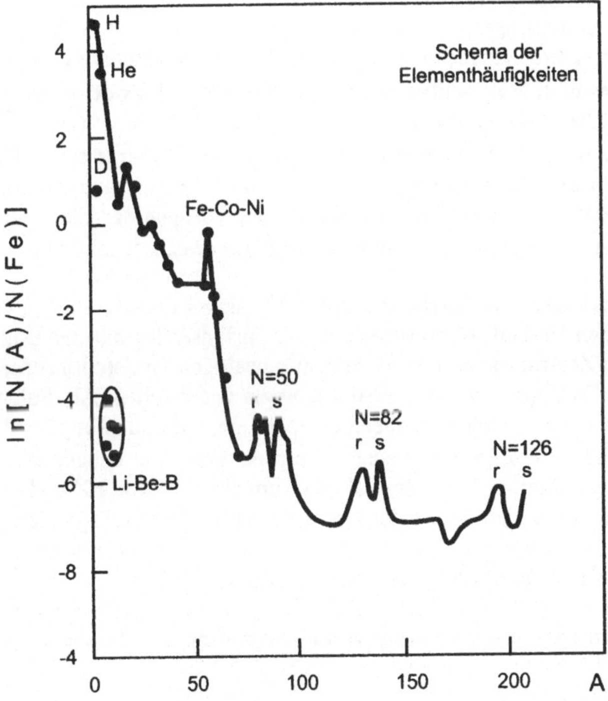

Abb. 4.10: Elementhäufigkeit, bestimmt aus den Sternatmosphären (Sonne) und Meteoriten, bezogen auf die (Fe-Co-Ni)-Gruppe. Die bei den magischen Zahlen auftretenden Strukturen resultieren aus langsamen (s) bzw. schnellen (r) n-Einfangprozessen und gehören zu größeren, bzw. kleineren Z.

Urknall: Aus der Masse der entstandenen Nukleonen bildeten sich die Verhältnisse
$p : \alpha : d : {}^3He = 77 : 23 : 10^{-4} : 10^{-4}$ [KZ97]. Diese Serie bricht mit α ab, da die
Nuklide der Masse 5 nicht stabil sind, sondern $\tau({}^5He) = 10^{-21}s$ und $\tau({}^5Li) = 4{\cdot}10^{-22}s$
beträgt. Damit ist der weitere Weg nur über die ${}^{12}C$-Fusion aus 3α's möglich, wie
wir gezeigt haben. (Die Nuklide Li/Be/B entstehen nachträglich aus der *Spallation*
[MK94] von schwereren Kernen durch die kosmische Strahlung, was die Seltenheit
dieser Elemente erklärt).

Sternbrennen: Hier werden durch Teilcheneinfang die schwereren Elemente bis
zum Mg produziert. Dabei spielt auch der n-Einfang eine sehr große Rolle, wobei
die Neutronen hauptsächlich aus (α,n) bzw. (p,n) Reaktionen an schwereren Kernen im Sternzentrum entstehen. Dadurch wird ein $\phi_n = (10^{15} - 10^{16})$ n/cm²s produziert, den unsere Höchstflußreaktoren gerade noch erreichen (vgl. Abschn. 3.6.3).
Da massive Sterne einen gewaltigen Sonnenwind entwickeln, mit dem sie den
Großteil ihrer Gesamtmasse in den umgebenden Weltraum abblasen, werden die so
produzierten schwereren Elemente zum großen Teil ins interstellare Gas entlassen.
Der (n,γ)-Prozess führt zum Aufbau schwererer Elemente längs dem *Stabilitätstal*,
da die Zeit zwischen konsekutiven Einfängen für ein Nuklid $\tau_C = (\sigma_C\phi_n)^{-1} \sim 10$ a
beträgt, während die β-Zerfallszeiten in der Regel sehr viel kleiner sind, also $\tau_\beta \ll$
τ_C gilt. Dieser Prozess des langsamen Einfangs heißt *s-Prozess* und bewirkt die *s-
Maxima* der Elementhäufigkeit bei den massearmen Isotopen der Elemente, deren
(N,Z) magisch ist, da jenseits dieser Massenzahlen σ_C drastisch abnimmt.

Supernovaexplosionen: Für Sterne mit $M > 8\ M_S$ nimmt die weitere Entwicklung
einen dramatischen Verlauf. Nach Erreichen des Fusionsendes mit der Bildung eines Fe-Kerns im Zentrum kann der Stern dem gewaltigen Gravitationsdruck nicht
mehr durch das Freisetzen weiterer Fusionsenergie widerstehen. Als Folge fusionieren die Elektronen mit den Protonen der Fe-Kerne und bilden in einer Umkeh-
rung des β-Zerfalls $e + p \rightarrow n + \nu$ einen Neutronenstern von einigen km Durchmesser. Damit verkleinert sich der Zentralradius um einen Faktor 10^5 und innerhalb
von ms bricht der gewaltige Druck des Kerns gegen die darüberliegenden Massen
zusammen. Die Sternhülle stürzt ins Zentrum und setzt eine gigantische Gravitati-
onsenergie frei, die zur Explosion des Sterns als *Supernova* führt[5].

Aufgabe 4.3: Schätzen Sie ab, wieviel ν ausgesendet werden, wenn ein Stern von $8\ M_S$ und $N =
Z$ zu einem n-Stern kollabiert.

---

[5] Man unterscheidet zwei Supernovatypen, je nachdem ob der Stern vor dem Kollaps reich (Typ
II) oder arm (Typ I) an Wasserstoff ist. Beide unterscheiden sich durch ihre Vorgeschichte voneinander, deren Diskussion in unserem Zusammenhang zu weit führen würde.

Die Supernova entwickelt in der Explosionsphase einen Neutronenfluß von $\phi_n = 10^{23}$ n/cm²s. Damit erhalten wir für das oben eingeführte $\tau_C \sim 1s \ll \tau_\beta$, und die gebildeten Nuklide sammeln über ihr stabiles (N/Z)-Verhältnis hinaus bis zu 20 weitere Neutronen ein. Wenn die Neutronen nur noch mit ca. 2 MeV gebunden sind, bildet sich mit der Umkehrreaktion (γ,n) ein Gleichgewicht und die Einfangserie bricht ab. Die Nuklide wandern dann über β-Zerfälle ins Stabilitätstal zurück, wo sie ein Häufigkeitsmaximum bei den schweren Isotopen der Elemente erzeugen (in Abb. 4.10 als *r-Maxima* sichtbar). Auf diese Weise läuft innerhalb weniger Minuten der Aufbau der ganzen Elementverteilung bis zu den schwersten Transuranen ab. Da die Supernova mehr als 90% ihrer Masse in den Weltraum hinaus schleudert, reichert sich das interstellare Gas mit schweren Elementen an. Zugleich löst die gigantische Schockwelle im umgebenden interstellaren Gas eine Serie von Gravitationszusammenbrüchen aus, die zu neuen Sternbildungen führen. (Die Elementverteilung in unserer Sonne zeigt, daß sie das Ergebnis von mehreren vorangegangenen Supernovaausbrüchen sein muß). Der zurückbleibende Supernovarest bildet einen Neutronenstern, oder wenn seine Masse zu groß ist, stürzt er weiter in sich zusammen und läßt ein schwarzes Loch zurück.

Eine quantitative Beschreibung dieser Vorgänge der Elementbildung hängt von der Messung der Wirkungsquerschnitte für die Reaktionen an den radioaktiven Kernen mit kurzer Lebensdauer ab, die bei den r-Prozessen mit Neutronen vollgestopft werden. Da dies mit den normalen kernphysikalischen Techniken der stationären Targets nicht möglich ist, gibt es gegenwärtig an einigen Großbeschleunigern (z.B. GSI, Darmstadt) wichtige Programme zum Studium dieser Reaktionen in *inverser Kinematik*. Dabei werden die aktiven Nuklide weitab vom Stabilitätstal durch Spallationsreaktionen mit hochenergetischen Schwerionen erzeugt. Die entstandenen Sekundärstrahlen werden in einem Speicherring gekühlt (*Cooler-Ringe*), sodaß sie weitgehend homogene Richtung und Energie bekommen. So können sie wie ein Projektilstrahl aus einem konventionellen Beschleuniger benutzt werden, der auf stationäre Targets aus p,d oder α geschossen wird. Die normale Reaktionskinematik ist also invertiert worden. Da der ganze Vorgang von der Spallation über die Kühlung bis zum Target nur wenige ms dauert, ist dies die absehbare Lebensdauergrenze für die auf diese Weise erreichbaren Nuklide. So sollte es möglich werden, die gegenwärtigen Vorstellungen, die wir hier gestreift haben, quantitativ zu testen.

4.3   Spaltreaktoren

Das Ziel der Spaltreaktortechnik ist die Nutzung der freiwerdenden Spaltenergie zur Wärmeerzeugung, die in überwiegendem Maße zur elektrischen Stromproduktion dient, aber auch direkt als Prozeßwärme genutzt werden kann. Man will also mit geringsten Aufwand die höchstmögliche Menge an Spaltenergie erzeugen. Dies verlangt die Nutzung optimaler Spaltquerschnitte, die aber von der Neutronenenergie abhängen.

4.3.1 Spaltneutronen

Die Spaltrate $\dot{\rho}_f$ [Spaltreaktionen/cm^{3}s] ist durch

$$\dot{\rho}_f = \rho \int \sigma_f(E_n)\phi_n(E_n)dE_n \qquad (4.18)$$

gegeben, wo ρ = Spaltmaterialdichte [Kerne/cm^3], σ_f = Spaltquerschnitt [cm^2] und ϕ_n = Neutronenfluss [n/cm^{2}s]. Je größer σ_f ist, desto kleiner kann also ρ gehalten werden.

Spaltwahrscheinlichkeit: Für die wichtigsten in Frage kommenden Nuklide ist $\sigma_f(E_n)$ in der folgenden Abbildung wiedergegeben.

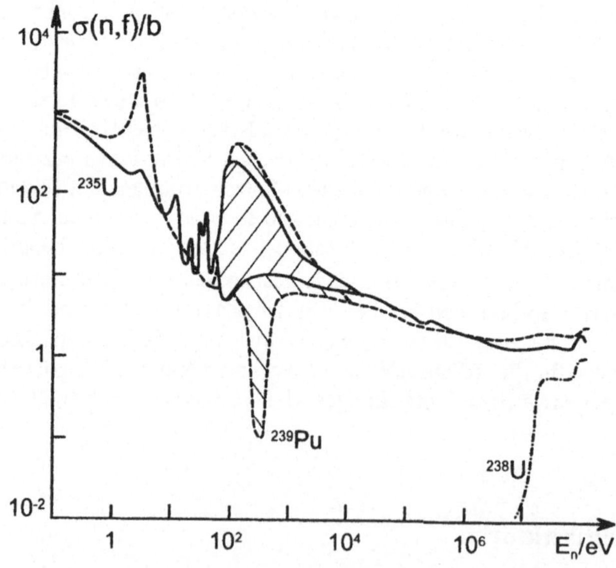

Abb. 4.11: Neutronen-Spaltquerschnitte (in barn) für U und Pu von thermischen bis zu Spaltneutronen-Energien. Über die dichtliegenden Resonanzen im Bereich $(10\text{-}10^3)$eV sind nur die Einhüllenden der Extremwerte eingezeichnet

Dabei ist für $E_n = (10\text{-}10^3)$eV nur der über die dort sehr dicht liegenden Resonanzen gemittelte Verlauf eingezeichnet. Charakteristisch ist der Anstieg zu thermischen Energien. Er erklärt sich daraus, daß die Reaktionswahrscheinlichkeit durch die Chance bestimmt ist, die Penetrabilitätsbarriere zu durchdringen. Der Wirkungsquerschnitt nimmt also mit der Aufenthaltswahrscheinlichkeit τ des Neutrons in Kernnähe zu. Über den Penetrabilitätsbereich δ gilt dann $\tau = \delta/v$, also steigt bei niedrigen Energien $\sigma_f \propto v^{-1}$ an, wie es die Abbildung zeigt.

Wenn das eingefangene Neutron keine Spaltung auslöst, ist eine (n,γ)-Reaktion die Folge, deren Wirkungsquerschnitte Abb. 4.12 zeigt. Dabei gibt σ_f/σ_C (s. S. 245) die *Spaltwahrscheinlichkeit* an, mit der die Anregungsenergie des n-Einfangs in kollektive Schwingungsenergie des Kerns übergeht und zur Spaltung führt. Der Vergleich läßt erkennen, daß die σ_γ und σ_f für schnelle Neutronen alle etwa gleich $\sigma_g = \pi r_A^2 A^{2/3} \approx 1.7$ b sind. Die sehr großen Einfangquerschnitte im Bereich einiger 100 keV stellen jedoch ein Problem dar, denn dadurch geht von den freigesetzten Spaltneutronen ein Teil durch (n,γ)-Prozesse verloren.

Eine entscheidende Größe ist auch die *Neutronenmultiplizität* v_{th}, die Anzahl der im Spaltprozeß emittierten Neutronen. Im Bereich des U/Pu ist $v_{th} = (2.4\text{-}2.5)$.

Paarungseffekte: In Abb. 4.11 fällt auf, daß für ^{238}U das σ_f völlig anders verläuft, als soeben beschrieben. Dies ist eine Folge der Wechselwirkung zwischen den Nukleonen im Kern, die bei kurzen Abständen sehr stark anziehend ist. Da zwei Nukleonen im gleichen Schalenmodellzustand sich räumlich nur nahe kommen, wenn ihre Drehimpulse j antiparallel stehen (Pauliverbot), also zum Gesamtdrehimpuls $J = 0$ koppeln, gewinnt ein gg-Kern die *Paarungsenergie* $\Delta E_p(\text{gg–ug}) \approx 2$ MeV. Damit liegt der Zustand eines in einem ug-Kern (z.B. ^{235}U) eingefangenen Neutrons um ΔE_p näher an der für alle Isotope fast gleich hohen Spaltschwelle als beim Einfang in einem gg-Kern, (z.B. ^{238}U), woraus sich das unterschiedliche Verhalten erklärt. Erst beim Einfang von schnellen Neutronen mit ihrer zusätzlichen Energie ist $\sigma_f \approx \sigma_g$, und dieser Unterschied verschwindet. Zugleich ist aber $v = v_{th} + (0.5\text{-}1)$n wegen der höheren Temperatur des Compoundkerns.

Verzögerte Neutronen: Nicht alle der thermischen Neutronen stammen aus dem in ca. 10^{-21}s ablaufenden prompten Spaltprozeß. Die radioaktiven Spaltprodukte aus bestimmten Massenregionen senden im Verlauf ihres Zerfalls weitere *verzögerte Neutronen* aus, deren HWZ durch die vorausgehenden β-Zerfälle gegeben ist. Als Beispiel hierfür betrachten wir folgende Zerfallsreihe

$$^{87}\text{Br}(55.7s) \begin{cases} (2.3\%) \ \rightarrow e\bar{v} + {}^{87}\text{Kr}^* (10^{-15}s) \rightarrow {}^{86}\text{Kr}\,(\text{stabil}) + n \\ (97.7\%) \ \rightarrow e\bar{v} + {}^{87}\text{Kr} \rightarrow e\bar{v} + {}^{87}\text{Rb} \rightarrow e\bar{v} + {}^{87}\text{Sr}(\text{stabil}) \end{cases}$$

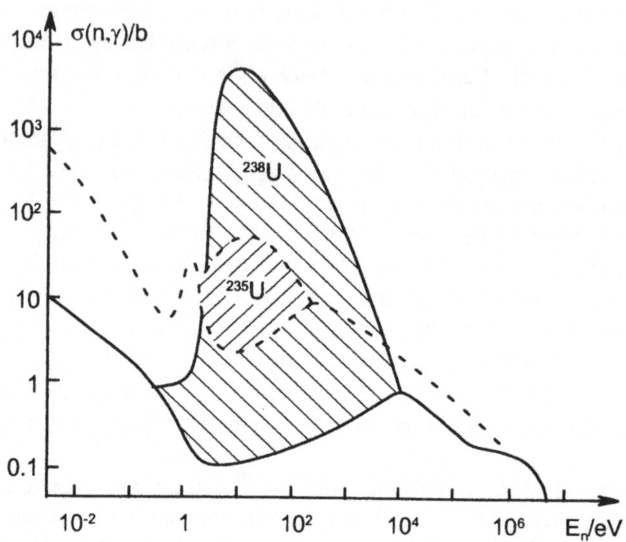

Abb. 4.12: Einfangquerschnitte für Neutronen an U. Über die dichtliegenden Resonanzen im Bereich $(1-10^4)$eV sind wieder nur die Einhüllenden gezeichnet.

Die Gesamtzahl der emittierten verzögerten Neutronen hängt vom Anteil dieser Emitter am Spaltfragmentspektrum ab. Die folgende Tabelle zeigt das

Fragment	HWZ(s)	n-Zerfall(%)	Spaltanteil (10^{-3})
^{87}Br	55.7	2.3	0.52
^{88}Br	16.3	6	3.2
^{89}Br	4.4	13	3.1
^{90}Br	1.71	23	6

Gesamter Spaltneutronenanteil (%) ^{235}U(1.58), ^{238}U(4.12), ^{239}Pu(0.61)

Tab. 4.1 Verzögerte Neutronen und deren Anteil an den gesamten Spaltneutronen der Uraniden

Diese verzögerten Neutronen werden sich bei der kontrollierten Kettenreaktion als sehr wichtig erweisen.

4.3.2 Neutronenmoderation

Da die Spaltneutronen nicht mit der gewünschten thermischen Energie emittiert werden, müssen sie auf diese Energien moderiert werden. Dieser Vorgang ist unerwartet kompliziert.

Spaltneutronenspektrum: Im Schwerpunktsystem des spaltenden Kerns ist die Energieverteilung der emittierten Neutronen durch die Maxwellsche Geschwindigkeitsverteilung gegeben, der ein *Verdampfungsspektrum* entspricht[6].

$$d\phi_n(E)/dE \propto (kT)^{-3/2} \sqrt{E} \, \exp[-E/kT] \tag{4.19}$$

Die mittlere Neutronenenergie ist dabei durch

$$<E_n> = \int E\phi_n dE = (3/2)kT \tag{4.20}$$

gegeben. Die Verteilung ist aus der Abb. 4.13 zu entnehmen.

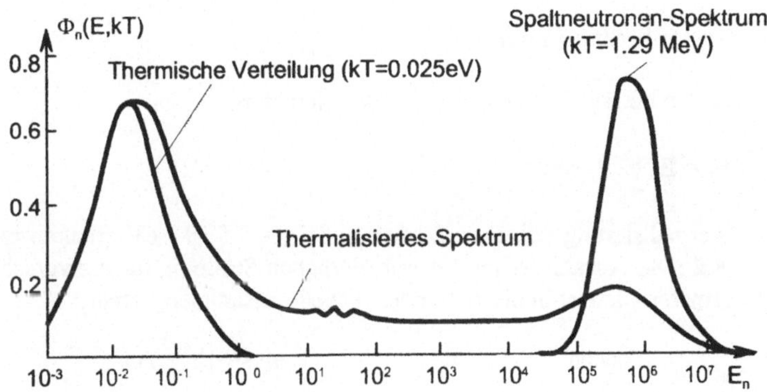

Abb. 4.13: Energieverteilung von Spaltneutronen und thermischen Neutronen. Durch die n-Moderation entsteht das thermalisierte Spektrum in einem Reaktorkern (Nach [Eck80]).

Stoßmoderation: Der wichtigste Prozeß bei der Neutronenbremsung ist die elastische Streuung an den Atomkernen im Moderatorvolumen. Wenn wir Gl. (2.12) mit M = 1 geeignet umformen, erhalten wie für die Energie E' nach dem Stoß am

---

[6]Die Kerntemperatur T ist zunächst nur ein Parameter des statistischen Kernzerfalls, der an das gemessene Neutronenspektrum angepasst wird. Aus der Entropie der Anregungsverteilung über die Kernniveaus läßt sich T an die herkömmliche statistische Temperaturdefinition anschließen.

Moderatorkern der Masse M_T

$$E'/E = \tfrac{1}{2}[(1+\alpha) + (1-\alpha)\cos2\theta] \tag{4.21}$$

wo $\alpha = [(1-\xi)/(1+\xi)]^2 = [(M_T - 1)/(M_T + 1)]^2$ und θ der Projektilstreuwinkel im Laborsystem ist.

Da für festes θ der relative Stoßenergieverlust dE konstant ist, schreiben wir $dE/E = -du$, d.h. $E' = E\exp[-u]$, wobei $u(\theta)$ die *Lethargie* des Stoßes genannt wird. Sie wird die Mittelung des Abbremsvorgangs über viele Stöße ermöglichen. Die Stoßverteilung als Funktion von u kann man aus $w(u)du = w(E')d(\cos2\theta)$ bestimmen und erhält

$$w(u) = \exp[-u](1 - \alpha)^{-1} \tag{4.21'}$$

Damit können wir den gesuchten u-Mittelwert bilden

$$<u> = \int_0^{u_{max}} uw(u)du = \int_0^{u_{max}} u\exp[-u](1 - \alpha)^{-1}du$$

und mit $u_{max} = -\ln[E'/E]_{min} = -\ln\alpha$ erhalten wir

$$<u> = 1+\alpha\ln\alpha/(1-\alpha) \tag{4.22}$$

Nach n-Stößen beträgt dann die Energie des Neutrons

$$E_n = E_0\exp[-n<u>] \tag{4.22'}$$

Für die Thermalisierung von $E_0 = 2$ MeV auf $E_{th} = 2.5 \cdot 10^{-2}$ eV erhalten wir somit $n<u> = 18.2$. Die Anzahl der hierfür erforderlichen Stöße n_{th} für die verschiedenen Moderatormaterialien ist in der folgenden Tabelle zusammengestellt.

Nuklid	$<u>$	$\exp[-<u>]$	n_{th}
H	1	0.37	18
D	0.73	0.48	25
^{4}He	0.43	0.65	43
^{12}C	0.16	0.85	115
^{16}O	0.12	0.89	152
^{238}U	$8.5 \cdot 10^{-3}$	0.99	2167

Tab. 4.2 Lethargie $<u>$ und Thermalisierungsstoßzahl n_{th} für verschiedene Substanzen.

Bremsvermögen: Die benötigten Moderatorabmessungen werden von der Thermalisierungsstrecke $\Lambda_{th} = n_{th}\overline{\lambda}$; $\overline{\lambda} = (\rho\sigma_s)^{-1} = \Sigma_s^{-1}$ bestimmt, wo σ_s der Streuquerschnitt und Σ_s der *makroskopische Wirkungsquerschnitt* ist. Damit definiert man das *Bremsvermögen*

$$B = <u>\Sigma_s \tag{4.23}$$

des Moderatormaterials. Bei zusammengesetzten Substanzen gilt entsprechend $B = \Sigma\varepsilon_i B_i$, wo ε_i der Molanteil der Substanzkomponenten ist. (Z.B. gilt für H_2O: $\varepsilon_H = 0.66$ und $\varepsilon_O = 0.33$). Da die stoßenden Neutronen möglichst nicht absorbiert werden sollen, nimmt man als weiteres Gütemerkmal einer Moderatorsubstanz das *Bremsverhältnis*

$$V = <u>\Sigma_s/\Sigma_r \tag{4.23'}$$

wo Σ_r alle neutronenabsorbierenden Prozesse einschließt, also von E_n abhängt. Die folgende Tabelle stellt die wichtigsten Moderatorsubstanzen mit ihren Eigenschaften dar.

Moderator	$B(cm^{-1})$	V
H_2O	1.36	62
D_2O	0.18	$5 \cdot 10^3$
BeO	0.12	145
C	0.06	265

Tab. 4.3 Bremsvermögen und Bremsverhältnis wichtiger Moderatorsubstanzen.

Man erkennt, daß H_2O trotz seinem hohen B nicht die besten Eigenschaften hat, weil sein (n,γ)-Wirkungsquerschnitt relativ groß ist. Da der entsprechende Einfang im Deuterium vernachlässigbar ist, stellt D_2O die bessere Moderatorsubstanz dar. Weil ^4He gar keine Neutronen absorbiert (s. Abschn. 4.2.4) ist sein V beliebig groß. Allerdings wird das Gesamtverhalten einer Anordnung wesentlich durch das Absorptionsverhalten des Spaltmaterials selbst bestimmt. Dabei ist ein hohes B vorteilhaft, weil dann die Neutronen die gefährlichen Resonanzbereiche (s. Abb. 4.12) in wenigen Stößen durchlaufen und so der Absorption entkommen können.

Vier-Faktor-Formel: Die Wahrscheinlichkeit dafür, daß ein in der Spaltung freigesetztes Neutron selbst wieder spaltet, ist entscheidend für die Möglichkeit einer Kettenreaktion, wie wir sie als nächstes behandeln werden. Die hierfür bestimmenden Größen lassen sich für den Fall, daß das Spaltmaterial (z.B. ^{235}U) sich in einer Matrix aus nicht-thermisch spaltendem Material (z.B. ^{238}U) befindet, in einer Reihe von Faktoren zusammenfassen.

1. *Spaltneutronenmultiplizität* ν: Sie gibt an, wieviel Neutronen im Mittel bei einer thermischen Spaltung freigesetzt werden. Für ^{235}U ist $\nu = 2.47$.

2. *Vermehrungsfaktor ε:* Er gibt an, um welchen Faktor sich ν dadurch ändert, daß schnelle Neutronen an den Nukliden des Matrixmaterials eine Spaltung auslösen (s. Abb. 4.11). Für ^{238}U ist $\varepsilon = 1.02$.

3. *Resonanzentkommwahrscheinlichkeit p:* Sie gibt den Bruchteil der Neutronen an, die während der Moderation den (n,γ)-Resonanzen entkommen sind. Sie liegt bei H_2O-moderierten ^{238}U-Matrizen bei 0.89.

4. *Thermische Nutzung f:* Sie ist das Verhältnis der Wirkungsquerschnitte für die Absorption eines thermischen Neutrons am Spaltstoff zur gesamten Absorption an den Materialien der Anordnung. Für ^{235}U in einer ^{238}U Matrix ist $f = 0.88$.

5. *Spaltwahrscheinlichkeit p^*:* Sie ist durch σ_f/σ_C gegeben und bestimmt die Wahrscheinlichkeit, daß die Absorption am Spaltstoff auch zur Spaltung führt.

6. *Generationenfaktor η:* Für ihn gilt $\eta = \nu p^*$. Er gibt die maximale Zahl der n aus einer Spaltgeneration, die in der nächsten Generation wieder zur Spaltung führen.

Damit ergibt sich der *Vemehrungsfaktor* k_∞ für das Innere eines Reaktors, d.h. ohne Berücksichtigung der Oberflächeneffekte der Anordnung. Er wird in der *Vierfaktorformel* ausgedrückt.

$$k_\infty = \eta\varepsilon pf \qquad\qquad (4.24)$$

Für den geläufigsten Fall des ^{235}U Spaltstoffs in einer ^{238}U Matrix und Moderation inm H_2O haben wir $k_\infty = 1.07$. Jede reale Anordnung erfährt aber eine k-Verminderung durch zusätzliche Neutronenverluste, vor allem infolge der Diffusion durch die Reaktoroberfläche hinaus. Sie werden in dem

8. *Verbleibfaktor L_0* zusammengefasst, der die unterschiedlichen Entweichwahrscheinlichkeiten für schnelle, mittelschnelle und thermische Neutronen in den Verbleibfaktoren p_s, p_a und p_{th} berücksichtigt. Bei Forschungsreaktoren ist darin auch die prozentuale Flussentnahme durch die Strahlrohre enthalten, die aber mit 10^{-3}-10^{-4} sehr gering ist (s. Tab. 2.6). Der *effektive Vermehrungsfaktor* ist dann mit $L_0 = p_s p_a p_{th} < 1$ gegeben durch $k_{eff} = k_\infty L_0 < k_\infty$. Er stellt die entscheidende Größe bei einer Kettenreaktion dar.

4.3.3   Reaktordynamik

Sobald $k_{eff} = k \geq 1$ ist, ergibt sich die Möglichkeit, eine Kettenreaktion in Gang zu setzen, deren Verhalten wir nun studieren wollen. Sie bildet die Basis jedes Reaktorbetriebs.

Kettenreaktion: Wenn im Inneren eines Reaktors k und die Anfangsneutronendichte $\Phi_0[n/cm^3]$ gegeben sind, ändert sich in jeder *Spaltgeneration* j die Dichte gemäß $\Phi_j = k\Phi_{j-1} = \Phi_0 k^j$. Wenn τ die Zykluszeit einer Spaltgeneration ist, so ist die Zeit bis zur j-ten Generation $t = j\tau$ und wir haben $\Phi_j = \Phi_0 k^{t/\tau} = \Phi_0 \exp[\ln k(t/\tau)]$.

Reaktivität: Um die Kettenreaktion dynamisch zu beschreiben, definieren wir die *Reaktivität* $\rho = (k-1)/k$, also $k = (1-\rho)^{-1}$. Dann ist $\ln[k] = -\ln[1-\rho] = \rho + (\rho^2/2) + (\rho^3/3) +....$ für $\rho < 1$ und mit $\rho \ll 1$ gilt $\ln[k] = \rho$, woraus folgt

$$\Phi(t) = \Phi(0)\exp[\rho t/\tau] \qquad (4.25)$$

Man unterscheidet die Zustände eines solchen Systems nach dem Wert von ρ als *kritisch* ($\rho = 0$), *überkritisch* ($\rho > 0$) bzw. *unterkritisch* ($\rho < 0$). In den beiden letzten Fällen nimmt $\Phi(0)$ nach $t = \tau \ln 2/\rho$ jeweils um einen Faktor 2 zu bzw. ab. Die Entwicklung von $\Phi(t)$ ist also primär durch die Zykluszeit τ gegeben. Dabei unterscheidet man unterschiedliche Zyklen:

1. *schnelle Spaltung:* Hierbei werden die Neutronen nicht thermalisiert, und es ist $\tau_s \approx 10$ ns, die Zeit, die ein Neutron braucht, um von seinem Entstehungsort zur nächsten Spaltung zu gelangen. Bei überkritischen Explosivanordnungen mit $\rho \geq 0.5$ vergrößert sich Φ dann in 0.5 µs auf das 10^{11}-fache!

2. *Prompte thermische Spaltung:* Für sie gilt $\tau_p \approx 1$ ms, die mittlere Thermalisierungsdauer eines Neutrons. Bei einer Überschußreaktivität von nur $\rho = 0.01$ würde $\Phi(t)$ in 230 ms um den Faktor 10 ansteigen. Ein solches System ist daher nicht regelbar.

3. *Verzögerte thermische Spaltung:* Wie in Tab. 4.1 gezeigt, emittieren einige Spaltfragmente verzögerte Neutronen mit einer gemittelten Halbwertszeit von $\tau_v \approx 20$ s. Obwohl ihre Zahl klein ist, ermöglichen sie die Reaktorregelung.

Reaktorgleichung: Wie ändern die verzögerten Neutronen das Zeitverhalten der Kettenreaktion, wenn sie den Anteil β an der Reaktivität haben? Analog den Zerfallsketten des Abschnitts 1.2.3 stellen wir die Ratengleichungen auf

$$d\Phi/dt = (\delta/\tau_p)\Phi + \tau_v^{-1}\,\Phi_v$$
$$d\Phi_v/dt = (\beta/\tau_p)\Phi - \tau_v^{-1}\,\Phi_v \qquad (4.27)$$

wo $\delta = \rho-\beta$ und Φ_v die Dichte der verzögerten Neutronenemitter ist. Dieses Differentialgleichungssystem hat für $\delta \neq 0$ und $\rho \ll 1$ die Lösung [Het71]

$$\Phi(t) = \Phi(0)\delta^{-1}\{\rho\,\exp[(\delta/\tau_p)t] - \beta\,\exp[-(\rho/\delta\tau_v)t]\} \qquad (4.26)$$

und im stationären Fall ($d\Phi_v/dt = 0$) als verzögerte Neutronendichte

$$\Phi_v = (\beta\tau_v/\tau_p)\Phi.$$

Für $(\beta, \rho) \ll 1$ lassen sich die Exponentialfunktionen linear entwickeln, woraus für $\Phi(t)/\Phi(0)$ ein linearer Anstieg mit der Zeitkonstante

$$\tau^{-1} = \rho[(1/\tau_p) + (\beta/\delta^2\tau_v)] \qquad (4.26')$$

resultiert. Wir unterscheiden im Verhalten des Systems dann die Fälle *überkritisch* $(\delta > 0, \rho > \beta)$ *prompt kritisch* $(\delta \approx 0)$, *verzögert kritisch* $(\delta < 0, \rho < \beta)$, *stationär* $(\rho = 0)$ und *unterkritisch* $(\delta < 0, \rho < 0)$.

Regelverhalten: Da $\rho = 0$ nicht exakt einstellbar ist, kann der stationäre Betrieb nur im zeitlichen Mittel aufrecht erhalten werden, wobei Φ auf die Abweichungen im verzögert kritischen Betrieb für $\rho \ll \beta$ nach (4.26') mit $\tau = \beta\tau_v/\rho$ reagiert, der durch Korrekturen an ρ im Mittel ausgeglichen werden muß. Das geschieht auf zwei verschiedene Weisen.

1. *Regelstäbe:* Mit eingebrachtem Absorbermaterial Cd oder B mit $\sigma(n,\gamma)$ von $2.5 \cdot 10^3$ b bzw. $7.6 \cdot 10^2$ b für thermische Neutronen wird die thermische Nutzung f und damit k_{eff} verringert, worauf sich das System mit der Zeitkonstanten τ anpasst. Damit wird nach Gl. (4.18) die gewünschte mittlere Wärmeleistung des Reaktors eingestellt.

2. *Selbstregelung:* Die meisten Reaktorsysteme besitzen eine Selbstregelung durch *negative Temperaturkoeffizienten*. Bei einem Leistungsanstieg steigt die Temperatur im Reaktorinneren, wodurch die Moderatordichte abfällt. Damit nimmt Φ im thermischen Energiebereich ab und die Leistung wird verringert. Eine weitere Auswirkung ist die Absorptionserhöhung im Resonanzbereich infolge des Dopplereffektes: Mit steigendem T schwingen die Matrixatome rascher, wodurch eine Verbreiterung der Resonanzkurve eintritt, wie wir beim Mößbauereffekt (Abschn. 2.6.2) gesehen haben, wobei die gesamte Stärke der Resonanz (d.h. die Fläche unter der Resonanzkurve) erhalten bleibt. Damit schwächt sich die *Neutronenflußdepression* in der Umgebung der Resonanzenergie ab, die darauf beruht, daß in der Nähe starker Resonanzen infolge der Absorption die Neutronendichte sinkt und damit auch ϕ_n abnimmt. Effektiv steigt also mit wachsendem T der Fluß im Energiebereich starker Resonanzen an und die Absorption vergrößert sich. Die Abbildung 4.14 zeigt das schematisch.

Beide Effekte senken die Reaktivität, sodaß das System seine Tendenz umkehrt, bis ρ mit sinkendem T wieder ansteigt. Die Periode dieser Regelschwingungen ist typischerweise etwa 15 Minuten.

Reaktorgifte: Ein überraschendes Problem, das die ersten gebauten Reaktoren auf rätselhafte Weise periodisch lahm legte, stellen die Spaltprodukte mit extrem großem $\sigma(n,\gamma)$ dar, die im Reaktorbetrieb entstehen und dadurch die Reaktivität

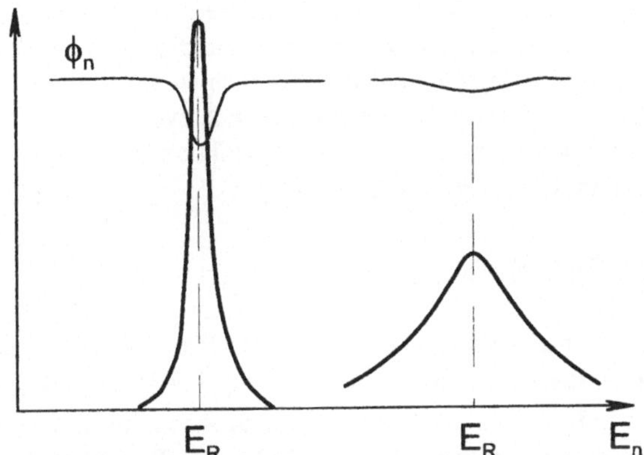

Abb. 4.14: Depression des n-Flusses ϕ_n in der Umgebung starker Resonanzen als Funktion der Dopplerverbreiterung bei steigender Reaktortemperatur.

verändern. Als Beispiel diene die Zerfallskette

$$^{135}Te(2') \rightarrow e\,\overline{v} + {}^{135}In\ (6.7\ h) \rightarrow e\,\overline{v} + {}^{135}Xe\ (9.2\ h) \rightarrow$$
$$e\,\overline{v} + {}^{135}Cs\ (2\cdot10^6 a) \rightarrow e\,\overline{v} + {}^{135}Ba(stabil)$$

In dieser Reihe stellt das ^{135}Xe mit $\sigma(n,\gamma) = 2.72\cdot10^6$ b offensichtlich ein verheerendes *Reaktorgift* dar. (In einer analogen Zerfallskette entsteht ^{149}Sm mit $\sigma(n,\gamma) = 4.08\cdot10^4$ b). Im stationären Betrieb ist ^{135}Xe zu 0.3% im Reaktorvolumen enthalten, was bei Leistungsänderungen zu *Xenon-Schwingungen* führt: Wenn die Leistung sinkt, baut sich ^{135}Xe auf, da mit sinkendem ϕ_n sein Abbau über (n,γ) zurückgeht. Bei steigender Leistung nimmt der n-Einfang zu und ^{135}Xe nimmt ab, da es aus den vermehrten Spaltungen erst mit Verzögerung nachgeliefert wird. Daher gibt es eine *Exkursion* (d.h. Abweichung vom Mittelwert) der Xe-Dichte mit einer Abklingzeit von ca. 12 h.

Reaktivitätsbindung: Nach dem Start einer kalten Reaktoranordnung sinkt die Reaktivität durch die Temperaturerhöhung im Betrieb und den Aufbau der Reaktorgifte. Dieser Vorgang wird (wenig glücklich) als *Reaktivitätsbindung* bezeichnet.
Im langzeitigen Gleichgewichtsbetrieb kommt die Leistungsabnahme als Folge des Spaltstoffabbrandes hinzu, wodurch sich ρ in Gl. (4.18) verringert und die Leistungsabgabe kleiner wird. Dieser Trend muß durch entsprechendes Nachfahren der Regelstäbe korrigiert werden.

4.3.4   Neutronendichteverteilung

Bisher haben wir die n-Dichte Φ im Reaktorvolumen als konstant angenommen. In einem endlichen Volumen kann das aber nicht richtig sein, sondern es muß sich ein stationäres Neutronenflußgleichgewicht aus Produktion, Absorption und Entweichen aus dem Reaktorvolumen einstellen. Betrachten wir die Neutronendichte am Ort **r**, so ergibt die Diffusionstheorie für die Dichteverteilung [Het71] als Bilanz aus Diffusionsströmen, Absorption und Produktion der Neutronen in einem Volumenelement an der Stelle r die Gleichung

$$\dot{\Phi}(\mathbf{r}) = D\Delta\phi_n(\mathbf{r}) - \Sigma_a\phi_n(\mathbf{r}) + q_n(\mathbf{r}) \qquad (4.28)$$

wobei $D = 1/3\Sigma_s$ die Diffusionskonstante ist. Das Symbol Δ bezeichnet den Laplace-Operator, der die Raumkrümmung von ϕ_n bestimmt und q_n ist die Neutronen-Quellstärke (z.B. Spaltung). Für ein stationäres System ist dann $\dot{\Phi} = 0$, d.h. die Neutronendichte ändert sich zeitlich nicht. Da $\Sigma_{s,a}$ von E_n abhängen, ändern sich die Koeffizienten in Gl. (4.28), wenn die Neutronen „älter" werden, also durch Stöße an Energie verlieren. Daher muß die ganze Neutronenpopulation in verschiedene Altersgruppen E_n eingeteilt werden, für die eine jeweils angepasste Differentialgleichung (4.28) gilt. Diese *Multigruppentheorie* wurde von E. Fermi entwickelt. Ihre Lösungen lassen sich nicht geschlossen angeben, sondern werden heute mit einem Arsenal von numerischen Rechenprogrammen berechnet, mit denen $\Phi(\mathbf{r})$ bis zu jeder gewünschten Genauigkeit bestimmt werden kann. Das thermalisierte Spektrum in Abbildung 4.13 zeigt ein solches Ergebnis, wobei sich die starken Resonanzbereiche der Abbildungen 4.11 und 4.12 als Strukturen zwischen 10 und 10^2 eV wiederfinden. Wir wollen im weiteren den vereinfachten Fall einer einzigen Neutronengruppe betrachten, wo alle energieabhängigen Koeffizienten über den gesamten E_n-Bereich gemittelt sind. Dann schreiben wir unter Ausnutzung der Überlegungen zur Vier-Faktorformel für $q_n(r)$

$$\dot{\Phi} = D\Delta\phi_n - \Sigma_a\phi_n + k_\infty\Sigma_a\phi_n \qquad (4.28')$$

worin k_∞ durch Gl. (4.24) gegeben ist. Im stationären Fall ist $\dot{\Phi} = 0$ und wir erhalten

$$\Delta\phi_n + \Lambda^{-2}(k_\infty - 1)\,\phi_n = \Delta\phi_n + B^2\phi_n = 0 \qquad (4.28'')$$

mit *Diffusionslänge* $\Lambda^{-2} = \Sigma_a/D = 3\Sigma_s\Sigma_a$ und *Flußwölbung* (engl. *buckling*) B^2.

Die Größe der Flußwölbung[7] ist durch die Materialeigenschaften der Anordnung bestimmt und wird deshalb *Materielle Flußwölbung* (engl. *material buckling*) B_M, mit

$$B_M^{\ 2} = \Lambda^{-2}\,(k_\infty - 1) \tag{4.29}$$

genannt. Anderseits unterliegt Gl. (4.28'') der geometrischen Randbedingung, daß im stationären Fall ϕ_n am Rand des Reaktionsvolumens (d.h. der Reaktoroberfläche) verschwinden muß. Das folgt aus der Überlegung, daß ϕ_n im Reaktorinneren isotrop sein soll, d.h. der Zu- und Abfluß von Neutronen an jedem Punkt in allen Richtungen gleich ist. An der Oberfläche ist das nur für $\phi_n = 0$ erfüllbar, da von jenseits der Oberfläche keine Neutronen kommen können. Dann erhalten wir für einen Zylinder mit Höhe $z = H$ und Radius $r = R$ und dem Produktsansatz $\phi_n(r,z) = \phi_1(r)\phi_2(z)$ die separierten Differentialgleichungen

$$d^2\phi_1/dr^2 + r^{-1}d\phi_1/dr = -B_r^2\,\phi_1 \ ; \quad d^2\phi_2/dz^2 = -B_z^2 \tag{4.30}$$

mit $B^2 = B_r^{\ 2} + B_z^{\ 2}$ und den Lösungen

$$\phi_1(r) = c_1 j_0(B_r r) \ ; \quad \phi_2(z) = c_2\cos(B_z z) \tag{4.30'}$$

wo j_0 die *Bessel-Funktion nullter Ordnung* ist, (die bei ebenen Problemen an die Stelle tritt, die bei linearen Problemen die Cosinusfunktion inne hat).
Die oben genannten Randbedingungen legen $(H/2)B_z = \pi/2 = 1.57$ und $B_r R = 2.41$ fest und liefern damit die *geometrische Flusswölbung* B_G (engl. *geometric buckling*) für eine Säulenanordnung.

$$B_G^2 = (\pi/H)^2 + (2.41/R)^2 \tag{4.31}$$

Für einen Würfel mit Seitenlänge a,b,c erhält man $B_G^2 = (\pi/a)^2 + (\pi/b)^2 + (\pi/c)^2$ und für eine Kugel mit Radius R entsprechend $B_G^2 = (\pi/2R)^2$.
Ist $B_M > B_G$, so überwiegt die Neutronenproduktion den Neutronenfluss nach außen. Dann ist die Anordnung überkritisch und entsprechend für $B_M < B_G$ unterkritisch, da die Neutronenproduktion den Neutronenabfluss nicht ersetzen kann und damit die Kettenraktion verhungert. Wenn $B_M = B_G$ ist, folgt die Neutronendichte im Inneren der geometrischen Lösung (4.31) und der Reaktor ist kritisch. Die kleinste Masse, für die das erreicht werden kann, heißt *kritische Masse*.

---

[7] Der Name Flusswölbung für B erklärt sich daraus, daß für eine Funktion $f(x)$ die Krümmung durch d^2f/dx^2 gegeben ist. Diese Eigenschaft läßt sich auf drei Dimensionen verallgemeinern und führt zu $\Delta = \Sigma\ d^2f/d\,x_i^2$ als Raumkrümmungsoperator.

Kritische Masse: Die quantitative Berechnung der kritischen Masse ist kompliziert und nur näherungsweise durchführbar. Als vereinfachtes Modell nehmen wir eine Kugel vom Radius R aus reinem Spaltmaterial an, das ν-Spaltneutronen freisetzt. In der Kugel herrsche überall der gleiche mittlere Fluß ϕ_n von monoenergetischen Neutronen, die eine Absorptionslänge Λ haben. Dann ist der im Inneren der Kugel produzierte Neutronenüberschuss

$$\dot{\Phi}_I = (4\pi/3)R^3\Sigma_a(\nu-1)\phi_n \tag{4.32}$$

Im stationären Fall der kritischen Masse muß dies gerade der durch die Oberfläche nach außen geführte Fluß sein, wobei wir annehmen, daß eine Hälfte des Flusses an der Oberfläche nach außen gerichtet ist. (Wir haben oben schon gesehen, daß diese Annahme nur für $\phi_n = 0$ an der Oberfläche gelten kann, was mit unserer gegenwärtigen Voraussetzung eines konstanten Flusses im Kugelinneren unvereinbar ist. Man kann diesen Defekt durch einen experimentellen Mittelungsfaktor $g \approx 0.6$ berücksichtigen). Dann erhält man an der Oberfläche

$$\dot{\Phi}_O = g\phi_n 2\pi R^2 \tag{4.32'}$$

Damit ergibt sich durch Gleichsetzen von (4.32) und (4.32') der kritische Radius

$$R_k = (3/2)\Sigma_a^{-1} g(\nu-1)^{-1} \tag{4.32''}$$

Für ^{235}U ist $\Sigma_a^{-1} = (\rho\sigma_a)^{-1} \approx 15$ cm und $\nu = 2.5$. Also ist $R_k \leq 15$ cm und $M_k = V_k\rho_U \leq 268$ kg. Da $R_k \propto \rho^{-1}$ ist, läßt sich M_k durch Verdichtung des Spaltmaterials stark verkleinern. Das ist der Grund für die Implosionsvorrichtungen in Atombomben, da bei einer Dichteerhöhung um 26% die kritische Masse bereits halbiert wird.

Reaktoroberfläche: Tatsächlich kann ϕ_n an der Oberfläche nicht ganz verschwinden. Die austretenden Neutronen haben im umgebenden Material noch eine Absorptionslänge d, über die ϕ_n abnimmt, weil von dort Neutronen zurückgestreut werden. Damit ist die korrekte Randbedingung der Gl. (4.30) in z-Richtung z.B. $\phi_z(H/2+d) = 0$, wodurch das B_G in z-Richtung auf $\overline{B}_z = \pi/(H+2d)$ verkleinert wird. Experimentell gilt $d \sim (2/3)\Lambda_t$, wo $\Lambda_t = 1/3\Sigma_s$ die Transportweglänge ist, die von den Streueigenschaften des Außenmediums abhängt. Werte für die wichtigsten Materialien sind in Tab. 4.4 gegeben.

Material	H_2O	D_2O	$^{nat}UO_2$	$^{235}UO_2$
y Λ_t(cm)	0.44	2.65	1.74	1.06

Tab. 4.4 Transportweglängen für Neutronen

Reflektoren: Für eine kritische Anordnung ist das an der Oberfläche verschwindende ϕ_n sehr nachteilig, da damit große Bereiche des spaltbaren Materials mit Neutronen unterversorgt sind. Deshalb umgibt man die Anlagen mit einem *Reflektor* aus Material mit möglichst großem Σ_s und kleinem Σ_a, damit die Neutronendichte in Nähe der Reaktoroberfläche maximiert wird. Im Reflektorenbereich haben wir dann nach Gln. (4.28) und (4.28'')

$$\Delta\phi_n - (3\Sigma_a\Sigma_s)\phi_n = \Delta\phi_n - B_G^2\,\phi_n = 0$$

Dieses große positive B_G bedeutet für ϕ_n eine starke Krümmung von der Abszisse weg, wie Abb. 4.15 zeigt.

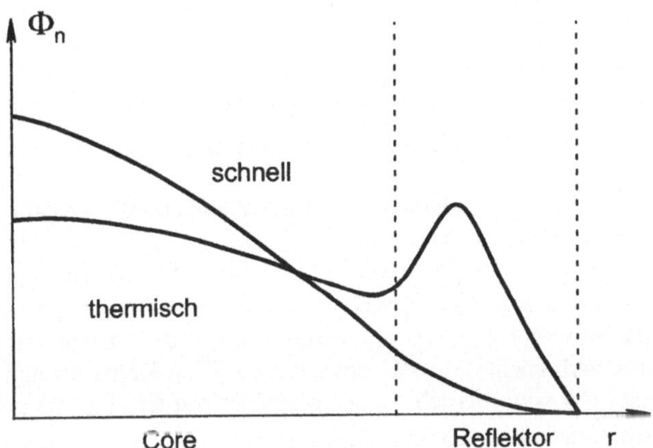

Abb. 4.15: Flussdichte ϕ_n für thermische und schnelle Neutronen an der Oberfläche zwischen Reaktorcore C und Reflektor R.

Damit wird das Verhältnis β der Flüsse ϕ_R (zurück in den Core) / ϕ_C (in den Reflektor) an der Reaktorfläche deutlich verbessert, wie die folgende Tabelle zeigt.

Reflektor	H$_2$O	BeO	C	D$_2$O	ohne
β	0.82	0.89	0.93	0.97	0

Tab. 4.5 Flußverhältnis an der Reaktoroberfläche für verschiedene Reflektoren.

Brutverhalten: Die in einer Reaktormatrix absorbierten, aber nicht zur Spaltung führenden Neutronen setzen *Brutprozesse* in Gang, die große Bedeutung haben.

1. *Brutprozesse:* Die praktisch wichtigsten sind die beiden folgenden (HWZ in Klammern)

$$^{238}U(n,\gamma)\ ^{239}U\ (23') \rightarrow e\bar{\nu} + {}^{239}Np\,(2.3\ d) \rightarrow e\bar{\nu} + {}^{239}Pu\ (2.25{\cdot}10^4 a)$$
$$^{232}Th(n,\gamma)\ ^{233}Th\ (22') \rightarrow e\bar{\nu} + {}^{233}Pa\ (27.4\ d) \rightarrow e\bar{\nu} + {}^{233}U\ (1.6{\cdot}10^5 a) \tag{4.33}$$

Die langlebigen Endprodukte sind ug-Kerne mit ausgezeichneten thermischen Spalteigenschaften. Da die herkömmlichen Reaktorkerne zu > 95% aus ^{238}U bestehen, laufen im Regelbetrieb ständig Brutprozesse ab, die wir nun abschätzen wollen.

2. *Konversionsrate:* Sie ist definiert über das Nettoergebnis eines Spaltzyklus. Mit C = (Brutkernproduktion / Spaltkernverbrauch) = (thermischer und Resonanzeinfang an ^{238}U / thermischer Einfang an ^{235}U) erhalten wir (Σ_a: thermische Einfangquerschnitte)

$$C = [\Sigma_a(238)\phi_n + (1-p)p_s\eta\epsilon\Sigma_a(235)\phi_n]/\Sigma_a(235)\phi_n$$
$$= [n(238)\sigma_a(238)/n(235)\sigma_a(235)] + (1-p)p_s\eta\epsilon$$

wo ϕ_n der thermische Neutronenfluss, $(1-p)$ die Wahrscheinlichkeit für eine Neutronenabsorption am ^{238}U im Resonanzbereich und p_s die Wahrscheinlichkeit für den Verbleib eines schnellen Neutrons in der Spaltanordnung ist. Mit $n(238)/n(235) = 33$ für eine ^{235}U-Anreicherung von 3% und $\sigma_a(238)/\sigma_a(235) = 10^{-2}$ sowie $p_s = 0.95$, also $\eta\epsilon(1-p)p_s = 0.14$, erhalten wir C = 0.47. Damit wird für jedes im Spaltprozess verbrauchte kg ^{235}U etwa 0.5 kg ^{239}Pu-Kerne erzeugt, die aber zum Teil selbst im Reaktorbetrieb wieder gespalten werden. Für die noch zu besprechende Brütertechnik ist das Ziel ein *Brutgewinn* G = C−1 > 0, der nur in speziellen Brutreaktoren erreicht werden kann.

4.3.5   Leistungsreaktoren

Die Entwicklung der Leistungsreaktoren nahm ihren Ausgang unmittelbar nach dem erfolgreichen Bau des militärisch motivierten Chicago-Reaktors durch Fermi und seine Mitarbeiter im Jahre 1941. Dessen Geschichte ist von einem Beteiligten hervorragend in [Wat93] dargestellt worden[8].

---

[8]Im Gegensatz dazu ist das deutsche Atomprogramm bereits an der Neutronenthermalisierung mit Graphit gescheitert, so daß kein Fermi-Typ Reaktor gebaut wurde. Der Start eines D_2O moderierten Reaktors wäre bei Kriegsende in einigen Monaten vielleicht möglich gewesen, ein Bombenbau lag dagegen glücklicherweise völlig außer jeder Realität [Wal90].

Klassifizierung:
Die weitere Typenentwicklung läßt sich nach den hauptsächlichen Konstruktionsunterschieden wie folgt zusammenfassen:

1. *Moderatorsysteme: Leichtwasser* (H_2O), *Schwerwasser* (D_2O) oder *Graphit* (C)

2. *Kühlmittel: Druckwasserreaktor* (DWR) mit Leichtwasserkühlung in getrenntem Kühl- und Dampfkreislauf, *Siedewasserreaktor* (SWR) mit Leichtwasserkühlung in kombiniertem Kühl- und Dampfkreislauf, *gasgekühlter Reaktor* mit CO_2 oder He-Kühlung, *Flüssigmetallreaktoren* mit Na-Kühlung für extreme Leistungsdichte.

3. *Spaltstoffanreicherung:* Mit *schwach angereichertem* Spaltstoff (3-4%), mit *hochangereichertem* Spaltstoff (*HEU* > 90%), mit *Natururan* (0.7% ^{235}U).

4. *Brutverhalten: Regelreaktoren* (C $\approx$ 0.6), *Hochkonverter* (C $\leq$ 1), *Brüter* (C>1). Wir wollen im folgenden die wichtigsten Merkmale der geläufigen Reaktortypen charakterisieren.

DWR-Aufbau: Wir folgen der Beschreibung [Zie84] des typischen Druckwasser-Reaktorblocks Biblis B, von dem alle späteren nur unwesentlich abweichen.

1. *Primärkreislauf:* Er besteht aus einem Reaktorkern (engl. *core*), der von Kühlwasser mit 20 t/s durchflossen wird, das unter 160 bar Druck steht und beim core-Eintritt 290°C, beim Austritt 320°C Temperatur hat. Die T-Differenz wird über einen Wärmetauscher an den Sekundärkreislauf abgegeben. Der core beherbergt 193 *Brennelemente*, deren jedes 236 *Brennstäbe* enthält, die 4 m lang sind und ca. 1 cm Durchmesser haben. Sie bestehen aus Zirkalloy, einer hochtemperaturbeständigen Zirkonlegierung und enthalten ca. 100 UO_2-Tabletten (engl. *pellets*). Die Stäbe sind zugeschweißt, um die gasförmigen Spaltprodukte sicher einzuschließen. Insgesamt umfasst der Core 100 t Uran, das 3 t ^{235}U enthält. Jeder Brennstab wird in drei Jahren bis auf $\leq$ 1% Spaltmaterialanteil abgebrannt. Jedes Jahr wird der Core einmal geöffnet und ein Drittel der Brennelemente ausgetauscht, wobei diese herausgenommenen Elemente in das im Reaktorgehäuse befindliche *Abklingbecken* verbracht werden. Insgesamt beträgt die thermische Leistung des Cores 3.75 GW_{th}. Die im Core enthaltene Aktivität beträgt ca. 10^{20} Bq, von denen 95% im Inneren der Pellets und die restlichen 5% als Edelgase und flüchtiges Jod im Inneren der Brennstabhüllen eingeschlossen sind. Die hochenergetischen Elektronen aus den Betazerfällen der Spaltprodukte treten aus den Brennstabhüllen und werden im umgebenden Kühlwasser des Cores abgebremst. Dabei ist ihre Geschwindigkeit v > c/n, die Lichtgeschwindigkeit im H_2O. Dadurch wird sichtbares *Cerenkovlicht* emittiert, das man in offenen Moderatoranordnungen beobachten kann, wie in Abb. 4.16 zu sehen ist.

2. *Notkreisläufe:* Unmittelbar nach Abschalten der Kettenreaktion beträgt die *Nachwärme* etwa 6% der Normalleistung des Reaktors. Wird sie nicht durch Kühlung abgeführt, so kommt es nach etwa 50 s zur Kernschmelze, wodurch der Reaktor zerstört wird. Daher ist es von zentraler Bedeutung, die Kühlung auch bei

Abb. 4.16: Cerenkovlicht von Elektronen aus dem Beta-Zerfall der Spaltprodukte, gesehen im Wasserbecken des Schwimmbadreaktors FRM I. (Mit frdl. Genehmigung der Pressestelle des FRM II/Garching).

Defekten (Leitungsbruch oder Pumpenausfall) aufrecht zu erhalten. Deshalb sind vier unabhängige Notkreisläufe installiert, mit denen diese Notkühlung auf jeden Fall bewirkt werden kann. Nach 6 h beträgt die Nachwärme noch 1%, nach 24 h 0.7% und nach 1 a noch 0.1% der Normalleistung.

3. *Sekundärkreislauf:* Um die Aktivitäten von Core und Kühlwasser (mit $1.5 \cdot 10^{-4}$ Anteil Deuterium, die zum Teil über (n,γ) in Tritium umgewandelt werden), vom Dampfkreislauf fernzuhalten, wird die Reaktorwärme über Wärmetauscher vom Sekundärkreislauf (mit 70 bar H_2O) übernommen. Von hier ab ist ein Kernkraftwerk in nichts von einem konventionellen Kraftwerk unterschieden, da in beiden der erzeugte Dampf Turbinen zur Stromerzeugung antreibt.

SWR-Aufbau: Der Bau des Cores und das Brennstoffinventar eines Siedewasserreaktors sind im wesentlichen wie beim DWR. Es existiert aber nur ein H_2O-Kreislauf, der Kühlung und Turbinendampf zugleich liefert. Damit erspart man die Wärmetauschverluste (< 10%) beim Übergang zum Sekundärkreislauf. Üblicherweise haben die Brennstäbe aber eine geringere Anreicherungen (2.7%), weshalb die Leistungsdichte im SWR deutlich geringer ist. Dies führt dazu, daß sich beim Kühlungsausfall die Zeit bis zur Kernschmelze auf etwa 2 Minuten verlängert.

HTR-Aufbau: Der fertig entwickelte, aber heute nicht mehr weiter verfolgte Hochtemperatur-Reaktor war ursprünglich als *Thorium-Hochkonverter* (C~0.9) geplant. In der speziellen Ausführung als THTR 300, die wir hier kurz beschreiben wollen, war aber die Bruteigenschaft schon nicht mehr realisiert. Der Reaktor ist gasgekühlt (He) und graphitmoderiert. Die Brennelemente sind Kugeln von 6 cm Durchmesser, in deren jede $4\cdot10^4$ Brennstoffkügelchen von 0.5 mm Durchmesser eingesintert sind. (Deshalb ist auch die Bezeichnung *Kugelhaufenreaktor* üblich). Der HEU-Brennstoff (93%) ist in eine aufgedampfte C- und Keramikumhüllung eingeschlossen. Das He strömt mit 289°C von unten in den Core-Kugelhaufen und verläßt ihn oben mit 920°. Diese hohe Temperaturdifferenz vergrößert den thermischen Wirkungsgrad η_{th} der Anlage beträchtlich, zumal im Prinzip moderne Turbinen bei diesen Temperaturen auch direkt angetrieben werden können und das He nicht radioaktiv wird. Insgesamt ist die Leistungsdichte mit 3 MW/m^3 vergleichsweise gering, was für die Betriebssicherheit einen großen Vorteil bedeutet, zumal auch der He-Kreislauf konvektionsbetrieben ist, also ohne Umwälzpumpen auskommt. Bei einem Ausfall der Kühlung würden bis zur Kernschmelze etwa 10 h vergehen. Den $3.6\cdot10^5$ Brennstoffkugeln sind $2.8\cdot10^5$ Moderatorkugeln aus Graphit beigemischt. Die Beschickung des Reaktors erfolgt während des Betriebs durch automatische Nachfüllung von oben und Entnahme der abgebrannten Pellets am tiefsten Punkt des Kugelhaufens.

Containment: Unabhängig vom Typ des Reaktors sind für den Schutz einer Kernkraftanlage und ihrer Umgebung für den Fall eines schweren Unfalls (russ. *Havarie*) die Bauelemente wesentlich, in die der Reaktordruckbehälter eingeschlossen ist, in dessen Innerem sich der Core befindet.

1. *Sicherheitsbehälter:* Er besteht aus einer 38 mm starken Stahlkugel von 40 m Durchmesser, die 9 bar Innendruck aushält und neben dem Reaktorbehälter auch alle Großgeräte des Reaktorbetriebs umschließt. Er dient als Borstschutz und wird normalerweise mit einem geringen Unterdruck im Inneren betrieben, um eventuell freigesetzte Radioaktivität am Austritt in den Außenraum zu hindern.

2. *Reaktorhülle:* Sie ist die typische Kuppel von 50-60 m Durchmesser, die von außen zu sehen ist und den Reaktor gegen äußere Einwirkungen abschirmen soll. Sie besteht aus Stahlbeton und ist so ausgelegt, daß sie auch relativ schwere Zwischenfälle (z.B den Aufprall eines Sportflugzeugs) aushalten kann.

3. *Abklingbecken:* Die pro Jahr ausgewechselten Brennelemente umfassen ein Drittel des Inventars, also 30 t. Sie müssen wegen der hohen Restaktivität zunächst in einem Wasserbecken gelagert werden, wo die Nachwärme weggekühlt wird. Diese Abklingbecken befinden sich im Inneren des Sicherheitsbehälters und sollen die Brennelemente etwa 10 Jahre beherbergen. Danach entsteht ein Endlagerungsproblem, das uns in Abschn. 4.6 beschäftigen wird. Um die Lagerkapazität im Reaktorbereich zu erhöhen, werden inzwischen auch *Kompaktlager* gebaut, in denen die Brennelemente geringeren Abstand voneinander haben. Wegen der größeren

Wärmeentwicklung muß dann aber das Wasser im Abklingbecken zusätzlich ge-kühlt werden. Eine Übersicht der besprochenen Reaktortypen zeigt die Tab. 4.6 (zum SBR s. Abschn. 4.3.6).

Typ	DWR	SWR	HTR	SBR
Brennstoff	UO_2	UO_2	UC/ThO_2	UO_2/PuO_2
Anreicherung (%)	3.0	2.7	93	20
Konversionsfaktor	0.55	0.6	0.7	1.2
Kühlmittel	H_2O	H_2O	He	Na(fl)
Moderator	H_2O	H_2O	C	-
MW_{th}/m^3	93	55	9	300
ϕ_n ($10^{14}n/cm^2s$)	3.3	3.3	1.8	70
Brennstoff (°C)	2100	2100	1250	2700
Kühlmittel (°C)	290/326	278/286	280/920	380/550
Wirkungsgrad η_{th}(%)	33	33	40	42

Tab. 4.6 Betriebsdaten einiger geläufiger Reaktortypen (nach [Eck80]).

Brennstoffgewinnung: Die Anreicherung des Spaltstoffs ^{235}U aus dem natürlichen Uranerz stellte anfangs ein bedeutendes technologisches Problem dar und die Er-folge des alliierten Manhattan-Projekts beim Atombombenbau waren ganz ent-scheidend durch den unerhörten technischen Aufwand bedingt, der bei der Iso-topentrennung betrieben werden konnte. Die heute gebräuchlichen Methoden wer-den im folgenden kurz charakterisiert (als Maß für die Anreicherung eines Isotops dient der *Anreicherungsfaktor* α = [(at%) am Trennstufenausgang / (at%) am Trennstufeneingang]).

1. *Gasdiffusion:* Sie nützt die unterschiedlichen Diffusionsgeschwindigkeiten der Isotopen beim Durchtritt durch eine Membran aus. Für $^{235/238}UF_6$ wird pro Stufe α = 1.0043 erreicht. Daher benötigt man mehrere 10^3 Trennstufen, was wegen der vielen Pumpen für das Verfahren einen gewaltigen Energiebedarf bedeutet.

2. *Ultrazentrifugen / Trenndüsen:* Hier werden die Isotopenmoleküle des UF_6 durch ihre unterschiedliche Massenträgheit getrennt, die sie bei Kreisbewegungen mit vorgegebener Umlauffrequenz auf verschiedene Radien zwingt. Von dort kön-nen die angereicherten Fraktionen abgeschält werden. Man erreicht α = (2-10) pro Zentrifuge und eine großtechnische Anlage umfaßt etwa $5\cdot10^5$ Trenndüsen.

3. *Lasertrennung:* Analog zum RIS-Verfahren (s. Abschn. 1.4.6) trennt man die Isotope mit α = 10-10^3. Diese Anlagen werden in Zukunft große Bedeutung ha-ben.

4. *Brennelementherstellung:* Das angereicherte UF_6 wird in UO_2 umgewandelt und in Pellets gesintert, wie oben bereits erwähnt. In der EU werden gegenwärtig 10^3 t Brennelemente pro Jahr produziert, überwiegend nach dem Zentrifugen / Trenn-düsenverfahren.

5. *Michoxidbrennelemente (MOX):* Die Verbrennung von MOX-Pellets aus ^{238}U/^{239}Pu(5%) Oxidgemisch erfordert eine Anpassung der Reaktordynamik, da das MOX-Neutronenspektrum von dem des ^{235}U abweicht. Das Verfahren gilt als ein möglicher Weg, die großen Pu-Vorräte aus der Raketenverschrottung ($\sim$ 100 t reines Pu) zu vertilgen. Hinzu kommen die ca. 1000 t Pu, die bisher in zivilen Reaktoren erbrütet und inzwischen zu ca. 20% in MOX-Brennelemente verarbeitet wurden.

6. *Brennstoffvorräte:* Die weltweiten Uranvorkommen sind wesentlich größer, als ursprünglich geschätzt wurde. Man unterscheidet zwischen *Reserven*, die gegenwärtig wirtschaftlich abbaubar wären und *Resourcen*, bei denen auch die bekannten Vorkommen mitgezählt sind, die als potentiell abbaubar eingeschätzt werden. Als Vergleichsgröße für verschiedene Energieträger verwendet man die *Steinkohleneinheit* SKE, für die 1 kg SKE = 8 kWh gilt. In diesen, aus den Erfahrungen der Energieproduktion mit fossilen Kraftstoffen abgeleiteten Einheiten entspricht dann U $\approx 2.7 \cdot 10^3$ SKE und Gas/Öl ≈ 1.5 SKE. Die bekannten Resourcen (in 10^6 SKE) beliefen sich 1980 auf U $= 2.3 \cdot 10^{10}$, Th $= 2.7 \cdot 10^{10}$ und Kohle $1.1 \cdot 10^{11}$. Sie haben sich inzwischen noch weiter vergrößert.

Verbreitung der Leistungsreaktoren: Die gegenwärtige Verbreitung der energieerzeugenden Reaktoren ist im folgenden aus verschiedenen Quellen zusammengestellt:

1. *Bundesrepublik Deutschland:* In der BRD sind 19 Kraftwerke mit 22.2 GW$_{el}$ Gesamtleistung in Betrieb. Sie bestreiten 35% des öffentlichen Energieverbrauchs (ohne die Eigenproduktion der Großindustrie). Die gegenwärtige Schätzung der gesamten Erstellungskosten für ein Kernkraftwerk von 1.3 GW$_{el}$ beläuft sich auf $\approx$ $6 \cdot 10^9$ DM, d.h. 1700.- DM/kW$_{th}$, bei einer typischen Betriebsdauer von ca. 40 a. Die tatsächlichen Entsorgungskosten nach Stillegung sind gegenwärtig mangels Erfahrung noch nicht sicher abzuschätzen. Sie werden vermutlich nochmal einen beachtlichen Teil der Baukosten erreichen.

2. *Weltweite Verbreitung:* 1998 existierten 433 Kraftwerksblöcke mit 366 GW$_{el}$ Gesamtleistung. Ihre Verteilung auf die weltwirtschaftlich führenden Länder sind im folgenden zusammengestellt [FZK98].

Land:	USA	F	J	D	GUS	GB	Ukraine	S
GW$_{el}$:	102.2	64	45.2	22.2	21.2	15.0	12.8	10.5

4.3.6 Brutreaktoren

Die Idee, durch Brutprozesse den Vorrat an nutzbaren Kernbrennstoffen um etwa den Faktor 100 vergrößern zu können, ist den Reaktorphysikern bereits 1946 gekommen. Seitdem sind weltweit etwa 35 Brutreaktoren verschiedener Größe gebaut worden. Neben den militärischen Anlagen, die über viele Jahrzehnte das Pu für die Kernwaffen erbrütet haben, sind jedoch nur wenige zivile Anlagen entstanden, die wegen technischer Schwierigkeiten und wirtschaftlicher Bedenken bisher nicht die ursprünglich für die Brütertechnologie vorgesehene Rolle spielen konnten.

Brutzyklen: Um einen Konversionsfaktor C > 1 zu erzielen, muß $\eta > 2 + \varepsilon$ sein ($\varepsilon \approx 0.1$), da durch Spaltung und Brüten zwei Neutronen verbraucht werden und der Bruchteil ε im Reaktorbetrieb verloren geht. Die Abb. 4.17 zeigt, daß von den verfügbaren Spaltstoffen deshalb nur ^{239}Pu (für $E_n > 10^4$ eV) und ^{233}U (für alle E_n) als Brüterbrennstoff in Frage kommen.

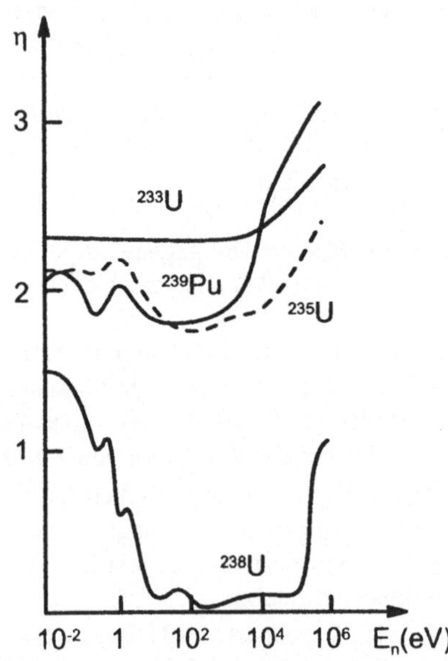

Abb. 4.17: Generationenfaktor η als Funktion der Energie E_n der spaltenden Neutronen (nach [Eck80]).

Je nach dem für eine echte Brüterfunktion erforderlichen E_n-Bereich unterscheidet man zwei Typen

1. *Schnelle Brüter:* Sie verwenden ^{239}Pu und spalten mit schnellen Neutronen , die in einem um den Core gelegten Mantel aus ^{238}U-Matrix über Einfangreaktionen (s. Abb. 4.12 und Gl. (4.33)) wieder ^{239}Pu erzeugen.

2. *Thermische Brüter:* Sie verwenden ^{233}U und können wie normale Reaktoren betrieben werden, wobei die Brutreaktion über ^{232}Th abläuft.

Insbesondere wegen der militärischen Nutzung des Pu wurden bisher ganz überwiegend mit schnellen Brütern Erfahrungen gesammelt, auf deren Beschreibung wir uns hier beschränken wollen.

Technischer Aufbau:

1. *Core:* Da, wie Abb. 4.14 zeigt, für schnelle Neutronen $\sigma_f \approx 3$ b ist, versucht man diesen Nachteil gegenüber thermischer Spaltung durch eine erhöhte Anreicherung des Brennstoffs auszugleichen. Bei dem fertig entwickelten, aber nicht in Betrieb genommenen SBR 300 wurden 30% Pu-Anreicherung eingesetzt. Damit ergibt sich eine stark erhöhte Leistungsdichte und Coretemperatur (s. Tab. 4.6). Dies führt zu einer größeren Gefahr lokaler Erhitzungen, deren Folgen aber durch die überwiegend negativen T-Koeffizienten abgemildert werden. Allerdings beträgt der Anteil verzögerter Neutronen nur $6 \cdot 10^{-3}$ (gegenüber $1.6 \cdot 10^{-2}$ bei ^{235}U), was den Bereich der verzögerten Kritikalität verkleinert und damit im Prinzip die Reaktorregelung erschwert. Um den Core ist ein Mantel (engl. *blanket*) aus ^{nat}UO$_2$ gelagert, in dem die Konversionsprozesse ablaufen.

2. *Kühlmittel:* Das verwendete Kühlmittel darf die schnellen Spaltneutronen weder moderieren (großes A) noch absorbieren (kleines σ_C). Wegen der großen Leistungsdichte des Cores soll die Wärmekapazität des Kühlmittels und, wegen des gebotenen Wärmeausgleichs innerhalb des Cores, auch seine Wärmeleitfähigkeit möglichst groß sein. Als bester Kompromiss wurde flüssiges Na gewählt, trotz gewichtiger Nachteile. Diese sind einmal dessen chemische Reaktionsfreudigkeit mit H$_2$O und Luft, zum anderen liegt der Siedepunkt mit 880°C so nahe an der Coretemperatur, daß die Gefahr von Blasenbildung besteht. Wegen der fehlenden Moderatorfunktion des Kühlmittels führt das lediglich zu einer Abnahme der Neutronenabsorption, was für die Reaktivität einen positiven T-Koeffizienten zur Folge hat. Schließlich wird das Kühlmittel auch durch die Reaktion ^{23}Na(n,γ)^{24}Na(15 h) stark aktiviert. Alternative Kühlmittel (He,Pb) haben sich aber bisher nicht durchgesetzt.

3. *Extraktion:* Um das erbrütete Pu zu gewinnen, muß das ^{238}U-Blanket aufgearbeitet werden. Desgleichen will man die Wiedergewinnung des beträchtlichen Pu-Anteils in den Brennelementen der normalen Leistungsreaktoren als Option einer Entsorgungsstrategie (s. Abschn. 4.6) offenhalten, die der gleichen Technik bedarf. Hierfür wurden chemische Verfahren entwickelt, für die das *PUREX* (Pu/-Extraktion) genannte typisch ist. Dabei werden folgende Schritte durchlaufen:

1. Die abgeklungenen Brennstäbe werden zerschnitten und in HNO_3 aufgelöst, wobei die gasförmigen Spaltprodukte (I, Edelgase) entweichen.
2. Mit HNO_3 und organischen Lösungsmitteln werden im Gegenstromverfahren die Fraktionen getrennt, sodaß sich $PuNO_3$ im HNO_3 und $UO_2(NO_3)_2$ im organischen Lösungsmittel anreichert.
3. Nach Abschluß der Trennung werden U und Pu extrahiert, wobei HNO_3 und Lösungsmittel zurückgewonnen werden. Die flüssigen Rückstände des Verfahrens werden nach Eindampfung in Glaskörpern eingeschmolzen, die als hochaktiver Abfall entsorgt werden müssen.
4. Die gewonnenen Pu-Anteile werden der MOX-Produktion zugeführt.

Die gegenwärtig vorhandenen Vorräte an Pu belaufen sich auf > 200 t aus militärischen Aufbereitungsanlagen, die im Zuge der nuklearen Abrüstungsprogramme zur Hälfte nicht mehr militärisch genutzt werden. Bei der erhofften Erweiterung dieser Programme wird sich diese Menge noch beträchtlich erhöhen. Hinzu kommen ≥ 1000 t aus Zivilreaktoren, die zu 80% in gelagerten Brennelementen und zu 20% bereits in wiederaufgearbeiteten MOX-Elementen enthalten sind. Diese Wiederaufarbeitung wird in Europa vor allem in den (ursprünglich als militärische Komplexe gebauten) Anlagen in *Sellafield* (GB) und *La Hague* (F) betrieben.
Weltweit wird die Brütertechnik nicht mehr rigoros verfolgt. Neben technischen Problemen ist hierfür vor allem die Entwicklung des Uranpreises auf dem Weltmarkt entscheidend, wodurch die Kosten den wiederaufgearbeiteten Kernbrennstoff nicht mehr konkurrenzfähig machen. Wegen finanzieller Schwierigkeiten ist daher auch die Zukunft des *Europabrüters EFR-1500* ungewiß, der als europäisches Gemeinschaftsprojekt (D, F, GB) mit 1570 MW_{el} Leistung gebaut werden sollte.

4.3.7   Moderne Sicherheitskonzepte

Das potentielle Risiko eines großen Unfalls in einem Kernkraftwerk ist seit langem untersucht worden. Dabei liegt eine der Schwierigkeiten in dem Umstand, daß solche Havarien keine „normalen" Unfälle sind, wie sie in der Großindustrie mit zum Teil katastrophalen Ausmaßen immer wieder vorgekommen sind. Während man bei diesen Unfällen stets nach dem Aufräumen die Lehren aus dem Katastrophenablauf in verbesserten Neuanfängen nutzen konnte (wie es sich in der eindrucksvollen Technikgeschichte widerspiegelt), ist die Situation bei Unfällen mit Radioaktivitätsfreisetzung anders. Deren Langlebigkeit und die praktisch unlösbaren Probleme einer großflächigen Dekontamination geben auch bei rechnerisch kleinen Risiken Anlaß zu ernsten Überlegungen. Mit diesem Umstand hängt sicher auch die psychologische Abwehr beträchtlicher Teile der Öffentlichkeit gegen die Restrisiken bei der Kernenergienutzung zusammen[9]

Bedeutende Reaktorunfälle: Neben den etwa zehn dokumentierten Unfällen, die sich hauptsächlich in militärischen Reaktorstationen ereignet haben, sind vor allem drei große Unfälle bekannt geworden, die wir kurz charakterisieren wollen.
1. *Windscale* (GB 1957) [Frie88]. Es handelte sich um einen Kernwaffenreaktor, der graphitmoderiert war. Bei der Ausheizprozedur für die im Moderator von den schnellen Neutronen erzeugten Kristallschäden (*Wigner-Energie*) geriet das Graphit in Brand und setzte vor allem viele gasförmige Spaltprodukte frei.
2. *Three-Mile-Island* (USA 1979) [Wei88]. Durch einen technischen Defekt mit anschließenden Bedienungsfehlern wurde eine Kernschmelze bewirkt, deren ganzes Ausmaß erst nach 6 Jahren entdeckt wurde, als erstmals mit Fernsehrobotern das Innere des Cores angeschaut werden konnte. Der Druckbehälter blieb glücklicherweise intakt, wodurch eine große Katastrophe vermieden wurde.
3. *Chernobyl* (GUS 1986) [Koe91]. Die weitgehende Zerstörung von Core und Reaktorgehäuse durch leichtsinnige Bedienungsfehler setzte $> 2 \cdot 10^{18}$ Bq Aktivität frei. Durch den Brand des Graphitmoderators wurden diese in große Höhen getragen und mit der vorherrschenden Luftströmung in einem schmalen Band über Nordeuropa nach Mitteleuropa geführt, wo durch regionale Regenfälle eine bedeutende, aber sehr ungleichmäßig verteilte Bodenkontamination die Folge war.
Die geschätzten freigesetzten Aktivitäten dieser drei Unfälle sind in der folgenden Tabelle aufgelistet, zusammen mit einer Abschätzung der vor allem in den Jahren nach 1960 durch atmosphärische Kernwaffentests freigesetzten Aktivitäten.

Nuklid	Windscale	Three-Mile-Island	Chernobyl	Kernwaffentests
^{90}Sr	$2 \cdot 10^{-4}$	-	8	660
^{131}I	0.15	10^{-4}	260	$1 \cdot 10^{6}$
^{137}Cs	0.02	-	40	$1.3 \cdot 10^{4}$
Edelgase	$3.5 \cdot 10^{3}$	35	$1.7 \cdot 10^{3}$	$2 \cdot 10^{6}$

Tab. 4.7: Die bei Reaktorunfällen freigesetzten Aktivitäten (in 10^{15} Bq).

Alternative Reaktorkonzepte: [Gol93,Kuc93,Bod96]. Als Folge der von den Unfällen ausgelösten Diskussion um die Sicherheit der Reaktoren wurden Weiterentwicklungen betrieben, die vor allem auf die Reduzierung der Risiken durch *Bedienungsfehler* (auch mutwillige) beim Kraftwerksbetrieb, *Anschläge* (und Kriegsein-

---

[9]Die gleichen Charakteristika gelten auch für die vagabundierenden chemischen Altlasten, deren Gefährlichkeit viel direkter nachweisbar ist. Da hier der Widerstand deutlich geringer ist, kommen offensichtlich weitere psychologische Elemente ins Spiel, die zwar schwierig zu analysieren sind, bei Zukunftsentscheidungen aber durchaus berücksichtigt werden müssen.

wirkungen) auf solche Installationen und *Systemversagen* durch Materialfehler konzentrierten. Die gegenwärtig diskutierten Lösungen basieren auf folgenden Konzepten.

1. *Inhärente Sicherheit:* Sie wird durch konvektionsbetriebene Kühlsysteme angestrebt, die durch einen Ausfall der Pumpen nicht beeinträchtigt werden, weil das aufgeheizte Kühlwasser in natürlicher Konvektion nach oben steigt und nach Wärmeabgabe an den Sekundärkreislauf wieder nach unten sinkt. Eine Entwicklungslinie dieser Art aus den USA trägt den Namen *PIUS* (Process Inherent Ultimately Safe). Die Leistung dieser Anlage wäre aber konstruktionsbedingt auf ≤ 600 MW$_{el}$ beschränkt.

2. *Externe Sicherheit:* Durch eine unterirdische Reaktoranlage läßt sich die Sicherheit auch gegen überraschende äußere Einwirkungen am besten erreichen.

3. *Effizienzeinbußen:* Die Sicherheitskomplexe sehen allgemein eine reduzierte Leistungsdichte vor, woraus insgesamt eine geringere Reaktorleistung resultiert. Eine größere externe Sicherheit bedingt außerdem höhere Baukosten. Von seiten der Reaktorindustrie ist allerdings die Abneigung zu erwarten, diese Verschlechterung des Kosten-/Gewinnverhältnisses in Kauf zu nehmen. Prinzipiell wird jedoch mit dem Sicherheitsreaktor auch die Möglichkeit eröffnet, kleinere Kraftwerkseinheiten in größerer Nähe zum Verbraucher zu errichten, woraus wiederum wirtschaftliche Vorteile erwachsen würden.

4. *Konventionelle Weiterentwicklungen:* Zur Erfüllung der seit 1994 im Bundesgesetz verankerten Forderung, daß bei einer Kernschmelze (GAU) eine Evakuierung außerhalb des Reaktorkomplexes nicht mehr erforderlich sein darf, sind auch die konventionellen Weiterentwicklungen (z.B. der *Europäische Gemeinschaftsreaktor EPR*) dazu übergangen, doppelwandige Reaktorhüllen und automatische Flutvorrichtungen für den inneren Sicherheitsbehälter vorzusehen. Diese sollen aus großen, oberhalb des Reaktors vorrätig gehaltenen Wasserbecken gespeist werden und das Reaktorinnere mit einer automatisch ausgelösten Kühlleistung versorgen können, die für jeden möglichen Fall ausreichend ist.

4.4 Fusionsreaktoren

Die Bemühungen, nicht die Kernspaltung sondern die Kernfusion zur Deckung des Energiebedarfs in einer zukünftigen Industriegesellschaft zu nutzen, gehen von den folgenden Grundüberlegungen aus.

a) Für alle ins Auge gefassten Fusionspfade ist der Brennstoff in praktisch unbegrenzter Menge weit verbreitet, also ohne territoriale Probleme zugänglich.

b) Die in Frage kommenden Fusionsreaktionen erzeugen keine radioaktiven Endprodukte, sodaß diese Spätfolgen der Kernspaltung wegfallen. Die Aktivierungsprobleme infolge der bei der Fusion entstehenden Neutronen können durch Materialauswahl in gewissen Grenzen beeinflusst werden.

c) Wegen der wegfallenden Nachwärme sind Fusionsreaktoren jederzeit ohne Not-
maßnahmen abschaltbar. Daher sind sie inhärent betriebssicher und vor Unfällen
von der Art der Spaltreaktorhavarien geschützt.
Leider lassen sich diese prinzipiellen Vorteile aber nicht ohne weiteres in
technische Lösungen umsetzen, wie wir nun darstellen wollen.

4.4.1   Fusionspfade

Die Beschreibung kontrollierter Fusionsreaktionen $a+b \rightarrow c+d+Q_F$ geht von der
Fusionsrate R_{ab} [Fusionen/cm^{3}s] aus

$$R_{ab} = n_a <j_b\sigma_F> = n_a n_b <\sigma_F v_{ab}> \tag{4.34}$$

wo $n_{a,b}$ = Teilchendichte der Fusionskerne im Reaktionsvolumen
  $j_b = n_b v_{ab}$ = Teilchenstrom mit Relativgeschwindigkeit v_{ab} und
  σ_F = Reaktionsquerschnitt für Fusion.

Da bei thermischen Reaktionen die v_{ab} nicht einheitlich sind, muß über das ganze
Plasmavolumen gemittelt werden. Die in der Fusionsreaktion erzeugte Leistungsdichte ist dann

$$\varepsilon_F = R_{ab}Q_F[W/cm^3] \tag{4.34'}$$

Sonnenfusion: Die in Abschn. 4.2 dargestellte Energieproduktion der Sonne mit
$4p \rightarrow \alpha + 2(\bar{e}v) + 24$ MeV führt zu einem $\varepsilon_F = 1.6\cdot10^3$ W$_{th}$/m^3, was relativ zum
entsprechenden $\varepsilon_f = 10^8$ W$_{th}$/m^3 für einen Spaltreaktor extrem gering ist. Um die
Sonnenprozesse auf der Erde in einem äquivalenten Reaktor von 3GW$_{th}$ zu
imitieren, wäre ein Reaktionsvolumen von 300 m Durchmesser nötig, in dessen
Innerem bei $T = 1.6\cdot10^7$ K ein $p = 2.8\cdot10^5$ bar herrschen würde. Während dieser
Druck im Inneren der Sonne durch den *Gravitationsdruck* von außen stabilisiert
wird, wäre ein solches System auf der Erde nicht beherrschbar. Die erforderliche
starke Erhöhung von ε_F kann auf der Erde nur durch alternative Fusionsreaktionen
erreicht werden.

Alternativreaktionen: Die wichtigsten sind (Reaktionsenergien in Klammern)

$$d + t \quad \rightarrow \alpha(3.5 \text{ MeV}) + n(14.1 \text{ MeV}) \tag{4.35a}$$

$$d + d \begin{cases} \rightarrow {}^3He(0.8\,\text{MeV}) + n(2.5\,\text{MeV}) \\ \rightarrow t(1\,\text{MeV}) + p(3\,\text{MeV}) \end{cases} \tag{4.35b}$$

$$t + t \quad \rightarrow \alpha(1.3 \text{ MeV}) + 2 \times n(5 \text{ MeV}) \tag{4.35c}$$

$$d + {}^3\text{He} \rightarrow \alpha(3.7\,\text{MeV}) + p(14.7\,\text{MeV}) \tag{4.35d}$$
$$p + {}^{11}\text{B} \rightarrow 3 \times \alpha\,(2.9\,\text{MeV}) \tag{4.35e}$$
$$p + {}^6\text{Li} \rightarrow \alpha(1.7\,\text{MeV}) + {}^3\text{He}(2.3\,\text{MeV}) \tag{4.35f}$$

In den letzten drei Reaktionen entstehen keine Neutronen, die in den Strukturmaterialien des Reaktors Aktivitäten erzeugen und dadurch ein beträchtliches Problem darstellen. Sie wären also ideal, haben aber wegen der hohen Ladungen im Eingangskanal stark reduzierte Fusionswahrscheinlichkeiten zur Folge. Dies ist in der folgenden Darstellung im Vergleich zu sehen.

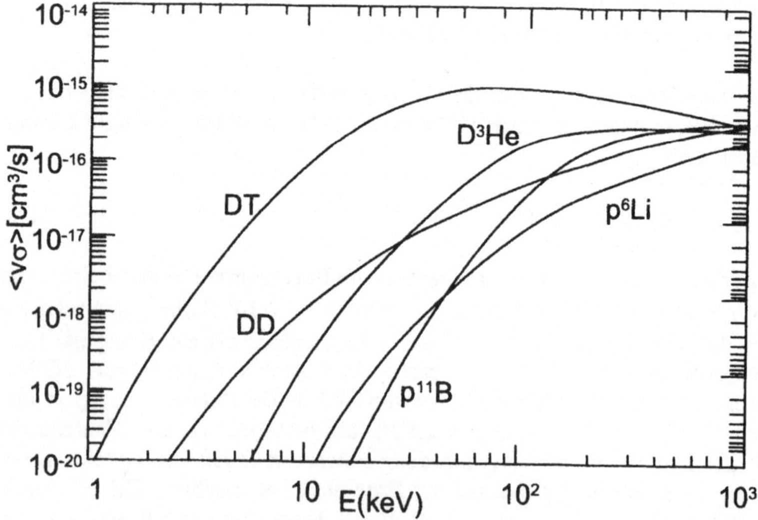

Abb. 4.18: Fusionsraten in Abhängigkeit von der Ionentemperatur (Nach Ref. [DM81]).

Man erkennt, daß für eine Optimierung der Leistungsdichte ohne extrem hohe Plasmatemperaturen nur die (d + t)-Reaktion (4.35a) in Frage kommt. Allerdings benötigt sie große Mengen von Tritium, bei dessen Zerfall Elektronen ausgesendet werden, die aber lediglich 5.5 keV Energie haben. Tritium ist also vergleichsweise leicht zu beherrschen, solange sein Entweichen sicher vermieden werden kann [Mül90].

T-Produktionsreaktionen: Zur Erzeugung der großen T-Mengen, die in den Fusionsreaktionen gebraucht werden, können aber in den Reaktionen

$$n + {}^6Li \ (7.5\%) \to t + \alpha + 4.8 \ MeV \tag{4.35g}$$
$$n + {}^7Li \ (92.5\%) \to t + \alpha + n - 2.5 \ MeV \tag{4.35h}$$

die Fusionsneutronen selbst wieder genutzt werden (in Klammern: relative Häufigkeiten der Isotope).

4.4.2 Lawson-Kriterium

Um die Bedingungen für eine positive Energiebilanz eines Fusionsreaktors abzuschätzen, gehen wir von einem Plasma der Leistungsdichte ε_F aus, das über eine Einschußzeit τ brennt. Die freigesetzte Energiedichte ist dann

$$L_F = \varepsilon_F \tau \tag{4.36}$$

Aufgabe 4.4: Rechnen Sie nach, wie groß L_F in einem Plasma mit $n_a = n_b = 10^{15}$ Teilchen/cm^3 und $kT = 10^4$ eV sein würde, in dem die Reaktion (4.35a) für $\tau = 10s$ abläuft.

Wenn L_H die thermische Energie des Plasmas ist, so haben wir

$$L_H = n_e 3kT_e/2 + (n_a + n_b)3kT_i/2 = 3nkT \tag{4.37}$$

mit n_e = Elektronendichte des einfach ionisierten Plasmas, $T_{e,i}$ = Elektronen bzw. Ionentemperatur sowie $T_e = T_i$ und $n_e = 2n_a = 2n_b = n$, der Teilchendichte für ein neutrales Plasma im thermischen Gleichgewicht. Außerdem werden monoatomare Plasmaionen angenommen, die nur die drei translatorischen Freiheitsgrade einbringen.

Für den *break-even Punkt* $L_F = L_H$, bei dem theoretisch die Fusionsreaktionen in einem Plasmavolumen gerade die Energie freisetzen, die zur Aufheizung des Volumens aufgebracht werden mußte, erhalten wir dann mit (4.36) und (4.34)

$$(n^2/4) \langle\sigma v\rangle \tau Q_F^* = 3nkT$$
$$n\tau = 12 \ kT/\langle\sigma v\rangle Q_F^* \tag{4.38}$$

wobei Q_F^* berücksichtigt, daß die Neutronen dem Plasma entkommen und somit nur die geladenen Teilchen die Plasmaheizung übernehmen können. Den Plasmadruck können wir mit der Beziehung

$$p = n_e kT_e + n_a kT_a + n_b kT_b = 2nkT$$

bestimmen, woraus sich das (4.38) analoge *Zündkriterium*

$$p\tau = 24(kT)^2/<\sigma v> Q_F^* \tag{4.38'}$$

ergibt. Für die Reaktion (4.15a) ist $Q_F^* = 3.5$ MeV und bei kT = 10keV (s. Abb. 4.18) erhalten wir das *Lawson-Kriterium*

$$n\tau \approx 10^{15} \text{ [s/cm}^3] = 10^{21} \text{ [s/m}^3] \tag{4.39}$$

für den break-even Punkt eines (DT)-Plasmas[10]. Es ist klar, daß dieser Wert deutlich übertroffen werden muß, um eine ökonomisch vertretbare Fusionsquelle zu haben. Als grobe Abschätzung hierfür gilt $L_F/L_H \approx 30$.

Um das Kriterium (4.39) zu erreichen, hat man offenbar zwei Wege, die unterschiedliche technologische Entwicklungen verlangen.

1. *τ-Maximierung:* bei der ein Zusammenhalt des Plasmas hoher Temperatur über lange Zeiträume erreicht und seine Isolation von der kalten Umgebung gesichert werden muß. Dafür bietet sich nur der Einschluß durch Magnetfelder an. Dies führt zu *Magneteinschlussmaschinen.*

2. *n-Maximierung:* Dabei müssen für kurze Zeit Teilchendichte und Temperatur weit über ihre Anfangswerte gesteigert werden, wobei die Reaktionszone durch die Massenträgheit des Brennstoffs über ein für (4.39) ausreichendes τ zusammengehalten wird, bevor sie unter dem Plasmadruck explodiert und die Reaktion beendet. Dies führt zu *Trägheitseinschlußmaschinen.*

4.4.3 Magneteinschluss-Maschinen

Rekapitulieren wir zunächst das Verhalten eines Ions der Ladung qe in einem Magnetfeld der Stärke B [Pin82].

Gyrationsbewegung: Die Lorentzkraft $\mathbf{F}_L = qe\mathbf{v} \times \mathbf{B}$ führt zu einer Kreisbewegung in der Ebene, auf der $\mathbf{B}$ senkrecht steht. Für einfach geladene Ionen ergibt das

$$F_L = ev_g B = m\,v_g^2/r_g, \text{ worin } r_g = \sqrt{2mE}\,/\,eB$$

der *Gyrationsradius* ist. Für ein D-Ion mit $E = 10^4$ eV erhält man bei B = 3T z.B. $r_g = 7{\cdot}10^{-3}$ m. Die Ionenbahn ist also an die B-Linien gekettet und folgt deren

---

[10]Berücksichtigt man zusätzlich, daß ca. 50% der Energie der geladenen Plasmateilchen von den Elektronen durch Bremsstrahlung abgegeben werden und damit ebenfalls für die Plasmaheizung verloren gehen, erhöht sich der Zahlenwert des Lawson-Kriteriums entsprechend.

Verlauf. Sie ist „eingefroren". Die Kreisbewegung des Ions erzeugt aber ihrerseits ein magnetisches Moment μ_g, das dem B-Feld entgegen gerichtet ist und dieses schwächt.

Feldschwächungsparameter: Wir haben $\mu_g = IA$, wo $I = e\omega_g/2\pi$ der Ionenstrom und $A = \pi\,r_g^2$ die von der Ionenbahn eingeschlossene Fläche ist. Mit $m\,v_g^2 = ev_g r_g B$ und $v_g = r_g\omega_g$ ergibt das

$$\mu_g B = (m/2)\,v_g^2 = E_g \tag{4.40}$$

Das Ion entnimmt also seine Gyrationsenergie E_g der magnetischen Feldenergie und bewirkt dadurch eine Schwächung des B-Feldes. Man definiert das Verhältnis der Energiedichten $\Delta\varepsilon_m = (\rho/2)v_g^2$ und $\varepsilon_m = B^2/2\mu_0$ als *Feldschwächungsparameter*.

$$\beta = \Delta\varepsilon_m/\varepsilon_m = \rho v_g^2\mu_0/B^2 \tag{4.41}$$

Da die Energiedichten ε den Druck $p = \varepsilon$ ausüben, gibt β auch das Verhältnis des Plasmadrucks zum (entgegengesetzt gerichteten) Druck des B-Feldes an. Je nach der Größe β unterscheiden wir

1. *Niedrig-β-Anordnungen* ($\beta \ll 1$): Das ungestörte B-Feld führt das eingefrorene Plasma mit sich. Dies ist z.B. (wegen der geringen Teilchendichte n) der Normalzustand in astrophysikalischen Systemen.

2. *Hoch-β-Anordnungen* ($\beta \approx 1$): Das Plasma hat deutliche Rückwirkungen auf B und das System verhält sich wie eine geladenes Gas hoher Dichte.

3. *Magnetohydrodynamische Systeme* ($\beta \gg 1$): Das Plasma führt das eingefrorene Magnetfeld mit sich und hat Ähnlichkeit mit einer Flüssigkeit sehr hoher Leitfähigkeit.

Aufgabe 4.5: Zeigen Sie, daß für ein Plasma mit $n = 10^{14}\ cm^{-3}$, $kT = 10^4$ eV und $B = 3.3$ T (wie es der Situation in den großen Plasmaversuchsanlagen entspricht) $\beta = .05$ folgt. Bestimmen Sie außerdem das Feld B, das auf der Erde nötig wäre, um das H-Plasma des Sonneninneren ($\rho = 150$ g/cm^3, $T = 1.5\cdot10^7$ K) zusammenzuhalten.

Man erkennt, daß die Beherrschung so dichter Plasmen, wie sie nach dem Lawson-Kriterium (4.19) wünschenswert sind, sehr hohe B-Felder erfordert. Um deren Energieverbrauch zu minimieren, müssen alle großen Versuchsanordnungen mit supraleitenden Magneten ausgrüstet sein.

Für die Realisierung von Plasmastrecken bieten sich zwei grundsätzlich verschiedene Geometrien an:

Lineare Anordnungen: Bei ihnen wird das B-Feld durch den Strom I einer Gasentladung in Achsenrichtung innerhalb der Anordnung selbst erzeugt. Die Gyrationsbewegung der Ionen folgt dem B-Feld, das um die Stromrichtung der Entladung zirkuliert, wobei das mit wachsendem I immer stärker werdende B die Gasentladung zur Achse hin komprimiert und dadurch das Plasma aufheizt (*Z-Pinch*). Da die Driftgeschwindigkeiten $<v> \approx \sqrt{kT/m}$ über die benötigte Brenndauer des Plasmas viel zu lange Flugstrecken zur Folge hätten, muß man die Ionen am Ende des Reaktorgefäßes mit *magnetischen Spiegeln* reflektieren [Pin82]. Dabei wird durch eine B-Felderhöhung die Driftbewegung umgelenkt. (Dem gleichen Mechanismus unterliegen die in Erdnähe eingefangenen Teilchen des Sonnenwindes, die im Strahlungsgürtel zwischen den Polen des Erdmagnetfeldes hin und her pendeln). Aber, wie schon die Polarlichter zeigen, sind solche Feldkonfigurationen längs ihrer Symmetriemittelachse nicht dicht und die Teilchen können entweichen. Dies verhindert man in den Plasmaexperimenten mit repulsiven elektrischen Feldern an den Maschinenenden. Diese *Spiegelmaschinen* können das Entweichen verhindern, nicht aber das Grundproblem der linearen Instabilitäten, die das Plasma seitlich ausbrechen lassen (*Kink-Instabilität*) oder durch Einschnürung unterbrechen (*Sausage-Instabilität*). Der Grund für dieses Verhalten liegt in der Selbstverstärkung von Inhomogenitäten in der Gasentladung, wodurch die perfekte B-Feldsymmetrie gestört wird. Die dadurch induzierten Feldabweichungen verstärken die Plasmainhomogenitäten ihrerseits noch weiter, wodurch der Plasmastrom in wenigen µs unterbrochen wird.

Torusanordnungen: Wesentliche Nachteile der Spiegelmaschinen werden durch die schlauchförmigen Ringgefäße der *Torusmaschinen* vermieden, bei denen die Ionen ohne Endprobleme umlaufen können und in einem von Ringspulen um das Plasmagefäß erzeugten toroidalen B-Feld längs der Schlauchachse geführt werden. Durch die Kombination von E- und B-Feldern wird aber ein subtiler Effekt von großer Wichtigkeit generiert, den wir zunächst besprechen wollen.
1. *E × B-Drift:* Wenn sich ein geladenes Teilchen in einem Bereich orthogonal zueinander stehender E- und B-Felder bewegt, so wird durch die Impulszunahme bei Beschleunigung in E-Richtung der Ablenkradius ρ im B-Feld größer und bei Bewegung entgegen dem E-Feld entsprechend kleiner. Die stationäre Kreisbahn des Teilchens bei E = 0 wird so zu einer Zykloide, die das Teilchen in Richtung $\mathbf{E} \times \mathbf{B}$ durchläuft. Die Abb. 4.19 veranschaulicht das.
Die Bewegungsgleichung der Ionen $m\dot{\mathbf{v}} = q(\mathbf{E} + \mathbf{v} \times \mathbf{B})$ wird mit der Substitution $\mathbf{w} = \mathbf{v} - (\mathbf{E} \times \mathbf{B})/B^2$ in die neue Gleichung $m\dot{\mathbf{w}} = q(\mathbf{w} \times \mathbf{B})$ überführt, also die stationäre Bewegung im E-freien Feld. Daher beschreibt das Teilchen eine Kreisbewegung, deren Mittelpunkt sich mit der Driftgeschwindigkeit

$$\mathbf{v_D} = (\mathbf{E} \times \mathbf{B})/B^2 \tag{4.42}$$

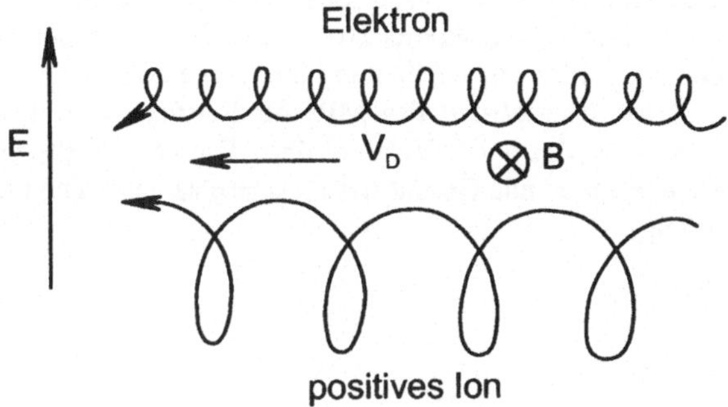

Abb. 4.19: Driftbewegung V_D von Elektronen und positiven Ionen in einem kombinierten E- und B-Feld. (Der B-Vektor zeigt aus der Zeichenebene heraus).

bewegt. Eine solche Driftbewegung wird offenbar durch jedes beschleunigende Kraftfeld **F** erzeugt, in dem sich das Teilchen befindet. Seiner Bewegung wird dadurch die Geschwindigkeit $v_D = (\mathbf{F} \times \mathbf{B})/\mathbf{B}^2$ überlagert.

2. *B-Gradientenfelder:* Auch ohne elektrische Potentiale treten solche **F** auf, sobald das Feld **B** inhomogen ist. Dann entsteht die Kraft $q\mathbf{F} = -\mu\mathrm{grad}\mathbf{B}$, wobei μ das von der Gyrationsbahn erzeugte magnetische Moment ist und der *Gradient* gradB ein Tensor 2. Stufe ist, der die Komponentenänderung von **B** bei Bewegungsschritten in die verschiedenen Raumrichtungen angibt und in die Richtung der maximalen Änderung zeigt. Die Kraft $q\mathbf{F}$ versucht das Teilchen aus dem Bereich hoher Feldstärke hinauszudrängen (worin auch das Prinzip der bei den Spiegelmaschinen erwähnten Instabilitäten liegt). In inhomogenen Magnetfeldern bildet sich also die *Magnetdrift*

$$v_D = -\mu(\mathrm{grad}\mathbf{B} \times \mathbf{B})/q\mathbf{B}^2 \tag{4.42'}$$

aus. Da gradB in Richtung der Torusmitte zeigt, also senkrecht auf **B** steht, trennen sich die verschiedenen Ladungen q des Plasmas in vertikaler Richtung. Das dadurch entstehende E-Feld bewirkt dann nach Gl. (4.42) das Ausweichen der Ladungen gegen die Toruswände und das Plasma erlischt.

3. *Gradientenmittelung:* Als Ausweg aus dieser Schwierigkeit bietet sich die Überlagerung eines Schraubenfeldes $\mathbf{B}_S$, das sich um die Kreisbahn des Teilchens im Torus windet und so im Mittel $\langle\mathrm{grad}(\mathbf{B}_S + \mathbf{B})\rangle = 0$ bewirkt. Damit ist $\langle v_D \rangle = 0$ und die Ladungstrennung mit der resultierenden $\mathbf{E} \times \mathbf{B}$-Drift werden vermieden.

Torusmaschinen:
Zur Realisierung dieser Idee wurden zwei verschiedene Konzepte entwickelt.
1. *Stellaratoren:* Bei diesen Maschinen wird $\mathbf{B}_S$ durch einen Helixstromleiter außerhalb des Plasmagefäßes erzeugt. Die erforderliche Schraubenarchitektur ist sehr kompliziert, da sonst durch die diskreten Stromleiter Störungen der Feldsymmetrie auftreten können, die zu Plasmainstabilitäten führen. Die Abb. 4.19 zeigt den experimentellen Stellarator *Wendelstein* des MPI für Plasmaphysik in Garching bei München. Das Plasma brennt in der Vakuumröhre. Die verwickelte Geometrie des Helixfeldes und die resultierende Gestalt des Plasmaschlauches sind im unteren Teil der Abb. 4.20 gezeigt.

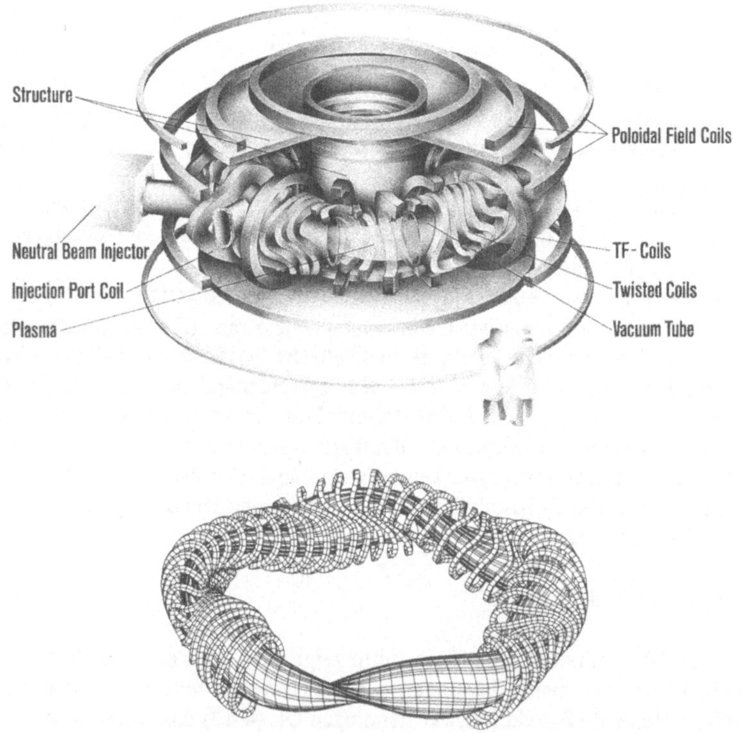

Abb. 4.20: Schema einer Stellaratoranlage. Oben: Struktur mit magnetischem Führungsfeld und den verwundenen Spulen des Helixstromleiters. Unten: Darstellung des Helixstromleiters und die resultierende Verwindung des Plasmaschlauchs.
(Mit frdl. Genehmigung des MPI für Plasmaphysik, Garching).

2. *Tokamaks:* Bei diesem zuerst in der UdSSR angewendeten Prinzip wird B_S durch einen Kreisstrom im Plasma selbst erzeugt. Das ringförmige **B**-Feld um die Plasmastromrichtung erzeugt gerade die gewünschte Gradientenmittelung des von den Hauptspulen erzeugten Führungsfeldes, wie es in Abb. 4.21 zu sehen ist.

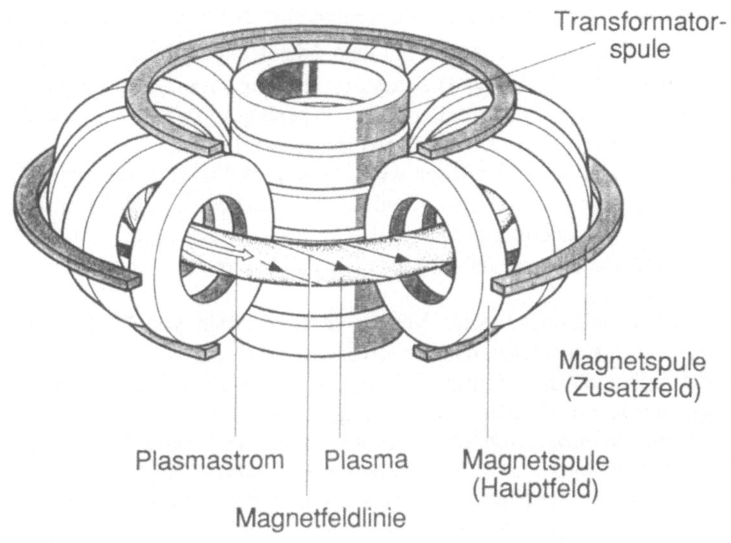

Abb. 4.21: Schema einer Tokamak-Anlage. Die primäre Transformatorenspule und der als Sekundärwindung wirkende Plasmastrom, sowie die resultierenden verwundenen Magnetfeldlinien sind gezeigt. (Mit frdl. Genehmigung des MPI für Plasmaphysik, Garching).

Darin ist auch die zentrale Primärspule des Transformators zu erkennen, dessen Sekundärspule der leitfähige Plasmaschlauch ist, in dem I_S induziert wird. Er erreicht z.B. in dem europäischen *Versuchstokamak JET* in Culham (GB) Werte bis zu $8 \cdot 10^6$ A. Wegen $I_S \propto \dot{\Phi} = L \dot{I}_P$ muß der Strom I_P in der supraleitenden Primärspule aber zeitlich veränderlich sein. Das bedingt (im Gegensatz zum Stellarator) einen Impulsbetrieb des Plasmabrennens. Gegenwärtig läßt sich B_S mit dieser Methode für ca. 10s aufrecht erhalten. Ein großtechnischer Betrieb verlangt aber ein ununterbrochenes Plasmabrennen von mehreren Stunden!

Plasmaheizung: Zur Aufheizung des Plasmas auf die benötigten Brenntemperaturen werden interne und externe Wärmequellen verwendet [Pin82]. Man unterscheidet hierbei

1. *Ohmsche Heizung:* Sie beruht auf der Verlustleistungsdichte $L_I = \mathbf{j}\cdot\mathbf{E} = j^2/\sigma$, da nach dem Ohmschen Gesetz $\mathbf{j} = \sigma\mathbf{E}$ ist. Der induzierte Plasmastrom des Tokamaks mit $<j> \approx 10^4$ A/cm^2 bewirkt eine kräftige Heizung des Plasmas. Allerdings ist $\sigma \propto$ n, der Plasmadichte, sodaß L_I für gegebenes j mit steigendem T als Folge der zunehmenden Leitfähigkeit des Plasmas drastisch abnimmt.

2. *Adiabatische Heizung:* Bei schneller Überführung des Plasmas in Bereiche hohen B-Feldes nehmen Dichte und Temperatur des Plasmas, wie bei einem monoatomaren Gas, gemäß $T \propto \rho^{\gamma-1}$ mit dem Adiabatenkoeffizienten $\gamma = 5/3$ zu.

3. *Alphateilchen-Heizung:* Die von den α-Teilchen zu 20% aufgenommene Fusionsenergie wird in Stößen möglichst vollständig an das Innere des Plasmas abgegeben, bevor ^{4}He als Fusionsasche extrahiert wird.

Die Leistung dieser Heizquellen wird durch Verluste reduziert, wozu vor allem die Bremsstrahlung der Elektronen und das Entweichen der geladenen Plasmateilchen vor der Thermalisierung gehört. Daher ist man bei den gegenwärtigen Versuchsanordnungen gezwungen, mit externen Quellen Heizleistung direkt auf das Plasma zu übertragen.

4. *Neutralinjektionsheizung:* Mit einem Ionenstrahl von 20-150 keV Teilchenenergie läßt sich durch die Ionisierungsverluste (s. Abschn. 2.1.1) das Plasma direkt aufheizen. Der Einschuß in das Zentrum der Entladung gelingt allerdings wegen des starken B-Feldes nur mit ungeladenen Projektilen.

4. *Hochfrequenzheizung:* Dabei werden durch HF-Einstrahlung starke Plasmamoden angeregt, über deren Dämpfung die Heizenergie eingespeist wird (im Prinzip vergleichbar mit der Mikrowellenheizung in modernen Küchen).

Plasmaversorgung:

1. *Brennstoffzufuhr:* Der Nachschub an Plasmabrennstoff erfolgt durch den Einschuß von gefrorenen DT-Pellets in den zentralen Bereich der Brennzone, da hierbei die Wandprobleme (s.u.) minimiert werden. Daher müssen sie von pneumatischen Injektorkanonen mit v = (5-10) km/s und im Reaktorbetrieb auch in schneller Schussfolge von (5-10) Hz tief in den Bereich hoher Plasmadichte gefeuert werden. Dabei sind noch viele technische Probleme ungelöst.

2. *Ascheabfuhr:* Das bei der Fusion entstandene He und die von den Neutronen in der Wand losgeschlagenen schweren Atome müssen aus dem Plasmabereich entfernt werden, da sie dessen Temperatur drastisch senken. Um dafür geeignete Plasmazonen zu schaffen, ist dem torodialen Führungsfeld durch Zusatzspulen ein vertikales (poloidales) Feld überlagert (s. Abb. 4.21). Dadurch ist der Plasmaquerschnitt nicht mehr kreisförmig sondern erhält am unteren Rand eine Zuspitzung. In diesem Bereich öffnet sich etwa alle 10 ms für 1 ns der Plasmarand und die dort angesammelten Teilchen werden auf die *Divertorplatten* entleert, hinter denen starke Pumpen die Müllabfuhr vollenden [Sam94,Eng97]. Die Abb. 4.22 zeigt den Blick ins Innere des Versuchstokamaks ASDEX des MPI in Garching und eine

Momentaufnahme des brennenden Plasmas. Der Abfluss zu den unten liegenden Divertoren ist sehr schön zu sehen.

Abb. 4.22: Oben: Innenstruktur des Versuchs Tokomak ASDEX. Unten: Brennendes Plasma in ASDEX mit der deutlich sichtbaren Divertorenwirkung am Boden des Torustanks. (Mit frdl. Genehmigung des MPI für Plasmaphysik, Garching).

Wandprobleme: Die Wand des Plasmagefäßes ist der kritischste Teil des Fusionsreaktors, da sie eine Vielzahl von Funktionen zu erfüllen hat.

1. *First Wall* (Neutronenabsorption und Wärmeumwandlung der Fusionsleistung): Dies geschieht voraussichtlich mit Graphitziegeln auf Stahlplatten, die einen Fluss von 10^{18} Neutronen/m²s mit 14 MeV Energie aushalten müssen, was einer Wand-

belastung von ≥ 2 MW/m^2 (das sind 2000 Solarkonstanten) entspricht. Damit ist eine starke Abtragung der Oberflächen ($\approx$ cm/Tag!) und entsprechende Materialablagerung an anderen Stellen verbunden, da die D$^+$-Ionen bei 10^2-10^3 keV Energie an den C- und B-Oberflächen Sputteryields von (2-8)$\cdot 10^{-2}$ aufweisen [Beh92]. Außerdem bildet sich eine große aber sehr kurzlebige Aktivierung aus. Diese erste Reaktorwand wird 1800 K heiß und von durchströmendem H$_2$O gekühlt.

2. *Blanketwand* (T-Produktion): Hinter der ersten Wand befindet sich der optimale Platz für den Brutmantel, der in Stahlröhren flüssiges Li enthält, in dem die Fusionsneutronen gemäß den Reaktionen (4.35 g,h) wieder T erzeugen. Trotz stärkster Kühlung werden hier die Temperaturen so hoch ansteigen, daß die Metalle gegenüber T sehr durchlässig werden, dessen Rückhaltung deshalb eines der wichtigsten Strahlenschutzprobleme darstellt. Zur Erreichung der Tritiumautonomie müßte jedes n ein t produzieren, was nicht realistisch ist. Daher ist die Reaktion (4.35h) sehr hilfreich, denn in ihr wird noch ein weiteres n produziert, welches zur T-Brütung beitragen kann. Auf diese Weise hofft man, eine Brutrate von 1.04 zu erreichen. Das T-Inventar wird für große Reaktoren 20-40 kg betragen, was eine Aktivität von (1-2)10^{19} Bq bedeutet!

Aufgabe 4.6: Schätzen Sie ab, wieviel kg T in einem großen Kraftwerk zur Erzeugung von 10 GW$_{th}$ pro Tag wenigstens verbraucht werden.

3. *Wärmewand* (Energieabfuhr und Magnetschutz): Unmittelbar hinter der Blanketwand liegen die Spulen der supraleitenden Führungsmagneten, deren Stromleiter auf 4.5 K gehalten werden müssen. Im ITER-Entwurf (s.u.) sollen die davorliegenden Kühlrohre mit 60 bar He durchströmt werden, das mit 200°C eintritt und mit 450°C Austrittstemperatur die Hauptlast der Wärmeabfuhr zur Stromerzeugung leistet. Das Wandsystem wird dadurch etwa 65% der abgegebenen Fusionsleistung nutzen können. Die restlichen 35% gehen je zur Hälfte in die Abschirmung sowie die Divertoren und sind für die Wärmegewinnung verloren.

Versuchsreaktoren: Von den Tokamaks, die gebaut worden sind, um die physikalischen Bedingungen für eine große Fusionsmaschine zu studieren, sei nur das europäische *Fusionsprojekt JET* in Culham (GB) und das internationale *Gemeinschaftsprojekt ITER* angeführt [Con92], das 1987 von der EU, GUS, US und J beschlossen wurde. JET hat im September 1997 erstmals mit D+T-Brennstoff experimentiert und dabei in 0.1 s Brenndauer eine Fusionsleistung von 12 MW erzielt, was 50% der aufgewendeten Heizleistung (also 50% des Lawsonkriteriums) entsprach. Das sind die bisher höchsten in einem Fusionsreaktor erzielten Werte.
Die Entwicklungsphase von ITER ist abgeschlossen, die geschätzten Baukosten belaufen sich auf 10 Milliarden US-Dollar. Deshalb wurde der Baubeginn von 1998 auf das Jahr 2002 verschoben, um mögliche Projektverbilligungen zu studieren. Die Maschine soll unterhalb des break-even Punktes betrieben werden, aber durch Externheizung ein dauerbrennendes Plasma haben, um die dabei auftretenden Pro-

bleme studieren zu können. Das Torusgefäß ist 8.5 m hoch und 4.3 m weit. Es wird von 16 SL-Magneten umschlossen, die an der Innenseite des Torus 11.2 T und an der Außenseite 4.85 T erzeugen. Die ganze Struktur soll 25 m hoch sein und einen Durchmesser von 25 m haben. Für das Jahr 2015 plant man die Fertigstellung eines Demonstrationsreaktors auf der Basis der ITER-Erfahrungen, der das erste echte Fusionskraftwerk sein soll. Man erkennt aber bereits, daß kommerzielle Fusionsreaktoren, wenn sie einmal nach den bisherigen Vorstellungen gebaut werden sollten, gewaltige Installationen sein müssen.

4.4.4 Trägheitseinschlußmaschinen

Der Alternativweg zur Erzeugung eines selbstbrennenden Plasmas geht von Brennstoffkügelchen (*Pellets*) aus, die man extrem komprimieren und für eine kurze, aber hinreichende Einschlußzeit τ_e zusammenhalten will. Während man das Lawsonkriterium in den Magneteinschluß-Maschinen typisch mit $n \approx 10^{14}[cm^3]$ und $\tau \approx$ 10s zu erfüllen sucht, strebt man bei den Trägheitseinschluß-Maschinen etwa $n \approx 10^{25}[cm^3]s$ und $\tau \approx 10^{-10}$s an.

Intertialfusionskriterium: Wenn wir τ_e mit der Zeit gleichsetzen, die in einem Plasma der Teilchenmasse m eine Schockwelle mit der Schallgeschwindigkeit $c_s = \sqrt{kT / m}$ braucht, um den Pelletradius r zurückzulegen, so haben wir

$$\tau_e = r/c_s \tag{4.43}$$

Nach dieser Zeit löst sich die komprimierte Kugel auf. Eine *Einschlußbedingung* lautet also, daß die Fusionsdauer $\tau_F < \tau_e$ sein muß. In dieser Zeit werden im Volumen V nach Gl. (4.14) $N_F = R_{ab}\tau_F V$ Fusionsprozesse ablaufen und bei vollständiger Fusionierung ist $N_F = nV$. Das gibt mit $(\tau_e/\tau_F) \geq 1$ und $\tau_F = 4/n<\sigma_F v>$ die Beziehung $nr > 4c_s/<\sigma_F v>$ oder

$$r\rho = rn(A/L) = 4c_s(A/L)/<\sigma_F v> \tag{4.44}$$

wo A das Atomgewicht und L die Loschmidt-Zahl ist. Mit $<\sigma_F v> = 10^{-22}$ $m^3 s^{-1}$ bei $E = 10^4$ eV (s. Abb. 4.17) ergibt sich aus (4.44) der *Brennparameter*

$$H_B \approx 6 \ gcm^{-2} \tag{4.44'}$$

Er ist das Analogon zum Lawsonkriterium (4.39) für die Inertialfusion. Der während der Einschlußzeit (4.43) fusionierte Bruchteil ϕ des Brennstoffs der Dichte ρ ist durch

$$\phi = \rho r/(H_B + \rho r) \tag{4.44''}$$

definiert, der die Grenzen $\phi \to 0$ für $\rho r \ll H_B$ (keine Zündung) und $\phi \to 1$ für $\rho r \gg H_B$ (vollständige Verbrennung) enthält. Für $\phi \approx 0.3$ benötigt man demnach die Brennstoffdichte $\rho r = 3$ g/cm^2. Wegen $M = (4\pi/3)(\rho r)^3/\rho^2$ variiert die erforderliche Brennstoffdichte für vorgegebenes ρr mit $1/\sqrt{M}$. Andererseits bestimmt M die freigesetzte Energie und ist daher aus technischen Überlegungen für d + t-Fusion sicher auf < 10 mg begrenzt, da dann jede Mikroexplosion mit $\phi = 0.3$ bereits ≈ 1 GJ freisetzt. Für $M = 1$ mg folgt daraus $\rho = 300$ g/cm^3, oder 1500 ρ_0, wo ρ_0 die Dichte des DT Eises ist! Bei technisch beherrschbarer Energiefreisetzung erfordert die Interialfusion demnach extrem hohe Brennstoffverdichtungen.

Pelletkompression: Das Ziel ist also, den Brennstoff im Inneren eines Pellets innerhalb von ns auf 10^3-fache Dichte zu komprimieren. Das kann auf zwei verschiedenen Wegen angestrebt werden.

1. *Oberflächenheizung (direct drive):* Dabei wird das die Pelletoberfläche bildende Füllmaterial durch eine große Zahl von Projektilstrahlen möglichst symmetrisch getroffen und innerhalb ca. 10 ns abgedampft, wobei der Reaktionsdruck den Hohlraum im Inneren des Pellets kollabieren und seinen Duchmesser auf weniger als 1/10 schrumpfen läßt. Dieser Trägheitseinschluß hält nach seiner Bildung etwa 10^{-10}s an, bis das expandierende Plasma die Fusion abbrechen läßt. Die Abb. 4.23 zeigt eine Rechnersimulation des Vorgangs. Während des Einschlusses steigt der Innendruck auf 10^{11} bar an. Sobald der Kompressionsdruck also nicht hinreichend kugelsymmetrisch ist (die Implosionsgeschwindigkeit muß auf etwa 1% isotrop sein) ergeben sich Schlupflöcher, durch die das Plasma vorzeitig entweicht.

2. *Hohlraumheizung (indirect drive):* Hier versucht man, die letztgenannte Schwierigkeit zu beheben, indem das Brennstoffpellet in eine Kapsel eingeschlossen wird, in die die Projektilstrahlen durch vorbestimmte Öffnungen hinein gelangen. Dort treffen sie auf die Innenwand und erzeugen eine intensive Hohlraum-Röntgenstrahlung, deren Druck das im Inneren befindliche Brennstoffpellet komprimiert. Diese Hohlraumstrahlung ist sehr isotrop und hat bei $T = 300$ eV eine Strahlungsdichte $\sigma T^4 \approx 10^{15}$ W/cm^2, die zur Pelletzündung ausreichen sollte. Angestrebt werden Verdichtungen auf das 10^3-fache, wobei die Aufheizung im wesentlichen über die adiabatische Erwärmung des Brennstoffs bei der Kompression erfolgt.

Aufgabe 4.7: Überlegen Sie, welchem idealen Gasdruck diese Strahlungsdichte (Photonenstrom mit 10^{15} J/cm^{2}s) entspricht.

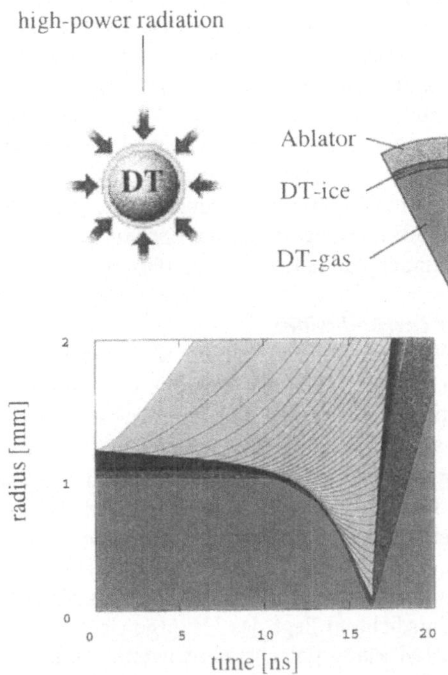

Abb. 4.23: Rechnersimulation der Implosion eines Fusionspellets. Oben: Schnitt durch das Pellet. Unten: Zeitlicher Ablauf über 20 ns. Die Ablatorschicht verdampft und komprimiert das Innere nach 16.5 ns bis zur Zünddichte, worauf die DT Eis- und Gasvolumina explodieren.
(Mit frdl. Genehmigung von J. Meyer-ter Vehn, MPI für Quantenoptik, Garching).

Implosionstreiber (driver): Als Projektilstrahlen zur Kompression werden gegenwärtig zwei verschiedene Typen untersucht.

1. *Laseranlagen:* Bei diesen werden hochenergetische Laserstrahlen benutzt. Die erforderliche Lichtenergie liegt im Bereich von einigen 100 kJ, was bei Pulslängen von $\sim 10^{-10}$s wiederum Lichtleistungen von einigen 10^{15} W entspricht. Nachteilig sind die inhärent niedrigen Wirkungsgrade der Lichtproduktion in Lasern (einige %) und die geringe Pulsfrequenz, da bei Hochleistungslasern Abkühlzeiten von Stunden zwischen den einzelnen Entladungen erforderlich sind. Allerdings erwartet man, mit weiterentwickelten Lasertypen wesentlich verbesserte Effizienzen und Pulsraten zu erzielen.

2. *Teilchenbeschleuniger:* Hier versucht man auszunutzen, daß über die Wechselwirkung der Ionen (s. Abschn. 2.1.1) deren gesamte Primärenergie in die Targetheizung deponiert wird. Wegen der geringen Reichweite schwerer Ionen ist es auf

diese Weise möglich, auch in Pellets mit kleinem Durchmesser große Energien zu deponieren. Außerdem ist die ionenoptische Führung der Teilchenstrahlen bedeutend einfacher als die lichtoptische Führung von Laserstrahlen hoher Intensität, die zu großer Erwärmung in Spiegeln und Gittern führen und wegen der erforderlichen Abkühlzeiten schnelle Pulsfolgen nicht zulassen. Andererseits muß aber bei hohen Teilchenintensitäten die gegenseitige Coulombabstoßung im Strahl durch Auffächern in kleinere, parallel geführte Teilstrahlen umgangen werden. Der energetische Wirkungsgrad der Teilchenstrahlerzeugung liegt gegenwärtig bestenfalls bei 10%, sollte aber auf 20-30% gesteigert werden können. Details zu den hier behandelten Fragestellungen findet man in [Lin92] und [Hog92].

Versuchsreaktoren für Inertialfusion:

1. *Laserfusion:* Die *National Ignition Facility (NIF)* ist in Livermore (USA) in Bau und soll für mehr als 10^9 US-Dollar (die aus dem Militärhaushalt der USA kommen) bis 2004 fertiggestellt werden. Die Konstruktion sieht vor, daß 192 Laserstrahlen mit 10^{14} W auf das Pellet gelenkt werden, und in genau synchronisierter Folge das Target über eine ns aufheizen, wobei $\sim 10^8$ J freigesetzt werden. Die Targethalle hat 100 m Durchmesser und Höhe. Die Pellets sind praktisch perfekte Kugeln, die aus der Metallschmelze in geheizten Türmen im freien Fall ausfrieren.

2. *Schwerionenfusion:* Obwohl mit Hochstrombeschleunigern für leichte Ionen Aussicht besteht, in Zukunft hinreichende Leistung zu erbringen (z.B. Li^+-Ionen mit 10 TW/cm^2 Leistungsdichten) liegt das Hauptgewicht der gegenwärtigen Anstrengungen auf der Entwicklung geeigneter Schwerionenbeschleuniger für Trägheitseinschluß (z.B. Bi-Ionen von 2-10 GeV, I = 0.1 A und 400 TW/cm^2). Ein wichtiger Grund ist die Reichweite von leichten Ionen mit GeV-Energien, die für die effektive Targetaufheizung viel zu groß ist, während sie für Schwerionen dieser Energie gerade im Bereich der Pelletabmessungen liegt. Details zu den existierenden Projekten in USA findet man in [Hog92]. In Deutschland existiert das Projekt HIBALL (Heavy Ion Beam and Lithium Lead, die Erwähnung von Li/Pb bezieht sich auf die Materialien für Brutblanket bzw. Kühlung). Es soll einen Bi-Strahl von 5 GeV als Treiber haben, der wegen der mit Teilchenstrahlen erzielbaren hohen Pulsfolgekapazität mehrere Reaktoren parallel versorgen könnte [Rub89].

3. *Schnellzündung* (*Fast Ignitor*)*:* Dieses neue Konzept der Trägheitsfusion beruht auf der Überlegung, die Kompression des Brennstoffs und seine Zündung voneinander zu trennen, wie dies in analoger Weise bei den Hybridreaktoren (s. Abschn. 4.5.4) geschehen soll. Der komprimierte, aber noch weit von der Zündtemperatur entfernte Brennstoff soll durch einen hineingeschossenen Laserimpuls gezündet werden. Die Plasmazündung wird daher nicht mehr von den bei der Kompression entstehenden *Rayleigh-Taylor-Instabilitäten* beeinträchtigt. Die Grundidee der schnellen Zündung ist nicht neu, sie kann aber erst mit den heute verfügbaren ultraschnellen Laserpulsen realisiert werden, die Leistungsdichten von 10^{20} W/cm^2 ermöglichen [Mou98]. Dabei treibt der enorme Lichtdruck ($\approx 10^2$ Gbar) die leichte Elektronenhülle von den trägen Atomkernen des Pelletmaterials weg, wodurch

E-Felder von $\approx 10^2$ GV/cm entstehen. Die Elektronen im Zentrum des Laserstrahls oszillieren dann mit so großer Geschwindigkeit, daß ihre Impulsmasse relativistisch vergrößert ist, wodurch der optische Brechungsindex des Plasmas im Zentrum stark zunimmt. Als Folge fokussiert sich der Laserstrahl von selbst auf einen *Superkanal* von 1-2 Lichtwellen Durchmesser [Sau97], in dem das Laserlicht bis in das Zentrum des komprimierten Pellets propagiert. Dort wird der relativ kalte (kT $\approx 10\text{-}10^2$ eV) Brennstoff durch den Laserblitz gezündet, worauf die Fusionsexplosion innerhalb weniger ps das ganze Pellet erfasst. Die Zündbedingung für eine DT-Reaktion ist dadurch wesentlich entschärft und der *Brennstoffgewinn* (*fuel gain*), d.h. das Verhältnis Fusionsenergie / Plasmaenergie zum Zündzeitpunkt, bedeutend erhöht.

Die prinzipielle Bedeutung dieser Untersuchungen führt weit über die Probleme der Laserfusion hinaus. Sie öffnen den Weg in das Gebiet relativistischer Plasmen auf der Skala von µm Ausdehnung und fs Dauer. Sie könnten erlauben, Elektronen über eine Strecke 30 µm auf GeV-Energie zu beschleunigen (was einem Energiegewinn von 30 TeV/m entspricht) wodurch z.B. ultrahelle Bremsstrahlungs-Quellen sowie kompakte Punktquellen für Neutronen ermöglicht würden.

4.4.5 Katalytische Fusion

Sie basiert auf der Überlegung, das die Fusion behindernde Coulombpotential zu eliminieren, indem man müonisches Deuterium (D) verwendet. Darunter vesteht man ein D-Atom, dessen Elektron durch ein Müon ersetzt ist. Wegen seiner 200 mal größeren Masse bedarf dieses einer 200-fach größeren Anziehung, um den Atomkern zu umkreisen. Deshalb rückt es auf den Radius $(1/200)r_H = 250$ fm an den Atomkern heran, den es damit elektrisch sehr effektiv abschirmt. Dadurch können sich zwei Atomkerne bei normalen Temperaturen sehr viel näher kommen, womit sich die Fusionswahrscheinlichkeit stark erhöht.

Compound-Molekülbildung: Die verwickelten Details dieses Reaktionsablaufs sind heute weitgehend bekannt [Bre89]. Das Müon aus einem Beschleunigerstrahl wird innerhalb 10^{-11} s in einem D+T-Gemisch direkt von dem T, oder vom D eingefangen, wechselt aber von dort schnell zum T, in dem es stärker gebunden ist. Dieser Tµ-Komplex bildet über eine Resonanzreaktion mit einem D_2-Molekül ein *Compoundmolekül* [d(tµ)d]ee, in dem die beiden Elektronen das Molekül zusammenhalten. Der Abstand zwischen d und t sinkt dadurch auf 5 fm, sodaß die Struktur des Gebildes einem DT-Molekül mit tµ als schwerem Neutron entspricht. Die Fusionswahrscheinlichkeit ist dadurch so weit erhöht, daß die Reaktion

$$d(t\mu) \rightarrow [^5He(10^{-21}s)\mu] \rightarrow \alpha+n+\mu+17.6\,\text{MeV} \tag{4.45}$$

in 10^{-12}s abläuft.

Müonentransfer: Die α-Rückstoßenergie in (4.25) ist so groß, daß der Müonen-einfang $\alpha+\mu \rightarrow [\alpha\mu]$, durch die das μ fest gebunden wird, auch bei hohen DT-Dichten nur zu 0.4% stattfindet. Das befreite μ hat also fast immer die Möglich-keit, einen neuen Fusionszyklus zu katalysieren. Auf diese Weise kann es über seine Lebensdauer von 2.2 μs etwa 150 Zyklen durchlaufen, bevor es im Zerfall $\mu \rightarrow e\bar{\nu}_e\nu_\mu$ verschwindet und durch ein neues Müon ersetzt werden muß.

Energiebilanz: Die in einem μ-Katalysezyklus freigesetzte Fusionsenergie ist also $E = 150 \times 17.5$ MeV $= 2.6$ GeV. Da die μ's aber in hochenergetischen Protonen-stößen produziert werden müssen (s. Abschn. 2.6.4), sind etwa 8 GeV/μ aufzuwenden, sodaß eine Energiegewinnung durch katalytische Fusion bei der gegenwärtigen Beschleunigertechnik nicht aussichtsreich erscheint. Im übrigen würde die Erzeugung von 3GW$_{th}$ etwa 10^{21} Fusionen/s benötigen, die 10^{19} μ-Zerfälle/s im Gefolge haben. Da die Energie der Zerfallselektronen ihren Mittelwert bei 36 MeV hat und bis über 90 MeV reicht, würde die Beherrschung dieser Aktivität besondere Anstrengungen erfordern.

4.5   Spezielle Reaktoren

4.5.1   Naturreaktoren (Oklophänomen)

Am Ort Oklo in Gabon (Kongo) wurde 1972 in einer Tagebaumine ein Uranvor-kommen entdeckt, das einen ^{235}U-Anteil von 0.717% enthält und damit um etliche Fehlerbreiten vom normalen Wert 0.7200% abweicht. Als sich außerdem auch bei den Spaltnukliden einige Isotopenverhältnisse als anomal herausstellten, löste sich das Rätsel folgendermaßen auf: Vor $1.8 \cdot 10^9$a war das ^{235}U/^{238}U-Verhältnis etwa $3 \cdot 10^{-2}$, so wie in dem angereicherten Brennstoff der heutigen Leistungsreaktoren.

Aufgabe 4.8: Bestätigen Sie diese Angabe unter Verwendung der Gl. (1.31) aus Abschn. 1.5.2

Damit war unter H_2O-Zutritt eine LWR-Reaktion möglich, die über $(5-10) \cdot 10^4$ a eine Leistung von 10 kW erzeugte. In diesem Zeitraum wurde insgesamt etwa 1 t ^{239}Pu erbrütet, dessen α-Zerfall in ^{235}U zusammen mit dem Oklo-Abbrand des ^{235}U die heute beobachtete Anomalie im Uranverhältnis verursacht hat.
Neben dem Verständnis eines interessanten Naturphänomens hat die quantitative Auflösung des Oklophänomens im Rahmen unseres heutigen Verständnisses der Kernphysik aber auch ergeben, daß über einen Zeitraum von $2 \cdot 10^9$ a die Niveau- und Resonanzstärken der Atomkerne bis auf $< 7 \cdot 10^{-7}$ konstant geblieben sein müssen. Daraus läßt sich z.B. für die Stärke der elektromagnetischen Wechselwir-kung (ausgedrückt im Wert der Feinstrukturkonstante α) eine Konstanz von

$|\dot{\alpha}/\alpha| < 5 \cdot 10^{-17}/a$ entnehmen, was für fundamentale kosmophysikalische Fragestellung von großer Bedeutung ist [KKS95].

4.5.2 Satellitenreaktoren

Für die Energieversorgung der Erdsatelliten und Raumsonden hat man von Anfang an auf die Ausnutzung der Radioaktivität bzw. Kernspaltung gesetzt. Das Grundschema war dabei die Umwandlung der Zerfallswärme in Thermoelektrizität: Mit ihrer Hilfe kann über die Kontaktstelle zweier Leiter mit Temperaturdifferenz ΔT eine Thermospannung $U = k\Delta T$ abgegriffen werden. Ein typischer Wert (Eisen-Konstantan) ist dabei $k = 6 \cdot 10^{-2}$ V für $\Delta T = 10^3$ K. Wenn der kalte Kontakt ungefähr auf Weltraumtemperatur gehalten wird, läßt sich durch die Parallelschaltung vieler Thermoelemente die Reaktorwärme mit $\eta = 4 \cdot 10^{-2}$ in elektrische Energie umsetzen.

Radionuklidreaktoren (RTG): Bei ihnen wird die Zerfallswärme langlebiger Radioisotope ausgenutzt. Die wichtigsten und ihre nutzbaren Leistungsdichten sind

$$^{90}\text{Sr } (27.7\text{a}) \, \bar{\nu}e \, (0.55 \text{ MeV}) \text{ mit ca. 1 W/cm}^3 \text{ und}$$
$$^{238}\text{Pu } (87.5 \text{ a})\alpha(5.5 \text{ MeV}) \text{ mit ca. 4 W/cm}^3.$$

1. *Kleinversionen:* Für viele Zwecke sind kleine RTG-Elemente weitverbreitet. Sie dienen z.B. in medizinischen Schrittmachern, automatischen Wetterstationen und ozeanographischen Meßstellen über und unter Wasser.

2. *Satelliten:* In der Satellitentechnik werden RTG seit 1964 mit Aktivitäten ≥ 20 kCi eingesetzt.

Aufgabe 4.9: Welche elektrische Leistung kann eine ^{238}Pu-Quelle mit 30 kCi Aktivität und 4% Wirkungsgrad abgeben?

So ist die im Oktober 1997 gestartete *Cassini-Mission*, die 10 a in Betrieb sein und im Juli 2004 den Saturn erreichen soll, mit 3 RTG ausgestattet, deren jeder 11 kg ^{238}PuO$_2$ enthält und die zusammen 900 W$_{el}$ erbringen.

Spaltreaktoren: Die Radaranlagen der großen Militärsatelliten, die während des kalten Krieges vor allem die Überwachung der Atom-U-Boote gewährleisten sollten, hatten einen Energiebedarf, der nur mit Spaltreaktoren zu decken war. So verbrauchten etwa die russischen RORSAT-Stationen 10 kW$_{el}$, die mit 250 kW$_{th}$ Reaktorleistung erbracht wurden. Da diese Satelliten für ein ausreichendes Radarecho in niedriger Höhe fliegen mußten, hatten sie eine kurze Lebensdauer, weshalb vor ihrem Absturz die noch aktiven Reaktoren entsorgt werden mußten. Das geschah, indem sie abgetrennt und in ca. 1000 km Höhe katapultiert wurden, wo sie voraussichtlich etwa 100 a verbleiben. (Bei diesem Manöver gab es 1978 eine vielbeachtete Panne, als ein Reaktor verloren ging und mit seinem Inventar über Kanada verglühte).

Im Jahre 2000 soll in den USA der Reaktor *SP 100* fertig sein, der mit 190 kg ^{235}U eine Leistung von 100 kW$_{el}$ erbringen wird und für mehrjährige Planetenmissionen gedacht ist. Die Kühlung eines solchen Reaktors geschieht über Radiatorflächen, mit denen die Reaktortemperatur in den Weltraum abgegeben wird. Davor muß wiederum die Nutzlast durch Wärmeabschirmungen geschützt werden.

Probleme: Die bisher bekannt gewordenen Probleme der raumstationierten Reaktoren betreffen einmal mögliche Kollisionen mit den immer umfangreicher werdenden Weltraumschrottmengen [Joh98]. Man hofft durch möglichst genaues Verfolgen der Umlaufbahnen dieser Objekte heraufziehenden Gefahren rechtzeitig ausweichen zu können. Eine weitere unvermeidliche Beeinträchtigung geht aber z.B. für die astronomischen Beobachtungsatelliten von der massiven e $\bar{\text{e}}$ -Strahlung der aus Gewichtsgründen unabgeschirmten Reaktoren aus, die beim Durchqueren den magnetischen Strahlungsgürtel der Erde füllen und damit die Detektoren auch weit entfernter Röntgensatelliten für einige Zeit völlig lahmlegen können [Rie89,Aft91]. Eine Verbesserung des inhärent niedrigen thermoelektrischen Wirkungsgrades der Satellitenreaktoren versucht man durch *Na-Konverter* zu verbessern, in denen verdampftes Na auf geeigneten Metalloberflächen Elektronen abgibt und dadurch den Strom liefert. Eine andere Entwicklung versucht, über Flüssigkeitsverdampfung eine *Sterlingmaschine* anzutreiben, deren Kolbenbewegung im Feld eines Permanentmagneten den Strom erzeugt.

4.5.3   Nuklearantriebe

Schiffsantriebe: Diese sind vom Militär entwickelt worden und bestehen typischerweise aus DWR von 100 MW$_{th}$ Leistung, die mit H_2O oder flüssigem Na gekühlt werden. Über Turbinen wird dann der Strom für die Schiffsmotoren erzeugt, wobei üblicherweise die U-Boote von zwei und die Flugzeuträger von acht Reaktoren angetrieben werden. Sie verwenden HEU (60-90% Anreicherung) das als UC mit höchster Brennstoffdichte verwendet wird und Leistungsdichten > 5 GW/m^3 erzeugt. Die Brennstofferneuerung erfolgt alle 6-7 Jahre. Problematisch ist in diesem Zusammenhang einmal der den Militärs zugestandene leichtfertige Umgang mit verbrauchten radioaktiven Materialien, die in der Vergangenheit in der Regel kurzerhand ins Meer versenkt wurden. Zum anderen stellen die Schiffsreaktorstörfälle ein besonderes Gefahrenpotential dar, da einerseits die Leistungsdichte und damit die Regelungsempfindlichkeit sehr hoch sind, anderseits die Reaktorantriebe aber aus Konstruktionsgründen nur spärlich mit Sicherheitssystemen versehen werden können. Die ursprünglich gebauten atomaren Antriebe für Handelsschiffe („Otto Hahn", gebaut in Geesthacht) sind nicht weiter verfolgt worden.

Raketenantriebe: Sie haben von Anfang an die Phantasie der Konstrukteure beflügelt, aber erst jetzt wird in den USA ein Konzept umgesetzt, bei dem ^{235}U (HEU) Brennstoff in einer Art Kugelhaufenreaktor aus Brennelementen von 0.5 mm Durchmesser mit H_2 gekühlt werden soll. Dabei erhitzt sich dieser auf 3000 K und treibt die Rakete über seinen Rückstoßimpuls an. Wegen des fehlenden O_2 existieren viele technische Probleme im Weltraum nicht, aber klarerweise könnte ein solcher Antrieb nur zum Start von einer Weltraumplattform aus benutzt werden.

4.5.4 Hybridreaktorenkonzepte

Die in einem Spaltreaktor erbrüteten Transurane (Aktiniden) sind meist nicht reaktorfähig, da der Generationenfaktor η (s. Fig. 4.17) zu klein ist. Ihre Spaltenergie stellt also ein ungenutztes Potential dar. Außerdem sind sie sehr langlebig (typisch 10^4a) und bilden daher eines der nuklearen Entsorgungsprobleme (s. Abschn. 4.6). Deshalb wird seit langem die Idee des *Hybridreaktors* diskutiert, bei dem eine externe Neutronenquelle die für die Aktinidenspaltung fehlende Reaktivität liefert, wobei die zum Betrieb dieser Zusatzquelle erforderliche Energie mit der gewonnenen Spaltenergie überkompensiert werden könnte. Die Verfolgung dieses Konzepts wurde mit der Entwicklung der Hochleistungs-Teilchenbeschleuniger aktuell: Diese Maschinen können Teilchenströme von (0.2-0.5) A mit Energien im Bereich (1-2)GeV bereitstellen, wie wir schon bei der Trägheitsfusion erwähnt haben. Während dort aber Schwerionenstrahlen auf leichte Fusionskerne geschossen werden, sind es bei den Hybridreaktoren Protonen, die in schweren Targetkernen Spallationsreaktionen mit hoher n-Multiplizität auslösen. (Die in Abschn. 2.7.1 behandelten Spallations-Neutronenquellen beruhen auf dem gleichen Prinzip).

Energieverstärker: Diesen Namen trägt ein Projekt, das der italienische Physiker und Nobelpreisträger C. Rubbia propagiert [Sch97]. Es verbindet das inhärent sichere Konzept des passiv gekühlten Reaktors (s. Abschn. 4.3.7) mit der Möglichkeit, die produzierten langlebigen Aktinide umzuwandeln. Das Prinzip des Reaktorgefäßes ist in Abb. 4.24 dargestellt.
Ein Protonenstrahl trifft auf den unterkritischen Reaktor R, der $k_{eff} < 1$ hat (s. Abschn. 4.2.3), weil sein Brutmantel neben ^{239}Pu und ^{233}U die schweren Aktiniden enthält, sodaß die integrale Neutronenbilanz für eine selbständige Kettenreaktion nicht ausreicht. Die Beschleunigerneutronen werden in dem zugleich als Kühlmittel dienenden flüssigen Schwermetall (Pb/Bi) produziert[11] und dienen als „negativer" Absorberstab, der allerdings eine höchst flexible Aktivitätskontrolle erlaubt, sodaß das Spaltmaterial wesentlich höher als in den üblichen Leistungsreaktoren abge-

---

[11] Diese Mischung wird vorgeschlagen, um der Erstarrung des Kühlmittels bei abgeschaltetem Reaktor vorzubeugen. Das Pb/Bi-Eutektikum läßt sich dagegen flüssig halten.

brannt werden könnte. Im Hybridbetrieb soll ein benachbarter LWR das ^{233}U aus ^{232}Th in einer ^{238}U Matrix erbrüten. Bei 15% Pu-Anteil im LWR Brennstoff wäre das Gleichgewicht zwischen dem dort gebrüteten Pu und dessen Abbrennen im Hybridreaktor ereicht, sodaß sich das Pu-Inventar nicht vermehren würde. Aus dem Hybridcore (27 t) sollen laufend die kurzlebigen leichten Fragmente, die nicht

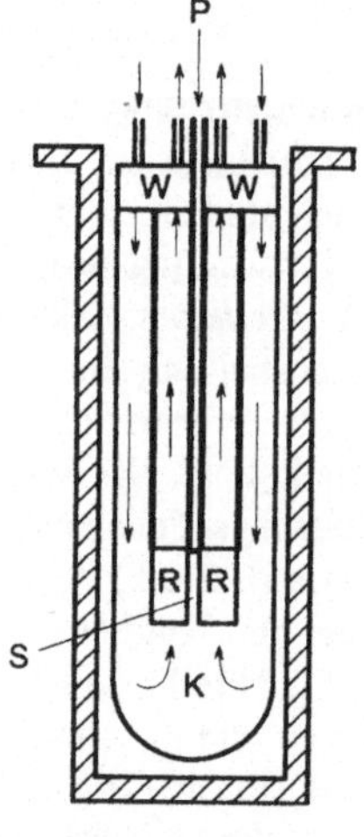

Abb. 4.24
Prinzip des Hybridreaktors (Nach [Sch97]).
P = Protonenstrahl,
S = Spallationszone im flüssigen Schwermetall des Kühlkreises,
R = Aktinidenreaktor,
K = konvektive Kühlung durch flüssiges Pb/Bi,
W = Wärmetauscher mit sekundärem Dampfkreislauf.

mehr ökonomisch spaltbar sind, herausgefiltert und am Reaktorstandort endgelagert werden. Da deren Restaktivität nach ca. 100 Jahren nur noch das 10^{-4}-fache der Aktivität der Spaltfragmentabfälle eines gleich leistungsfähigen LWR hat, wäre das eine große Verbesserung der Endlagersituation. Das benötigte Thorium ist monoisotopisch und fast so häufig wie Blei, d.h. 10 g/t Erdkruste. Das entspricht einer verfügbaren Energie von $1.5 \cdot 10^{16}$ Wa, liegt also um zwei Größenordnungen über dem Energieinhalt der fossilen Brennstoffvorräte (s. Abschn. 4.3.6).

Aufgabe 4.9: Bestimmen Sie den effektiven Energiegewinn ε_{eff} = Spaltenergie/Anteil der n-Produktionsenergie pro Spaltung in einem Hybridreaktor, der mit Protonen von 1.6 GeV betrieben wird. Die Anordnung ohne Spallationsneutronen habe k_{eff} 0.95. Finden Sie dazu zunächst den für $k_{eff} = 1$ erforderlichen Beitrag $\langle n \rangle_{eff}$ jedes Spallationsneutrons, wenn seine Spaltwahrscheinlichkeit nach Gl.(4.24) durch k_∞ / ν eines Uranreaktors gegeben ist. Jedes Proton von 1.6 GeV erzeuge $\langle n \rangle$ = 40 Spallationsneutronen und die Spallationsenergie sei mit $\eta_{th} = 0.4$ in Elektrizität und diese mit $\eta_{acc} = 0.3$ in Strahlenergie umsetzbar.

Transmutationsreaktor: Dieses, dem vorangehenden ganz ähnliche Konzept stammt von C.D. Bowman [Bow92] und hat primär zum Ziel, die großen Spaltfragmentmengen aus den militärischen und zivilen Reaktoren zu beseitigen. Daher lautet seine Kennzeichnung des Prinzips auch *ATW* (Accelerator Driven Transmutation of Waste). Hier wird ein $\phi_n \sim 10^{16}/cm^2s$ angestrebt, das um zwei Größenordnungen über dem Wert für normale Leistungsreaktoren liegt. Der Grund hierfür ist, daß man auf diese Weise nicht nur die Aktiniden, sondern auch die leichten Spaltisotope mit HWZ > 25 a transmutieren will. Als Beispiel diene die Reaktion

$$^{99}Tc\ (2.1^\cdot 10^5\ a) + n \to\ ^{100}Tc\ (15.8\ s) \to e\bar{\nu} +\ ^{100}Rb\ (stabil) + 6\ MeV$$

Der Reaktoraufbau ist ähnlich wie in Abb. 4.24, eine Pb/Bi-Schmelze dient als Neutronentarget und zur Reaktorkühlung, wobei die Wärme zur Stromerzeugung abgeführt wird. Der hohe Neutronenfluß wird in D_2O moderiert und spaltet wieder ein (Th/Aktiniden)-Gemisch im Brutmantel, wobei die Np- und Am-Isotope durch konsekutiven 2n-Einfang zur Spaltung kommen sollen. Damit würde das langlebige Fragmentinventar rasch abgebaut. Das Konzept sieht vor, die Abfälle eines LWR am Reaktorort zu lagern und dort zur Zeit der Reaktorstillegung einen Transmutationsreaktor zu bauen, der mit 40 t ^{232}Th über 30 a das gesamte Abfallinventar verbrennen könnte. Nach weiteren 100 a wären dann die verbliebenen leichten (A < 100) Nuklide vergleichsweise problemlos zu entsorgen. Welches Problem man damit zu lösen hofft, werden wir nun im letzten Abschnitt behandeln.

4.6 Nukleare Entsorgung

4.6.1 Kernreaktorenabfall

Die Lagerung und dauerhafte Sicherung der Überreste verbrauchter Brennelemente stellt eine technologisch-wissenschaftliche Herausforderung bisher unbekannter Größenordnung dar. Die großen Zeiträume, über die hinweg sichere Lösungen gefunden werden müssen, machen die bisher in der Geschichte der Technik erfolgreich angewendeten Methoden des „Versuch und Irrtum" unmöglich. Sie verlangen stattdessen fachübergreifende Problemanalysen, bei denen unterschiedliche Einschätzungen der zukünftigen wirtschaftlichen und gesellschaftlichen Interessen unvermeidlich, und daher Kontroversen unausbleiblich sind. Wir werden deshalb versuchen, nur die einigermaßen gesicherten Ausgangsdaten zusammenzustellen, ohne die auf Extrapolationen beruhenden teils optimistischen, teils pessimistischen Prognosen im Einzelnen zu beschreiben. Eine umfassende Diskussion findet sich in [Bod96] und [ZDH97].

Abfallproduktion:

1. *Klassifizierung:* Die zur Entsorgung anstehenden Abfälle werden prinzipiell in drei Kategorien unterteilt [Rob90], die *hochaktiven* (HLW, High Level Waste), die *mittelaktiven* (ILW, Intermediate Level Waste) und *niedrigaktiven* (LLW, Low Level Waste) Abfälle. Ihre Eigenschaften sind in folgender Tabelle zusammengefasst.

	LLW	ILW	HLW
Aktivität	$\alpha < 4$ GBq/t $\beta\gamma < 12$ GBq/t	$\alpha < 2$ TBq/t $\beta\gamma < 800$ TBq/t	Alle höheren Aktivitäten
Herkunft	Industrie Kliniken	Aufarbeitungschemie, Reaktorbauteile	Brennelemente PUREX-Fraktionen
Form	Werkzeuge Kleidung	Schlämme Lösungen	Bauteile Lösungen
Merkmale	Keine Wärme- entwicklung	schwache Wärme langlebige α-Aktivitäten	Große Wärme. Hohe Radiotoxizität

Tab. 4.7: Klassifizierung der langlebigen radioaktiven Abfälle [Rob90]. *Radiotoxizität*: Erforderliche H_2O-Menge, um ein Radionuklid auf die maximal zulässige Konzentration zu verdünnen.

Abfälle mit Aktivitäten < 0.4 MBq/t können ohne vorbereitende Maßnahmen deponiert werden.

2. *Reaktorbetrieb:* Ein Leistungsreaktor hat nach der Energieproduktion von 1 GW_ea etwa 30 t Brennelemente verbraucht, in denen der Brennstoffanteil von 3% auf 1% abgebrannt ist. Dabei wurden 0.6 t ^{235}U gespalten und ≈ 0.3 t ^{239}Pu erzeugt. Die produzierten Abfallmengen belaufen sich dann auf ≈ 10 m^3 HLW und 10^2 m^3 ILW, die für 5a (MOX-Elemente 10a) im Abklingbecken des Kraftwerks verbleiben müssen, da sie mit ihrem Zerfall noch etwa 1% der thermischen Leistung aus dem Reaktor nachliefern. Die außerdem anfallenden 10^3 m^3 LLW können dagegen sofort abtransportiert werden. Die insgesamt produzierten $4 \cdot 10^6$ TBq/GW_ea bilden eine Mixtur aus Aktiniden und Spaltprodukten, die mit ihren Abklingzeiten in Abb. 4.25 gezeigt sind.

Beim Abbau eines Reaktors fallen nach Entfernung des Brennstoffinventars zusätzlich die in den Strukturbauteilen induzierten Aktivitäten an, die das Unternehmen sehr erschweren. Die Abb. 4.26 zeigt eine Abschätzung hierfür. Es ist also offensichtlich ratsam, den Abriss eines stillgelegten Reaktors um 60-70 a aufzuschieben, um zuvor die stärksten Fe/Co-Aktivitäten der Stahlkonstruktion abklingen zu lassen.

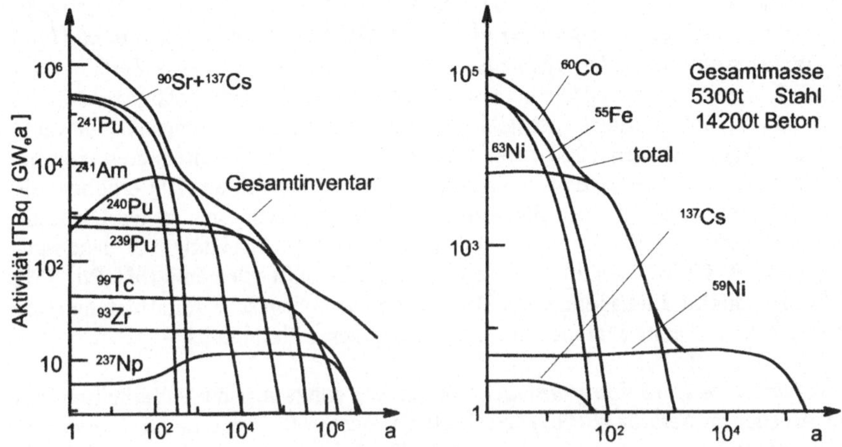

Abb. 4.25 Links: Abklingkurven des radioaktiven Abfalls produziert von einem Spaltreaktor pro GW$_e$ und Jahr. (Nach [Rob90])

Abb. 4.26 Rechts: Abklingkurven der pro GW$_e$ und Jahr in den Konstruktionsteilen eines Spaltreaktors erzeugten Aktivitäten, die beim Abbau eines stillgelegten Reaktors entsorgt werden müssen. (Nach [Rob90]).

tors führt beim Abbau zu einer abgeschätzten Abfallmenge von ca. $2.5 \cdot 10^4$ m^3, während bei einem Spaltreaktor nur $7 \cdot 10^3$ m^3 anfallen, zu denen aber noch die oben abgeschätzten Brennstoffabfallmengen hinzu addiert werden müssen, um einen korrekten Vergleich zu gewährleisten.

3. *Weltweites Abfallinventar:* Bei angenommenen 400 GW$_e$ Reaktorleistung weltweit würde sich im Jahre 2010 das Gesamtinventar an Spaltabfällen auf $3 \cdot 10^5$ t Brennstoffelemente belaufen, in denen $3 \cdot 10^3$ t Pu-Isotope, 260 t höhere Aktiniden und 400 t langlebige Spaltprodukte enthalten sind, die dauerhaft entsorgt werden müssen [Sch97].

4.6.2   Aufarbeitungsstrategien

Plutoniuminventar: Die Aufarbeitungstechniken mit chemischen Trenn-/Extraktionsverfahren zur Gewinnung des erbrüteten Pu und nicht verbrannten ^{235}U sind ursprünglich im militärischen Interesse entwickelt und in den großen Zentren in Hanford (USA) und in russischen Anlagen im Ural in großem Stil praktiziert worden. Daher gibt es als Folge der atomaren Abrüstungsabmachungen ca. 250 t hochreines, waffenfähiges (*weapons grade*) ^{239}Pu. Die ausgebauten Herzstücke (*Pits*) der Wasserstoffbomben bestehen aus ca. 4 kg Pu, die wegen ihres α-Zerfalls zwar ziemlich warm, aber ansonsten bei vorsichtigem Umgang relativ gefahrlos sind. Sie sind also in hohen Maße diebstahlsgefährdet und müssen strengstens bewacht werden. Dazu kommen 1000 t mit höheren Pu-Isotopen verunreinigtes (*reactor grade*) Pu aus der Brennelementaufarbeitung, die sich jährlich um 70 t erhöhen. Sie sind deutlich weniger für den Bau von Kernwaffen geeignet, aber gegen Diebstahl praktisch gesichert, da ihr Lager in 1 m Distanz eine Strahlung von lebensgefährlichen 30-40 Sv/h abgibt. Die Verarbeitung als MOX-Elemente (5% Pu, 95% ^{nat}U) bzw. direkte Endlagerung der Brennstäbe ohne chemische Aufarbeitung wäre demnach die sicherste Methode der Entsorgung dieses Plutoniums.

Europäische Aufarbeitungsanlagen: In der EU stützt sich die Aufarbeitung auf die Anlagen in *Sellafield* (GB) mit 1500 t/a Durchsatz sowie in *La Hague* und *Marcoule* (beide F) mit je 600 t/a Durchsatz (und jeweils 800 t/a Erweiterungsbauten). Sie sind ebenfalls als militärische Anlagen gebaut worden und übernehmen mittlerweile Aufträge für die zivile Aufarbeitung. Die hierzu aus Deutschland kommenden Brennelemente gehen zu 80% nach La Hague und 20% nach Sellafield (die aufgegebene *WAA Wackersdorf* war für (350-700) t/a Durchsatz ausgelegt).

Brennelementtransport: Der Transport der Brennelemente zur Aufarbeitung und Lagerung erfolgt in Deutschland mit *Castor*-Behältern [Rüc97], die bei 6 m Länge und 120 t Gewicht 9 Brennelemente fassen. Sie werden im Abklingbecken des Reaktors unter Wasser beladen. Die Wärmeentwicklung von 40 kW (95°C Außenwandtemperatur) stammt von dem β-Zerfall der Spaltprodukte, die beachtliche n-Aktivität kommt zu 95% aus der spontanen Spaltung des ^{244}Cm, das im Betrieb produziert wurde. Diese Neutronen werden durch Polyäthylenschichten moderiert und vom Eisen der 44 cm starken Außenwand des Behälters absorbiert.

Zwischenlagerung: Da noch keine freigegebenen Endlager existieren, muß die ständig wachsende Zahl abgebrannter Brennelemente zwischengelagert werden. Bis 2010 erwartet man außerdem, in Deutschland $6 \cdot 10^3$ m^3 HLW und $2.3 \cdot 10^5$ m^3 LLW in Zwischenlagern unterbringen zu müssen. Zu diesem Zeitpunkt hofft man andererseits, für das Endlagerproblem eine internationale Lösung gefunden zu haben.

4.6.3 Endlagerung

Idealerweise sollte eine Endlagerung die unerwünschten radioaktiven Substanzen über die Zeiten geologischer Kreisläufe sicher von der Biosphäre fernhalten und Schadstoffreste soweit verdünnen, daß sie in den natürlichen Grenzwerten aufgehen. Das ist keinesfalls erreichbar, da die relevanten geologischen Zeiträume bei 10^6-10^7 a liegen und schwerwiegende geologische Veränderungen über solche Zeiten niemals auszuschließen sind. Deshalb muß man sich damit begnügen, auf kürzerer Zeitskala die Lagerung möglichst von der Umwelt hermetisch abzuschließen oder sogar die Abfälle in gewisser Weise zugänglich zu halten, um etwa später auftauchenden Verwendungsabsichten nicht den Weg zu versperren.

Endlagerungsoptionen: Die ersten „Endlagerungen" wurden auf militärische Weise durchgeführt: In *Cheliabinsk* (Ural) wurden die Abfälle der Bombenproduktion in große Tanks gefüllt und sich selbst überlassen. Dadurch kam es, wie inzwischen bekannt wurde, 1958 zu einer Explosion, deren Folgen in ihrem ganzen Ausmaß gegenwärtig nur noch unzulänglich abgeschätzt werden können. Andererseits wurden in *Hanford* (USA) von 1944-1973 die Abfälle der Bombenproduktion in offene Teiche und Bodenschichten abgelassen, sodaß die Kosten für das heute unumgänglich gewordene Sanierungsprogramm auf über 100 Milliarden US-Dollar geschätzt werden [Brd96]. Insgesamt scheint das Problem der Entsorgung militärischer Altlasten dasjenige der zivilen Reaktoren weit zu übertreffen.
Prinzipiell bieten sich zur Analyse dauerhafter Endlagerungsprozeduren folgende Möglichkeiten an:
1. *Unterirdische Lager:* Die unterirdischen Lager werden entweder in Gestein (Granit) oder Salzformationen angelegt. Granithöhlen müssen genauestens auf Klüfte untersucht werden, die später überraschend Wasser führen könnten. Die Salzhöhlen erbringen allein durch ihre Existenz den Beweis der Wasserfreiheit über geologische Zeiträume. In den Lagerstätten können aber die deponierten Behälter durch ihre hohen Temperaturen das Salz plastisch werden lassen und dann durch ihr großes Gewicht die Lagerorte unkontrollierbar verändern.
2. *Untermeerische Lager:* Die Ozeantiefen und Eislagen der Polargebiete sind als potentielle Lager diskutiert worden. Tatsächlich verteilt sich aber nach Korrosion der Behälter die austretende Aktivität mit großer Wahrscheinlichkeit nicht gleichmäßig, sondern folgt einem der zahlreichen ozeanischen Strömungspfade. Die beobachtete enge Führung der Emissionskanäle aus den Anlagen von La Hague und vor allem Sellafield, die aus der Nordsee in weitem Bogen um Grönland und die polaren Eiskappen herum bis in die Gewässer nördlich Alaskas und Kanadas verfolgt werden können, sind eine Warnung. Aber eine Abdeckung durch die mehrere 100 m dicke Schlammschicht auf den Ozeanebenen, die weit entfernt von Bruchzonen in durchschnittlich 4.5 km Tiefe etwa 50% der Erdoberfläche bedecken, könnte vielleicht eine über $> 10^6$a sichere und unzugängliche Deponie bilden. Die ersten Meeres-geologischen Eignungsstudien habe sehr positive Resultate gezeigt

[Hol98]. Wenn sie erhärtet werden können, sollten sich die (praktisch sehr wahrscheinlich unbegründeten) ökologischen Bedenken gegen ein solches Verfahren durch eine verpflichtend eingegangene Strategie für den absehbaren Produktionsstop großer Mengen radioaktiven Abfalls vermutlich leichter ausräumen lassen.

3. *Weltraum:* Die früher gelegentlich diskutierte Möglichkeit, die anfallenden Radionuklidabfälle mit Raketen aus dem Bereich der Erdanziehung in den Weltraum zu schießen, wurden wegen der Unfallgefährdung der Biosphäre beim Start und in den erdnahen Parkbahnen, sowie aus Kostengründen nicht weiter verfolgt.

4. *Synroc:* Dieses Verfahren [Rob90] besteht in der Vermischung radioaktiver Abfälle mit der Ausgangsschmelze eines synthetischen Kunstgesteins (Multiphasenkeramik), in dessen zahlreichen mineralogischen Komponenten sich die Radioisotope je nach ihrer chemischen Zugehörigkeit bei der Kristallisation fest einbinden [Rin79]. Das Synroc-Gestein hat ungewöhnlich stabile Eigenschaften, es bleibt gegen H_2O resistent bis 600°C und seine Lösungsraten liegen beim 10^{-2}-fachen von Glasschmelzen. Die verschiedenen Lagerungsmethoden könnten durch die Verwendung solcher Materialien beträchtlich an Sicherheit gewinnen.

Deutsche Endlager: In Deutschland sind folgende Endlager vorgesehen.

1. *Gorleben:* In einem Salzstock sollen bei einem Lagervolumen von 10^6 m^3 maximal 10^{21} Bq HLW gelagert werden, die eine Wärmeleistung von $4\cdot10^7$ W entwickeln und damit die Lagertemperatur auf 150°C anheben werden.

2. *Konrad:* In einem Erzbergwerk sollen bei $6\cdot10^5$ m^3 Lagervolumen 10^{18} Bq LLW-Aktivität aufgenommen werden, wobei die Wärmeleistung von 10^5 W die Temperatur nur um 3°C ansteigen läßt.

3. *Morsleben:* In dem Salzstocklager der früheren DDR sollen bis 30.6.2000 etwa $4\cdot10^4$m^3 LLW-Abfälle mit vernachlässigbarer Wärmeentwicklung eingelagert werden

Direkte Endlagerung: Als Option wird außerdem verfolgt, die Brennelemente nach einem Nasslager von 3 a für 30 a in einem Zwischenlager aufzubewahren, die sich beide am Kraftwerksort befinden. Danach soll die Konditionierung ebenfalls im KKW ausgeführt werden und anschließend der Transport ins Endlager erfolgen. Diese nicht aufgearbeiteten Brennelemente würden im Endlager zu je 8 in einem (mit *Castor* konstruktionsmäßig verwandten) *Pollux*-Behälter von 5.5 m Länge und 65 t Gewicht eingeschweißt werden und dort dauerhaft verbleiben.

Literaturverzeichnis

Bei Zeitschriften ohne durchlaufende Seitenzahlen innerhalb eines Jahrgangs wird nach der Jahreszahl die Heftnummer und Seitenzahl zitiert. So bedeutet z.B. (1997) 2/15 die Seite 15 in Heft 2 des Jahrgangs 1997

[AG84]   O.C. Allkofer und P.K.F. Grieder (Herausg.):
          Physik Daten 25-1 (FIZ); Karlsruhe 1984
[Aft91]   S. Aftergood et al., Scientific American (1991) 6/18
[Alv39]   L. Alvarez und R. Cornog, Phys. Rev. 56 (1939) 379
[Ams 84] G. Amsel und W.A. Lanford, Ann. Rev. Nucl. Part. Sci. 34 (1984) 435
[Ass96]   W. Assmann et al., Nucl. Instr. Meth. B118 (1996) 242
[Bal97]   V.V. Balashov:
          Interaction of Particles and Radiation with Matter; Heidelberg 1997
[Bar90]   E. Bard et al., Nature 345 (1990) 405
[Bar92]   H.W. Bartels, Phys. Blätter 48 (1992) 926
[Bec90]   A. Beck und J. Fricke, Phys. i.u. Zeit 21 (1990) 81
[Bee97]   J. Beer, Nucl. Phys. News International (1997) 2/15
[Beh92]   R. Behrisch in: Materials Research with Ion Beams
          Herausgeber: H. Schmidt-Böcking, A. Schrempp und K.E. Stiebing,
          Berlin/Heidelberg 1992, S. 25
[Bet93]   K. Bethge, Phys. i. u. Zeit 24 (1993) 33
[Bin91]   R.P. Bin et al., Scientific American (1991) 10/66
[Ble 93] P. Bley und W. Manz, Phys. Blätter 49 (1993) 179
[Bod96]   D. Bodansky:
          Nuclear Energy; AIP/New York 1996
[Boh93]   H. Bohlen, Bild der Wissenschaft (1993) 1/35
[Bop89]   F.W. Bopp:
          Kerne, Hadronen und Elementarteilchen; Stuttgart 1989
[Bos96]   F. Bosch et al., Phys. Rev. Lett. 77 (1996) 5190
[Bös89]   P. Bösinger, Phys. i.u. Zeit 20 (1989) 129
[Bow92]   C.D. Bowman et al., Nucl. Instr. Meth. A320 (1992) 336
[Bow95]   S. Bowman:
          Radiocarbon Dating; British Museum Press/London 1995
[Brä89]   D. Bräunig:
          Wirkung hochenergetischer Strahlung auf Halbleiterelemente;
          Heidelberg 1989
[Bra96]   C.A. Brau, Am. Journal of Physics 64 (1996) 662
[Brd96]   D.J. Bradley, C.W. Frank und Y. Mikerin, Physics Today (1996) 4/40
[Bre89]   W.H. Breunlich et al., Ann. Rev. Nucl. Part. Sci, 39 (1989) 311
[Bre90]   J. Breckow und A.M. Keller, Phys. i.u. Zeit 21 (1990) 63

[Bre92]   M.B. Breese, G.W. Grime und F. Watt,
Ann. Rev. Nucl. Part. Sciences $\underline{42}$ (1992) 1

[Bro85]   D.A. Bromley (Herausg.):
Treatise on Heavy Ion Sciences; New York 1985

[Bro97]   E. Broecker:
Labor Erde; Heidelberg 1997

[BT86]   J.D. Barrow und F.J. Tipler:
The Anthropic Principle; Oxford 1986

[Con92]   R.W. Conn et al., Scientific American (1992) 4/75

[Con98]   H. Conrad, Phys. i. u. Zeit $\underline{29}$ (1998) 69

[Cub95]   V. Cubasch, B.D. Santer und G.C. Hergerl,
Phys. Blätter $\underline{51}$ (1995) 269

[Dav58]   C.M. Davisson in: α-β-γ Ray Spectroscopy, Bd. 1
(K. Siegbahn, Herausg.) Amsterdam 1958

[Dem92]   G. Demortier, Phys. i.u. Zeit $\underline{23}$ (1992) 13

[DM81]   J.J. Duderstadt und G.A. Moses:
Inertial Confinement Fusion; New York 1981

[DM85]   S. Datz und C.D. Moak:
Treatise on Heavy Ion Sciences (D.A. Bromley, Herausg.)
Vol. 6; New York 1985

[Dol93]   G. Dollinger, Nucl. Instr. Meth. $\underline{B79}$ (1993) 513

[Eck80]   H. Eckey, K.G. Emmert und P. Kilian,
Phys. i.u. Zeit $\underline{11}$ (1980) 18, 47

[Ell96]   J. Ellermann und K. Ugurbil, Phys. i.u. Zeit $\underline{27}$ (1996) 17

[Eng97]   F. Engelmann, Phys. Blätter $\underline{53}$ (1997) 994

[Ens 97]   W. Ensinger, Nucl.Instr.Meth. $\underline{B127/128}$ (1997) 796

[Ert98]   T. Ertel und P. Horn, Wasser, Luft und Boden $\underline{1}$ (1998) 64

[Eva55]   R.D. Evans:
The Atomic Nucleus; New York 1955

[Fin93]   R.C. Finkel und M. Suter, Adv. Analytical Chemistry $\underline{1}$ (1993)1-114

[Fis91]   B.E. Fischer, Nucl.Instr.Meth. $\underline{B54}$ (1991) 401

[Fis97]   B.E. Fischer et al., Nucl.Instr.Meth. $\underline{B130}$ (1997) 478

[Fra63]   H. Frauenfelder:
Der Mößbauer-Effekt; New York 1963

[Fri88]   W. Fricke, Phys. i. u. Zeit $\underline{19}$ (1988) 97

[Fri95]   H. Friedrich, Phys. i. u. Zeit $\underline{26}$ (1995) 274

[FS88]   B.E. Fischer und R. Spohr, Naturwiss. $\underline{75}$ (1988) 57

[FZK98]   Nachrichten des FZ Karlsruhe $\underline{30}$ (1998) No. 2

[GC93]   T.E. Graedel und P.J. Crutzen:
Chemie der Atmosphäre; Heidelberg 1993

[GE57]   S. Glasstone und M.C. Edlund:
Nuclear Reactor Theory; New York 1957

[Geg98]   R.L. George, Scientific American (1998) 3/66

[Geh98]   N. Gehrels und J. Paul, Physics Today (1998) 2/26
[Geo97]   „Geo" Heft 6/97, Hamburg 1997
[Ger92]   W. Gerhäuser et al., Phys. Rev. Letters 68 (1992) 879
[Gey90]   M.A. Geyh und H. Schleicher:
           Absolute Age Determination; Berlin-Heidelberg 1990
[Gol93]   M.W. Golay, Ann. Rev. Nucl. Part. Sci. 43 (1993) 297
[Gol96]   R. Golub, Rev. Mod. Phys. 68 (1996) 329
[Gri97]   S. Grigull et al., Nucl. Instr. Meth. B 133 (1997) 709
[Grö92]   R. Grötzschel et al., Nucl. Instr. Meth. B63 (1992) 77
[Gro98]   E. Grosse, Phys. Blätter 54 (1998) 343
[Gui74]   V.P. Guinn, Ann. Rev. Nucl. Sci. 24 (1974) 561
[Gum90]   J. Gumbel, Phys. i.u. Zeit 21 (1990) 199
[Haa 89]   A. Haase und D. Matthei, Phys. i. u. Zeit 20 (1989) 48
[Hab93]   Th. Haberer et al., Nucl. Instr. Meth. A330 (1993) 296
[Hel97]   W. Heil, Phys. i. u. Zeit 28 (1997) 168
[Hen88]   D. Hentschel und J. Vetter, Phys. i. u. Zeit 19 (1988) 172
[Hen93]   B.L. Henke, Atomic and Nuclear Data Tables 54(2) (1993)
[Her63]   G. Hertz (Herausgeber): Angewandte Kernphysik
           (Lehrbuch der Kernphysik Bd. 3); Leipzig 1963
[Her98]   W.T. Hering:
           Bergmann-Schäfer, Lehrbuch der Experimentalphysik, Bd. 1
           (11. Auflage); Berlin 1998
[Hei97]   B. Heisinger et al., Nucl. Instr. Meth. B123 (1997) 341
[Het71]   D.L. Hetrick:
           Dynamics of Nuclear Reactors; Chicago 1971
[Heu95]   G. Heusser, Ann. Rev. Nucl. Part. Sc. 45 (1995) 543
[Hib97]   F. Hinterberger:
           Physik der Teilchenbeschleuniger; Heidelberg 1997
[Hin97]   G. Hinderer, G. Dollinger, G. Datzmann und H.J. Körner,
           Nucl. Instr. Meth. B130 (1997) 51-56
[HK81]   L. Herforth und H. Koch:
           Praktikum der Radioaktivität und Radiochemie; Basel 1981
[Hog92]   W. J. Hogan, R. Bangerter und G.L. Kulcinski,
           Physics Today (1992) 9/42
[Hol98]   Ch.D. Hollister und S. Nadis, Scientific American (1998) 1/40
[Hom96]   H. Homeyer und H.E. Mahnke, Nucl. Instr. Meth. B120 (1996) 303
[Hur94]   G.S. Hurst und V.S. Lethokov, Phys. Today (1994) 10/38
[Joh98]   N.L. Johnson, Scientific American (1998) 8/42
[Ker92]   R.A. Kerr, Science 257 (1992) 878
[Kie89]   J. Kiefer:
           Biologische Strahlenwirkungen (2. Aufl.); Basel 1989
[Kis97]   G. Kislinger et al., Nucl. Instr. Methods B123 (1997) 259

[KKS95]   H. v. Klapdohr-Kleingrothaus und A. Staudt:
            Teilchenphysik ohne Beschleuniger; Stuttgart 1995
[Kle92]   K. Kleinknecht:
            Detektoren für Teilchenstrahlung (3. Aufl.); Stuttgart 1992
[Koe 91]   W. Koelzer in:
            Radioaktivität, Risiko, Sicherheit (FZ Karlsruhe 1991) 62
[KP90]   W. Kutschera und M. Paul; Ann. Rev. Nucl. Part. Sc. $\underline{40}$ (1990) 411
[KP92]   H. Krieger und W. Petzold:
            Strahlenphysik, Dosimetrie und Strahlenschutz, Bd. 1; Stuttgart 1992
[Kra93]   G. Kraft und M. Krämer, Adv. in Rad. Biol. $\underline{17}$ (1993) 1
[Krä95]   M. Krämer, Nucl. Instr. Meth. $\underline{B105}$ (1995) 14
[Kra98/1]   G. Kraft, Phys. Blätter $\underline{54}$ (1998) 104
[Kra98/2]   G. Kraft, Nuclear Physics News $\underline{8}$ (1998) 2/28
[Kri97]   H. Krieger:
            Strahlenphysik, Dosimetrie und Strahlenschutz, Bd. 2; Stuttgart 1997
[Kuc93]   B. Kuczera, KfK Nachrichten $\underline{25}$ (1993) 219
[Kuc98]   F. Kuchar, Physik i. u. Zeit $\underline{29}$ (1998) 61
[Kum 92]   M.K. Kumakow, Nature $\underline{357}$ (1992) 390
[KZ97]   A.V. Klapdor-Kleingrothaus und K. Zuber:
            Teilchenastrophysik; Stuttgart 1997
[Leo94]   W. Leo:
            Techniques for Nuclear Physics Experiments, (2. Aufl.);
            Berlin-Heidelberg 1994
[Lin92]   J.D. Lindl, R.L. McCrory und E.M. Campbell, Phys. Today (1992)
            9/32
[Lor90]   C. Lorius et al., Nature $\underline{347}$ (1990) 139
[Lut95]   G. Lutz und A.S. Schwarz, Ann. Rev. Nucl. Part. Sci. $\underline{45}$ (1995) 295
[Mad94]   A. Mader, Phys. i.u. Zeit $\underline{25}$ (1994) 176
[Man95]   M.A. Mandelkern, Ann. Rev. Nucl. Part. Sci. $\underline{45}$ (1995) 205
[Mei91]   W. Meier, Phys. i.u. Zeit $\underline{22}$ (1991) 165
[MK94]   T. Mayer-Kuckuk:
            Kernphysik (6. Aufl.); Stuttgart 1994
[Mom86]   H. Mommsen:
            Archaeometrie; Stuttgart 1986
[Mor95]   H. Morneburg (Herausgeber):
            Bildgebende Systeme für die medizinische Diagnostik; München 1995
[Mou98]   G.A. Mourou, C.P.J. Barty und M.D. Perry,
            Physics Today (1998) 1/22
[NIM96]   Konferenzband Beschleunigeranwendungen,
            Nucl. Instr. Meth. $\underline{B113}$ (1996)
[Nol97]   H. Nolte et al., Nucl. Instr. Meth. $\underline{B136\text{-}138}$ (1997) 587
[Oed97]   A. Oed, Phys. Blätter $\underline{53}$ (1997) 681
[Ost92]   H. Ostertag, Phys. Blätter $\underline{48}$ (1992) 77

[Par89]   H.G. Paretzke, Phys. Blätter 45 (1989) 16

[Pin82]   K. Pinkau und U. Schumacher, Phys. i. u. Zeit 13 (1982) 138

[PL94]   P.L. Petti und A.J. Lennox, Ann. Rev. Nucl. Part. Sci. 44 (1994) 155

[Poh76]   R.W. Pohl:
          Optik und Atomphysik (13. Aufl.); Heidelberg 1976

[Pou60]   R.V. Pound und G.A. Rebka, Phys. Rev. Lett. 4 (1960) 337

[Pur83]   E.M. Purcell, Am. Journal of Physics 51 (1983) 11

[Rad94]   G. Radons, Phys. i.u. Zeit 25 (1994) 181

[Rau98]   H. Rauch, Phys. i.u. Zeit (1998) 56

[Reb95]   N. Reber et al., Nucl. Instr. Meth. B105 (1995) 275

[Ric98]   A. Richter, Phys. Blätter 54 (1998) 1

[Rie89]   E.R. Rieger et al., Science 244 (1989) 441

[Rie97]   R. Rieder, H. Wänke, T. Economu und A. Turkevich
          Journ. Geophys. Res. 102/E2 (1997) 4027

[Rin79]   A.E. Ringwood et al., Geochemical Journal 13 (1979) 141

[RIS96]   N. Winograd und J.E. Parks (Herausg.):
          Resonance Ionization Spectroscopy (AIP Conf. Proc. 388);
          New York 1997

[Rob90]   L.E.J. Roberts, Ann. Rev. Nucl. Part. Sci. 40 (1990) 79

[Röm95]   Römpp Lexikon Umwelt; Stuttgart 1995

[Ros68]   H.J. Rose, O. Häusser und E.K. Warburton,
          Rev. Mod. Physics 40 (1968) 591

[Ros98]   A. Rose, M. Haider und K. Urban, Phys. Blätter 54 (1998) 411

[Rub89]   C. Rubbia, Nucl. Instr. Methods A278 (1989) 253

[Rüc97]   E. Rückl, K. Fröhner und R. Hüggenberg,
          Phys. i. u. Zeit 28 (1997) 22

[Rut33]   E. Rutherford, Nature 132 (1933) 432

[Sam94]   U. Samm, Phys. Blätter 50 (1994) 462

[Sau97]   R. Sauerbrey, Phys. Blätter 53 (1997) 535

[Sch90]   D. Schulte-Frohlinde, Chemie i. u. Zeit 24 (1990) 37

[Sch93]   D. Schalch und A. Scharmann, Naturwiss. Rundschau 46 (1993) 348

[Sch97]   M. Schwarzenberg, Phys. i. u. Zeit 28 (1997) 259

[Sch98]   P. Schmüser und B.H. Wiik, Phys. Blätt. 54 (1998) 219

[Schl96] J. Schlüter:
          Steine des Himmels; Hamburg 1996

[Schö98] V. Schönfelder, Phys. Blätter 54 (1998) 325

[She94]   J. Sheffield, Rev. Mod. Phys. 66 (1994) 1015

[Sni96]   A. Snigerev et al., Nature 384 (1996) 49

[Sie96]   A. Siehl (Herausg.):
          Umweltradioaktivität; Berlin 1996

[Spo90]   R. Spohr:
          Ion Tracks and Microtechnology; Braunschweig 1990

[SpW87]   R. Kraatz (Herausg.):
Die Dynamik der Erde; Heidelberg 1987

[Sta71]   V.T. Stannett und E.P. Stahel,
Ann. Rev. Nucl. Sciences $\underline{21}$ (1971) 397

[SS92]   P. Schmüser und H. Spitzer:
Bergmann-Schäfer, Lehrbuch der Experimentalphysik,
Bd. 4, S. 531; Berlin 1992

[Ste89]   A. Steyerl und S.S. Malik, Nucl. Instr. Meth. $\underline{A284}$ (1989) 200

[Str98]   L. Strüder und C. von Zanthier, Phys. Blätter $\underline{54}$ (1998) 519

[SW97]   G. Schatz und A. Weidinger:
Nukleare Festkörperphysik, 3. Aufl.; Stuttgart 1997

[TL92]   R.E. Taylor und A. Long (Herausg.):
Radiocarbon after four Decades; Berlin-Heidelberg 1992

[Tol98]   D.W.L. Tolfree, Rep. Progr. in Phys. $\underline{61}$ (1998) 313

[Trü90]   J. Trümper, Phys. Blätter $\underline{46}$ (1990) 137

[TST96]   J. Tiria, Y. Serruys und P. Trocellier:
Forward Recoil Spectrometry; New York 1996

[Vag89]   Z. Vager, R. Naaman und P. Kanter, Science $\underline{244}$ (1989) 426

[Vet93]   J. Vetter und R. Spohr, Nucl. Instr. Meth. $\underline{B79}$ (1993) 691

[Wal90]   M. Walker:
Die Uranmaschine; Berlin 1990

[Wat93]   A. Wattenberg, Phys. Today (1993) 1/44

[Weg65]   H. Wegener:
Der Mößbauereffekt und seine Anwendungen; Mannheim 1965

[Wei88]   G. Weiglein, Phys. i. u. Zeit $\underline{19}$ (1988) 146

[Wie98] A. Weidinger et al., Applied Physics $\underline{A66}$ (1998) 287

[Wen97]   H.J. Wendker und L. Kohoutek, Phys. i.u. Zeit $\underline{28}$ (1997) 59

[Wer97]   U. Werner und H.O. Lutz, Phys. Blätter $\underline{53}$ (1997) 224

[WG87]   F. Welt und G. Grime:
Microbeams, Ion Optics and Apllications; Bristol 1987

[Wil96]   K. Wille:
Physik der Teilchenbeschleuniger und Synchrotronstrahlungsquellen;
Stuttgart 1996

[Woh79]   H. Wohlfarth:
40 Jahre Kernspaltung. Eine Einführung in die Originalliteratur;
Darmstadt 1979

[ZBL85]   F.J. Ziegler, J.P. Biersack und U. Littmark:
The Stopping and Ranges of Ions in Matter, Vol. 1; New York 1985

[ZDH97]   B. Diekmann und K. Heinloth:
Energie, 2. Aufl.; Stuttgart 1997

[Zie83]   A. Ziegler:
Lehrbuch der Reaktortechnik, Bd.1: Reaktortheorie,
Berlin/Heidelberg 1983

Glossar der verwendeten Symbole und Notationen

Zur Straffung des Textes werden folgende Symbole und Schreibweisen verwendet.

Teilchensymbole:
n: Neutron, p: Proton, μ: Müon, π: Pi-Meson (Pion), e: Elektron,
$\bar{e}$: Positron (Antielektron), ν: Elektron-Neutrino, $\bar{\nu}$: Elektron-Antineutrino
(Wenn zwischen μ- und e-Neutrinos unterschieden wird, verwenden wir Indizes).
Leichteste *Atome:* H, D, T, He; leichteste *Nuklide:* p, d, t, α

Kernreaktionsnomenklatur:
Kernreaktion: $\qquad$ $A(a,b)B \equiv A + a \rightarrow B(E_x) + b - Q$
= Wechselwirkung zwischen *Target* A und *Projektil* a mit Bildung des Endkerns B
bei der *Anregungsenergie* E_x und Emission des *Ejektils* b unter Freisetzung des
Energiebetrags Q,
$Q = (\Sigma E_{kin})_f - (\Sigma E_{kin})_i$, wo i: *Anfangszustand,* f: *Endzustand* der Reaktion.

Wirkungsquerschnitt σ(cm²), *makroskopischer Wirkungsquerschnitt* Σ(cm⁻¹) = nσ,
wo n = *Teilchenzahldichte* (cm⁻³), Einheit: 1 barn = 10^{-24} cm² = 100 fm².

Kernzerfall: $\qquad$ $A(\tau_A) \rightarrow b_1 b_2(E) + B(\tau_B) \rightarrow c_1 c_2 + C(\tau_C)$ etc.
= Übergang des *Mutterkerns* A nach der *mittleren Lebensdauer* τ_A seit seiner Entstehung in den *Tochterkern* B bei gleichzeitiger Emission von *Zerfallsprodukten*
b_1, b_2 etc. der kinetischen Energie E. Analoger *Folgezerfall* von B nach C.

Halbwertszeit (HWZ) $t_{1/2}$: $N(t_{1/2}) = N(0)/2$; *Lebensdauer* $\tau = t_{1/2}/\ln 2$: $N(\tau) = N(0)/e$

Präfixe physikalischer Größenangaben:
Mega: $M = 10^6$, *Giga:* $G = 10^9$, *Tera:* $T = 10^{12}$, *Peta:* $P = 10^{15}$
Mikro: $\mu = 10^{-6}$, *Nano:* $n = 10^{-9}$, *Piko:* $p = 10^{-12}$, *Femto:* $f = 10^{-15}$
Elektronvolt: 1 eV = Energie eines Teilchens mit Ladung e nach Durchlaufen der
$\qquad\qquad\qquad$ Potentialdifferenz von 1 V.

Konzentrationsmaße:
Volumenanteil: vol%, *Massenanteil:* gew%, *Atomzahlanteil:* at% = mol%

Neben dem *Konzentrationsmaß* % sind noch die folgenden Angaben üblich:
ppm = 10^{-6} ($\widehat{=}$ Zuckerwürfel (3 g) gelöst in Tankwagen von 3000 l),
ppb = 10^{-9} ($\widehat{=}$ Zuckerwürfel gelöst in Tankschiff von 3000 m³),
ppt = 10^{-12} ($\widehat{=}$ Zuckerwürfel gelöst in Stausee von $3 \cdot 10^6$ m³)
ppq = 10^{-15} ($\widehat{=}$ Zuckerwürfel gelöst im Starnberger See mit $3 \cdot 10^9$ m³)

Lexikon physikalischer Größen
(für Überschlagsrechnungen gerundete Werte)

Allgemeinkonstanten

Fundamentalkonstanten

$c = 3 \cdot 10^8 \, \text{ms}^{-1}$; *Gravitationskonstante* $G = 7 \cdot 10^{-11} \, \text{N(m/kg)}^2$

$\hbar = 10^{-34} \, \text{Ws}^2 = 6.3 \cdot 10^{-16} \, \text{eVs}$; $\quad \hbar c = 2 \, \text{keV\AA} = 0.2 \, \text{GeV fm}$; $\quad (\hbar = h/2\pi)$

Planck-Konstanten

$r_{Pl} = (G\hbar/c^3)^{1/2} = 1.5 \cdot 10^{-35} \, \text{m}$; $\quad m_{Pl} = (\hbar c/G)^{1/2} = 10^{19} \, \text{GeV/c}^2 = 1.6 \cdot 10^{-8} \, \text{kg}$;

$t_{Pl} = (r_{Pl}/c) = 5 \cdot 10^{-44} \, \text{s}$

Elektromagnetismus

$e = 1.6 \cdot 10^{-19} \, \text{As}$, $\alpha = 1/137$; $\quad \mu_0 = 10^{-6} \, \text{Vs/Am}$; $\quad \varepsilon_0 = 10^{-11} \, \text{As/Vm}$;

$(\mu_0/\varepsilon_0)^{1/2} = 377 \, \Omega$; $\quad (\mu_0\varepsilon_0)^{-2} = c^2$

Strahlung

$\sigma = 6 \cdot 10^{-8} \, \text{W/m}^2\text{K}^4$; $\quad \lambda_{max}T = 3 \, \text{mmK}$; $\quad h\nu(\lambda = 1\mu\text{m}) = 2 \, \text{eV}$

Statistik

$L = 6 \cdot 10^{23}/\text{mol} = 2.7 \cdot 10^{19}/\text{cm}^3$ (für Gase); $\quad R = 8 \, \text{Ws/molK}$;

$k = R/L = 1.4 \cdot 10^{-23} \, \text{Ws/K} = 9 \cdot 10^{-5} \, \text{eV/K}$

Umrechungsfaktoren

$1 \, \text{Ci} = 4 \cdot 10^{10} \, \text{Bq}$; *Lebensdauer* $\tau = t_{1/2}/\ln2 = 1.44 \, \text{HWZ}$;

Atomare Masseneinheit (amu): $\quad u = [M(^{12}C)/12]$; $\quad uc^2 = 931.5 \, \text{MeV}$;

$1 \text{GeV/c}^2 = 1.6 \cdot 10^{-27} \, \text{kg}$; $\quad 1\text{eV} = 1.6 \cdot 10^{-19} \, \text{Ws}$; $\quad 1 \, \text{J} = 6.3 \cdot 10^{18} \, \text{eV}$;

$1 \, \text{Pa} = 1\text{N/m}^2 \approx 10^{-5} \, \text{bar} = 7.5 \cdot 10^{-3} \, \text{torr}$; $1 \, \text{PS} = 0.7 \, \text{kW}$

Energieäquivalent: 10^6 t Steinkohleneinheiten (SKE) $= 3.4 \, (\text{GWa})_{th}$

Zahlenwerte

$\ln2 = 0.69$; $\quad \ln10 = 2.30$; $\quad e^{-1} = 0.37$; $\quad \sqrt{2} = 1.41$; $\quad \sqrt{3} = 1.73$; $\quad \pi^{-1} = 0.32$;

$1\text{d} = 8.6 \cdot 10^4 \text{s}$; $\quad 1\text{a} = \pi \cdot 10^7 \text{s}$; $\quad 1$ Lichtjahr (la) $= 10^{16} \, \text{m}$; $\quad 1$ parsec (pc) $= 3 \cdot 10^{16} \, \text{m}$

Materiewellenlängen

$\lambda_M = \hbar c/E[1+(2mc^2/E)]^{1/2}$:

$\quad$ *nichtrelativistisch* $\approx \hbar c/[2mc^2E]^{1/2}$, *relativistisch* $\approx \hbar c/E$;

$\lambda_N = 4.4 \, \text{fm}/[E(\text{MeV})]^{1/2} = 1.4\text{\AA}/[E(\text{meV})]^{1/2}$

$\lambda_e = 2\text{\AA}/[E(\text{eV})]^{1/2} = 6.2 \cdot 10^{-2}\text{\AA}/[E(\text{keV})]^{1/2} = 0.2 \, \text{fm/E(GeV)}$;

$\lambda_\gamma = 2\text{\AA}/E(\text{keV})$;

Atomare Konstanten

Coulombenergie

Coulombkonstante $k_C = e^2/4\pi\varepsilon_0 = 14.4$ eV Å $= 1.4$ MeV fm,

Comptonwellenlänge $\lambda_C = \hbar/mc$; (für *Elektron:* 40 fm $= 4\cdot10^{-3}$ Å)

Teilchenmassen

$m_e = 10^{-30}$ kg $= 0.5$ MeV/c^2; $m_\mu = 2\cdot10^2\, m_e$; $m_\pi = 3\cdot10^2\, m_e$; $m_N = 1.8\cdot10^3\, m_e$

Bohrradien

für *Hüllenzustände* mit $\ell = 0$: $a_1 Z = \hbar^2/k_C m_e = 0.5$Å; $a_n = n^2 a_1$;

Elektronengeschwindigkeit: $v_1/Z = \alpha c = 2\cdot10^6$ ms^{-1}

Magnetonen

Bohrmagneton: $\mu_B = e\hbar/2m_e = 2\cdot10^3 \mu_K = 6\cdot10^{-5}$ eV/T;

Kernmagneton: $\mu_K = 3\cdot10^{-8}$ eV/T

Resonanzfrequenzen

Zyklotron: $\omega_e = eB/m_e = 30$ GHz/T;   *NMR:* $\omega_N = \gamma B = 40$ MHz/T (für Protonen)

Steifigkeiten (q: *Ladungszahl*, eq = Q: *Ladungsmenge*, ρ = *Krümmungsradius*)

magnetisch: $eB\rho = p/q$, 1Tm $= 0.3$ GeV/cQ (*für p:* 45 MeV, *für e:* 300 MeV)

elektrisch: $e\varepsilon\rho = 2$ E/q, 1(V/m)m $= 2$ eV/Q

Materialkonstanten

Spezifischer Widerstand $\rho(\Omega m)$: Cu $= 2\cdot10^{-6}$, $H_2O = 2\cdot10^7$, Salzwasser $= 20$

Lineare Audehnung $\alpha(K^{-1})$: *Festkörper und Flüssigkeiten* $= 2\cdot10^{-5}$

Spezifische Wärme c: *Festkörper* (fest/flüssig) $= 2$ J/cm^{3}K,

$$\text{Verdampfen} = 4\cdot10^4 \text{ J/mol}, \text{ Schmelzen} = 4\cdot10^3 \text{ J/mol}$$

Verbrennungswärme q: *Nahrungsmittel/Brennstoffe* $= 4$ kJ/g, *TNT* $= 0.4$ kJ/g

Astronomische Konstanten

Galaxien: Mittlerer *Durchmesser* $= 10^{21}$ m, mittlerer *Galaxienabstand* $= 10^{23}$ m,
     Gesamte *Galaxienzahl* $= 10^{11}$, *Sterne/Galaxie* $= 10^{11}$

Sonne: $M_S = 2\cdot10^{30}$ kg, $R_S = 7\cdot10^8$ m; *Strahlungsleistung* $L_S = 2\cdot10^{26}$ W

Erde: $M_E = 6\cdot10^{24}$ kg, $R_E = 6\cdot10^6$ m, $R_{SE} = 1.5\cdot10^{11}$ m, $v_E = 30$ km/s

       Satelliten: Erdnaher Umlauf $v_1 = 7.9$ km/s, Entweichen $v_2 = 11.2$ km/s

       Oberfläche $4.5\cdot10^{14}$ m^2 (30% Land, 70% Wasser), $\langle\rho\rangle = 6$,

       Lufthülle (21% O_2, 78% N_2, 1% A): $H_0{}^{[1]} = 8$ km, $\rho(NTP)^{[2]} = 1$ kg/m^3

       Solarkonstante $= 1.4$ kW/m^2

[1] Höhe der Atmosphäre bei konstantem Druck (p = 1 bar)

[2] NTP: Normaltemperatur (T = 273 K) und Druck (p = 1 bar $= 10^5$ Nm^{-2})

Sachverzeichnis

Absorbierte Dosis 196
Absorptionsradiografie 92
Aktivierungsanalysen 110 ff.
– Anwendungen 113, 116
– Hüllenaktivierung
  (PIXE, HIXE) 115
– Kernaktivierung
  (NRA, PIGE) 110
– Neutronenaktivierung 114
Aktivität 11,195
Aktivitätsalter 65
Alter
– Aerosole 60
– Ausheizalter 45
– Bestrahlungsalter 67
– Brandalter 78
– Dendrochronologie 70
– Expositionsalter 63
– der Elementsynthese 54
– der Erde 51
– der Galaxis 55
– Ötztaler Mumie 76
– Okklusionsalter 66
– Probenalter, optimales 47
– Salzalter 62
– Schmelzalter 46
– des Sonnensystems 51
– Turiner Leichtentuch 77
– des Universums 56
– Verhüttungsalter 128
Altersbestimmung
– ^{39}Ar/^{40}Ar-Methode 49
– ^{10}Be-Datierungen 60
– ^{14}C-Zeiteichung 70
– ^{26}Al-Datierungen 62
– ^{36}Cl-Datierungen 62
– ^{53}Mn-Datierung 63
– Äonenuhr 54
– Aerosole 60
– Anwendungen
– – Geophysikalische 57 ff.
– – Kosmochemische 49 ff.
– – Kulturwissenschaftliche 68 ff.
– Datierungsfenster 74
– Dendrochronologie 70
– Edelgasdatierung 63
– Frühgeschichte 76
– Grundwässer 62
– Isotopenfraktionierung 73
– K/Ar- und Rb/Sr-Methoden 49
– Kernspurmethoden 44
– Kosmogene Radioisotope 60
– aus Isotopenverhältnissen 47
– Palaeowissenschaften 59, 60
– Probenbedingungen 46
– Radiobleimethode 50
– Radioheliummethode 51
– Radiokohlenstoffmethode 68
– Suess-Effekt 72
– Systematische Alterskorrekturen
  73
– Tektite 59
– Tiefseesedimente 60
– Thermolumineszenzmethode 78
– Tritium/ ^{3}He-Methode 64
– U/Th-Zeiteichung 74

Baumringdatierung 70
Bethe-Bloch-Formel 81
Beschleuniger
– elektrostatische 39
– Massenspektrometrie (AMS)
  37 ff.
– Transmission 38
Biologische Dosis 197
Bragg
– Kammern 102
– Maximum 81
– Streuung 91
Bremsung
– atomare 81
– elektronische 81

Bremsstrahlung 88
Brutreaktoren 277 ff.
– schnelle Brüter 279
– thermische Brüter 279
– Brutzyklen 278
– technischer Aufbau 279
– PUREX-Verfahren 279

C_3/C_4-Pflanzenzyklus 129
Chicxulub-Krater 60
Chondrite 51
Comptonrückstreuung 95
Comptonwellenlänge 86
Computertomografie (CT) 92
Coulombexplosion 160

Datierungsfenster 75
Dedicated Facilities 162
Defektoskopie 95
Delta-Elektronen 82, 190
Dendrochronologie 70 f.
Dotierungen
– Akzeptoren 201
– Donatoren 201
– NTD-Verfahren 201
– Profile 113
Dosiswirkungen 213 ff.
– Letaldosis 213
– Minimaldosis 216
– Risikoabschätzung 217

Edelgas-Datierung 63
Einfangprozesse
– schnelle (r) 54, 257
– langsame (s) 256
Eisbohrkerne 130
Elastische Rückstoßanalyse
– ERDA 102
– Schwerionen-HIERDA 102
Elementsynthese 54, 255
Elementhäufigkeit, solare 48
Endlagerung 308
Energieverlustkurve 82
Forschungsreaktoren 168 ff.

– Diffraktometer 170
– Konverteranlagen 168
– Neutronenfilter 170
– Neutronenleiter 170
– Neutronenlinsen 170
– heiße Quellen 168
– kalte Quellen 169
– ultrakalte Quellen 169
Fusionsreaktoren 282 ff.
– Alternativreaktionen 283
– Break-even Punkt 285
– ExB-Drift 288
– Feldschwächungsparameter 287
– Fusionspfade 283
– Gyrationsbewegung 286
– Kernfusion 247, 243
– Lawson-Kriterium 286
– Lineare Anordnungen 288
– Magneteinschlußmaschinen 286
– Plasmaheizung 291
– Plasmaversorgung 292
– Spiegelmaschinen 288
– Stellaratoren 290
– Torusanordnungen 288
– Tokamaks 291
– Versuchsreaktoren 294
– Wandprobleme 293

Ganzkörperzähler 181
Gitterführung (Channeling und Blocking) 104 ff.
– Emissionschanneling 107
– planares Channeling 104
– Superchanneling 104
– Kanalpotential 105
– Abschirmradius 105
Gitterplätze
– reguläre 107
– interstitielle 107
Großtechnische Strahlennutzung 208

Halbwertszeit
– biologische 122
– effektive 122
– physikalische 11, 122
Höhlenmalereien von Chauvet 76
Hochtemperatur-Supraleiter 101
Hubblealter des Universums 57
Hüllenaktivierung 115
– protoneninduziert PIXE 115
– schwerioneninduziert HIXE 115

Implantierungen 197 ff.
– Halbleiter 197
– Polymerleiter 199
– Störstellen 198
– Verschleißfestigkeit 199
Isobare 37
Isotope 34
Ionenbeschleuniger 177, 232
Ionenspur-Mikrotechnologie 205
Ionenstrahlanalytik 91 ff.
– Absorptionsradiografie 92
– Blocking 104
– Channeling 104
– Defektoskopie 95
– ERDA 102
– Schwerionen-HIERDA 102
– Nachionisierungsspektroskopie
  (SNMS) 109
– Protonenradiografie 108
– Prozesskontrolle 94
– Röntgendiagnose 92
– Sekundärionenemission (SIMS)
  108
Isotopenverhältnisse
– Alterbestimmung 47
– Anfangswerte 48
– Geografie 129
– primordiale 50
– Signaturen 128 f.

Katalytische Fusion 299 f.
– Compoundmolekülbildung 299

– Energiebilanz 300
– Müonentransfer 300
Kernfusion 247 ff.
– Fusionsbarriere 247
– Fusionsbreite 248
– thermische Fusion 250
– Gamow-Peak 251
Kernreaktionen
– Bethe-Weizsäcker-Formel 239
– Bindungsenergie pro Nukleon
  240
– Bindungsterme 239
– Coulombenergie 240
– inverse Kinematik 257
– Kernbindungsenergie 239
– Kernspaltung 243
– magische Zahlen 242
– Oberflächenenergie 240
– Paarungsenergie 259
– Resonanzreaktionen 248
– Schaleneffekte 241
– Volumenenergie 239
Kernresonanzfrequenz 134
Kernresonanzspektroskopie
(NMR) 135 ff.
– chemische Verschiebung 139
– FID-Signal 138
– FLASH-Radiografie 139
– Flipsignal 137
– Fourieranalyse, schnelle 139
– ^{3}He-Hyperpolarisation 142
– Longitudinalrelaxation 138
– NMR-Angiografie 141
– NMR-Sonden 140
– Probenmagnetisierung 137
– Querrelaxation 137
– Resonanzabsorption 135
– Spinechos 139
– Technische Anwendungen 140
– Kernspinpolarisation 142 f.
Kernspaltung
– asymmetrische 245
– induzierte 21, 243

– Nachwärme 246
– Neutronen, verzögerte 259
– Neutronenmultiplizität 259
– schnelle 245
– Spaltbarkeitsparameter 247
– Spaltprodukte 243
– Spaltverhältnis 245
– Spaltwahrscheinlichkeit 258
– spontane 21
– symmetrische 245
– thermische 245
– Verdampfungsspektrum 261
Kernspintomografie 140 f.
Kettenreaktion 264
Klimageschichte 130 f.
Kritische Masse 270
Koinzidenzen
– echte 38
– zufällige 38
Kompaktzyklotrons 177
Kosmische Höhenstrahlung 28
– Neutronenfluss 62
– Tritiumproduktion 64
Kosmogene Radioisotope 60
– Georeservoire 61
Künstliche Strahlenbelastung 220
Kulturpflanzengeschichte 129

Latente Spurenbildung 44, 88
Lawson-Kriterium 285
Lebensmittelbestrahlung 209
Leistungsreaktoren 272
Letaldosis 213
Lewis-Peak 112
Linearer Energietransfer (LET)
196
Lumineszenzkurve 76

Magneteinschlussmaschinen 286
Markierte Verbindungen 118
Massenabsorptionskoeffizient 88
Massenspektrograf 31
Massenspektrometer 32
Medizinische Bestrahlungsein-
richtungen 226 f.

– PET-Kontrolle 228
– Rasterscan 227
– Strahlspill 227
Medizinische Diagnostik 140
Meßergebnisse
– Genauigkeit 24
– Präzision 24
– Zählstatistik 24
Messung von Isotopenverhält-
nissen 47
Mikromechanik 204 ff.
– Ionenlithografie 206
– LIGA-Verfahren 204
– Membrantechnologie 206
– Oberflächenvergütung 207
Mikrosonden 109, 114, 179
Minimaldosen 216
Minispektrometer 35
Mößbauerspektroskopie 144 ff.
– Debye-Waller-Faktor 151
– Emission, rückstoßfreie 150 f.
– Isomerieverschiebung 153
– Linienbreite, natürliche 148
– Photonengewicht 152
– Quadrupolaufspaltung 153
– Rückstoßenergie 148
Monolagen 100
Monte-Carlo-Rechnungen 188

Nachionisierungsspektroskopie
(SNMS) 109
Nachweismethoden 22 ff.
– Aktive Abschirmungen 30
– Energiefilter 32
– Flugzeitspektrometer 36
– Gaszähler 24
– Halbleiterzähler 26
– Impulsfilter 32
– Koinzidenzanordnungen 31
– Massenfilter 32, 35
– Massenspektrometer
– –Auflösung 33

324   *Sachverzeichnis*

- –Trennschärfe 34
- Messung der Probenaktivität 23
- Nachweisanordnungen 41
- Nachweisempfindlichkeit 23
- Passive Abschirmung 30
- Raumwinkel 23
- Resonanzspektrometer 35
- Schlitzstreuung 34
- Szintillationszähler 26
- Teilchenzahlmessung 31
- Untergrundstrahlung 27
- – Umgebungsstrahlung 28
- – kosmische Strahlung 28
- 4π-Anordnungen 23
- Zählertypen 24
Natürliche Strahlenbelastung 219
Neutronen
- Aktivierungsanalyse 114
- Bremsvermögen 262
- Dichteverteilung 268
- -Flasche 170
- Flussdepression 266
- Flusswölbung 268
- Generatoren 163
- Interferometer 169
- Lethargie 262
- Moderation 261
- Quellen 162, 236
- – (α,n)-Quellen 162
- – Spaltquellen 162
- Radiografie 96
- Selbsttargets 163
- Totalreflexion 170
- Verdampfungs- 166
- Zähler 182
Neutronentherapie 299 ff.
- Bor-Einfangtherapie 230
- biochemische Verstärker 231
- monoklonale Antikörper 231
Nördlinger Ries 59
Nukleare Antriebe 302
Nukleare Entsorgung 305 ff.

- Abfallproduktion 305

- Aufarbeitungsstrategien 307
- Brennelementtransport 308
- Deutsche Endlager 310
- Direkte Endlagerung 310
- Endlagerungsoptionen 309
- Europäische Aufarbeitungs-
  anlagen 308
- Kernreaktorenabfall 305
- Plutoniuminventar 307
- Zwischenlagerung 308
Nukleare Festkörperphysik 144 ff.
- Autokorrelationsfunktion 147
- Bragg-Bedingung 144
- Gestörte Winkelkorrelationen
  (PAC) 154
- Kernresonanzmethoden 155
- Knight-Shift 146
- Kohärenzlänge 145
- Magnonen 147
- Mößbauerspektroskopie 144
- Müon-Spinresonanz 156
- Müonium 158
- NMR mit Radionukliden 156
- Phononen 147
- Positronenvernichtung 158
- Streuung
- – inkohärente 146
- – kohärente 146
- – quasielastische 146
Nuklearmedizin
- Bestrahlungseinrichtungen 226
- Biochemische Verstärker 231
- Neutroneneinfangtherapie
  (BNCT) 230
- Gamma/Elektronentherapie 224
- Implantierte Bomben 223
- Interne Strahlenquellen 223
- Medizinische Anlagen 232
- Medizinische Diagnostik 140
- Pionentherapie 229
- Protonentherapie 224

– Radioisotope 223
– Schwerionentherapie 226
– Strahlentherapie 221 ff.
Nukleon 18
Nuklid 9

Paulsches Massenfilter 35
Permanente Strahlenschäden
187 ff.
– Halobereich 189
– Kernbereich 189
– Latente Spurenbildung 44, 189
Pionentherapie 229
Plattentektonik 52
Positronen-Emissionstomografie
(PET) 125
Positronium 125, 158
Positronenquellen 159
Protonenradiografie 108
Protonentherapie 224
Prozesskontrolle 94

Radioaktive Zerfallsgesetze 10 ff.
– einfacher Zerfall 11
– entkoppelte Zerfälle 14
– Isomere 15
– Probenaktivität 11
– Produktion radioaktiver
Nuklide 15
– radioaktives Gleichgewicht 13
– Zerfallsketten 12
Radioaktive Zerfallsmoden 17 ff.
– Alphazerfall und Spontan-
spaltung 19
– Betazerfall und
Elektroneneinfang 18
– Isomere Übergänge 21
Radiobiologische Wirksamkeit
212
Raumsondeninstrumente 183
Reaktorsicherheitskonzepte 280 ff.
– alternative Konzepte 281
– bedeutende Unfälle 281
– Eropareaktor EPR 282

– inhärente Sicherheit 282
– PIUS-Reaktor 282
Resonanzionisierung
– Massenspektrometrie (RIMS) 43
– Spektroskopie (RIS) 42
Resonanzreaktionen 111, 248
Röntgen
– -diagnose 92
– -lithographie (LIGA) 204
– -röhren 172
Rutherfordstreuung
– kinematischer Faktor 98
– Rückstreuung(RBS) 100
– Streuquerschnitt 98
– Schwerionen-RBS (HIRBS) 100

Schwerionentherapie 226
Sekundärionenemission (SIMS)
108
Simulationsrechnungen 127, 188
Sonnenfusion 283
Spallationsquellen 165 ff., 237
Spallationsreaktionen 58, 166
Spaltreaktoren 257 ff.
– Abklingbecken 275
– Brennelemente 273
– Brennstoffgewinnung 276
– Brutreaktoren 277 f.
– Brutverhalten 272
– Containment 275
– DWR-Aufbau 273
– Forschungsreaktoren 163 f.
– Höchstflußreaktoren 236
– HTR-Aufbau 275
– Kettenreaktion 264
– Klassifizierung 273
– Kompaktlager 275
– Kritische Masse 270
– Kugelhaufenreaktor 275
– Leistungsreaktoren 272
– Moderne Sicherheitskonzepte
280
– Notkreisläufe 274

– Primärkreislauf 273
– Reaktivität 265
– Reaktivitätsbindung 267
– Reaktoraufbau 165
– Reaktordynamik 264
– Reaktorgifte 266
– Reaktorgleichung 265
– Reaktorinstrumentierung 168
– Reaktoroberfläche 270
– Reaktorhülle 275
– Reflektoren 271
– Regelstäbe 266
– Regelverhalten 266
– Sekundärkreislauf 274
– Selbstregelung 266
– Sicherheitsbehälter 275
– Spaltneutronen 258
– Spaltneutronenspektrum 261
– Stoßmoderation 261
– SWR-Aufbau 274
– Temperaturkoeffizienten 266
– Th-Hochkonverter 275
– Verbreitung der Leistungs-
  reaktoren 277
– Verzögerte Neutronen 259
– Vier-Faktor-Formel 263
– Xenon-Schwingungen 267
Spezielle Nachweisgeräte 180 ff
– APX-Spektrometer 185
– Compton-Observatorium 185
– Fluenzmesser 182
– Ganzkörperzähler 181
– Hochenergie-Gammazähler 185
– CCD-Großflächenzähler 181
– DRD-Röntgenzähler 182
– Neutronenzähler 182
– – Absorptionszähler 182
– – ortsauflösende 183
– – Rückstoßzähler 183
– Planetensonden 185
– Raumsondeninstrumente 183
– Streifendetektoren 182

– Vieldraht-Proportionalkammern
  181
– Wolter-Teleskop 186
Spezielle Reaktoren 300 ff.
– Energiebilanz 300
– Energieverstärker 303
– Hybridreaktorenkonzepte 303
– Naturreaktoren (Oklo) 300
– Radionuklidreaktoren (RTG)
  301
– Raketenantriebe 303
– Satellitenreaktoren 301
– Schiffsantriebe 302
– Transmutationsreaktor 304
Spinechos 139
Sputtering 108, 193
Sputterionenquellen 40
Sputteryields 194
Stabile Tracerkerne 128 ff.
Standardzähler 182
Steifigkeit
– elektrische 32
– magnetische 32
Sternbrennen 250 ff.
– CNO-Zyklus 253
– Elementsynthese 255
– Heliumbrennzyklus 254
– Proton-Proton-Zyklus 252
– Sonnenfusion 283
– Thermische Fusionsreaktionen
  250
– Urknall 256
– Wasserstoffbrennen 252
Straggling 83
Strahlenbiologie 210 ff.
– Direkte Strahlenwirkung 212
– Doppelstrangbrüche 211
– Dosiswirkungen 213
– Einfachstrangfehler 211
– Indirekte Strahlenwirkung 211
– Letaldosis 213
– Overkill-Effekt 213

– Radiobiologische Wirksamkeit (RBE) 212
– Relatives und absolutes Risiko 217
– Sauerstoffverstärkung (OER) 212
– Wasserstoffbrücken 211
– Zellkernstruktur 210
– Zellschädigung 211
Strahlendurchgang durch Materie 81 ff.
– Absorptionskanten
– Absorptionskoeffizienten 87
– Bremsstrahlung 88
– Comptonkanten 86
– Comptonstreuung 85
– Delta-Elektronen 82
– Geladene Teilchen 81
– Massenabsorptionskoeffizient 88
– Paarbildung 86
– Photoeffekt 84
– Photonen 84
– Synchrotronstrahlung 90
– Ungeladene Teilchen 83
Strahleninduzierte Materialveränderungen 197 ff.
– Chemische Produktion 208
– Epitaxie 202
– Großtechnische Strahlennutzung 208
– Halbleiterimplantierungen 197
– Ionenstrahlsputtern (IBD) 203
– Ionenstrahlsynthese (IBS) 200
– Lebensmittelbestrahlung 209
– Mikromechanik 204
– Mikrotechnologie 205
– SIMOX-Verfahren 200
– Strahlgestütztes Aufdampfen (IBAD) 202
– Strahlinduzierte Schichtenbildung 200
– Strahllegieren (IBM) 200
– Strahlumstrukturierung 200

– Strahlengestützte chemische Produktion 208
Strahlenquellen für Radiotomie 232 ff.
– ECR-Quellen 233
– Höchstflussreaktoren 236
– Ionenbeschleuniger 232
– Mikrotrons 232
– Neutronenquellen 236
– RFQ-Beschleuniger 233
– Spallationsquellen 237
– Synchrotronstrahlungsquellen 234
Strahlenschutz
– Abschirmwände 218
– Einmaldosis 217
– heiße Zellen 219
– Schutz durch Abstand 217
– Strahlenabschirmung 217
Strahlenschutznormen 219 ff.
– Natürliche Strahlenbelastung 219
– Toleranzdosen 221
– Künstliche Strahlenbelastung 220
Strahlentherapie 221 ff.
– Afterloading 223
– Brachytherapie 221
– Gantry 225
– Hadronenstrahlen 224
– Isodosis 224
– Isozentrum 224
– Taildose 226
Strahlenquellen für Sondenteilchen 161 ff.
– Dedicated Facilities 178
– Forschungsreaktoren 163
– Ionenbeschleuniger 177
– Kompaktzyklotrons 177
– Mikrosonden 179
– Neutronenquellen 236
– Photonenquellen 172

– RFQ-Linearbeschleuniger 178
– Spallationsquellen 165
– Synchrotronstrahlungsquellen 173
Strahlenwirkungseinheiten 195 ff.
– Absorbierte Dosis 196
– Aktivität, spezifische 195
– Biologische Dosis 197
– Dosisleistung 196
– Gray (Gy) 196
– Linearer Energietransfer (LET) 196
– radiobiologischer Faktor 197
– Sievert (Sv) 197
Streuradiografie (RBS, ERDA) 97
Strukturanalyse 109, 144,
STIM-Verfahren 179
Synchrotronstrahlung
– freier Elektronenlaser 174
– Monochromatoren 176
– SASE-Prinzip 176
– Undulatoren 91, 174
– Vakuumlinsen 176
– Wiggler 91, 174
Synchrotronstrahlungsquellen 173, 234

Targets
– Blanks- 41
– Eich- 41
Technische Strahlendefekte 191 f.
– soft errors 191
– hard errors 192
– radiation hardness 193
Tektite 59
Tracermethoden 117 ff.
– Anwendungen
– – Biophysikalische 127
– – Geophysikalische 130
– – Klimageschichte 130
– – Kulturgeschichtliche 129
– – Medizinische 122, 124, 127
– – Technische 119, 125

– Eichstandards 128
– FLASH-Radiografie 139
– Fremdatommarkierung 118
– Isotopenmarkierung 123
– Isotopenverhältnisse 128
– Kernresonanzspektroskopie (NMR) 135
– LIDAR-Überwachung 120
– markierte Verbindungen 118
– Positronen-Emissionstomografie (PET) 125
– Radiodiagnostika 122
– Spinechos 139
– Stabile Tracerkerne 128 ff.
– Umweltgeochemie 132
– Umweltkontrolle 120
Trägheitsfusion 295 ff.
– Brennparameter 295
– Einschlussbedingung 295
– fast ignitor 298
– Inertialfusionskriterium 295
– Implosionstreiber 297
– Pelletkompression 296
– T-Produktionsreaktionen 285
– Zündkriterium 286

Umpolabdruck des Erdfeldes 52
Umweltgeochemie 132
Umweltkontrolle 120

Wasserstoff in Metallen 113
Winkelkorrelation, gestörte (PAC) 155
Wolter-Teleskop 186

Zähler
– Geiger-Müller- 25
– Halbleiter- 26
– Proportional- 25
– ortsempfindliche 25
– Szintillations- 26
– -Teleskope 41
Zellschädigung 211